U0946059

李学文　王宏洲　李炳照　编

数学建模优秀论文精选与点评（2011—2015）

清华大学出版社
北京

内容简介

本书精选2011—2015年全国大学生数学建模竞赛多篇优秀获奖论文，辅以指导教师的精彩点评。论文未作删节，所有细节和计算过程均予以保留。

本书非常适合初次参赛的高校学生查阅，也可供青年指导教师参考。

图书在版编目(CIP)数据

数学建模优秀论文精选与点评：2011—2015/李学文，王宏洲，李炳照编.—北京：清华大学出版社，2017(2018.8重印)

ISBN 978-7-302-46091-6

Ⅰ.①数…　Ⅱ.①李…②王…③李…　Ⅲ.①数学模型—文集　Ⅳ.①O141.4-53

中国版本图书馆CIP数据核字(2017)第006176号

责任编辑：陈　明
封面设计：傅瑞学
责任校对：刘玉霞
责任印制：刘祎淼

出版发行：清华大学出版社
网　　址：http://www.tup.com.cn，http://www.wqbook.com
地　　址：北京清华大学学研大厦A座　　**邮　　编**：100084
社 总 机：010-62770175　　**邮　　购**：010-62786544
投稿与读者服务：010-62776969，c-service@tup.tsinghua.edu.cn
质量反馈：010-62772015，zhiliang@tup.tsinghua.edu.cn
印 装 者：三河市君旺印务有限公司
经　　销：全国新华书店
开　　本：185mm×260mm　　**印　　张**：21.75　　**字　　数**：523千字
版　　次：2017年1月第1版　　**印　　次**：2018年8月第3次印刷
定　　价：49.80元

产品编号：068111-02

FOREWORD 前言

为了培养大批具有良好数学基础，能用数学思想、方法和工具解决各个领域的实际问题的具有创新能力的复合型人才，数学教学应在传授基础理论和基本技能的同时，培养学生数学建模能力，即分析实际问题、归结实际问题为数学问题，并用数学方法作为工具去解决实际问题的能力。以往我们的数学课程往往板着面孔讲理论，学生学了一大堆定义、定理和公式却不知道这些究竟有什么用，但是如果能在教学中充分体现数学建模的思想，加强对学生数学建模的训练，对学生学习数学可以起到事半功倍的效果。目前数学建模进入课堂已经成为一种普遍现象，而且逐渐从本科院校推广到专科院校及职业学校甚至条件好的高中学校。为了进一步推动数学建模活动在各校的开展，针对数学建模的竞赛活动也越来越多。随着国际上各种数学建模竞赛活动的开展，中国从 1992 年开始举办全国大学生数学建模竞赛(CUMCM)，至今参赛队数也已有一万多队，成为目前在大学校园中具有广泛影响力的赛事之一，对提高我国大学生的数学建模能力和数学应用水平起到了极大的推动作用。

本书编者均在北京理工大学从事数学建模课程的教学和组织指导数学建模竞赛工作多年，在课堂上和竞赛培训中亲眼见证了广大学生对数学建模活动的热情和喜爱。参加建模活动的学生不仅学到了大量的实用数学知识，而且各方面能力也有了很大提高。为了运用数学建模解决实际问题，学生们不仅要了解常见的数学模型及相应的求解方法，比如初等数学模型、微积分模型、概率统计模型、优化模型、微分方程模型、运筹学模型等，还要学会应用常见的数学软件，如 MATLAB、LINDO/LINGO、SPSS 等，除此之外他们还要学会对实际问题建立数学模型并分析求解，最后还要写成一篇规范的学术论文，这对大一、大二从未接触过学术论文写作的学生来说具有很强的挑战性，是一个非常辛苦但也有很大收获的长期过程。在这个过程中，他们各方面的能力有了很大提高，这些对他们来说无论是以后继续深造还是参加实际工作都是非常有帮助的。

随着数学建模活动的广泛开展，参与这项活动的学生越来越多，学生迫切希望阅读参考以往竞赛的优秀论文。编者已经于 2011 年出版了一本《数学建模优秀论文精选与点评(2005—2010)》，收录了 2005—2010 年十余篇我校参加全国大学生数学建模竞赛获全国一、二等奖的论文全文，受到了广大参赛同学的热烈欢迎。现在这本论文集可以看作其姊妹篇。与前一本论文集相同之处是：论文保持了文章原貌，所有细节得以保留；与上一本不同的是：我们不是每个题目只登载一篇论文，而是根据情况同一个题目可能会有两三篇优秀获奖论文，大家会对建模赛题的开放性有更深入的理解，同样一个题目可以有不同的侧重点和思考角度，大家可以更深入地了解问题及其建模过程和解决方法。

本书精选了2011—2015年北京理工大学获全国数学建模竞赛一、二等奖的部分参赛论文,并在保留全文的基础上对每篇论文进行了点评,指出了文章的特点。本书可供参加数学建模课程学习和竞赛的学生及教师参考,尤其适合初学者参考。为了方便读者阅读,本书在每一篇优秀论文前面附上了相应的数学建模竞赛原题目及解题思路分析。需要指出的是,由于很多题目都给出了大量数据,本书因篇幅限制,无法给出全部数据,读者可以到全国大学生数学建模竞赛组委会网站[①]上的往年试题栏目中下载。部分论文后面也附有算法程序及计算结果数据,因篇幅原因我们也作了省略。

本书选编的论文都是我校学生多年来在数学建模小组的各位老师指导下完成的,他们是:孙华飞、徐厚宝、闫桂峰、曹鹏、姜海燕、李春辉、杨国孝、曹春雷、蔡亮、熊春光、董岩、满红英、温海瑞、李庆娜等,本书的出版应该归功于他们及所指导学生多年辛勤的努力付出。我们也要感谢多年来一直参加数学建模课程教学和竞赛指导的其他各位老师,以及所有参加了课程学习和各级竞赛的同学们!本书的出版还得到了北京理工大学数学学院及清华大学出版社的大力支持,借此机会也一并表示感谢!

限于编者才疏学浅,书中难免有错误及不妥之处,敬请各位专家、同行和广大读者批评指正!

编　者

2016年9月

① http://www.mcm.edu.cn.

CONTENTS 目录

第1章　城市表层土壤重金属污染分析（2011 A）

1.1　城市表层土壤重金属污染分析

随着城市经济的快速发展和城市人口的不断增加，人类活动对城市环境质量的影响日显突出。对城市土壤地质环境异常的查证，以及如何应用查证获得的海量数据资料开展城市环境质量评价，研究人类活动影响下城市地质环境的演变模式，日益成为人们关注的焦点。

按照功能划分，城区一般可分为生活区、工业区、山区、交通区及公园绿地区等，分别记为1类区、2类区、……、5类区，不同的区域环境受人类活动影响的程度不同。

现对某城市城区土壤地质环境进行调查。为此，将所考察的城区划分为间距1km左右的网格子区域，按照每平方千米1个采样点对表层土（0～10cm深度）进行取样、编号，并用GPS记录采样点的位置。应用专门仪器测试分析，获得了每个样本所含的多种化学元素的浓度数据。另一方面，按照2km的间距在那些远离人群及工业活动的自然区取样，将其作为该城区表层土壤中元素的背景值。

表1-1列出了采样点的位置、海拔高度及其所属功能区等信息，表1-2列出了8种主要重金属元素在采样点处的浓度，表1-3列出了8种主要重金属元素的背景值。

表1-1　取样点位置及其所属功能区

编号	x/m	y/m	海拔/m	功能区
1	74	781	5	4
2	1 373	731	11	4
3	1 321	1 791	28	4
4	0	1 787	4	2
5	1 049	2 127	12	4
6	1 647	2 728	6	2
7	2 883	3 617	15	4
8	2 383	3 692	7	2
9	2 708	2 295	22	4
10	2 933	1 767	7	4
⋮	⋮	⋮	⋮	⋮
315	6 924	5 696	7	5
316	4 678	3 765	40	5

续表

编号	x/m	y/m	海拔/m	功能区
317	6 182	2 005	25	5
318	5 985	2 567	44	4
319	7 653	1 952	48	5

表 1-2 8 种主要重金属元素的浓度

编号	As/(μg/g)	Cd/(ng/g)	Cr/(μg/g)	Cu/(μg/g)	Hg/(ng/g)	Ni/(μg/g)	Pb/(μg/g)	Zn/(μg/g)
1	7.84	153.80	44.31	20.56	266.00	18.20	35.38	72.35
2	5.93	146.20	45.05	22.51	86.00	17.20	36.18	94.59
3	4.90	439.20	29.07	64.56	109.00	10.60	74.32	218.37
4	6.56	223.90	40.08	25.17	950.00	15.40	32.28	117.35
5	6.35	525.20	59.35	117.53	800.00	20.20	169.96	726.02
6	14.08	1 092.90	67.96	308.61	1 040.00	28.20	434.80	966.73
7	8.94	269.80	95.83	44.81	121.00	17.80	62.91	166.73
8	9.62	1 066.20	285.58	2 528.48	13 500.00	41.70	381.64	1 417.86
9	7.41	1 123.90	88.17	151.64	16 000.00	25.80	172.36	926.84
10	8.72	267.10	65.56	29.65	63.00	21.70	36.94	100.41
⋮	⋮	⋮	⋮	⋮	⋮	⋮	⋮	⋮
315	6.47	197.00	38.18	21.09	64.00	18.60	40.18	168.05
316	6.47	100.70	36.19	13.31	42.00	11.50	34.34	56.23
317	4.79	119.10	35.76	19.71	44.00	9.90	39.66	67.06
318	7.56	63.50	33.65	21.90	60.00	12.50	41.29	60.50
319	9.35	156.00	57.36	31.06	59.00	25.80	51.03	95.90

表 1-3 8 种主要重金属元素的背景值

元素	平均值	标准偏差	范围
As/(μg/g)	3.6	0.9	1.8～5.4
Cd/(ng/g)	130	30	70～190
Cr/(μg/g)	31	9	13～49
Cu/(μg/g)	13.2	3.6	6.0～20.4
Hg/(ng/g)	35	8	19～51
Ni/(μg/g)	12.3	3.8	4.7～19.9
Pb/(μg/g)	31	6	19～43
Zn/(μg/g)	69	14	41～97

注：题目及数据附件都可以到全国大学生数学建模竞赛官方网站 http://www.mcm.edu.cn 下载。

现要求你们通过数学建模来完成以下任务：

(1) 给出 8 种主要重金属元素在该城区的空间分布，并分析该城区内不同区域重金属的污染程度。

(2) 通过数据分析，说明重金属污染的主要原因。

(3) 分析重金属污染物的传播特征，由此建立模型，确定污染源的位置。

(4) 分析你所建立模型的优缺点,为更好地研究城市地质环境的演变模式,还应收集什么信息?有了这些信息,如何建立模型解决问题?

1.2 问题分析与建模思路概述

土壤重金属污染问题是要求在已有采样数据的基础上,用数学模型描述污染物在城市中的空间分布、分布特征,分析主要的污染原因和污染源。在我们的现实生活中,工业生产和日常生活造成的污染问题日益严重,并逐渐引起了各国政府和公众的高度重视,因此对污染物在不同介质中的扩散与追根溯源的研究成果也很多。此类问题有很成熟的数值模拟方法和偏微分方程模型可供利用,因此参赛队首先要对此类数学方法和算法有一定的了解。

对于问题一,可以选用插值拟合的方法给出污染物浓度的分布特征。如果对MATLAB等数学软件很熟悉,就可以很快算出结果并给出示意图,但应该注意对算法的数学原理予以明确说明。

对于问题二,首先需要通过文献检索了解各类重金属常见的来源,然后对各个区域的污染物浓度结合周边的工农业设施、道路和河流等地理特征进行相关性分析。通常某些重金属污染物会一起出现,这对我们了解污染原因、污染源是有利的,根据各个区域不同种类重金属的分布情况可以更容易确定其污染原因。要注意的是,不能仅根据文献中的结论就简单地认定污染原因,应该结合数据和模型来进行合理的论证,在此基础上给出判断。

对于问题三,要求建模确认污染源的位置,可选的方法很多。比如根据不同时间点各个采样点的污染数据,画出不同时间的污染范围,以此确定污染源位置;也可以根据同一时间点各个区域的污染数据和地理信息,近似画出污染物浓度的等高线,由此确定出污染源的位置。更复杂一些,还可以采用基于偏微分方程的扩散模型,以污染物浓度数据为初始值,反推其扩散过程,由此确定污染源。

对于问题四,可以结合前三个问题中建模和计算的体会,对现实中污染物数据收集提出一些建议。

1.3 获奖论文——城市表层土壤重金属污染分析

作　　者:张雨　张阳　都春霞

指导教师:闫桂峰

获奖情况:2011 全国数学建模竞赛一等奖

摘要

随着城市经济的快速发展和城市人口的不断增加,人类活动对城市环境质量的影响日显突出。本文对某城市城区表层土壤重金属的污染进行了分析与评价,研究了人类活动影响下城市地质环境的演变模式。

对问题一,我们首先对所给数据进行了特异值检验与剔除,检验标准是根据表 1-3 中所给数据,发现 8 种主要重金属元素背景值的范围在平均值加减 2 倍标准偏差内,所以当检测数据落在平均值加减2倍标准差外时,被认为是特异值,应将其剔除。然后,在新得到的共283个样本点数据的基础上,通过MATLAB函数制图绘制不同元素的空间分布图,给出8种主要重金属元素在该城区的空间分布。接着,我们先后采用了内梅罗综合污染指数法和根据重金属毒性响应系数修正污染因子权值后的模糊综合评价模型对该城区不同区域重金属的污染程度进行了评价,并讨论了这两种模型的优缺点,发现后者比前者更符合客观实际。

对问题二,我们利用了SPSS软件的主成分分析功能对5个功能区土壤重金属元素的8项指标进行主成分分析,并结合问题一中得出的结论以及该城区5个功能区产生重金属污染物的特征,最终确定出各个功能区重金属污染的主要原因。

问题三为本文关键,是研究重点。首先是应用改进的二维扩散模型,建立新的适合该城区的扩散方程。题目所给的较为分散的319个数据点(剔除后剩余283个),分布在长宽分别达两万米的广阔区域内。综合考虑到结果的准确度和MATLAB计算时间的长短,采取了内插1000个数据点,然后将数据代入方程,利用MATLAB编程,求出各个元素随x,y的变化分布图,由图中极大或最大值点得出污染源的具体坐标和分布区域。

在问题四中,考虑到重金属可能的传播途径,选取了汽车数量、生活垃圾、工业垃圾、大气沉降四个主要因素对扩散方程进行改进,并给出了需要测量的值和求解污染物浓度方程的步骤,从而可以研究城市每个坐标点地质环境随时间变化的情况。

关键词:重金属污染　表层土壤　内梅罗综合污染指数法　模糊综合评价模型　改进的二维扩散模型

1.3.1 问题的背景和重述

在城市化的进程中,飞速发展的经济和急剧增加的人口使人类对城市环境质量的影响日益增长。土壤中的重金属污染由于其潜伏性和长期性尚未受到应有重视,但其严重性和危害性同样不容忽视,这也正日益成为人类对城市环境的质量评价以及城市地质环境在人类活动影响下的演变模式的研究中的重要因素。

本题用采样法研究某城市土壤地质环境受重金属污染的情况。考虑人类不同活动的影响,按功能将城区分为生活区、工业区、山区、交通区及公园绿地区等,各记为1类区、2类区、……、5类区,然后在整体被考察区域进行由GPS记录地点的网格采样,间距为1km,样本为表层土(0~10cm深度)。对其测试分析得其中多种化学物质的浓度数据。同时以相同方法在远离人类活动的自然区以2km为间隔采样并测试分析,将其数据作为该城区表层土壤中元素的背景值。

表1-1~表1-3中给出4类数据:采样点的位置和海拔高度,其所属功能区,8种主要重金属元素在采样点处的浓度,8种主要重金属元素的背景值。

建模研究以下问题:

(1) 结合采样点的空间位置坐标和8种重金属元素在采样点的浓度,给出它们在该城区的空间分布,并观察各处浓度高低,分析其中不同区域重金属的污染程度;

(2) 分析附表中数据、上一问所得重金属分布情况、5类区域分布情况,说明重金属污染的主要原因;

(3) 分析重金属污染物的传播特征,由此建立模型,确定污染源的位置;

(4) 分析上一问所建模型的优缺点,为更好地研究城市地质环境演变模式,还应收集什么信息?有了这些信息,如何建立模型解决问题?

1.3.2 基本假设

(1) 当地污染源与各处土壤的重金属元素浓度变化状态是经过长时间到达的动态平衡状态,短时间内其浓度无明显增减,且污染源数量不再增加;

(2) 少数数据异常点除外,各个采样点测得数据基本准确可信;

(3) 土壤中重金属以地表传播为主要传播途径,其他方式次之甚至可以忽略;

(4) 当地各处土壤 pH 在 6.5 附近。

1.3.3 符号约定

$\bar{a}$:均值;

s:标准差;

P_i:重金属元素 i 的污染指数;

X_i:重金属 i 的含量实测值;

S_i:污染物 i 的评价标准,取值为该区的自然背景值的均值;

P_g:采样点的综合污染指数;

P_g:重金属污染因子;

W_{ki}:k 样品 i 元素的权重;

$F(x,y,z)$:扩散方程中的源强;

u:指定坐标点的浓度或浓度函数。

1.3.4 问题的分析

问题一的分析

该问题要求给出 8 种主要重金属元素在该城区的空间分布并分析不同区域内重金属的污染程度。考虑到原始数据可能存在异常值,因此首先需要对原始数据进行特异值的检验及剔除,然后在新得到的数据上进行分析。重金属的空间分布可通过作图来表示,设想是软件绘出该城区的三维地形图,然后绘出每一种重金属元素浓度在该城区二维平面上的三维分布图,再结合以颜色深浅表示其浓度的标有海拔等高线的平面分布图,就可以由图得到 8 种主要重金属元素在该城区的空间分布。而分析污染程度即为对土壤重金属污染程度的评价,可以采用多种评价方法,如内梅罗综合污染指数法、层次分析法、污染负荷指数法、神经网络法、模糊数学法(模糊综合评价模型)等,也可以多种评价方法结合使用。

问题二的分析

该问题要求通过数据分析说明重金属污染的主要原因。本题的要点在于数据分析,而这里可采用多种分析方法,如数据挖掘方法、主成分分析法等。以主成分分析法为例,分析过程可由 SPSS 软件完成,得到表明各个地区主成分的表格。在使用分析法分析数据的基础上,结合问题一得出的结论及相关重金属污染主要原因的文献,了解 8 种不同重金属污染物主要的产生方式和原因，综合考虑该城区5个功能区的特征，即相关人类活动所容易产生的重金属污染物，读表分析，即可最终得出重金属污染的主要原因。

问题三的分析

该问题要求通过分析重金属污染物的传播特征，建立模型，确定污染源位置。本问是重点也是难点，需准确把握其特征来建立模型。本题样本来自0～10cm的浅土层，而重金属具有稳定、难溶、难挥发等特性，综合重金属可能的传播途径，最终确定其以地表传播为主要方式。由此建立了改进的二维扩散模型以研究重金属污染物的传播特征。针对数据点少，较分散，采用插值法扩充数据样本点，在此基础上，对数据样本代入公式编程求解得污染源，并在图中读取坐标位置。最后结合所得结果分析产生结果可能的原因。

问题四的分析

该问题要求收集信息改进模型使之能更好地研究城市地质环境的演变模式。这既是对之前所建模型缺点的思考和反省，又充分弥补了该题中重金属元素传播途径单一有限的不足，能以开放的角度建立更为实际而完善的传播特征模型。解决该问题首先需要考察重金属的各种传播途径和影响因素，将其中主要部分纳入考虑进而修正方程，得到较为完善的重金属传播特性模型，比如考虑大气沉降等途径，降雨等天气的影响。而且上三问中假设该城区的重金属浓度值处在一个动态平衡的状态，而本题则应该将污染源产生重金属污染物的强度变化纳入考虑，建模模拟该城区各个点动态的重金属元素浓度，这样得到的计算结果会更接近实际。

1.3.5 模型的建立与求解

1. 模型的准备

对数据进行剔除异常值等处理工作。

1）剔除特异值

特异值指观测数据中存在的过大或过小的值，可能是由于土壤采样、化验、分析过程中出现操作错误或条件改变导致。因此，有必要对原始数据进行特异值检验，并予以剔除。根据表1-3所给数据，可知8种重金属元素背景值的范围是在$\bar{a}\pm 2s$之间（$\bar{a}$为其均值，s为其标准差），由此我们判断、剔除特异值的方法采用样本平均值$\bar{a}$加减2倍标准差s法，认为数据在区间$(\bar{a}-2s,\bar{a}+2s)$内为正常值，否则为特异值，给予剔除处理。

对表1-2中给出的319个样本点的数据使用Excel处理，结果如下：

As测量值中特异值有6个，分别为样本点6、29、30、41、84、178处测得的数据；Cd有18个，分别在样本点6、8、9、16、22、34、35、40、90、95、143、152、163、179、192、223、310、313处；Cr有5个，分别在样本点8、14、20、22、49处；Cu有2个，分别在样本点8、22处；Hg有4个，分别在样本点8、9、182、257处；Ni有5个，分别在样本点8、22、61、128、135处；Pb有12个，分别在样本点5、6、8、9、16、20、22、31、143、163、221、253处；Zn有10个，分别在样本点6、8、9、20、22、30、36、61、143、178处。共计剔除特异值样本点36个，筛选出283个样本点的数据。

用SPSS对剔除前后的样本分别作统计分析，得到的描述统计量如表1-4、表1-5所示。

表　1-4

	描述统计量					
	N	极小值	极大值	均值		标准差
	统计量	统计量	统计量	统计量	标准误	统计量
As	319	1.61	30.13	5.676 5	0.169 33	3.024 29
Cd	319	40.00	1 619.80	302.396 2	12.596 89	224.987 60
Cr	319	15.32	920.84	53.509 7	3.919 35	70.001 79
Cu	319	2.29	2 528.48	55.0167	9.121 49	162.915 10
Hg	319	8.57	16 000.00	299.711 3	91.236 71	1 629.539 78
Ni	319	4.27	142.50	17.261 8	0.556 61	9.941 42
Pb	319	19.68	472.48	61.740 9	2.802 70	50.057 76
Zn	319	32.86	3760.82	201.202 6	18.993 38	339.232 54
有效的 N（列表状态）	319					

表　1-5

	描述统计量					
	N	极小值	极大值	均值		标准差
	统计量	统计量	统计量	统计量	标准误	统计量
As	283	1.61	10.99	5.281 3	0.118 13	1.987 28
Cd	283	40.00	751.20	249.962 9	8.396 82	141.256 33
Cr	283	15.32	172.29	43.919 8	1.159 89	19.512 32
Cu	283	2.29	277.82	38.165 4	2.200 81	37.023 44
Hg	283	8.57	1801.00	95.903 0	11.280 47	189.766 83
Ni	283	4.27	36.00	15.861 4	0.325 73	5.479 58
Pb	283	19.68	140.62	52.317 3	1.540 89	25.921 80
Zn	283	32.86	572.96	135.191 3	5.718 92	96.207 11
有效的 N（列表状态）	283					

对比分析可知，剔除 36 个特异值后样本的标准差和均值的标准误差都显著减小，说明剔除特异值确实对计算误差的减小有助益，故之后的统计计算均采用剔除特异值后 283 个样本点的数据。

2）数据的标准化处理

在实际问题中，不同的数据可能有不同的性质和不同的量纲，为使原始数据能够符合模糊聚类的要求，需将原始数据（即表 1-2 中剔除特异值后的各采样点 8 种重金属元素的浓度）列成 283×8 的矩阵，并作标准化处理。本文中，我们通过极差变换

$$x'_{ij} = \frac{x_{ij} - \min\limits_{1\leqslant i\leqslant n}\{x_{ij}\}}{\max\limits_{1\leqslant i\leqslant n}\{x_{ij}\} - \min\limits_{1\leqslant i\leqslant n}\{x_{ij}\}} \tag{1}$$

将原始数据标准化，由于将 283 个样本点的数据极差化后所得表格过分大，所以收在附录中，表 1-6 仅列出 5 个功能区的极差化后的数据（其中每个功能区每种重金属元素用于极差标准化的值是该区所有样本点的均值，见表 1-7，以下所有关于 5 个功能区的数据处理计算都基于均值）。

表 1-6

	As	Cd	Cr	Cu	Hg	Ni	Pb	Zn
生活区	0.436 326 767 09	0.363 606 244 38	0.207 708 184 36	0.143 288 934 43	0.140 464 219 33	0.390 203 449 8	0.274 851 162 79	0.259 115 231 14
工业区	0.468 670 921 93	0.441 625 728 59	0.376 057 074 91	0.266 235 210 84	0.108 039 976 8	0.414 510 362 22	0.355 483 042 37	0.394 019 988 34
山区	0.250 952 1218 7	0.306 374 966	0.262 628 983 8	0.220 224 277 37	0.156 682 699 66	0.322 283 273 72	0.178 592 289 72	0.270 383 985 47
交通区	0.487 886 644 02	0.355 864 553 78	0.218 289 744 26	0.140 056 760 99	0.051 858 728 624	0.472 110 323 5	0.318 615 352 33	0.246 685 976 1
公园绿地区	0.415 914 518 15	0.281 092 012 13	0.314 331 584 02	0.534 657 244 43	0.075 830 961 899	0.385 483 870 97	0.216 866 205 47	0.335 131 289 34

表 1-7 均值

	As (μg/g)	Cd (ng/g)	Cr (μg/g)	Cu (μg/g)	Hg (ng/g)	Ni (μg/g)	Pb (μg/g)	Zn (μg/g)
生活区	6.105 5	248.677 5	50.411 75	43.993 25	87.569 75	17.712 5	53.976 5	143.367 75
工业区	5.888 965 517 2	307.313 793 1	42.664 137 931	44.475 172 414	205.096 206 9	17.422 413 793	64.072 413 793	153.546 551 72
山区	4.106 25	152.623 437 5	36.306 875	16.994 375	41.432 343 75	14.069 843 75	36.496 25	70.624 531 25
交通区	5.278 907 563	299.596 638 66	46.782 100 84	49.522 268 908	97.026 470 588	16.146 806 723	57.602 521 008	172.166 806 72
公园绿地区	6.084 838 709 7	208.4	41.447 096 774	24.855 161 29	112.649 677 42	14.615 806 452	51.554 193 548	98.830 967 742

2. 模型的建立与求解

1）问题一

使用上一步中处理过的数据，将其输入 MATLAB 中作图，依照输入不同依次得到该城区的地形图、等高线地形图、8 种元素关于该城区平面的浓度三维分布图和平面浓度分布图，如图 1-1～图 1-10 所示。

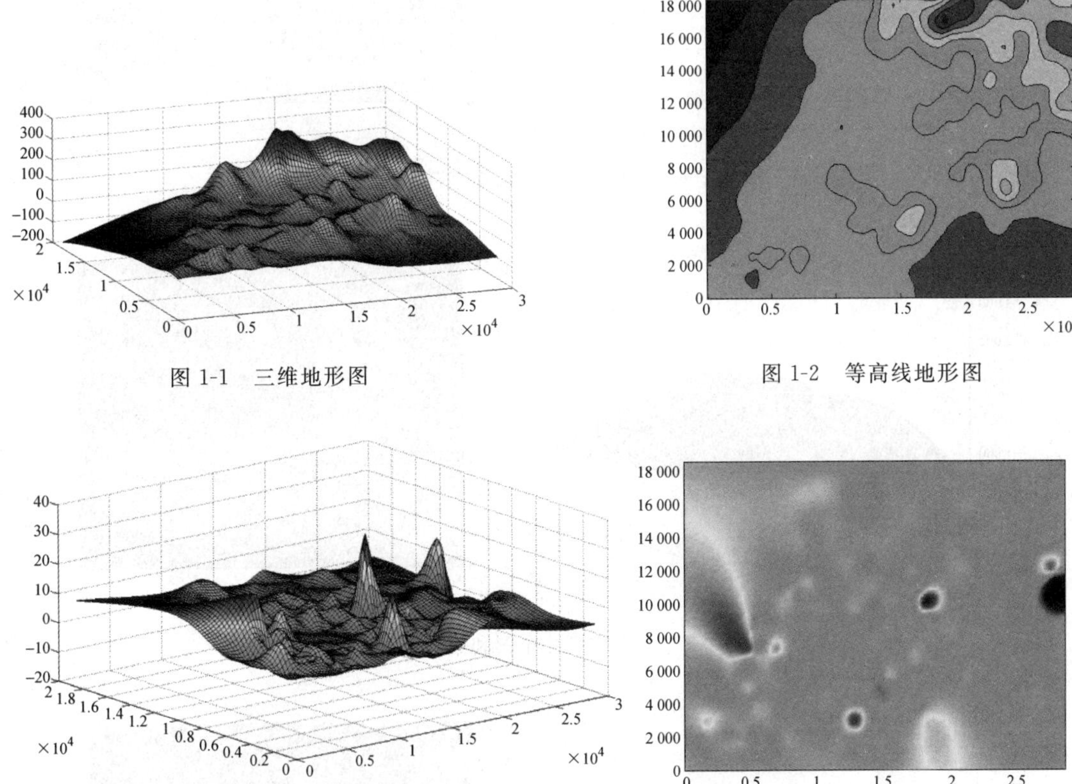

图 1-1　三维地形图

图 1-2　等高线地形图

图 1-3　As 三维浓度分布图和平面浓度分布

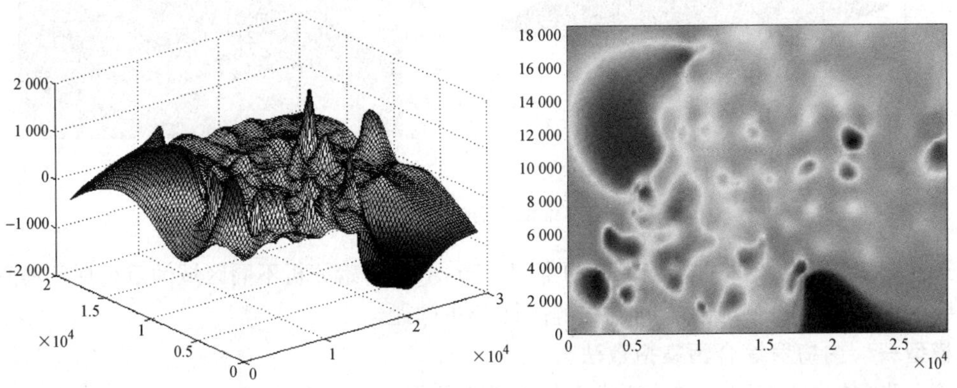

图 1-4　Cd 三维浓度分布图和平面浓度分布

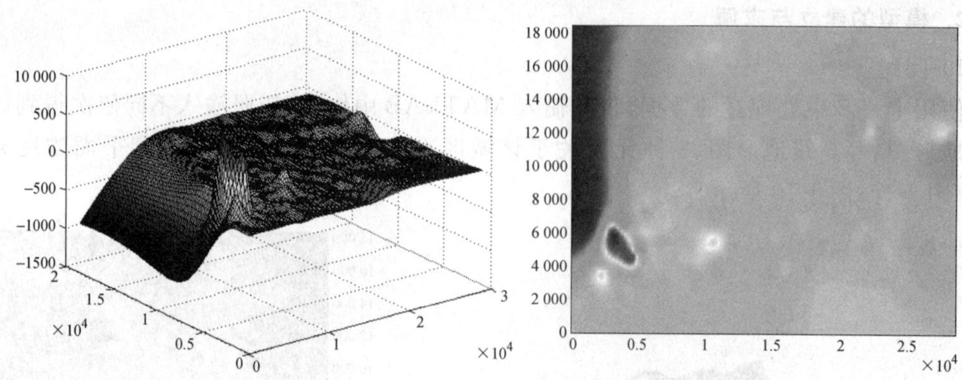

图 1-5　Cr 三维浓度分布图和平面浓度分布

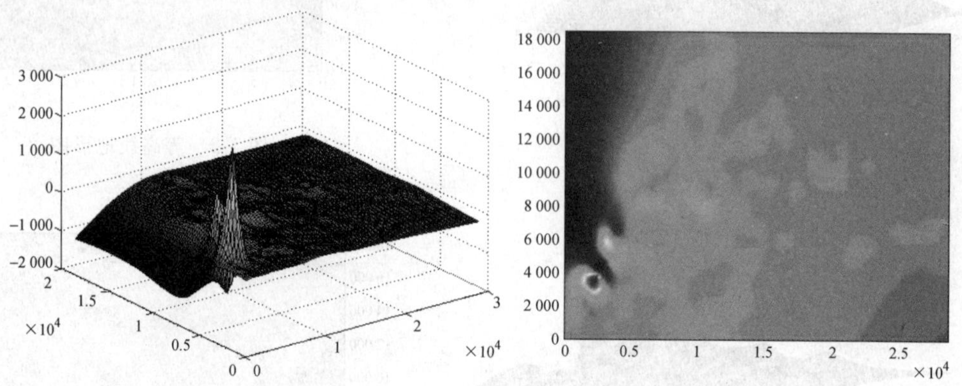

图 1-6　Cu 三维浓度分布图和平面浓度分布

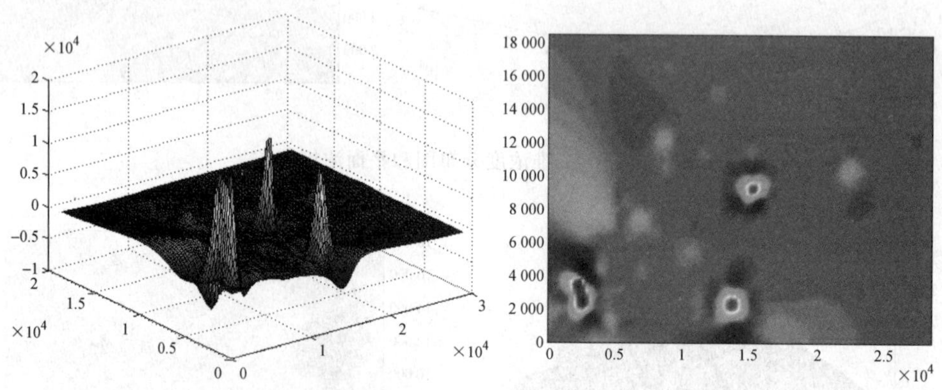

图 1-7　Hg 三维浓度分布图和平面浓度分布

至此得出该城区 8 种重金属元素的空间分布，下面开始分析不同区域的重金属污染程度。我们使用两个模型通过不同方法解决此分析问题。

模型一　内梅罗综合污染指数法

第一步，首先用单因子指数法求出每个重金属元素的污染指数。

单因子指数法可确定主要的重金属污染物及其危害程度。一般以污染指数来表示，以重金属含量实测值和评价标准值(本文中采用表 1-3 中所给的背景值均值)相比除去量纲来

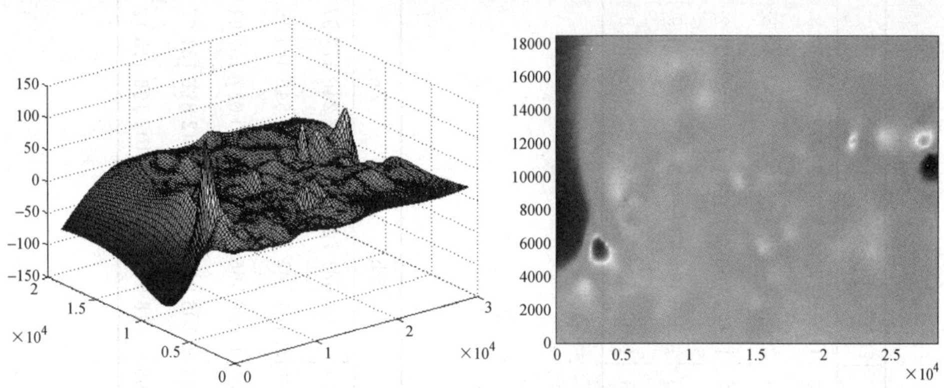

图 1-8　Ni 三维浓度分布图和平面浓度分布

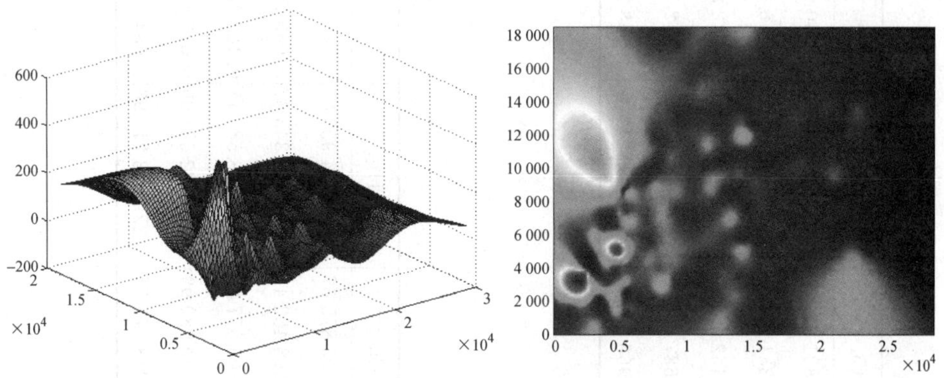

图 1-9　Pb 三维浓度分布图和平面浓度分布

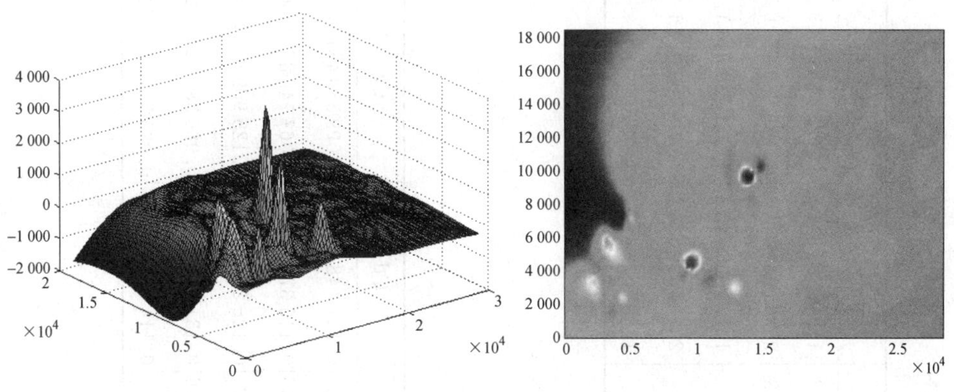

图 1-10　Zn 三维浓度分布图和平面浓度分布

计算：

$$P_i = \frac{X_i}{S_i} \tag{2}$$

式中，P_i 为重金属元素 i 的污染指数；X_i 为重金属 i 的含量实测值；S_i 为污染物 i 的评价标准，取值为该区的自然背景值的均值。

下面根据式(2)计算 5 个功能区的 P_i 值，以此作为 X_i 值来计算 P_i，结果如表 1-8 所示。

表 1-8

	As	Cd	Cr	Cu	Hg	Ni	Pb	Zn
生活区	1.695 972 222 2	1.912 903 846 2	1.626 185 483 9	3.332 821 969 7	2.501 992 857 1	1.440 040 650 4	1.741 177 419 4	2.077 793 478 3
工业区	1.635 823 754 8	2.363 952 254 6	1.376 262 513 9	3.369 331 243 5	5.859 891 625 6	1.416 456 405 9	2.066 852 057 8	2.225 312 343 8
山区	1.140 625	1.174 026 442 3	1.171 189 516 1	1.287 452 651 5	1.183 781 25	1.143 889 735 8	1.177 298 387 1	1.023 543 931 2
交通区	1.466 363 212	2.304 589 528 1	1.509 100 027 1	3.751 687 038 5	2.772 184 873 9	1.312 748 514	1.858 145 839	2.495 171 111 9
公园绿地区	1.690 232 974 9	1.603 076 923 1	1.337 003 121 7	1.882 966 764 4	3.218 562 212	1.188 276 947 3	1.663 038 501 6	1.432 332 865 8

表 1-9

	As	Cd	Cr	Cu	Hg	Ni	Pb	Zn
生活区	0.103 863 302 23	0.117 148 446 02	0.099 589 481 589	0.204 105 875 67	0.153 224 939 01	0.088 189 756 497	0.106 631 720 84	0.127 246 477 97
工业区	0.080 527 382 146	0.116 371 269 23	0.067 749 852 064	0.165 863 482 44	0.288 467 343 07	0.069 728 493 648	0.101 745 793 22	0.109 546 384 19
山区	0.122 624 024 62	0.126 214 879 88	0.125 909 893 31	0.138 408 877 27	0.127 263 580 18	0.122 975 003 28	0.126 566 633 56	0.110 037 107 91
交通区	0.083 936 121 326	0.131 917 048 01	0.086 382 420 082	0.214 750 380 99	0.158 682 681 09	0.075 143 059 814	0.106 362 157 28	0.142 826 131 67
公园绿地区	0.120 597 491 6	0.114 378 939 85	0.095 394 673 477	0.134 348 975 51	0.229 643 211 96	0.084 783 116 466	0.118 657 176 08	0.102 196 415 12

进一步计算每个功能区每个 P_i 所占的比重，即根据式 $P_i'=\frac{P_i}{\sum_{i=1}^{8}P_i}$ 算得每个区 8 种重金属的污染程度大小，如表 1-9 所示。

根据表 1-9 中数据，画每个区的饼状图表示如下。

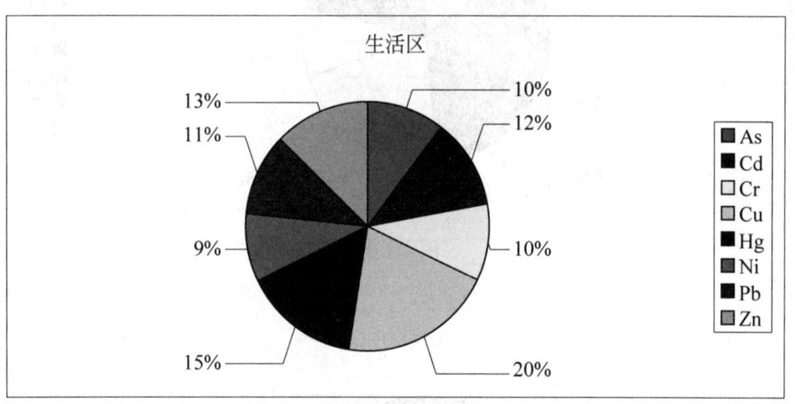

图　1-11

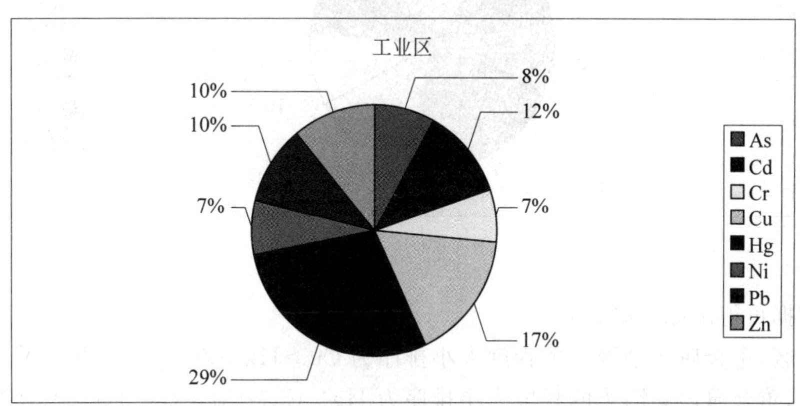

图　1-12

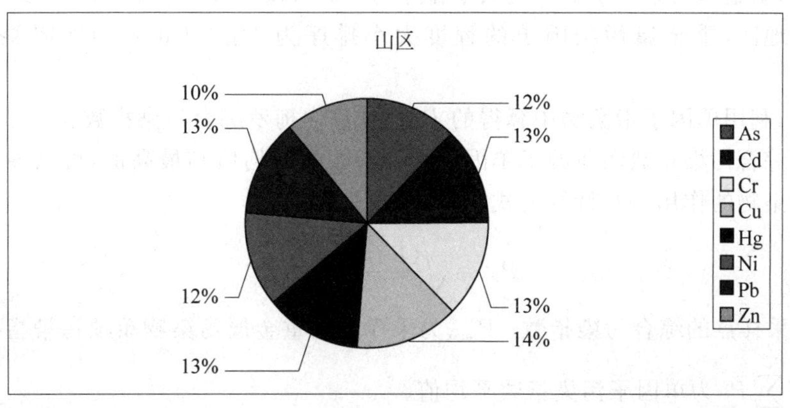

图　1-13

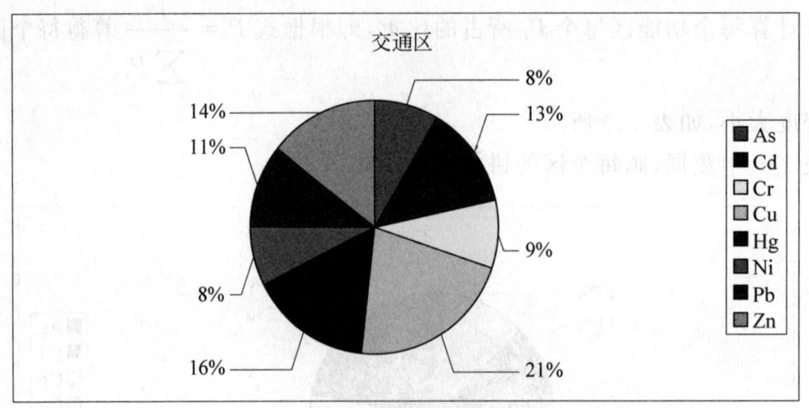

图 1-14

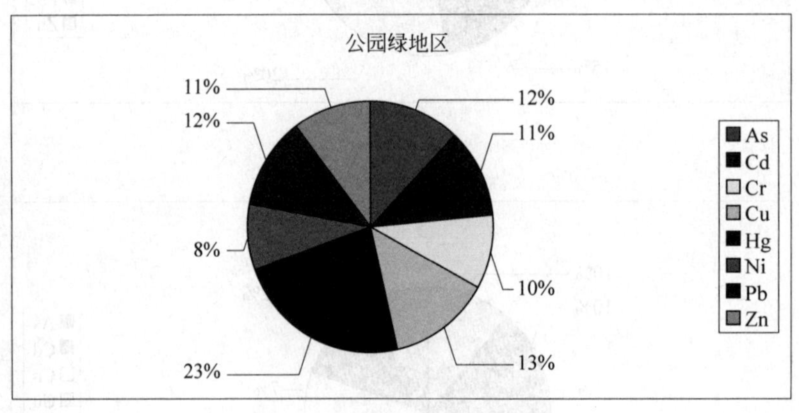

图 1-15

分析数据可得出如下结论：

在生活区，重金属污染因子的程度大小排序为 Cu>Hg>Zn>Cd>Pb>As>Cr>Ni；

工业区，重金属污染因子的程度大小排序为 Hg>Cu>Cd>Zn>Pb>As>Ni>Cr；

山区，重金属污染因子的程度大小排序为 Cu>Hg>Pb>Cd>Cr>Ni>As>Zn；

交通区，重金属污染因子的程度大小排序为 Cu>Hg>Zn>Cd>Pb>Cr>As>Ni；

公园绿地区，重金属污染因子的程度大小排序为 Hg>Cu>As>Pb>Cd>Zn>Cr>Ni。

第二步，利用单因子指数法中算得的 P_i 值计算内梅罗综合污染指数。

内梅罗综合污染指数法兼顾了单因子污染指数的平均值和最高值，可以突出污染较重的重金属污染物的作用。其计算公式为

$$P_g = \sqrt{\frac{(\bar{P})^2 + P_{i\max}^2}{2}} \tag{3}$$

式中，P_g 是采样点的综合污染指数；$P_{i\max}$ 为采样点处重金属污染物单项污染指数中的最大值；$\bar{P} = \frac{1}{n}\sum_{i=1}^{n} P_i$ 为单因子污染指数平均值。

本文取评判标准如表 1-10(土壤内梅罗综合污染指数评价标准)所示。

表 1-10

1	$P_g \leqslant 0.7$	安全,清洁
2	$0.7 < P_g \leqslant 1$	警戒级,尚清洁
3	$1 < P_g \leqslant 2$	轻污染,土壤作物开始受到污染
4	$2 < P_g \leqslant 3$	中污染,土壤作物受中污染
5	$P_g > 3$	重污染,土壤作物受污染已相当严重

利用 Excel 统计计算得到 283 个样本点的 P_g 值,对照表 1-10 中的标准评出各个样本点的土壤环境质量等级,由于其数据表格过于大,故收于附录,下面仅给出 5 个功能区的 P_g 值及其所属的等级。

表 1-11

功能区(样本点数)	P_g	等级
生活区(40)	2.763 5	中污染
工业区(29)	4.515 9	重污染
山区(64)	1.226 7	轻污染
交通区(119)	3.069 5	重污染
公园绿地区(31)	2.591 2	中污染

模型二 模糊综合评判模型

使用本模型需确定被评价对象的因素论域、评语等级论域,评价因素权向量,然后建立其隶属度函数求解,下面按步骤求解。

本题主要讨论 As、Cd、Cr、Cu、Hg、Ni、Pb、Zn 在土壤中的含量多少对土壤质量的影响。为此可确定因素集 $U=\{\mathrm{As},\mathrm{Cd},\mathrm{Cr},\mathrm{Cu},\mathrm{Hg},\mathrm{Ni},\mathrm{Pb},\mathrm{Zn}\}$,评价集 $V=\{$清洁,尚清洁,轻污染,中污染,重污染$\}$,并根据国标 GB 15618—1995[7] 将评价集分以下 5 个等级,见表 1-12。

表 1-12 mg/kg

元素	浓度				
	1 级	2 级	3 级	4 级	5 级
As(旱地)	15	25	30	40	>40
Cd	0.2	0.3	0.6	1	>1.0
Cr(旱地)	90	150	250	300	>300
Cu(农田)	35	50	100	400	>400
Hg	0.15	0.3	1	1.5	>1.5
Ni	40	50	60	200	>200
Pb	35	250	350	500	>500
Zn	100	200	300	500	>500

注:元素后括号内文字表示参考国标的分类。

为使各项指标具有可比性,首先需对各项指标进行统一的无量纲化标准处理,按照式(1)经过极差变换后,得到 8 种重金属对应的分类区间如表 1-13 所示。

表 1-13

mg/kg

元素	浓度				
	1级	2级	3级	4级	5级
As(旱地)	0	0.4	0.6	1	>1
Cd	0	0.125	0.5	1	>1
Cr(旱地)	0	0.285 714	0.761 905	1	>1
Cu(农田)	0	0.041 096	0.178 082	1	>1
Hg	0	0.111 111	0.629 63	1	>1
Ni	0	0.062 5	0.125	1	>1
Pb	0	0.462 366	0.677 419	1	>1
Zn	0	0.25	0.5	1	>1

设 8 种重金属元素对应的权重向量为 $\boldsymbol{W}=(w_1,w_2,w_3,w_4,w_5,w_6,w_7,w_8)$。在一般的模糊综合评价中普遍采用污染物浓度超标赋权法，即用实测值比标准值，然后归一化处理得到数值。具体计算步骤为：设 W_{ki} 为 k 样品 i 元素的权重，X_{ki} 为土壤样品实测值，S_i 标准值(背景值)，则 $W_{ki}=\dfrac{X_{ki}/S_i}{\sum\limits_{j=1}^{n}X_{kj}/S_j}$，但考虑到不同重金属有不同的毒性，单独采用上述方法可能会掩盖某些低浓度有机组分的毒性作用，因此，将重金属元素的毒性级别纳入权重考虑。记 F_i 为第 i 个污染因子的毒性级别指数，则权重公式可变为

$$W_{ki}=\frac{Y_{ki}/F_i}{\sum\limits_{j=1}^{n}Y_{kj}/F_j}$$

$$Y_{ki}=\frac{X_{ki}/S_i}{\sum\limits_{j=1}^{n}X_{kj}/S_j}$$

根据 Hakanson 制定的标准化重金属毒性响应系数[2]，得出本文中讨论的 8 种重金属的毒性系数，分别为 Zn=1<Cr=2<Cu=Ni=Pb=5<As=10<Cd=30<Hg=40。由上式可看出毒性越大的重金属其毒性级别指数应越小，所以将 Hakanson 的毒性响应系数同时除以毒性最大的 Hg 元素的系数，得各金属毒性级别指数分别为 $F_{Zn}=40$，$F_{Cr}=20$，$F_{Cu}=F_{Ni}=F_{Pb}=8$，$F_{As}=4$，$F_{Cd}=1.33$，$F_{Hg}=1$，再对这些指数按照毒性从大到小排序分配指数赋值，得到 $F_{Hg}=1$，$F_{Cd}=2$，$F_{As}=3$，$F_{Cu}=F_{Ni}=F_{Pb}=4$，$F_{Cr}=5$，$F_{Zn}=1$。

将 X_{ki}，F_i，S_i 的值代入即可算得每个样本点每种重金属元素的权值。283 个样本点的权值见附录，表 1-14 给出了 5 个功能区的权值。

表 1-14

	As	Cd	Cr	Cu	Hg	Ni	Pb	Zn
生活区	0.089 396	0.151 246	0.051 431	0.131 757	0.395 646	0.056 929	0.068 834	0.054 761
工业区	0.054 821	0.118 834	0.027 673	0.084 687	0.589 145	0.035 602	0.051 95	0.037 288
山区	0.109 951	0.169 756	0.067 738	0.093 078	0.342 332	0.082 699	0.085 114	0.049 332
交通区	0.071 235	0.167 934	0.043 987	0.136 692	0.404 015	0.047 83	0.067 701	0.060 607
公园绿地区	0.089 812	0.127 772	0.042 626	0.075 04	0.513 065	0.047 355	0.066 275	0.038 054

下面求其隶属度函数。由于评价因子与土壤环境质量呈负相关关系，选用偏小型梯形模糊分布建立一个线性隶属度函数。另外由于我们采用的评价标准区间是经过稽查标准化后的，且第一级小于0，最后一级大于1，而中间三级是处于两边界值间，所以我们对常用的隶属度函数稍作修改，使能匹配我们的标准，公式如下：

第 i 种重金属对第一级土壤环境质量的隶属度函数为

$$A_{ki}=\begin{cases}1, & X_{ki}\leqslant C_1\\ \dfrac{C_2-X_{ki}}{C_2-C_1}, & C_1<X_{ki}<C_2\\ 0, & X_{ki}\geqslant C_2\end{cases}$$

对第二、三级土壤重金属环境质量的隶属度函数为

$$A_{ki}=\begin{cases}0, & X_{ki}\leqslant C_{m-1}\\ \dfrac{X_{ki}-C_{m-1}}{C_m-C_{m-1}}, & C_{m-1}<X_{ki}\leqslant C_m\\ \dfrac{C_{m+1}-X_{ki}}{C_{m+1}-C_m}, & C_m<X_{ki}<C_{m+1}\\ 0, & X_{ki}\geqslant C_{m+1}\end{cases}$$

对第四级土壤重金属环境质量的隶属度函数为

$$A_{ki}=\begin{cases}0, & X\leqslant C_3\\ \dfrac{X_{ki}-C_3}{C_4-C_3}, & C_3<X_{ki}<C_4\\ 0, & X_{ki}\geqslant C_4\end{cases}$$

对第五级土壤重金属环境质量的隶属度函数为

$$A_{ki}=\begin{cases}0, & X_{ki}<1\\ 1, & X_{ki}\geqslant 1\end{cases}$$

将土壤样品含量实测值带入上述式子可求出各评价参数对5个评定等级的隶属度，从而构成隶属度矩阵。用MATLAB编程计算可得283个样本点的隶属度矩阵(见附录)。

下面以生活区为例计算它的模糊综合评价结果向量。

生活区的隶属度矩阵为

$$\boldsymbol{A}=\begin{bmatrix}0 & 0.8184 & 0.1816 & 0 & 0\\ 0 & 0.3637 & 0.6363 & 0 & 0\\ 0.2730 & 0.7270 & 0 & 0 & 0\\ 0 & 0.2540 & 0.7460 & 0 & 0\\ 0 & 0.9434 & 0.0566 & 0 & 0\\ 0 & 0 & 0.6969 & 0.3031 & 0\\ 0.4056 & 0.5944 & 0 & 0 & 0\\ 0 & 0.9635 & 0.0365 & 0 & 0\end{bmatrix}$$

各污染因子的权值向量为

$$\boldsymbol{W}=(0.089,0.151,0.051,0.132,0.396,0.057,0.069,0.055)$$

利用加权平均模糊合成算子式，将 $\boldsymbol{A}$ 与 $\boldsymbol{W}$ 合成，得到模糊综合评价结果向量

$$B = AW = (0.042, 0.666, 0.275, 0.017)$$

同理算得其他 4 个功能区的评价结果，并根据最大隶属度原则得出各个区分别属于哪个等级，列表如下：

表 1-15

	清 洁	尚 清 洁	轻 污 染	中 污 染	重污染	等级
生活区	0.041 957 622 997	0.665 954 660 99	0.274 833 042 32	0.017 254 672 812	0	尚清洁
工业区	0.028 292 968 599	0.705 527 970 46	0.245 316 525 27	0.020 862 535 336	0	尚清洁
山区	0.098 681 166 473	0.609 327 436 84	0.268 573 155 94	0.023 418 241 182	0	尚清洁
交通区	0.247 681 515 96	0.471 051 178 7	0.262 293 433 34	0.018 973 872 037	0	尚清洁
公园绿地区	0.198 098 975 36	0.603 654 616 29	0.151 594 091 54	0.046 652 317 508	0	尚清洁

2）问题二

为确定不同功能区土壤中重金属元素的污染来源，利用 SPSS 软件对这 5 个功能区土壤重金属的 8 项指标进行主成分分析[6]，数据处理及分析结果如表 1-16 所示。

表 1-16

	生活区		工业区			山区			交通区		公园绿地区		
	PC1	PC2	PC1	PC2	PC3	PC1	PC2	PC3	PC1	PC2	PC1	PC2	PC3
	47.7%	19.4%	41.6%	25.7%	13.2%	36.2%	29.8%	16.5%	42.7%	23.2%	40.6%	24.3%	13.9%
As	0.623	0.552	0.398	0.761	0.340	0.260	0.737	0.259	0.139	0.899	0.668	−0.434	0.454
Cd	0.676	−0.534	0.630	−0.638	−0.060	0.626	−0.679	−0.064	0.776	−0.364	0.664	0.038	−0.485
Cr	0.750	0.335	0.585	0.609	−0.182	0.662	0.535	−0.426	0.671	0.431	0.731	−0.535	−0.010
Cu	0.681	0.179	0.840	−0.226	0.143	0.624	0.410	0.557	0.769	−0.130	0.805	0.300	0.063
Hg	0.544	−0.397	0.156	−0.418	0.808	0.439	−0.080	0.742	0.218	−0.056	0.375	0.651	0.490
Ni	0.585	0.655	0.690	0.557	0.213	0.648	0.574	−0.426	0.430	0.782	0.554	−0.708	0.061
Pb	0.740	−0.417	0.761	−0.087	−0.433	0.599	−0.653	0.006	0.837	−0.295	0.670	0.618	0.147
Zn	0.875	−0.246	0.803	−0.398	−0.069	0.800	−0.402	−0.183	0.906	−0.119	0.537	0.277	−0.634

通过主成分分析计算可知生活区原有的 8 个变量的全部信息可由两个主成分表示。即对前 2 个主成分进行分析已能反映全体数据的大部分信息。由表 1-16 可知，其第一主成分贡献率为 47.7%，特点表现为因子变量在元素 Zn 和 Cr 上有较高的载荷，这反映了生活垃圾、交通污染和工业污染可能是生活区的主要污染来源。车辆轮胎与地面摩擦是产生 Zn 的一个重要途径，但生活垃圾的堆放也是 Zn 产生污染的重要原因。而 Cr 主要来源于工业污染，主要为电子、冶金工业和工业废料排放。生活区第二主成分的贡献率为 19.4%，有较高载荷的元素为 Ni 和 As，这可能与交通污染和工业污染有关，因为 Ni 是汽车尾气颗粒中含量较高的元素，也会由车体和轮胎老化放出，也可能在冶金工业中被排放，而 As 的主要来源则是水污染，则可认为其污染来源为工业污染和水污染。居民区的污染主要来自生活垃圾的堆放，临近交通道路的污染，工业区造成的土壤污染。

由表中数据还可知，工业区第一主成分贡献率为 41.6%，在 Cu 和 Zn 上因子变量有较高载荷，而普遍认为 Cu 和 Zn 主要产生于工业污染，同时交通污染又是 Zn 的来源，所以这反映了工业区污染来源主要为工业污染和交通污染。其第二主成分的贡献率为 25.7%，这一成分主要在 As、Cr 和 Cd 上有较高载荷，而这三个的主要来源包括水污染、工业污染，上面提到过 As 和 Cr 的污染产生来源，Cd 则多产于冶锌厂的废水和镀铬厂。其第三主成分的贡献率为 13.2%，此成分在 Hg 和 Pb 上有较高载荷，Hg 主要来自工业生产的废气废渣，还有农业生产对土壤的污染；Pb 则主要来源是工业废气废水，以及汽车尾气颗粒，这反映了工业污染和交通污染是工业区主要污染来源。因为工业生产本身就会产生大量的工业污染物，而且工业运输会造成较严重的交通污染。

为叙述简捷，因为与上两功能区同理，故略去部分分析。可知，山区的三个主成分分别反映的污染来源为：交通污染，工业污染；水污染，工业污染；工业污染，农业污染。这与经过山区的交通路线有关，也有工业区的土壤污染的关系，还因为有农田的存在，所以还有农业污染，也即农药产生的污染。交通区的两个主成分分别反映的污染来源为：交通污染，工业污染；水污染，交通污染。这主要就是交通污染产生的废气、颗粒浮尘等造成的。公园绿地区的三个主成分分别反映的污染来源为：工业污染，交通污染，水污染；交通污染，工业污染；交通污染，工业污染。公园绿地区的污染多是临近忙碌的交通要道带来的废气等造成的，还有可能是因为工厂将废水排放口设在了公园的水塘内，这也是常见的现象，并且可能存在的生活垃圾和工业废弃物堆放也会对此区域产生污染。

模型的评价及改进

内梅罗综合污染指数法[4]优点：数学过程简洁、运算方便。物理概念清晰，对于一个评价区，我们只需计算出它的综合指数，再对照相应的分级标准，便可知道评价区某环境要素的综合环境质量状况，便于决策者做出综合决策。

缺点：其描述的环境质量是非连续的，分级标准建立在二值逻辑基础上，它的截然性和非连续性会造成相差很小的污染强度值处于两类完全不同的级别中，而相差很大的污染强度值处于同一级别中，这样将导致功能标准的客观条件即使相差很小也无法满足同一类别的功能要求，而功能标准的客观条件相差很大却能满足同一类别的功能要求，这显然不符合客观实际。

另外，污染因子即使只有一两项指标值偏高，而其他指标值均较低也会使综合评分值偏高，所以在没有对各项污染因子增加权重因素的情况下容易造成评价值偏高，这也解释了模型一的结果不如模型二的结果准确的原因。

改进：可对各项污染因子按照毒性大小添加权重因素。

模糊综合评价法优点：该模型是比较客观、尽量避免主观影响的方法，能有效解决土壤重金属污染级别的模糊边界问题，并有控制评级结果误差的优点，因此广泛应用于土壤环境质量评级中。但传统的模糊数学污染物浓度超标赋权法没有考虑不同重金属间的毒性差异，可能掩盖重金属元素的毒性作用，不能反映实际生态效应。基于此，本模型根据重金属的毒性大小进行权重赋值，使得结果更符合客观实际。

缺点：没有考虑环境因素变动的影响，虽然土壤中的重金属浓度不易快速大幅度变化，但还是会因受物理、化学和生物过程的随机影响而具有不确定性。本模型没有考虑到这些因素，具有一定局限性。

改进：可用 Shannon 信息熵表示上述不确定性，在构建隶属度模糊矩阵时将熵函数加入目标函数中，以消除监测数据的波动性以及土壤质量分级的模糊性。

3）问题三

查阅资料可得，重金属污染的主要传播途径包括：大气沉降、污水灌溉、固体废弃物的堆放、农用物资的使用、城市交通影响、地表(土壤)径流和土壤溶质运移等途径[8]。本题研究对象为0～10cm浅层地表土壤,综合考虑后我们认为地表运移为土壤中重金属元素的主要运移方式,因此求解问题三时采用的是对基于求解粒子扩散问题的二维扩散模型改进后的重金属传播模型,输入重金属粒子分布数据进行编程模拟,从而求出场源点。二维扩散模型方程[1]如下:

$$u_t-\left[\frac{\partial}{\partial x}\left(D_x\frac{\partial u}{\partial x}\right)+\frac{\partial}{\partial y}\left(D_x\frac{\partial u}{\partial y}\right)\right]=F(x,y,z)$$

其中u_t为元素浓度关于时间的导数,本题中该城区各处浓度可视为已达到动态平衡状态,则可视其为常数0。式中扩散系数D受到多种因素影响,但在本模型中其大小主要与地形坡度有关(即海拔),参考文献中对修正系数取值和求解的介绍[1],故对其进行x,y方向上的修正:$D_x=a+f(x),D_y=a+f(y)$,其中a取值为0.5,$f(x)=b\frac{\mathrm{d}z}{\mathrm{d}x}$,$f(y)=b\frac{\mathrm{d}z}{\mathrm{d}y}$。

在MATLAB中分别构造z对x和y的导数的方阵,求其最值,因为修正值不能大于原值,则有$f(x)<a$,据此可求出系数b的初步范围,但我们不受限于此范围地分别取其值为1,5,10。$b=1$和$b=10$分别代表浓度梯度、地形海拔是造成扩散的主要因素时的情况,$b=5$则代表这两种因素影响力相当时的情况。这样得出结果可以达到相互对比的目的。

于是,我们得到符合新建的重金属传播模型的目标函数:

$$-\left(\frac{\partial}{\partial x}\left(\left(0.5+5\frac{\partial z}{\partial x}\right)\frac{\partial u}{\partial x}\right)+\frac{\partial}{\partial y}\left(\left(0.5+5\frac{\partial z}{\partial y}\right)\frac{\partial u}{\partial y}\right)\right)=F(x,y,z)$$

对于此方程,已知319个抽样点数据,要确定污染源的位置,需求$F(x,y,z)$的极大值或最大值,即方程左边的最大值,求解过程如下:

(1) 先对x,y,z运用相应的三维插值方法进行数据插值。由散点图可以看出,空间中采样点较为稀疏,而目标函数中进行的求微分运算要求的数据较稠密,所以先运用IDW空间插值法将之前剔除异常数据后的283个数据扩充1 000个,达到1 283个(没有继续重复操作增加数据是考虑到计算时间较长,且对于最终确定污染源影响不大)。

(2) 将插值得到的点和原坐标点所对应的z,u分别一一求微分。这里运用了diff函数代替了原目标函数中的求偏导运算,因为连续的函数难以求得,用插值扩充之后的点互相以类似微元的思想求其微分来代替求导运算,数据够大时可以得到很近似的结果。然后把数据代入改进后的二维扩散方程,即可得到各点所对应的源强$F(x,y,z)$。

(3) 将源强看作海拔高度,作关于x,y的分布图,得到源强随x,y坐标变化的源强分布图。

(4) 读图得到污染源位置坐标。

编写的具体MATLAB程序见附录。

这里需要说明以下几点:

(1) 由于区域较大,而采样点较少,即使是反复使用插值法,也无法避免一定程度的误差。

(2) 研究这一问题的过程可视作三个阶段:初始阶段只考虑了u与x,y的关系,分别将每种元素就二维扩散模型建立方程并编程求解,忽略了海拔因素的影响,求解得到的是忽略地形因素对扩散造成影响时的污染源;第二阶段,将剔除异常数据后的数据点毫不增加地代入改进后的扩散模型编程求解,并在这阶段参考所求$f(x)$中参数的范围,并考虑对作图和求解的有利程度,将 $f(x)$ 中的参数依次设置为 1,5,10,分别代入求解(此参数取值对扩散因素的影响参见前文);随后引入差值分析,将扩充后的点再一次代入方程编程求解,此时该参数取最利于作图和计算的数值 5(相关 MATLAB 程序见附录)。

(3) 污染源的位置确定以第二次分析结果为主,同时参照第一、三次。

污染源的位置确定及分析如下。

As:污染源很集中,坐标位置为(27650,11590);

Cd:大致有三个主要污染源为(2016,1298),(5472,8529),(27650,11400);

Cr:污染源较集中,坐标位置为(27650,11590);

Cu:污染源主要有两个到三个,其中两个为(2016,1298),(5472,8529)(因为三点中两点较接近,故只列出两个坐标);

Hg:污染源分布较分散,且与 Cu 分布接近,三个主要污染源大致坐标为(3168,2040),(4608,1298),(5472,8529);

Ni:污染源分布呈直线,主要的两个污染源为(27650,11590),(17710,11400);

Pb:污染源分布集中于一片区域,主要污染源坐标为(5472,8529);

Zn:污染源分布相对集中于一片区域,主要污染源坐标为(5472,8529)。

对照区位图,As 和 Cr 主要分布于东部偏北方向的山区中,分别查 As,Cr、Ni 的来源,分析可得在山区里可能有矿山,导致表层土壤 As、Cr、Ni 含量较高;也可能在山区里分布有冶金等工业。

Cd、Cu、Hg、Pb 和 Zn 主要分布于西南一带及中部偏西,结合区位图,此区域多为工业区和交通区。

另外,Cd 同 As、Cr 一样,在东部山区中也有不少分布,Hg 分布较另外几个要广些,有几个相对集中点,可能与 Hg 的工业用途有关。

下面附上问题求解 Cr 的污染源图。(5 张图的排列顺序与上面叙述一致:图 1-16 为不考虑地形的情况下计算得的污染源;图 1-17～图 1-19 则分别是按上文取不同参数值求得的污染源;图 1-20 是插值法扩充了点的数量之后取该参数值为 5 时计算得到的污染源。)

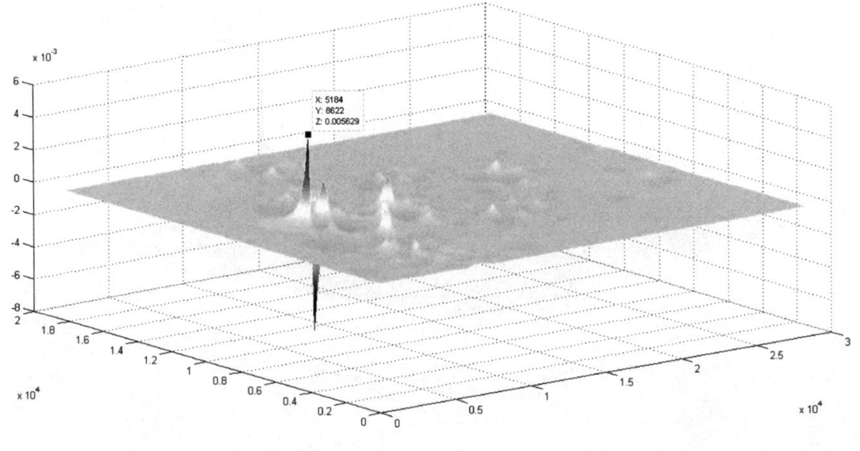

图 1-16

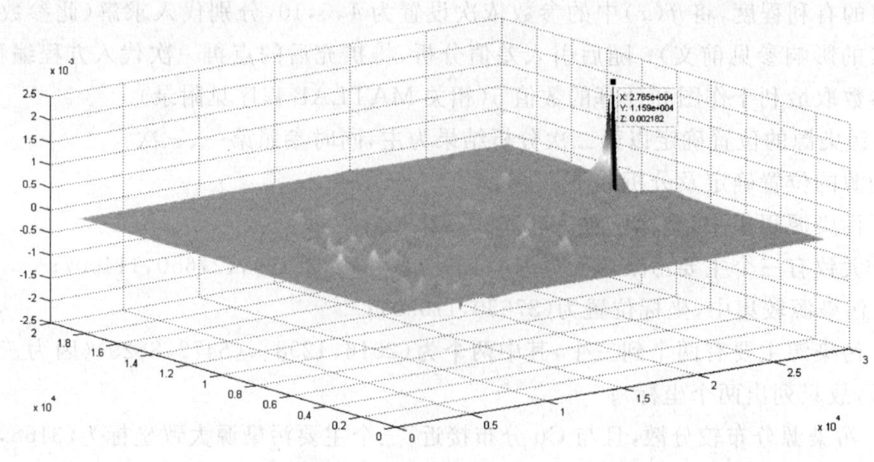

图 1-17

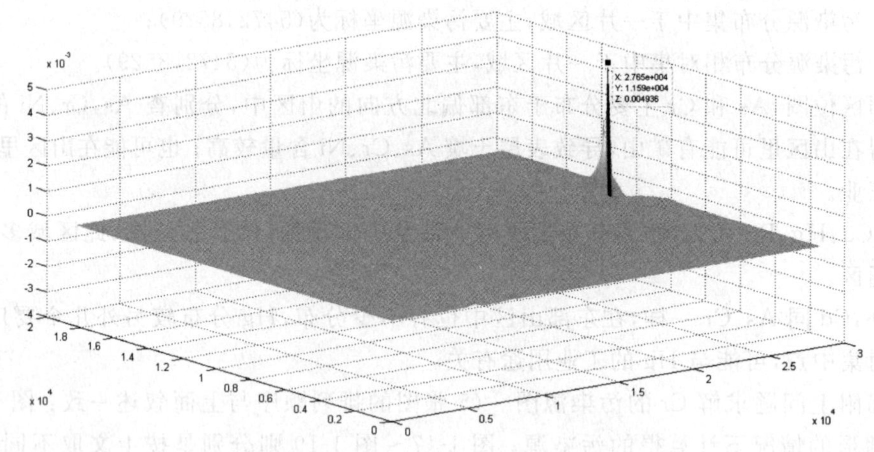

图 1-18

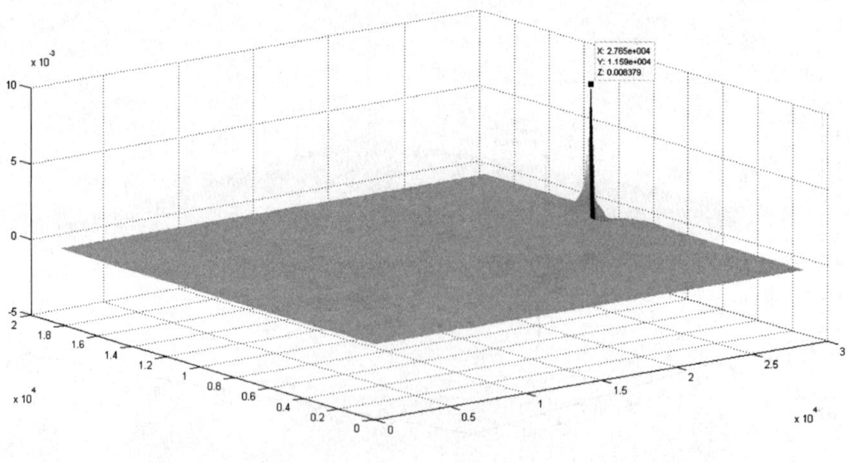

图 1-19

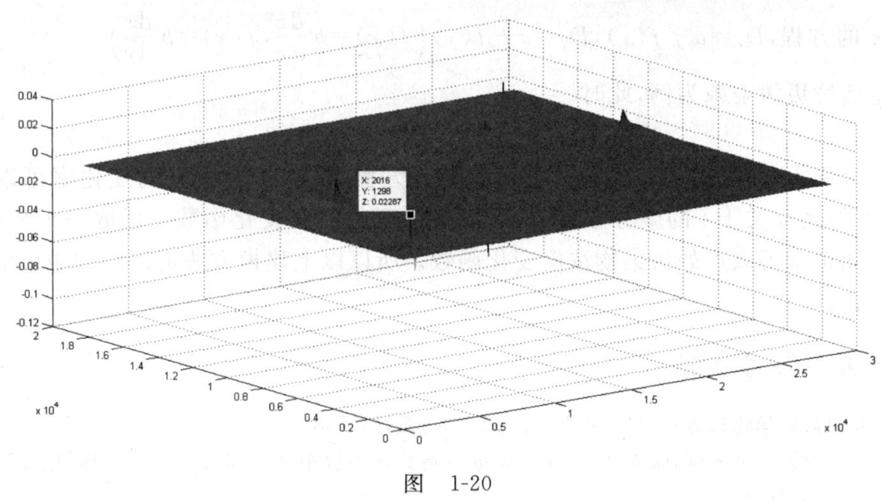

图　1-20

4）问题四

由二维扩散模型可知，场源强度变化在扩散中影响场中各点的浓度值变化。在问题三的求解中，出于变化小、时间短的考虑，可把它看成恒定、不随时间变化的因素，使方程得到了化简，这样求解比较准确，且基本不影响判断污染源位置。但这正是本模型的缺陷，即忽略了场源强度随时间的变化。

然而要研究城市地质环境的演变模式，就需要考虑源强变化。现在每天新增的车辆数及轨道交通数、生活垃圾、工业垃圾(包括废水、废渣、废气)、农业化肥等使用量的增加，都是污染源强度改变的原因，都会引起城市环境改变，一些自然因素也会对其产生影响，如降水量、地表径流、土壤溶质、大气沉降等。

地质环境指地壳上部包括岩石、水、气和生物在内的互相关联的系统，分析问题四就将地表重金属扩展到了整个环境，包括大气、水、土壤等。

首先列出二维扩散方程

$$u_t - \left[\frac{\partial}{\partial x}\left(D_x \frac{\partial u}{\partial x}\right) + \frac{\partial}{\partial y}\left(D_y \frac{\partial u}{\partial y}\right)\right] = F(x,y,z)$$

要确定方程中源强随时间变化，这里以汽车数量、生活垃圾、工业垃圾这几个因素对环境的影响建立模型，分析城市地质环境的演变模式。

所需搜集的一些信息如下：

(1) 几个污染源单位排放污染物的量，即汽车行驶单位里程排放的污染物量 a_1，生活垃圾平均每吨所含污染物量 a_2，工业垃圾平均每吨所含污染物量 a_3(可以是某种特定元素，也可以是加权总污染量)；

(2) 单位时间汽车污染物、生活垃圾、工业垃圾的产生量为 b_1, b_2, b_3；

(3) 城市地形详细资料，包括各点的梯度值；

(4) 污染物浓度随坐标变化率。

将以上各值代入扩散方程：

$$u_t - \left[\frac{\partial}{\partial x}\left(D_x \frac{\partial u}{\partial x}\right) + \frac{\partial}{\partial y}\left(D_y \frac{\partial u}{\partial y}\right)\right] = F_1 + F_2 + \cdots + F_n$$

其中 $F_1, F_2, \cdots, F_n$ 是主要污染物排放点的污染物排放强度方程(道路视为线源)，F_n 是关

于 x,y,z 的方程，$D_x=a+f(x)$，$D_y=a+f(y)\left(f(x)=b\dfrac{\mathrm{d}z}{\mathrm{d}x},f(y)=b\dfrac{\mathrm{d}z}{\mathrm{d}y}\right)$。

以生活垃圾污染源为例，此时

$$F_n = a_2 b_2$$

将各信息量代入，即可得到 u 关于 x,y,t 的微分方程，而 u 关于 x,y 的变化率可以实地测得，于是可得到 u 关于 t 的微分方程，从而解得浓度的时间变化函数。任取一个坐标点，都可以由已知量求得该点处污染物浓度变化函数。所以以上建模方法可以得到城市地质环境的演变模式。

1.3.6 参考文献

[1] 王明新，等. 数学物理方程[M]. 北京：清华大学出版社，2008.

[2] 徐争启，倪师军，庹先国，张成江. 潜在生态危害指数法评价中重金属毒性系数计算[J]. 环境科学与技术，2008，31(2).

[3] 王淑雨，马建华，韩晋仙，等. 最大熵模糊综合评价法在污灌区土壤重金属污染等级划分中的应用[J]. 安全与环境学报，2010，10(1).

[4] 王博，韩合. 内梅罗指数法在水质评价中的应用及缺陷[J]. 中国城乡企业卫生，2005(总第 110 期).

[5] 王永利，倪师军，黄润秋，等. 康定城土壤重金属模糊评价[J]. 成都理工大学学报，2010，37(5).

[6] 段雪梅，蔡焕兴，巢文军. 南京市表层土壤重金属污染特征及污染来源[J]. 环境科学与管理，2010，35(10).

[7] 国家环境保护总局. GB15618—1995 土壤环境质量标准[S]. 北京：中国标准出版社，1995.

[8] 覃邦余. 重金属污染物在土壤环境系统中运移的建模与仿真[D]. 桂林：广西师范大学，2009.

1.4 论文点评

本文的特点是对数据的处理和建模非常规范，考虑到了每一个关键环节。文中首先对数据进行了整理，剔除了部分异常数据后给出了重金属元素在城区的空间分布情况。在此基础上，利用内梅罗综合污染指数法和模糊评价方法对各个区域的污染程度进行了评价。无论何种评价方法，都难免受到主观因素的影响，本文将自己的评价模型与已有的行业模型进行对比，可以在一定程度上增强自己模型的可信度。

在分析污染原因时，文中利用主成分分析法研究了各个区域 8 种重金属元素的分布特征，并结合相关文献中的结论确定了各个区域的污染原因。对于问题三，本文采用了描述扩散现象的偏微分方程模型并明确地描述了插值算法流程，将污染程度最高的位置确定为污染源。在回答问题四时，本文依据自己建立的模型给出了一系列建议，不过这一部分略显草率，所建议的部分测量数据在现实中很难得到稳定的观测结果。

这篇论文的优点非常突出，比如条理清晰、结构严谨而规范、论述简明扼要，是学习竞赛论文写作的优秀样板；所建的模型都比较有针对性，展现出的数据处理、算法设计、软件操作等技术水平也比较高。不足之处是列出的图偏多，但解释和说明不够，如果只列出关键的图并做详细说明，效果会更好一些。

此外，论文在问题一上用了太多篇幅，正如文中所说，问题三是重点和难点，有点头重脚轻；对于问题二，论文直接用软件和文字说明，没有给出具体数学形式的算法原理；问题三的模型建立有理有据，但在参数的选取上缺少说明和论证。

总的来看，本文的所采用的数学方法有针对性，数据处理过程严谨，论文撰写也非常规范、严谨，值得借鉴。

1.5　获奖论文——基于对流-反应扩散方程的污染源分析模型

作　　者：赵佳莉　于少臣　王雨晨

指导教师：李炳照

获奖情况：2011 全国数学建模竞赛一等奖

摘要

城区按功能的不同，通常划分为几个区域，本文中研究的城区划分为 5 个功能区。为研究该城区表层土壤重金属的分布状况，可结合已知采样点处几种重金属浓度分布的数据，利用 MATLAB 绘制城区的功能区分布图及各个重金属元素在城区内的浓度分布图，通过图形可直观地得到城区内重金属的分布状况。为了解各区域重金属的污染程度，采用污染负荷指数法对各个功能区的重金属污染状况进行了评价并进行了比较。

为进一步了解该城区内重金属污染的原因即来源，首先计算了各个功能区几种重金属元素之间的相关系数，以两种重金属之间的正相关系数越大，则其越有可能来自同一污染源为依据，通过相关性大小的分析，简单地判断了各个区域内重金属污染物的来源。为得到更为准确的判断，采用了主成分分析法分析了各区域内影响污染状况的主成分，较为明确地得到了该城区不同区域中重金属污染的原因即来源。

本文简化认为重金属在土壤中以对流、弥散、阻滞方式随水运动。选用对流一反应扩散方程作为重金属在土壤中扩散的运动方程，并且通过简单合理的假设将原本复杂的三维扩散方程简化为二维方程，又通过坐标的旋转平移，将边界条件简化为简单的形式，最终通过查找文献得到了此微分方程的形式解。求解微分方程的过程中，参数的确定极其重要。通过根据问题的实际提出一些合理性假设，及从文献中查找相关资料，定下了方程的各个参数值。最后结合格点搜索的方法确定了重金属污染源的位置，较好地解决了问题。

最后，对模型进行了评价，分析了模型的优缺点。并且提出了若要更好地研究城市地质环境所需的调查数据，例如人口密度与森林密度、内陆湖分布情况等。最后基于这些数据，提出了进一步完善模型的方法，并给出了相应的偏微分方程。相信通过这些方程，可以更好地了解城市地质环境的演变情况。

关键词：污染负荷指数法　主成分分析法　对流-反应扩散方程　模型的改进

1.5.1　问题重述

城区按功能可划分为生活区、工业区、山区、交通区、公园绿地区等。人类的活动对城市地质环境的演变具有很大的影响，且不同的区域环境受人类活动影响的程度不同。

土壤作为城区地质环境的重要元素，对于研究城区地质环境的演变模式具有重要意义。现对某城市城区土壤地质环境进行调查，利用网格法将该城区以 1km^2 为单位进行采样、编号，采样对象为表层土(0～10cm 深度)，并用 GPS 记录了采样点的位置，同时获取了每个样本所含多种重金属元素的浓度数据。本例中考察了 8 种主要的重金属元素在该城区不同功能区中的浓度分布状况,选取自然区中的浓度数据为背景值,以便与实际值相比较。

本例中问题一要求利用所给数据给出 8 种主要重金属元素在该城区的空间分布,通过各元素的分布状况进一步分析该城区内不同区域重金属的污染程度,以对每个区域内不同元素的分布情况及污染程度有个全面的了解。问题二要求利用已给的数据进行分析,说明重金属污染的主要原因。问题三要求分析重金属污染物在该城区内的传播特征,并且建立模型来确定城区内污染源的位置。问题四要求对所建立的模型进行分析和评价,指出模型的优缺点;同时考虑为更好地研究城市地质环境的演变模式应收集哪些额外的信息,并利用另外收集到的信息建立模型解决实际问题。

通过对该城区内的重金属分布状况、在各个区域内的污染程度进行分析,同时对污染的原因和污染源进行确定,可以对该城区土壤地质环境的演变状况做出较好的分析和研究,具有很好的实际意义。

1.5.2 问题分析

城市处在不断的发展和变化中,城市地质环境也在人类活动的影响之下不断地发展和变化。某个城区通常会按其功能的不同而划分为不同的区域,如生活区、工业区等,不同的区域环境受人类活动影响的程度不同。土壤作为城区地质环境的重要元素,对于研究城区地质环境的演变模式具有重要意义。本例中对某城市城区的土壤地质环境进行调查。利用网格法对城区土壤进行了采样编号,并用仪器测试获得了采样点多种化学元素的浓度数据。

问题一要求给出 8 种主要重金属元素在该城区的空间分布,通过各元素的分布状况进一步分析该城区内不同区域重金属的污染程度。根据已知该城区不同区域内几种重金属元素浓度分布的数据,结合 MATLAB 软件,可绘出该城区的功能区分布图和各个区域内重金属的浓度分布图,从而得到各元素的分布状况。为分析不同区域重金属的污染程度,可采用污染负荷指数法,对各区域的污染程度进行评价和比较。

问题二要求说明重金属污染的主要原因。为此,可对各区域重金属元素之间的相关性进行分析,两种元素的正相关系数越大,则其越可能来自同一污染源,根据相关性的大小,简单地判断污染物的来源。为得到更加准确的结果,可采用主成分分析法,分析各区域内污染物的来源。

之后,通过一些简单的假设,可采用对流-反应扩散方程判定污染源及重金属的传播特征。最后,对所建立的模型进行分析和评价,指出模型的优缺点;考虑到土壤内重金属的含量及其传播方式等可能随着时间而变化,进而影响到城市地质环境的演变模式,可收集更多的信息来对城市的地质环境状况进行进一步的分析。

1.5.3 该城区重金属的空间分布及各城区污染程度

1. 该城区不同重金属元素的空间分布

为得到 8 种主要的重金属元素在该城区的空间分布,利用采样点的相关数据绘出了该城区的功能区分布图(见图 1-21)和 8 种重金属元素在该城区中浓度的分布图(见图 1-22～图 1-25),横轴与纵轴分别代表采样点的 x 坐标与 y 坐标,以 m 为单位。

由分布图可得到 8 种元素在该城区的空间分布。As 主要分布在工业区,x 坐标为 17 000～18 000 米,y 坐标为 9 000～11 000m 的范围内含量最多,交通区中也有较多的 As,

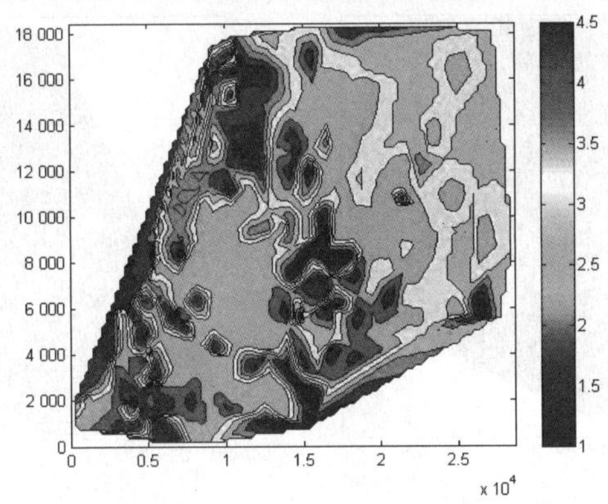

图 1-21　该城区的功能区分布图
（分别代表生活区、工业区、山区、交通区、公园绿地区）

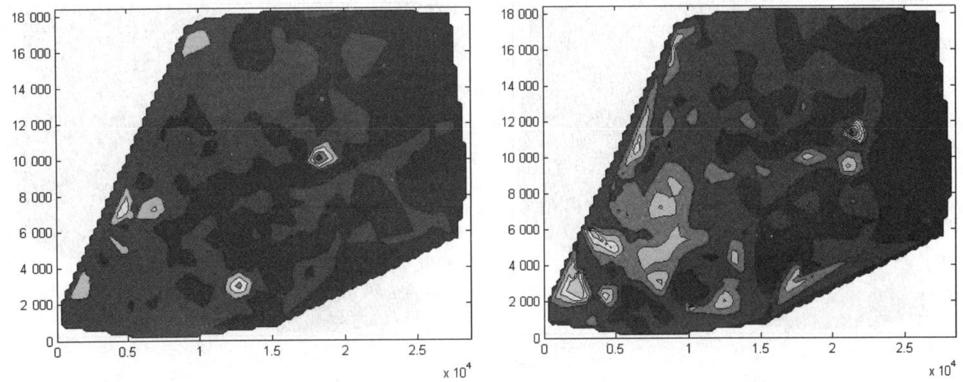

As　　Cd

图　1-22

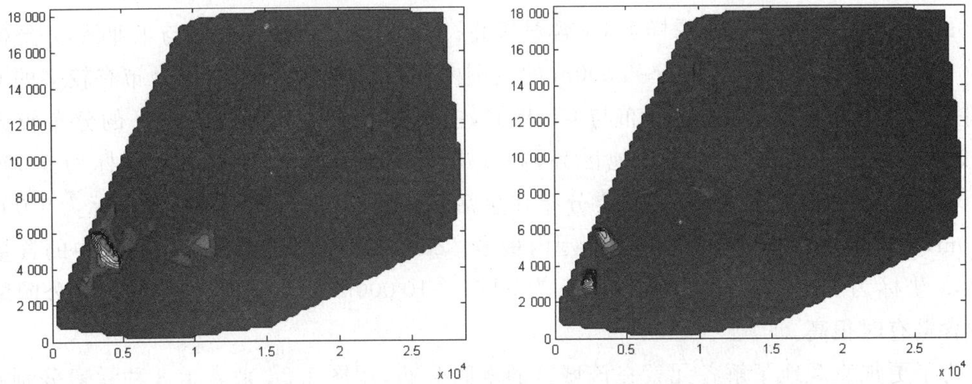

Cr　　Cu

图　1-23

含量与工业区中差不多；Cd 在交通区中含量最多，主要分布在 x 坐标为 22 000～23 000m，y 坐标为 11 000～11 500m 的范围内，工业区中含有较多的 Cd，生活区中含量次于工业区；Cr 在交通区和生活区中含量最多，主要分布在坐标为 3 000～5 000m，y 坐标为 4 500～

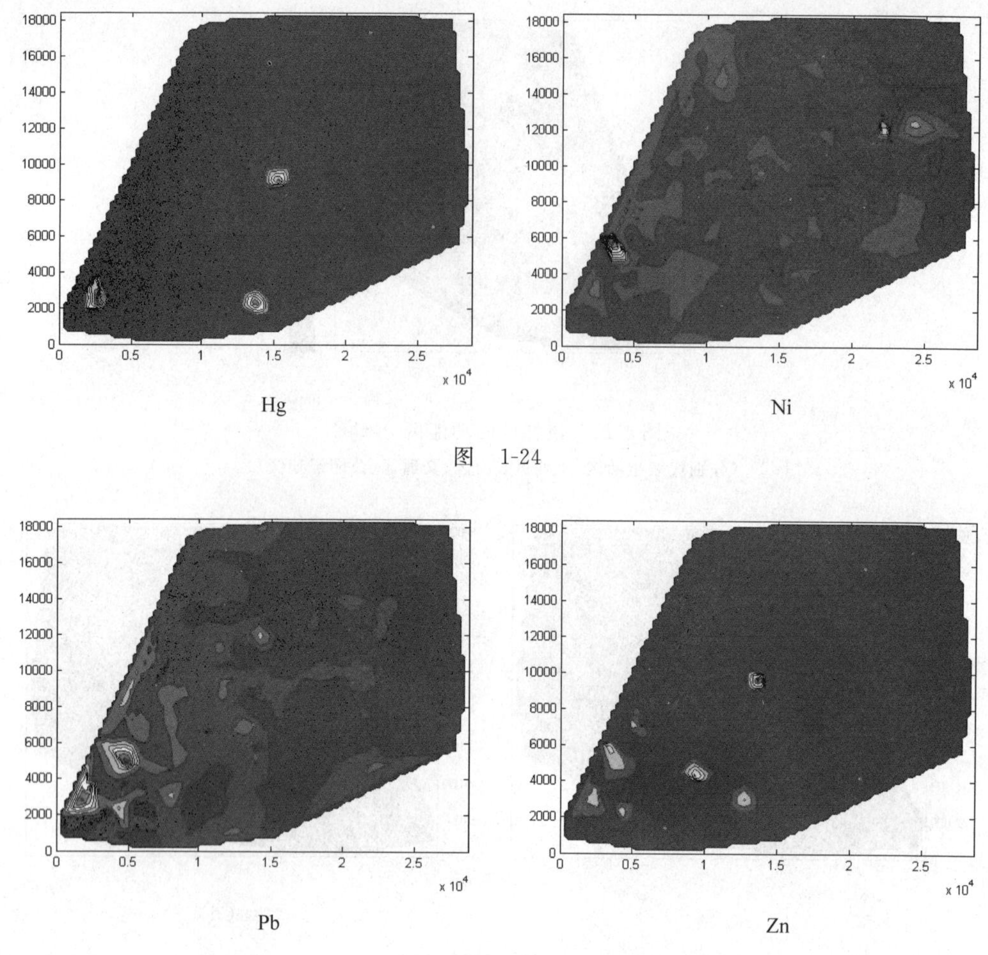

图 1-24

图 1-25

6 000m 的范围内,有个别的采样点 Cr 含量极高; Cu 主要分布在交通区与工业区,x 坐标为 2 000～2 500m,y 坐标为 2 500～3 500m 的范围内含量最多,生活区中也分布有较多的 Cu,个别采样点含量极高; Hg 的分布与 Cu 相似,主要在工业区和交通区; Ni 的分布较为均匀,交通区和工业区的含量较其他区高,在 x 坐标为 3 000～5 000m,y 坐标为 5 000～6 000m 的范围内含量较多; Pb 主要分布在生活区,工业区和交通区,在 x 坐标为 1 000～2 500m,y 坐标为 2 000～3 800m 的范围内最多; Zn 在交通区,工业区和生活区中的含量非常高,x 坐标为 13 500～14 000m,y 坐标为 9 000～10 000m 的范围内含量最多,在公园绿地区中含量有时很高。

为了更加直观地了解各元素在该城区的空间分布,用图 1-26 来表示 8 种元素分别在 5 个功能区中的平均含量。

由图 1-26 可以更加直观地看到各元素在该城区不同功能区中的分布状况。其中 As 和 Ni 在整个城区中含量都较低,且分布比较均匀; Cd,Hg,Zn 三种元素在整个城区中含量明显较其他元素高,每种元素在工业区、交通区、生活区中含量最多,公园绿地区中含量也比较高,山区中明显比其他功能区中含量少; Cr,Cu,Pb 三种元素在各功能区的含量位于 As,Ni

和 Cd,Hg,Zn 之间,这几种元素同样主要分布在工业区和交通区中,生活区和公园绿地区中也有较高的含量,山区中分布量普遍较少。

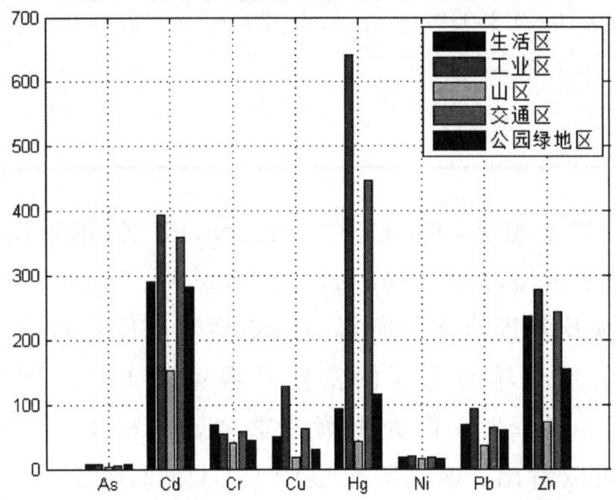

图 1-26 8 种重金属在各功能区内的浓度分布图

也可通过对该城区不同功能区内重金属的含量进行统计来观察各元素在该城区的分布状况,如表 1-17 所示。

表 1-17 该城区不同功能区土壤重金属统计值

功能区	As/(μg/g)	Cd/(ng/g)	Cr/(μg/g)	Cu/(μg/g)
生活区(n=44)	6.27	289.96	69.02	49.40
采样值范围	2.34～11.45	86.80～1 044.50	18.46～744.46	9.73～248.85
工业区(n=36)	7.25	393.11	53.41	127.54
采样值范围	1.61～21.87	114.5～1 092.9	15.4～285.58	12.7～2 528.48
山区(n=66)	4.04	152.32	38.96	17.32
采样值范围	1.77～10.99	40～407.6	16.2～173.34	2.29～69.06
交通区(n=138)	5.71	360.01	58.05	62.21
采样值范围	1.61～30.13	50.1～1 619.8	15.32～920.84	12.34～1 364.85
公园绿地区(n=35)	6.26	280.54	43.64	30.19
采样值范围	2.77～11.68	97.2～1 024.9	16.31～96.28	9.04～143.31
平均含量	5.68	302.39	53.51	55.2
土壤背景值	3.6	130	31	13.2
富集系数	1.58	2.33	1.73	4.18

功能区	Hg/(ng/g)	Ni/(ng/g)	Pb/(μg/g)	Zn/(μg/g)
生活区(n=44)	93.04	18.34	69.11	237.01
采样值范围	12.00～550.00	8.89～32.80	24.43～472.48	43.47～2 893.47
工业区(n=36)	642.36	19.81	93.04	277.93
采样值范围	11.79～13 500	4.27～41.70	31.24～434.80	56.33～1 626.02
山区(n=66)	40.96	15.45	36.56	73.29
采样值范围	9.64～206.79	5.51～74.03	19.68～113.84	32.86～229.8
交通区(n=138)	446.82	17.62	63.53	242.85
采样值范围	8.57～16 000	6.19～142.5	22.01～181.48	40.92～3 760.82
公园绿地区(n=35)	114.99	15.29	60.71	154.24

续表

功能区	Hg/(ng/g)	Ni/(ng/g)	Pb/(μg/g)	Zn/(μg/g)
采样值范围	10～1 339.29	7.6～29.1	26.89～227.4	37.14～1 389.39
平均含量	299.57	17.26	61.74	201.2
土壤背景值	35	12.3	31	69
富集系数	8.56	1.4	1.99	2.92

经统计得到该城区表层土壤 As,Cd,Cr,Cu,Hg,Ni,Pb,Zn 的平均含量分别为 5.68μg/g,302.39ng/g,53.51μg,55.2μg/g,299.57ng/g,17.26μg,61.74μg,201.2μg/g 都大于各自的土壤背景值。采样点土壤及背景值之比所得的富集系数可反映研究区土壤重金属的污染状况。经计算可得该城区表层土壤重金属的富集系数见表 1-17。用 k 表示富集系数,则以 $1.0\leqslant k\leqslant 1.5$,$1.5\leqslant k\leqslant 2.0$,$k\geqslant 2.0$ 作为土壤中重金属弱富集、中富集和强富集的划分依据。由表中的计算结果可以看出:该城区土壤中 Cd,Cu,Hg,Zn 的富集系数分别为 2.33,4.18,8.56,2.92,表现为强富集,其中 Cu 和 Hg 的富集系数很高;而 As,Cr,Pb 的富集系数分别为 1.58,1.73,1.99,表现为中富集,其中 As 的富集系数较接近 1.5;Pb 的富集系数较接近 2.0;只有 Ni 的富集系数为 1.4,在 1.5 以下,表现为一定的弱富集。

还可通过观察各功能区中重金属的分布来更加全面地了解其分布状况,如图 1-27 所示。

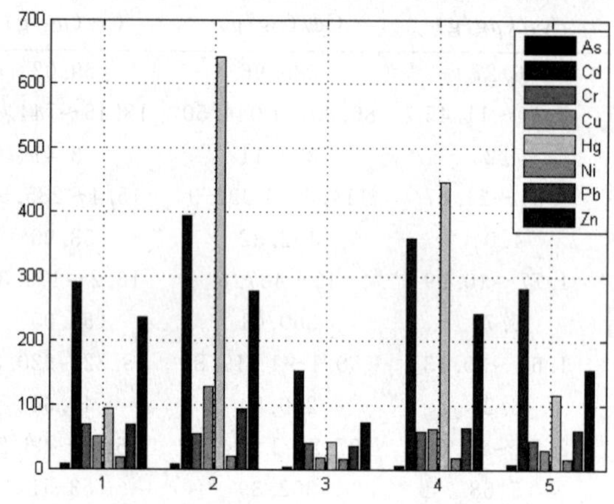

图 1-27 5 个功能区中各重金属元素的分布

(从左到右依次为生活区、工业区、山区、交通区、公园绿地区每个区从左到右依次代表 As,Cd,Cr,Cu,Hg,Ni,Pb,Zn)

该城区不同功能区内各元素的含量差异较大。生活区中,表层土壤中重金属含量顺序依次为 Cd>Zn>Hg>Pb>Cr>Cu>Ni>As;工业区中,各元素的含量顺序依次为 Hg>Cd>Zn>Cu>Pb>Cr>Ni>As,山区中,各元素的含量顺序依次为 Cd>Zn>Cr>Hg>Pb>Ni>Cu>As;各元素含量普遍较低;交通区中,各元素的含量顺序依次为 Hg>Cd>Zn>Cu>Pb>Cr>Ni>As;公园绿地区中,各元素的含量顺序依次为 Cd>Zn>Hg>Pb>Cr>Cu>Ni>As,在该区中,各元素的含量也普遍较工业区、交通区和生活区低。从以上各区元素含量的排序中可以发现,Cd,Hg,Zn 在各区中含量都是最多的,Pb 次之,Cr,Cu 在各区中含量都较少,Ni,As 两种元素在各个功能区中含量都是最少的。

2. 该城区内不同区域重金属的污染程度

1）污染负荷法评价

为了分析该城区不同功能区内重金属的污染程度，采用 Tomlinson 提出的污染负荷指数法，该方法被广泛应用于土壤和河流沉积物重金属污染的评价，污染负荷指数由评价区域所包含的多种重金属成分共同构成，它能直观地反映各个重金属对污染的贡献程度。利用污染负荷指数法，再结合该城区各功能区 8 种重金属元素的浓度分布，可得到该城区不同区域重金属的污染程度，并进一步对污染程度进行评价。

2）评价公式

首先根据某一点的实测重金属含量，进行最高污染系数(CF)的计算：

$$\mathrm{CF}_i = \frac{C_i}{\mathrm{Co}_i}$$

式中，CF_i 为元素 i 的最高污染系数；C_i 为元素 i 的实测含量；Co_i 为元素 i 的评价标准，即背景值，本文中按照 2km 的间距在该城区远离人群及工业活动的自然区中取样，将其作为该城区表层土壤中元素的背景值，为客观和准确地评价，选择该背景值作为重金属污染负荷评价的评价标准，以样品实测含量作为分析基础数据。

某一点的污染负荷指数(PLI)为

$$\mathrm{PLI} = \sqrt[n]{\mathrm{CF}_1 \cdot \mathrm{CF}_2 \cdot \mathrm{CF}_3 \cdot \cdots \cdot \mathrm{CF}_n}$$

式中，PLI 为某一点的污染负荷指数；n 为评价元素的个数。

某一区域的污染负荷指数($\mathrm{PLI}_{\mathrm{zone}}$)为

$$\mathrm{PLI}_{\mathrm{zone}} = \sqrt[n]{\mathrm{PLI}_1 \cdot \mathrm{PLI}_2 \cdot \mathrm{PLI}_3 \cdot \cdots \cdot \mathrm{PLI}_n}$$

式中，$\mathrm{PLI}_{\mathrm{zone}}$ 为某一区域的污染负荷指数；n 为评价点的个数(采样点的个数)。

3）评价标准

将污染负荷指数分为 5 个等级，见表 1-18。

表 1-18　污染负荷指数与污染程度之间的关系

PLI 值	<1	1～2	2～3	3～4	$\geqslant 4$
污染等级	0	Ⅰ	Ⅱ	Ⅲ	Ⅳ
污染程度	无污染	轻度污染	中度污染	重度污染	极强污染

污染物符合程度 PLI 可根据某一点的污染负荷指数不同分为无污染、轻度污染、中度污染、重度污染和极强污染四个等级，分别采用符号 0、Ⅰ、Ⅱ、Ⅲ、Ⅳ来表示。

4）评价结果

采用污染负荷指数法，计算出该城区各功能区 8 种重金属元素对它的污染贡献，即污染负荷指数值，结果见表 1-19。

从表 1-19 中可以看出，生活区中，Cu，Zn 的污染贡献程度最大，即生活区中主要受这两种元素的污染；工业区中，Cu，Hg 的污染贡献程度最大；山区中，Cu，Ni 的污染贡献成最大；交通区中，Hg，Cu，Zn 的贡献程度最大；公园绿地区中，Hg，Cu，Zn 的污染贡献程度最大。由此说明，Cu，Hg，Zn 这三种元素在每个功能区中都是主要的污染元素，而 Ni，As 对 5 个功能区的污染贡献程度都较小。

表 1-19 8 种重金属元素对各功能区的污染贡献

	As	Cd	Cr	Cu	Hg	Ni	Pb	Zn
生活区	1.74	2.23	2.23	3.74	2.66	1.49	2.23	3.43
工业区	2.01	3.02	1.73	9.66	18.35	1.61	3	4.03
山区	1.12	1.17	1.26	1.31	1.17	1.26	1.18	1.06
交通区	1.58	2.77	1.87	4.71	12.77	1.43	2.05	3.52
公园绿地区	1.73	2.16	1.41	2.29	3.29	1.24	1.96	2.24

为了明显地看出各功能区重金属的污染程度,用污染负荷指数法计算出每个区域的污染负荷指数,结果如表 1-20 所示。

从表 1-20 中看出,工业区中重金属的污染程度最严重,污染负荷指数值为 5.426 25,属于极强污染;交通区次之,属于重度污染,其污染负荷指数值为 3.837 5;生活区和公园绿地区都属于中度污染,且生活区的污染负荷指数值为 2.468 75,高于公园绿地区的污染负荷指数值 2.04;山区的重金属污染程度最轻,属于轻度污染,污染负荷指数值为 1.191 25。这 5 个区域都受到了不同程度的重金属元素的污染,污染程度排序如下:工业区>交通区>生活区>公园绿地区>山区。

表 1-20 该城区各城区污染负荷指数评价结果

	区域污染负荷指数值	污染等级	污染程度
生活区	2.468 75	Ⅱ	中度污染
工业区	5.426 25	Ⅳ	极强污染
山区	1.191 25	Ⅰ	轻度污染
交通区	3.8375	Ⅲ	重度污染
公园绿地区	2.04	Ⅱ	中度污染

1.5.4 重金属污染的原因分析

1. 该城区土壤重金属污染的原因分析

来源相同的重金属之间存在着相关性,因此,根据重金属之间的相关性大小可以判断土壤重金属污染来源是否相同。如果重金属之间存在显著的正相关,则可以判定其来源可能相同,否则它们的来源可能不同。为此,利用已知数据,计算出了该城区各个功能区表层土壤各重金属金属元素之间的相关系数,表 1-21 是工业区表层土壤各重金属元素之间的相关系数(其他 4 个区未列出)。

表 1-21 土壤重金属相关系数

	工业区(n=36)							
	As	Cd	Cr	Cu	Hg	Ni	Pb	Zn
As	1	0.33	0.379	0.153	0.181	0.689	0.395	0.518
Cd		1	0.541	0.566	0.533	0.489	0.829	0.754
Cr			1	0.919	0.902	0.698	0.675	0.695
Cu				1	0.983	0.503	0.669	0.622

续表

	工业区(n=36)							
	As	Cd	Cr	Cu	Hg	Ni	Pb	Zn
Hg					1	0.479	0.612	0.59
Ni						1	0.578	0.634
Pb							1	0.739
Zn								1

从几种重金属之间的相关系数中可以大概判定各个功能区重金属污染的原因即来源。生活区中，As和Ni及As和Cu均呈显著的相关关系，相关系数分别为0.605，0.53，表明这三种重金属可能具有相同的污染源；其他几种重金属之间也具有较强的相关关系，相关系数大致在0.3～0.5之间，说明生活区内的几种重金属可能来自同一污染源；其中Cu和Hg之间的相关系数不是很高，说明污染源也可能并不唯一。工业区中，Cr，Cu，Hg三种元素之间呈现出极强的相关性，相关系数分别为0.919，0.902，0.983，说明这三种重金属的污染源可能是相同的；其他几种重金属之间的相关性也比较强，这几种重金属也可能同一污染源，如工厂废气排放等。山区中，除Cr与Ni，Cd与Pb之间具有很强的相关性外(相关系数分别为0.945，0.766)，其他几种重金属之间相关性不是很强，有些重金属之间基本无相关关系，反映了该区的污染源不止一个。交通区中，Cr，Cu，Ni三种重金属之间具有很强的相关性，相关系数分别为0.894，0.869，0.886，表明三者来源可能相同；而其他几种重金属之间相关性不是很强，且与生活区和工业区相比可以发现，该区的几种重金属之间的相关性明显不如前两者显著，表明该区域中重金属的污染来源可能较为复杂，不能从某一种污染源来进行判断。公园绿地区中，As和Cr，Ni呈显著的相关性，这三种金属的污染源可能相同，Ni与Cr，Zn与Cd，Pb与Cu之间也具有较强的相关性，表明这些金属之间分别具有相同的污染源，其余的金属之间相关性不是很强，表明该区的污染源可能也比较复杂。

为利于之后进一步分析重金属污染物的传播特征，确定污染源，对整个城区土壤重金属之间的相关性也进行了计算，结果如表1-22所示。

表1-22　整个城区土壤重金属的相关系数

	As	Cd	Cr	Cu	Hg	Ni	Pb	Zn
As	1	0.255	0.189	0.159	0.065	0.317	0.289	0.247
Cd		1	0.352	0.397	0.265	0.329	0.66	0.431
Cr			1	0.532	0.103	0.716	0.383	0.424
Cu				1	0.417	0.495	0.52	0.387
Hg					1	0.103	0.298	0.196
Ni						1	0.307	0.436
Pb							1	0.494
Zn								1

从表1-22中可以看出，Cr与Ni，Cd与Pb，Cr与Cu之间都具有显著的相关性，相关系数分别为0.716，0.66，0.532，表明这三组元素可能分别具有相同的污染源。为此，在之后的分析中，将具有相同污染源的元素可简化处理，即只利用其中一种元素的数据来对污染源

进行分析。在分析污染源时,8 种元素可按 Zn,Pb,Ni,As,Hg 这 5 种元素来处理。

2. 该城区土壤重金属主成分分析

为了更加明确地判定该城区不同功能区内土壤中重金属污染物的来源,利用 MATLAB 对不同区域内土壤重金属的几项指标进行主成分分析,数据处理后的结果见表 1-23。

表 1-23 该城区各区域内土壤重金属的主成分分析

	生活区		工业区	山区			交通区	公园绿地区		
	PC1	PC2	PC1	PC1	PC2	PC3	PC1	PC1	PC2	PC3
	79%	13%	97.60%	75%	12.36%	8.36%	95.49%	58.67%	30.87%	9.73%
As	−0.000 1	0.005 4	0.000 3	−0.006 1	0.006 4	−0.013	0.000 0	0.002 4	−0.001 1	0.001 6
Cd	−0.171 9	0.883 2	0.056 4	0.946 2	−0.205 4	0.099 8	−0.024 0	0.706 4	0.090 0	0.700 7
Cr	−0.107 3	0.155 4	0.017 4	0.041 3	0.689 1	0.022 6	−0.000 5	0.027 8	0.004 2	0.008 2
Cu	−0.029 4	0.118 1	0.178 1	0.017 3	0.111 7	−0.212 8	−0.001 9	0.041 6	−0.006 1	−0.006 9
Hg	−0.063 8	0.228 6	0.977 6	0.094 3	−0.020 3	−0.971 3	−0.999 5	0.106 2	−0.991 7	0.017 7
Ni	−0.004 5	0.006 2	0.001 8	0.014 9	0.287 8	0.022 4	−0.000 2	0.006 3	0.002 4	0.007 0
Pb	−0.063 1	0.292	0.023 2	0.170 2	0.020 7	−0.010 1	−0.004 0	0.112 7	−0.059 0	−0.074 4
Zn	−0.974 7	−0.210 4	0.092 3	0.254 3	0.621 9	0.004 6	−0.021 7	0.688 8	0.070 5	−0.709 2

通过主成分分析计算,生活区 8 种重金属的全部信息可由两个主成分表示,只要对前两个主成分进行分析就能够反映全部数据的大部分信息。结合表 1-23 可以看出:两个主成分中第一主成分的贡献率为 79%,该主成分中的主要元素在 Zn 上有很大的载荷,由于 Zn 主要来自交通污染,该区可能就是受周围交通环境的污染,不难判定该区很有可能距交通要道较近,容易受汽车等排放尾气的影响。而第二主成分的贡献率为 13%,它的主要元素在 Cd 上分布有很大的载荷,而根据相关资料得知 Cd 主要来源于工业源及化肥的施用,因此,该区附近可能建有工厂,工厂进行生产排放的废气废水等又成了一大污染源。

工业区 8 种重金属的信息由一个主成分表示就能反映大部分信息。这一成分的贡献率很高,为 97.6%,它在 Hg 上的载荷最高,达到了 0.977 6。已知 Hg 主要来源于燃煤源,而工业区本身就包含工厂等工业建筑,工厂进行生产活动,化学物质燃烧后释放的一些物质便成了最主要的污染源,使该区受到严重的污染。

山区的重金属污染情况可由三个主成分来进行分析。第一主成分的贡献率为 75%,突出表现为在 Cd 上有很高的载荷,前面已经说过,Cd 主要来自于工业污染和化肥的施用,因此,该城区的山区应该就位于工业地带的附近。第二主成分的贡献率为 12.36%,主要在 Cr 和 Zn 上分布有较高的载荷,而 Zn 主要来自于交通污染,汽车轮胎的老化磨损、车体的磨损等都会引起 Zn 污染,Cr 目前主要受自然因素控制,它还受电子、冶金工业以及工业废料的影响,由此不难推断出,该区在受到工业污染的同时,还受到交通环境对它的影响,它可能就位于交通较繁忙的路段。第三主成分在这一区域中的贡献率为 8.36%,它主要在 Hg 上分布有很大的载荷,为−0.971 3,Hg 主要来源于燃煤源,即工厂进行生产活动燃烧的化学物质等,从而进一步说明了该区域受工业污染的影响很严重。

交通区的重金属污染同样只要一个主成分就能够表明大多数信息。这一个主成分的贡献率高达 95.49%,在 Hg 上分布有很高的载荷,其值为−0.999 5,与前面分析的结果相同,同样可以得知该区受交通污染很严重,这一点本身也不需要推断,交通区本身就是交通运输比较繁忙的地带，车辆等排放的尾气以及汽车轮胎的摩擦等产生的污染对这一区域的影响是很大的。

由表1-22还可以得到，公园绿地区的污染贡献可以用三个主成分进行分析。第一主成分的贡献率为58.67%，在Cd和Zn上分布的载荷最多，与前面的分析相同，因为Cd主要来自于工业污染及化肥施用，而Zn主要来自于交通污染，如汽车轮胎老化磨损及车体的磨损等，所以，该区主要受工业及交通的污染。该城区的公园绿地区很有可能就位于交通比较繁忙的地段，这样对公园的发展也很有利，由此不难解释表中所示的结果。而第二主成分的贡献率为30.87%，主要在Hg上分布有很大的载荷，已经知道Hg主要来自于工业污染。第三主成分的贡献率为9.73%，Cr和Zn上分布的载荷最多，Cr主要来自于电子、冶金及工业污染，Zn主要来自于交通污染。通过对三个主成分进行分析，可以明确地判定该区主要受工业污染和交通污染的影响。

在对5个区域的重金属污染来源情况分别用主成分分析法进行分析后发现，As，Cu，Ni，Pb在这些区域中对其污染的贡献都很小，可以简单地推断工业排放的废气，汽车尾气等产生的污染中As，Cu，Ni，Pb的影响较小。

1.5.5 模型的建立和求解

1. 模型假设

(1) 重金属元素在随土壤水分运动时，运动方式仅对流、扩散、机械弥散三种。

(2) 由于重金属浓度对生物产生危害，而植物对于重金属元素摄入量受限，由此认为污染源附近植物或死亡，或内部重金属含量已趋饱和，故在污染源附近考虑重金属移动时忽略植物吸收等因素。

(3) 由于城市面积有限，重度污染处面积集中，故认为污染源附近土壤同质，并且污染源附近土壤中水的流向一致，呈直线方向流动，且水流平稳，与其相关参数均为常量。

(4) 与物理扩散相比，重金属元素与土壤中其他元素因化学而损失的量可以忽略不计。

2. 符号说明

C_0：重金属初始浓度，计算时此数需人为估算，根据文献所述，此浓度只需大于所选搜寻范围内最高浓度即可，具体符合程度需要接受计算结果与已知结果拟合程度的检验。

α：渗透因子，由于缺乏具体数据，根据文献所述，一般可近似取作7.5m。

R_d：阻滞常数，受重金属本身特性决定，其影响一般并不显著，可以近似取为1。

ρ：土壤密度，其值据文献所述，在范围2.6～2.8mg/m^{3}内波动，故在此计算式中，ρ取平均值2.7mg/m^3。

θ_1：土壤中水分流动方向与原坐标系方向夹角，由于土壤中水分流动方向会基本决定重金属浓度分布(沿重金属浓度梯度反方向)，故从现有分布图中可以大致估算出水分流动方向，综合8幅重金属分布图，可以得到$\theta_1 \approx 45°$。

3. 模型建立

重金属污染物随空气、水流、人员流动进入土壤后主要随土壤中水分进行扩散，如假设中所说，扩散方式主要分对流、扩散、机械弥散三种形式，考虑三种运动方式，由土壤溶质运移理论，可知重金属在土壤中扩散规律可由下式描述：

$$R_d \frac{\partial c}{\partial t} = D_x \frac{\partial^2 c}{\partial x^2} + D_y \frac{\partial^2 c}{\partial y^2} + D_z \frac{\partial^2 c}{\partial z^2} - V_x \frac{\partial c}{\partial x} - V_y \frac{\partial c}{\partial y} - V_z \frac{\partial c}{\partial z} - \varphi(z,t) \tag{1}$$

其中参数含义如符号说明中所示，c 为溶质密度，其与题目数据中所给浓度换算关系如下式所示：

$$\gamma = \frac{c}{\rho} \tag{2}$$

式中 ρ 为土壤密度。

但考虑到大部分偏微分方程在给定边界条件下都无解，或者即使有解，也因为其函数式过于复杂而使结果失去实用性，故而需将条件合理简化使方程易于处理。首先，由于取样时皆在地表取样，并且由相关文献可知，与水平面上移动相比，一段时间内，垂直距离扩散近似可忽略不计，故而其方程可降为二维方程，如下式所示：

$$\begin{gathered} R_d \frac{\partial c}{\partial t} = D_x \frac{\partial^2 c}{\partial x^2} + D_y \frac{\partial^2 c}{\partial y^2} - V_x \frac{\partial c}{\partial x} - V_y \frac{\partial c}{\partial y} - \varphi(z,t) \\ \varphi(z,t) = k \frac{\rho_{森}}{\rho_{人车}} z \end{gathered} \tag{3}$$

式中 $\varphi(z,t)$ 表示因动、植物吸收而对土壤中重金属浓度造成的影响，而由假设(2)可知，由于我们需要用此式考察污染源位置，故在搜索范围内可以忽略植物吸收对土壤中重金属浓度的影响，由此进一步将公式简化为下式所示：

$$R_d \frac{\partial c}{\partial t} = D_x \frac{\partial^2 c}{\partial x^2} + D_y \frac{\partial^2 c}{\partial y^2} - V_x \frac{\partial c}{\partial x} - V_y \frac{\partial c}{\partial y} \tag{4}$$

而由假设三所说，在污染源附近可以将土壤中水分的流向近似处理为同一方向，而且通过文献调查，D_x，D_y 所代表的渗透率可以认为近似相等，故我们最终采用的模型如下式所示：

$$R_d \frac{\partial c}{\partial t} = D\left(\frac{\partial^2 c}{\partial x^2} + \frac{\partial^2 c}{\partial y^2}\right) - V \frac{\partial c}{\partial x} \tag{5}$$

其中 $D=V\alpha$，α 为土壤中溶质扩散因子。

为解微分方程，还需要定下微分方程的边界条件，在此模型中我们认为污染源属于冲击性函数，即在 $t=0$ 时刻出现一定量污染物，其后随时间变化向四周扩散，其详细边界值如下式所示：

$$\begin{cases} c(x_0, y_0, 0) = c_0 \\ c(x, y, 0) = 0 \\ (x, y) \neq (x_0, y_0) \\ c(\pm\infty, y, t) = 0 \\ c(x, \pm\infty, t) = 0 \end{cases} \tag{6}$$

式中 (x_0, y_0) 为污染源位置。

就解偏微分方程而言，我们一般希望边界条件越简单越好，为此移动坐标系，使原点与污染源位置重合，并且将 x 轴移至与地下水流向平行，设水流方向与原坐标系夹角为 θ_1，而污染源周围第 i 个测量点为 (x_i, y_i)，则第 i 个测量点在新坐标系中坐标为 (x_i', y_i')，如下式所示：

$$\begin{cases} R = \sqrt{(x_i - x_0)^2 + (y_i - y_0)^2} \\ \theta = \begin{cases} \arcsin \dfrac{y_i - y_0}{R} \ (x_i > x_0) \\ \pi - \arcsin \dfrac{y_i - y_0}{R} \ (x_i < x_0) \end{cases} \\ x_i' = R\cos(\theta - \theta_1) \\ y_i' = R\sin(\theta - \theta_1) \end{cases} \tag{7}$$

坐标系移动完毕后，可以得到方程(5)的解

$$\gamma(x,y,t) = \frac{C_0 q}{4\pi V\alpha\rho} \mathrm{e}^{\frac{x}{2\alpha}} \left(\int_0^{+\infty} \frac{\mathrm{e}^{-y-\frac{a^2}{2y}}}{y} \mathrm{d}y - \int_t^{+\infty} \frac{\mathrm{e}^{-y-\frac{a^2}{2y}}}{y} \mathrm{d}y \right) \tag{8}$$

$$a^2 = \frac{x^2 + y^2}{4\alpha^2} \tag{9}$$

土壤水分的流向预估图如图 1-28 所示。

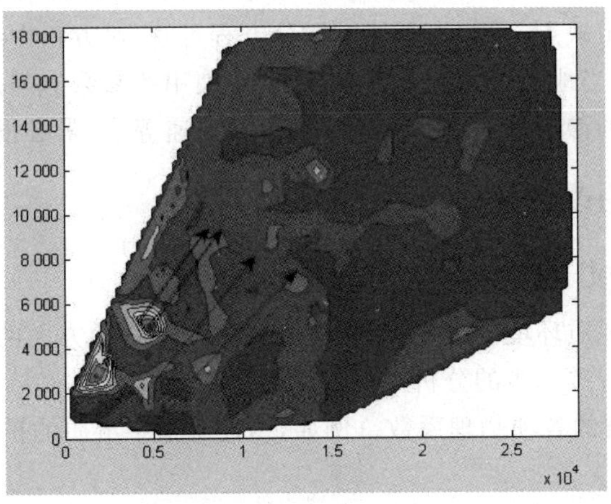

图 1-28　土壤水分流向预估图

4. 模型求解

首先由于污染源附近重金属浓度一定会比无污染源附近重金属浓度高，所以进行最终求解时仅需在浓度高的区域范围内取点，具体步骤如下：(假设在其范围内取 N 个点)

(1) 人为假设一个污染源位置坐标(x_h, y_h)，以及假设扩散时间 t。

(2) 将 N 个样品点坐标(x_i, y_i)按式(7)转换为新坐标系中坐标(x_i', y_i')。

(3) 将 N 个(x_i', y_i', t)代入式(8)中，得到相应点的浓度值 γ_i'。

(4) 计算误差 $\dfrac{1}{N}\sqrt{\sum_i ((\gamma'_i - \gamma_b) - \gamma_i)^2}$。

(5) 当误差满足要求时，(x_h, y_h)即为污染源，否则分别将(x_h, y_h, t)的 x, y, t 值增加一定步长再代入。

本题中我们选用 $N=10$，误差容忍度分别依据题目所给背景值给定，例如对于 As，容忍值可取为 0.9。

最终结果如表 1-24 所示(污染源坐标单位为 m)。

表 1-24

	As	Hg	Ni	Pb	Zn
污染源坐标	(12 601.67, 2 655.333) (16 381.33, 9 948.167)	(3 033.889, 2 303.333) (13 413, 2 491.25) (14 694.4, 9 076)	(4 224.5, 5 245.5)	(2 128.5, 2 915.5) (4 659.5, 4 786.5)	(13 109.25, 9 707.25) (8 754, 4 403.5)

1.5.6 模型评价

本模型的优点在于通过适当的简化,把一个复杂的污染源扩散问题用一个偏微分方程进行描述,与神经网络、曲面拟合等方法相比,模型理论性更强。而且最后通过移动坐标、简化边界条件的方法得到了微分方程的形式解,增加了寻找到的污染源位置的准确度。但同时本模型也存在着一定缺点,比如为了使偏微分方程可解,对方程中维数与各项参数作了不少简化,而且由于缺少当地土壤的调查资料,模型中使用的参数值都是根据文献中的记载确定的,例如,当地土壤的渗透因子、密度、土壤中水分流速等值,未必很符合当地的情况。

1.5.7 模型的改进

1. 模型改进的建议

为了更好地研究地质环境的演变模式,应多收集一些其他方面的信息,对城区地质环境的状况及演变模式进行进一步的分析。

(1) 调查当地土壤的各项物理系数。例如,当地土壤中溶质的扩散因子、水分梯度及土壤中水分流速等。

(2) 收集各个区域内人口密度与森林植被密度的数据,因为据相关文献可知,植物对于重金属具有吸收作用,少量树木当然影响甚微,但如果城市内森林植被面积极大,则其影响不可忽视。并且正如常识所知,人类活动对于重金属元素的分布会带来极大影响,所以了解人口分布对研究城市地质环境的演变模式也是有益的。

(3) 调查当地的气候情况与地理情况。比如周围是否环海、内部是否有内陆湖、天气是否干燥抑或多雨,因为这些因素都会对土壤中水分是否饱和、土壤中水分流速方向产生影响,进而影响到土壤中各种溶质,例如重金属等物质的扩散,以至于会使地质环境产生较大变化。

(4) 在对城市的地质环境进行分析时,将时间因素考虑进去。土壤中重金属的含量或者传播方式等可能会随着时间的变化发生改变,这些变化同样会对地质环境的演变模式产生一定的影响。

2. 改进的模型

上文提到应该收集各个区域内人口密度与森林植被密度的数据,因植物对重金属有吸收作用,而式(1)中有一项 $\varphi(z,t)$,此函数描述了人类活动、树木吸收对于重金属扩散的影响。但是之前由于数据的缺乏以及前文的假设,我们在使用的模型中忽略了这一项的影响,但如果数据完备，可以将 $\varphi(z,t)$ 进行如下式般的具体化：

$$\varphi(z,t) = k\frac{\rho_{森}}{\rho_{人车}}z \tag{10}$$

式(10)基于如下的分析：

森林对于重金属的扩散起阻碍作用，故与 φ 项成正比，而人车影响会抵消森林的影响，故与 φ 成反比，而且如文献[6]所示：青海达坂山地区 16 种高山植物重金属元素含量的结果表明，9 种重金属元素中 Cr、Ni、Co 3 种含量高于低海拔陆生植物的正常含量。由此我们可以认为森林密度相同的情况下，高度越高，由于植物本身吸收重金属能力强，其对重金属扩散阻碍能力越强，故 φ 与 z 成正比。

除此之外，若我们还有各向土壤渗透因子的分布规律，则可以详细地将 D,V 写作 x,y,z 的函数，最终应用数值解法，通过解方程组

$$R_d\frac{\partial c}{\partial t} = D_x\frac{\partial^2 c}{\partial x^2} + D_y\frac{\partial^2 c}{\partial y^2} + D_z\frac{\partial^2 c}{\partial z^2} - V_x\frac{\partial c}{\partial x} - V_y\frac{\partial c}{\partial y} - V_z\frac{\partial c}{\partial z} - \varphi(z,t)$$

$$\varphi(z,t) = k\frac{\rho_{森}}{\rho_{人车}}z$$

$$D_x = D_x(x,y,z)$$

$$D_y = D_y(x,y,z)$$

$$D_z = D_z(x,y,z)$$

得到城市土质环境变化。

1.5.8 参考文献

[1] 郭平，谢忠雷，李军，等. 长春市土壤重金属污染特征及其潜在生态风险评价[J]. 地理科学，2005，25(1)：108-112.

[2] 朱伟，边博卜，阮爱东. 镇江城市道路沉积物中重金属污染的来源分析[J]. 环境科学，2007，28(7)：1584-1589.

[3] 康彩霞. GIS 与地统计学支持下的哈尔滨市土壤重金属污染评价与空间分布特征研究[D]. 长春：吉林大学，2009.

[4] 段雪梅，蔡焕兴，巢文军. 南京市表层土壤重金属污染特征及污染来源[J]. 环境科学，2010(10).

[5] 徐争启，倪师军，张成江. 应用污染负荷指数法评价攀枝花地区金沙江水系沉积物中的重金属[J]. 四川环境，2004(3).

[6] 韩友吉，李天才，陈桂琛，周国英，宋文珠，李锦萍. 青海达坂山地区高山植物中重金属元素分布特征[J]. 广东微量元素科学，2005(4).

1.5.9 附录(略)

1.6 论文点评

这篇论文首先利用给定的数据，以图形化的方式给出了重金属元素的分布情况，并详细分析了不同区域的重金属元素分布特点。在此基础上，运用已有的污染评价模型对各个区域的污染程度进行了分析。

对于污染原因，文中先计算各个区域不同重金属元素之间的相关系数，然后采用主成分

分析法来确定各区域内的污染原因。对于问题三,文中假设重金属在土壤中会以对流、扩散、滞留等方式随水运动,建立了对流-反应扩散方程模型,随后选择合理的参数,利用此类方程的形式解,以格点搜索算法确定了污染源的位置。

综合来看,这篇论文在对模型、方法和结果的分析、论述方面非常到位,所采用的数学方法也比较合适,对扩散方程的介绍和解释也非常详细。存在的问题主要有三个:一是在数据处理的流程上有些不足,比如没有对数据进行预处理,这可能导致一些有偏差的数据也被用于分析,影响后续工作;二是在回答问题一、问题二时,只是提到但没有直接给出自己的数学模型,对涉及的数学方法欠缺描述;三是在问题三中对算法的介绍有些粗略。另外,文前没有进行符号说明,文中对于问题四的回答也过于简略,有关的数据采集建议也不够明确。

在论文的撰写方面,整体上条理清晰、结构严谨,论述时注意到了有理有据,图表的使用和说明也比较合理。

第2章　交巡警服务平台的设置与调度（2011 B）

2.1　交巡警服务平台的设置与调度

“有困难找警察”，是家喻户晓的一句流行语。警察肩负着刑事执法、治安管理、交通管理、服务群众四大职能。为了更有效地贯彻实施这些职能，需要在市区的一些交通要道和重要部位设置交巡警服务平台。每个交巡警服务平台的职能和警力配备基本相同。由于警务资源是有限的，如何根据城市的实际情况与需求合理地设置交巡警服务平台、分配各平台的管辖范围、调度警务资源是警务部门面临的一个实际课题。

试就某市设置交巡警服务平台的相关情况，建立数学模型分析研究下面的问题：

(1) 图 2-1 给出了该市中心城区 A 的交通网络和现有的 20 个交巡警服务平台的设置情况示意图，相关的数据信息见表 2-1～表 2-5。请为各交巡警服务平台分配管辖范围，使其在所管辖的范围内出现突发事件时，尽量能在 3min 内有交巡警(警车的时速为 60km/h)到达事发地。

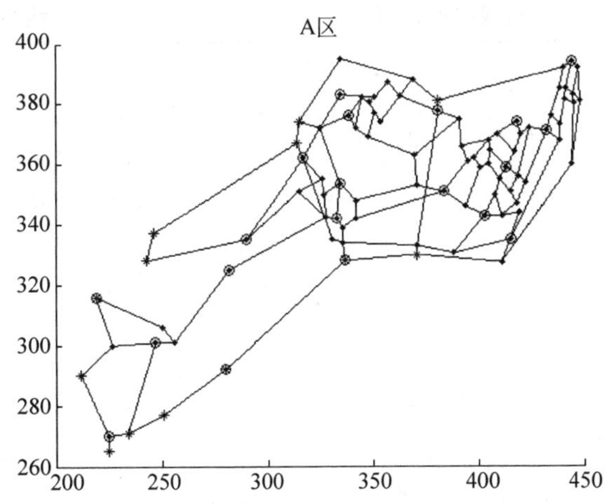

图 2-1　A 区的交通网络与平台设置的示意图

对于重大突发事件，需要调度全区 20 个交巡警服务平台的警力资源，对进出该区的 13 条交通要道实现快速全封锁。实际中一个平台的警力最多封锁一个路口，请给出该区交巡警服务平台警力合理的调度方案。

表 2-1　全市交通路口节点数据

地图距离和实际距离的比例是 1：100 000，即 1mm 对应 100m 坐标的长度单位为 mm。

全市路口节点标号	路口的横坐标 X	路口的纵坐标 Y	路口所属区域	发案率(次数)
1	413	359	A	1.7
2	403	343	A	2.1
3	383.5	351	A	2.2
4	381	377.5	A	1.7
5	339	376	A	2.1
6	335	383	A	2.5
7	317	362	A	2.4
8	334.5	353.5	A	2.4
9	333	342	A	2.1
10	282	325	A	1.6
⋮	⋮	⋮	⋮	⋮
574	455	361	F	0.6
575	453	400	F	0.6
576	425	433	F	0.8
577	462	437	F	1.4
578	481	457	F	0.6
579	462	447	F	1.2
580	440	449	F	1.4
581	423	448	F	1
582	435	507.5	F	0.4

表 2-2　全市交通路口之间的路线

序号	路线起点(节点)标号	路线终点(节点)标号
1	1	75
2	1	78
3	2	44
4	3	45
5	3	65
6	4	39
7	4	63
8	5	49
9	5	50
⋮	⋮	⋮
919	575	576
920	576	479
921	577	573
922	577	579
923	580	579
924	580	581
925	581	576

续表

序号	路线起点(节点)标号	路线终点(节点)标号
926	581	582
927	581	183
928	582	578

表 2-3 全市交巡警平台

平台编号	平台位置	平台编号	平台位置	平台编号	平台位置	平台编号	平台位置	平台编号	平台位置	平台编号	平台位置
A_1	1	B_1	93	C_1	166	D_1	320	E_1	372	F_1	475
A_2	2	B_2	94	C_2	167	D_2	321	E_2	373	F_2	476
A_3	3	B_3	95	C_3	168	D_3	322	E_3	374	F_3	477
A_4	4	B_4	96	C_4	169	D_4	323	E_4	375	F_4	478
A_5	5	B_5	97	C_5	170	D_5	324	E_5	376	F_5	479
A_6	6	B_6	98	C_6	171	D_6	325	E_6	377	F_6	480
A_7	7	B_7	99	C_7	172	D_7	326	E_7	378	F_7	481
A_8	8	B_8	100	C_8	173	D_8	327	E_8	379	F_8	482
A_9	9			C_9	174	D_9	328	E_9	380	F_9	483
A_{10}	10			C_{10}	175			E_{10}	381	F_{10}	484
A_{11}	11			C_{11}	176			E_{11}	382	F_{11}	485
A_{12}	12			C_{12}	177			E_{12}	383		
A_{13}	13			C_{13}	178			E_{13}	384		
A_{14}	14			C_{14}	179			E_{14}	385		
A_{15}	15			C_{15}	180			E_{15}	386		
A_{16}	16			C_{16}	181						
A_{17}	17			C_{17}	182						
A_{18}	18										
A_{19}	19										
A_{20}	20										

表 2-4 全市及 A 区出入口

序号	出入市区的路口标号	出入 A 区的路口标号
1	151	12
2	153	14
3	177	16
4	202	21
5	203	22
6	264	23
7	317	24
8	325	28
9	328	29
10	332	30

续表

序号	出入市区的路口标号	出入 A 区的路口标号
11	362	38
12	387	48
13	418	62
14	483	
15	541	
16	572	
17	578	

表 2-5 六城区基本数据

全市六城区	城区的面积/km²	城区的人口/万人
A	22	60
B	103	21
C	221	49
D	383	73
E	432	76
F	274	53

注：题目及数据附件都可以到全国大学生数学建模竞赛官方网站 http：//www.mcm.edu.cn 下载。

根据现有交巡警服务平台的工作量不均衡和有些地方出警时间过长的实际情况，拟在该区内再增加 2～5 个平台，请确定需要增加平台的具体个数和位置。

(2) 针对全市(主城六区 A,B,C,D,E,F)的具体情况，按照设置交巡警服务平台的原则和任务，分析研究该市现有交巡警服务平台设置方案(图 2-2)的合理性。如果有明显不合理，请给出解决方案。

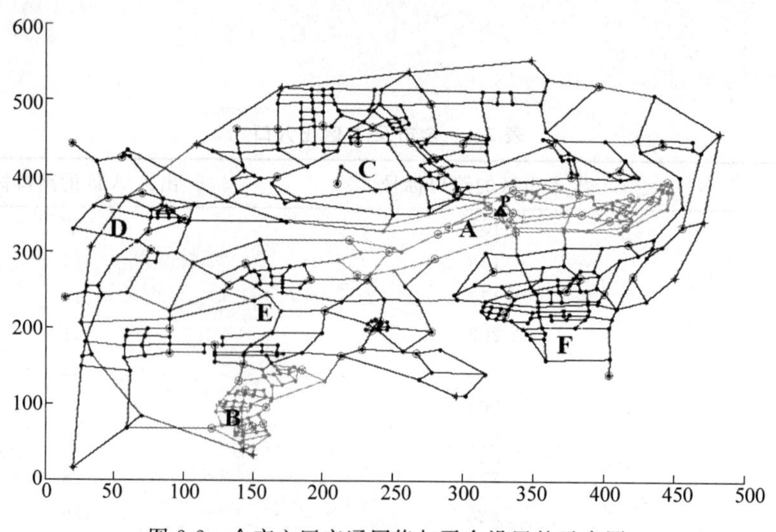

图 2-2 全市六区交通网络与平台设置的示意图

如果该市地点P(第32个节点)处发生了重大刑事案件,在案发3min后接到报警,犯罪嫌疑人已驾车逃跑。为了快速搜捕嫌疑犯,请给出调度全市交巡警服务平台警力资源的最佳围堵方案。

说明　(1) 图中实线表示市区道路;浅色线表示连接两个区之间的道路;

(2) 实圆点"·"表示交叉路口的节点,没有实圆点的交叉线为道路立体相交;

(3) 星号"*"表示出入城区的路口节点;

(4) 圆圈"○"表示现有交巡警服务平台的设置点;

(5) 圆圈加星号"⊛"表示在出入城区的路口处设置了交巡警服务平台。

2.2　问题分析与建模思路概述

这个题目是一个与图论相关的典型的数学规划问题,是根据重庆市的交巡警平台的设置调度的实际问题加工而成的,具有很强的实际应用背景。交巡警平台整合了警力资源,构成了刑事执法、治安管理、交通管理、服务群众的新型防控体系,如何根据需求合理地设置交巡警服务平台,分配各平台的管辖范围,调度警力资源是警务部门面临的一个实际课题。

首先题目给出了一个区(A区)的交通网络图,要求根据A区范围内的交巡警平台研究解决三个问题:

(1) 合理地为各个平台分配管辖范围,尽量在3min内平台交巡警能够到达各管辖的路口;

(2) 若需要对进出该区的13条交通要道实施全封锁,给出合理的平台调度方案;

(3) 根据现有的资料数据给出要在该区增设平台的合理个数及位置的方案。

要解决这几个问题,首先需要利用图论的基础知识,将A区的交通线路抽象为赋权图,节点为路口,路为边,路的长度为边的权值,给出图的邻接矩阵,利用图论中求最短路的Floyd算法编程计算出任意两个节点的最短距离。接下来要确定各平台的管辖范围,可以建立相应的0-1规划模型,决策变量构成一个矩阵,每个变量有两个下标,一个下标对应各个路口,另一个下标对应各个平台,若相应的路口有某个平台管辖,则决策变量为1,否则为0。根据实际情况,目标函数要有两个,一个是各个平台的任务量尽量均衡,可以用各平台工作量的方差来表示,另一个是最大的出警时间最短。这样建立的0-1规划模型有两个目标函数,直接求解比较困难,可以有两种常用的方法化为单目标模型:一种是通过最短路径计算可知,有6个路口是所有平台3min内是无法到达的,可以直接分配给最近平台,其他路口加上3min到达的约束条件,只考虑平台任务均衡的目标函数进行求解就可以了。另一种方法可以将两个目标函数线性加权和化为单目标问题进行求解。化为单目标0-1规划模型后可以直接用LINGO等软件直接求解,也可以自己设计启发式算法编程求解。而对于20个平台中选择13个平台对13个目标路口进行一对一封锁,问题归结为一个不完全的指派问题,类似地建立相应的0-1规划模型,其目标为全封锁的最大时间为最小,同样利用软件或编程求解。关于增加平台的合理的个数及位置问题,如果同时考虑多个平台,模型建立及求解都非常困难,因此可以一次考虑增加一个平台,即考虑在没有平台的路口任取一个增设平台,再对各平台的管辖范围重新分配,则最大出警时间和任务平衡指标会发生改变,那么可以找到增设一个平台的最优方案,则进一步增设2～5个平台的情况可以通过逐次增加一个平台得到,这时综合考虑就可以得出合理的增设平台的个数了。

其次我们还要考虑对全市六城区的交巡警平台解决下面问题:

(1) 评价平台方案的合理性,如果明显不合理,给出解决方案。

(2) 在该市地点P发生了重大刑事案件,要求给出调度全市平台警力资源的最佳围堵方案。

对问题一有两种考虑方式:一是全市六城区平台不考虑分区限制,统一调度管理,二是六城区的平台分别调度管理,无论哪种情况,都可以用前面的思路建立对应的0-1规划模型,给各平台分配管辖路口,考虑最长的出警时间最短和各平台任务的均衡的目标和前面一样的方法运用软件或启发式算法求解。通过求解结果的出警时间和各平台任务均衡性来评价平台设置的合理性。通过求解结果可以看出,各平台分配的任务均衡性较差,所以需要增设平台。对增设新平台的问题如果还采用前面一个区的方法,因为路口数量太多,计算量太大,难以实现,因此可以对每个没有设置平台的路口,根据平台的出警时间和工作量等定义一个"需求度"的指标,从而找出最需要增设平台的路口。

对问题二的围堵方案问题既要考虑到在给定的时间内围堵成功,又要考虑到包围圈尽可能小,这时需要设计启发式算法解决问题,比如可以试探给出一定时间的包围圈,再通过计算调度方案看是否满足条件再进行调整,直到满足条件为止。

参考文献

但琦,韩中庚,杨廷鸿. 交巡警服务平台的设置与调度模型[J]. 工程数学学报,2011,28(增刊1):105-115.

2.3 获奖论文——交巡警服务平台的设置与调度模型

作　　者:高瑜隆　吕宪伟　乔佳楠

指导教师:曹鹏

获奖情况:2011全国数学建模竞赛一等奖

摘要

本文基于图论理论将该市的交通网络抽象为无向赋权图,利用Floyd算法得出任意路口之间的最短路径。在此基础上针对题目中的五个问题,分别提出不同算法并解得较好结果。为叙述方便,以下将"交巡警服务平台"简称"平台"。

针对问题一,在尽可能满足三分钟内到达案发地的约束下,我们以工作量均衡为目标,通过设置工作量上限,提出了一种管辖范围划分算法,得到了相应的分配方案,具体结果见表2-6。

针对问题二,首先我们以完全封锁13个交通要道所需要的最短时间为目标,利用二分图法求解其调度方案,得到完全封锁的最短时间为8.015 5min。在此基础上,我们以封锁13个交通要道所需要的总时间最短为目标,建立0-1规划模型,利用LINGO编程求解得到新的调度方案,得到封锁13个交通路口的总时间为46.341 2min,调度方案详见表2-8。

针对问题三,首先确定出衡量工作量均衡度和出警时间过长严重度的指标F,即管辖路口数超过5个的所有平台工作量之和。然后,在确定新增平台位置时,先确定新增平台插入的区域,再结合问题一中给出的管辖范围划分算法,在该区域内搜索使F达到最小的节点位置。结果为:在同时考虑新增平台数量和F的情况下,新增3个平台最为合理,位置分别为 43、51、64；在只以 F 最小为目标时，新增 5 个平台最优，位置分别为 33、43、51、64、89。

针对问题四，我们以交通路口的覆盖率为评价指标，通过计算得到城市目前的覆盖率仅为 77.32%，小于设置的合理界限 85%，因此城市目前的平台设置不合理。然后我们以覆盖率最大为目标，利用遗传算法求解得到最优的平台设置方案，此时覆盖率为 94.33%，具体方案见表 2-10。

针对问题五，我们以在最短的时间和最小的范围内将嫌疑犯完全围堵为目标，结合二分图法提出了一种围堵算法，得到完成围堵所需的最小时间为 10.104 6min，围堵方案见表 2-11。

最后我们对模型结果进行了分析，对模型方案进行了评价，并提出了模型的改进方向。

关键词：弗洛伊德算法　二分图法　覆盖率　遗传算法

2.3.1　问题重述

问题背景

为了更有效地贯彻实施警察的职能，需要在市区的一些交通要道和重要部位设置交巡警服务平台。每个交巡警服务平台是基本等价的。根据城市的实际情况与需求合理地设置交巡警服务平台、分配各平台的管辖范围、调度警务资源是一个重要的课题。

要解决的问题：

试就某市设置交巡警服务平台的相关情况，建立数学模型分析研究下面的问题：

问题一：根据中心城区 A 网络交通、交巡警平台设置示意图及其详细数据，为各交巡警服务平台分配管辖范围。以使其在所管辖的范围内出现突发事件时，在警车速度 60km/h 的情况下，尽量能在 3min 内有交巡警到达事发地。

问题二：在一个平台的警力最多封锁一个路口情况下，请给出该区交巡警服务平台警力合理的调度方案，以对进出该区的 13 条交通要道实现快速全封锁。

问题三：现有交巡警服务平台存在工作量不均衡和有些地方出警时间过长等问题，在该区内再增加 2～5 个平台，确定需要增加平台个数和位置。

问题四：分析研究该市现有交巡警服务平台设置方案的合理性。如果其明显不合理，给出解决方案。

问题五：如果该市地点 P 处发生了重大刑事案件，案发 3min 后接到报警，这时犯罪嫌疑人已驾车逃跑。为了快速搜捕嫌疑犯，给出调度全市交巡警服务平台警力资源的最佳围堵方案。

2.3.2　模型假设及符号说明

1. 模型假设

(1) 所有案件只发生在路口。

(2) 一个平台的警力最多只能封锁一个交通路口。

(3) 两个相邻交通路口之间的道路均为直线。

(4) 警车在两个路口之间沿最短路径无障碍行驶。

(5) 题目中涉及的车辆在行驶过程中不会出现故障。

(6) 警车匀速行驶，速度为 60km/h，罪犯逃跑速度也为 60km/h。

2. 模型符号说明

$G(V,E)$：市区整张无向赋权图；

V：$G(V,E)$中所有顶点的集合；

E：$G(V,E)$中所有边的集合；

$G_A(V_A,E_A)$：A 区抽象的无向赋权图；

V_A：$G_A(V_A,E_A)$中所有顶点的集合；

E_A：$G_A(V_A,E_A)$中边的集合；

K_j：第 j 个交通路口；

K_j^A：A 区第 j 个交通路口；

A_i：A 区第 i 个平台；

W_i：A 区第 i 个平台的工作量；

T_j：第 j 个交通路口的案发率；

r：警车 3min 行程。

2.3.3 建模前的准备

在对问题得出解决方案之前，我们首先将该市交通网络图进行图论的抽象，以方便问题的解决。

1. 全市交通图的图论抽象

我们将该市交通网络图抽象为图论中的无向赋权图。已知城市各点的位置坐标及其邻接关系，可以抽象出一无向赋权图 $G(V,E)$。其中 V 为该无向赋权图中的顶点集，代表城市交通网的所有交叉路口；E 为该无向赋权图的边集，代表城市任意两相邻交叉口间的道路。同时，两相邻路口之间的道路长度为其对应边的权值。

为了将该无向赋权图用计算机处理，我们构造一加权邻接矩阵 L，其中的任一元素 l_{ij} 表示边(v_i,v_j)的权值，即邻接路口 v_i 和 v_j 间的距离。在得到该加权邻接矩阵之后，根据弗洛伊德算法，得到任意两站点间最短路径长度矩阵 D，其中的元素 d_{ij} 即表示任意两点 v_i 和 v_j 间的最短路径长度。

2. A 区交通图的图论抽象

对于 A 区来说，即采用同样的方法建立无向赋权图 $G_A(V_A,E_A)$，得到 A 区中任意两点间的最短路径长度矩阵 D_A。从而可以根据此矩阵确定 A 区任一两点间的距离 d_{ij}^A。

2.3.4 模型的建立和求解

1. 平台管辖范围的划分

本题要求为 A 区平台划分管辖范围，以使得发生突发事件时，尽量在 3min 内有警车赶到。

容易想到将该交通图抽象为图论中的无向赋权图，然后由该无向赋权图编程求解可得到任一两交通路口之间的最短路径，当然也得到了任一路口与平台的最短路径长度。只要该路径长度小于警车 3min 行驶距离 r，那么此路口即可由该平台负责。

然而，对于某些交通路口来说，它可能同时在几个平台 3min 的行程范围内，故而得出的最终职能范围划分会有多种方案。这些方案中，有些方案会存在平台工作量不均衡、某些平台出警时间过长的问题，因此找一种合适的算法，得出一种使平台工作量均衡、出警时间均匀的方案便是问题的关键。

平台工作量定义

平台的工作量是由其负责交通路口的距离以及该交通路口的案发率决定的，如果平台 A_i 负责交通路口 $K_{j_1}^A, K_{j_2}^A, \cdots, K_{j_N}^A$，那么我们定义该平台的工作量 W_i 为

$$W_i = \sum_{p=1}^{N} d_{ij_p} T_{j_p} \tag{1}$$

其中 T_{j_p} 为交通路口 $K_{j_p}^A$ 的案发率，d_{ij_p} 表示平台 A_i 与交通路口 $K_{j_p}^A$ 之间的最短路径长度。

平台管辖范围

由前面的问题分析知，寻求合适的方法分配那些同时在多个平台行程半径内的交通路口，从而使得各平台工作量相对均衡，出警时间不致过长是问题的关键。为此我们努力使各平台工作任务数接近同一数值 W_0，且平台 A_i 的工作量不能超过 W_0，从而较好的解决工作量不均衡、出警时间过长的问题。

根据上面的分析，对于 A 区内平台职能的划分问题，我们采用如下基本思想解决。

步骤 1　tk_i 表示第 i 个平台的工作量，初始时令 $tk_i=0(1\leqslant i\leqslant 20)$。

步骤 2　对于交通路口 K_j^A，依次遍历所有平台 $A_i(1\leqslant i\leqslant 20)$，如果该交通路口到平台 A_i 最短路径 $d_{ij}\leqslant r$，那么将平台 A_i 加入集合 $\widetilde{K}_j^A$。$\widetilde{K}_j^A$ 表示 3min 内可到达交通路口 K_j^A 的平台集合。重复步骤 2，直到 A 区 92 个交通路口全部完成该操作。

步骤 3　随机抽取一集合 $\widetilde{K}_j^A$。

① 若 $\widetilde{K}_j^A$ 为空集，那么 3min 内无可以到达该交通路口的平台，将该路口纳入与其距离最近的平台的管辖范围。

② 若集合 $\widetilde{K}_j^A$ 中只有一个元素 A_i，即表示只有一个平台 3min 内可到达该交通路口，那么该交通路口 K_j^A 属于平台 A_i 的管辖范围，将 K_j^A 加入 A_i 管辖范围集合 $\overline{A_i}$。K_j^A 对应的案发率为 T_j，将 K_j^A 纳入平台 A_i 的管辖范围后，A_i 的工作量 tk_i 相应增加，即 $tk_i=tk_i+T_jd_{ij}$，然后重复步骤 3，直到 92 个交通路口全部完成该操作。

③ 若 $\widetilde{K}_j^A$ 内有多个元素，转步骤 4。

步骤 4　若 $\widetilde{K}_j^A$ 中有元素 $A_{i_1}, A_{i_2}, \cdots$，从该集合中选取一个元素 A_{i^*}，其中 A_{i^*} 与 K_j^A 之间的距离最小。

① 若

$$tk_{i^*} + T_j d_{i^*j} \leqslant W_0 \tag{2}$$

那么将 K_j^A 加入集合 $\overline{A_{i^*}}$，$tk_{i^*}=tk_{i^*}+T_jd_{i^*j}$，然后转步骤 3。

② 若不满足上式，将平台 A_{i^*} 从集合 $\widetilde{K}_j^A$ 中剔除，然后重复步骤 4。

根据上述思想，我们便可以对平台的管辖范围进行划分。而对于 W_0 的选取我们采取逐步缩小法，即首先给 W_0 一较大的数值，然后求解其分配方案，然后将 W_0 的值逐渐缩小，直到其得出的分配方案不合理为止。

根据上述思想进行编程求解，得到 $W_0=150$(单位：百米 · 次数)，管辖范围分配图如图 2-3 所示。

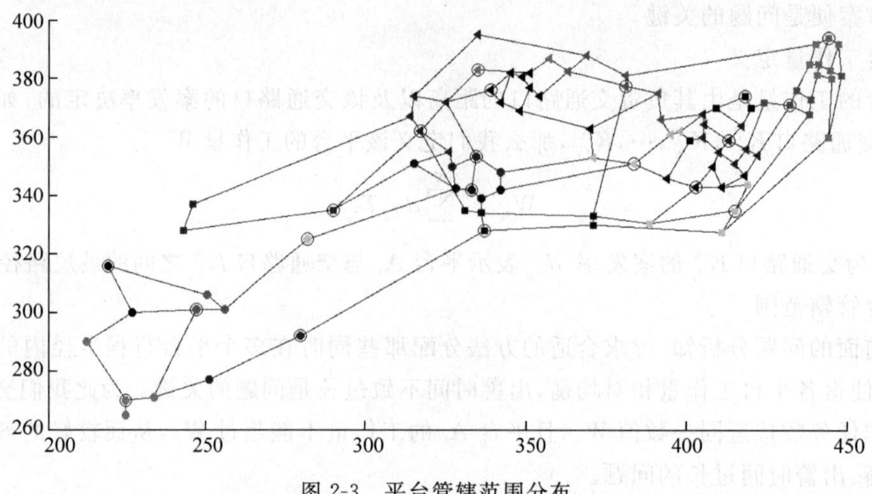

图 2-3 平台管辖范围分布

图 2-3 中,同一颜色且形状相同的点表示这些点对应的交通路口属于同一平台的管辖范围。从结果可以看出,如果一个平台控制的交通路口数量比较少,那么其相应的到这些路口的距离就比较大;而若该平台管辖的路口数较多,那么它到这些路口的距离则较小。这就在一定程度上使得各路口的工作量相对均衡,从而验证了划分结果的合理性。

具体的各平台所管辖的交通路口及平台工作量见表 2-6。

表 2-6 平台管辖路口及平台工作量表

平台编号	工作量	管辖交通路口编号
1	71.747 986	1/ 68/ 69/ 71/ 73/ 74/ 75/ 76/ 78
2	44.627 415	2/ 43/ 44/ 70/ 72
3	38.048 437	3/ 55/ 65/ 66
4	61.241 333	4/ 57/ 60/ 62/ 63/ 64
5	106.68 3234	5/49/ 50/ 51/ 52/ 53/ 54/ 56/ 59
6	26.225 616	6/ 58
7	93.041 667	7/ 30/ 32/ 47/ 48/ 61
8	22.747 708	8/ 33/ 46
9	62.704 734	9/ 31/ 34/ 35/ 45
10	0	10
11	23.946 427	11/ 26/ 27
12	28.621 67	12/25
13	50.916 632	13/ 22/ 23/ 24
14	45.709 517	14/ 21
15	141.581 292	15/ 28/ 29
16	100.562 027	16/ 36/ 37/ 38/ 39
17	71.383 313	17/ 40/ 41/ 42
18	61.486 69	18/ 80/ 81/ 82/ 83/ 87
19	32.662 656	19/ 67/ 77/ 79
20	102.019 05	20/ 84/ 85/ 86/ 88/ 89/ 90/ 91/ 92

2. 封锁方案的确定

本题要求对全区 13 个交通要道实现快速全封锁，找出最合理的警力调度方案。对于道路封锁来说，最好的方案应当时间短、封锁完全，即 13 个重要路口都要被封锁且其封锁时间要最小。

对于封锁时间来说，首先要保证在最短的时间内路口全部被封锁；其次，在保证路口全部被封锁的时间值最小的情况下，要尽量使封锁这 13 个路口的总时间最小。

于是该问题便转化成了两个有承接关系的单目标优化问题，其目标函数分别为将全部路口封锁所需时间最小以及封锁各个路口的总时间最小。

封锁时间最短模型

首先我们要保证路口全部被封锁的时间值尽量小。设 $K_{j_0}^{A}$ 表示最后一个被封锁的路口，A_{i_0} 表示 A 区内封锁最后一个路口的平台，那么 $d_{i_0 j_0}$ 即表示从相应的平台出发到最后一个被封锁路口的最短路径长度。如果 $d_{i_0 j_0}$ 达到最小，即表示路口全部被封锁的时间值最小。

因此目标函数为

$$\min d_{i_0 j_0} \tag{3}$$

为了求解上述问题，我们采用二分图法，利用 C 语言编程进行求解，得到结果为，从平台出发，到达最后一个被封锁路口的最小路程为 8.015 5km。由于时速为 60km/h，即 1km/min，那么将 A 区 13 个交通要道全部封锁的最短时间为 8.015 5min。其对应的平台的分配方案有多种，其中一种如表 2-7 所示。

表 2-7　封锁时间最短平台调度方案

被堵路口	62	38	16	48	30	7	22
平台	1	2	3	4	5	7	10
被堵路口	12	24	23	21	28	14	
平台	11	12	13	14	15	16	

在得到封锁全部路口最短时间之后，我们在其基础上使得封锁各路口的总时间最小。

1) 目标函数的确定

对于 A 区内 13 个交通要道 $K_{j_k}^{A}$、20 个平台 A_i，我们用 0-1 变量 x_{ij_k} 表示 A_i 封锁交通路口 $K_{j_k}^{A}$ 与否：

$$x_{ij_k}=\begin{cases}1, & \text{第 } i \text{ 个平台封锁第 } j_k \text{ 个路口}\\ 0, & \text{第 } i \text{ 个平台不封锁第 } j_k \text{ 个路口}\end{cases} \tag{4}$$

用集合 I 表示 13 个交通要道的集合，$I=\{K_{j_1}^{A},K_{j_2}^{A},\cdots,K_{j_{13}}^{A}\}$，那么封锁各交通路口总时间最小为目标的函数为

$$\min t=\sum_{i=1}^{20}\sum_{k=1}^{13} d_{ij_k}x_{ij_k}/v \tag{5}$$

其中 t 表示到 13 个交通要道的总时间，d_{ij_k} 表示平台 A_i 到交通要道 $K_{j_k}^{A}$ 间的最短路径长度，v 表示警车行驶速度 60km/h，即 1km/min。

2) 约束分析

在得到目标函数之后，我们对目标函数的约束进行分析。

(1) 单路口平台数约束

一个路口只需一个平台即可被封锁,因此有约束

$$\sum_{i=1}^{20} x_{ij_k} = 1 \quad (1 \leqslant k \leqslant 13) \tag{6}$$

(2) 完全封锁时间约束

由前面的封锁时间最短模型我们得到,将此 13 个交通路口完全封锁只需 8.015 5min。那么对任何一个路口来说,其对应的封锁时间都必须比 8.015 5min 小,因为这样才能做到 8.015 5min 封锁全部路口。

因此有约束:

$$d_{ij_k} x_{ij_k} / v \leqslant 8.0155 \tag{7}$$

(3) 平台封锁路口数约束

对于任何一个平台来说,其最多封锁一个交通路口,因此有约束

$$\sum_{k=1}^{13} x_{ij_k} \leqslant 1 \tag{8}$$

3) 模型求解

根据上面的结果,该问题就是以式(5)为目标函数,以式(6)、式(7)及式(8)为约束的单目标规划问题:

$$\min t = \sum_{i=1}^{20} \sum_{k=1}^{13} d_{ij_k} x_{ij_k} / v$$

$$\text{s.t.} \begin{cases} \sum_{i=1}^{20} x_{ij_k} = 1 \quad (1 \leqslant k \leqslant 13) \\ d_{ij_k} x_{ij_k} / v \leqslant 8.0155 \\ \sum_{k=1}^{13} x_{ij_k} \leqslant 1 \quad (1 \leqslant i \leqslant 20) \\ x_{ij} = 0 \text{ 或 } 1 \end{cases}$$

运用 LINGO 进行求解,模型求得的封锁各路口的总时间为:46.341 2min。

分配方案如表 2-8 所示。

表 2-8 各路口封锁时间之和最短调度方案

被堵路口	38	62	48	30	29	16	22
平台	2	4	5	6	7	9	10
所需时间/min	3.982 2	0.350 00	2.475 8	3.213 5	8.015 5	1.532 5	7.707 9
被堵路口	24	12	23	21	28	14	
平台	11	12	13	14	15	16	
所需时间/min	3.805 3	0.000 0	0.500 0	3.265 0	4.751 8	6.741 7	

3. 新增平台设置

本题要求增加 2～5 个平台,以弥补原平台设置方案中存在的工作量不均衡和某些地方出警时间过长的问题。

为了解决该问题,首先我们需要确定一个衡量平台设置方案均衡性和出警时间过长严重度的指标。然后,对工作量比较大的区域增加平台,以减轻该区域其他平台的压力。

首先我们确定插入新平台的区域,然后再在此区域内寻找最佳的插入位置。由前述模型得出的管辖范围图及各平台的工作量情况,我们选出工作量最大的几个平台,在其管辖的区域内插入新的平台以减轻该平台及其附近平台的工作压力。

对于该区域中平台设置位置,我们采取遍历的方法,将该新平台依次插入该区域中的点,然后利用前述模型的方法重新进行平台的分配,得出结果后利用建立起来的评价体系找出最优的方案,从而确定出新平台的放置位置。

评价指标如下:

(1) 出警时间

为了解决该问题,首先我们确定合理的评价体系。为此,先明确出警时间的概念。出警时间和工作量其实是一样的,都是由平台到交通路口距离及其对应路口的案发率决定的,在概念上是可以完全等价的。与前述模型中工作量的计算方法相同,平台 A_i 的出警时间为

$$W_i = \sum_{p=1}^{N} d_{ij_p} T_{j_p}$$

(2) 指标选取依据

一些平台出警时间较小,而为了保证该平台 3min 内有效到达事发路段,我们不能扩大这些平台的出警时间来使各平台的工作量均衡,而只能通过在大工作量平台附近插入新的平台来减小其出警时间,实现均衡工作量的目的。因此,大工作量平台出警时间之和可以同时反映各平台工作均衡度和出警时间过长的严重程度。

(3) 问题简化

对于工作量较大的平台来说,有些平台虽然只控制 1 个或 2 个交通路口,但是由于其到交通路口距离较大导致对应的出警时间也就较大,将新的平台设置在此地也不会起到明显的改善作用。为此,我们只将新的平台设置在市中心,即交叉路口比较密集的地区。同样,在评价工作均衡度和出警时间长度的时候也只考虑市中心。

而对于交叉路口密集的市中心区,两路口间的道路长度比较小,且比较均匀,各路口的案发率比较平均。因此,若某平台管辖的路口数较多,其相应的出警时间也就较长。

基于以上分析,同时为了简化运算,我们只选取管辖路口数大于一定值的平台出警时间之和来作为衡量 A 区工作均衡度和出警时间过长严重程度的标准。在此处,根据图中各平台负责路口数的实际情况,该值取 5。

(4) 评价体系的确定

对于管辖范围超过 5 个路口的平台集合 $\widehat{A}$,其中任一元素 A_m 对应的出警时间为

$$W_m = \sum_{p=1}^{N} d_{mj_p} T_{j_p}$$

假定集合 $\widehat{A}$ 共有 N^a 个元素,即有 N^a 个平台管辖的路口超过 5 个,那么 A 区各平台综合出警时间我们定义为 $\widehat{A}$ 中各元素出警时间之和,即

$$F = \sum_{m=1}^{N^a} W_m$$

以此为标准确定A区各平台出警时间长的严重程度及工作量均衡程度。显然，F越大，表示A区平台工作量越不均衡、出警时间过长的情况越严重。

新平台插入区域的确定

在确定新平台的插入位置时，我们先确定插入位置相应的区域，然后再确定新平台在该区域中的位置。

根据以上评价指标体系可知，在选取平台插入位置时，要选择市区即交通路口密集区域。为了使工作量均衡以及出警实际过长的严重程度较低，我们选择在市区工作量较大的平台管辖区域内加入新的平台。

在A区20个平台中，工作量大且管辖范围内路口多的平台有A_{20}，A_5，A_1，A_9，且其对应的工作量依次降低。我们拟在这4个平台管辖的范围内加入新的平台。

新平台的添加

根据上面的分析，我们首先将新平台插入工作量大且管辖路口数多的平台所对应的管辖区域，以减轻这些平台的压力，从而使各平台工作量更均衡性和限制过大出警时间。

由于前述模型中方法即是兼顾工作量均衡性和限制过大出警时间的管辖范围分配方案，因此将新平台插入之后，我们仍按此前的方法对各平台的管辖范围进行划分。

我们以插入1个平台为例，假定将该新平台插入平台A_{20}所对应的管辖区，对解决该问题的算法思想进行说明。

步骤1　得出平台A_{20}管辖范围内的交叉路口集合$\overline{A_{20}}$，其中$\overline{A_{20}}=\{A_{i_1},A_{i_2},\cdots,A_{i_N}\}$，此时$N=9$，$k$表示第$k$种新平台坐标位置方案，初始时$k=1$；

步骤2　将新平台安置在路口A_{ik}，然后按照前述模型的平台管辖范围划分方法，对插入新平台后的图进行再次管辖范围划分；

步骤3　对重新划分管辖范围后的图进行遍历，找出其管辖范围超过五个路口的平台集合$\widehat{A}$，计算出其中元素出警时间之和：

$$F_k=\sum_{m=1}^{N}W_m$$

若$k<N$，$k=k+1$，然后转步骤2；若$k=N$，转步骤4；

步骤4　对于第k种新平台坐标位置方案所对应的出警时间$F_k(1\leqslant k\leqslant N)$，选取其最小值$F_{k*}=\min F_k$，那么第$k^*$种方案即为最佳方案，新平台应插入到路口$A_{i_{k^*}}$。

对于插入2～5个新平台的方法与上述算法思想一致，例如对插入2个平台的情况，只是在A、B两区域分别选位置(A_{i_k}，A_{j_z})，然后按照前述模型的方法划分管辖范围，得到管辖范围超过5个路口的平台出警时间之和F。对A、B两区域所有的交通路口点进行上述操作，最后取出F最小的一种方案即可。

模型求解

我们首先确定新平台插入的区域，然后再根据上述算法来确定其具体插入的位置。由于A_{20}，A_5，A_1，A_9 4个平台的工作量大，且其管辖的路口数较多，因此我们将新平台插入这4个平台所对应的管辖区域。又由于这4个平台的工作量依次减小，因此在插入2个平台时，A_{20}，A_5所管辖的区域各插入一个；在插入3个平台时，A_{20}，A_5，A_1各插入一个；插入4个时，A_{20}，A_5，A_1，A_9各插入一个。

在插入5个平台时，由于A_1附近交通路口密集，我们在A_1区插入2个新平台，在A_{20}，

A_5A_9 各插入一个平台。

然后利用上述算法，编程求解其具体的插入位置可得如下结果(表 2-9)：

表 2-9　新平台添加方案

添加平台数量	添加平台位置	min*F*
0	—	704.114 1
2	51 / 89	417.524 3
3	43 / 51 / 89	358.507 4
4	43 / 51/64/89	322.906 7
5	33/43/51/64/89	187.650 3

表中插入平台个数为 0 表示不插入新的平台，可以看出，随着插入平台数量的增加，对应的 F 值逐渐减小。

然而，插入平台数从 3 变成 4 时，对应的大工作量出警时间之和 F 减少的并不明显。在考虑具体插入平台数量时，若为节约成本同时使得工作量比较协调，插入 3 个平台即可，具体插入位置为路口 43、51、89。插入这三个新平台之后的管辖范围划分如图 2-4 所示。

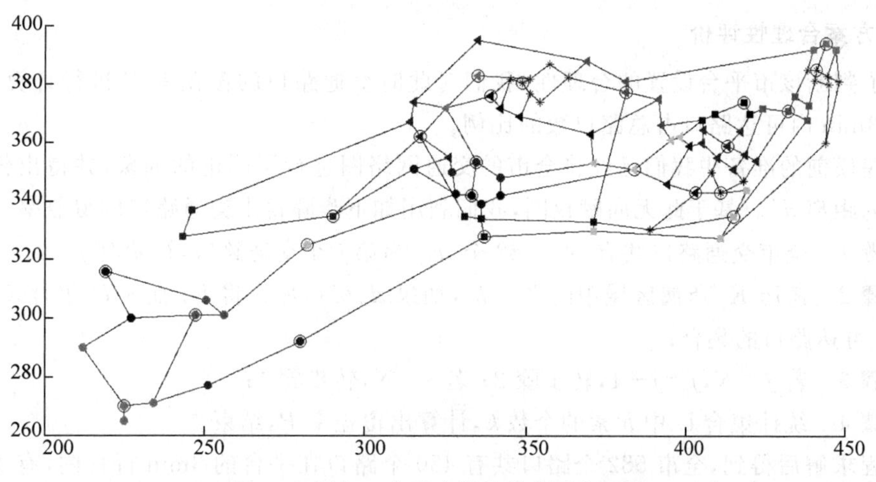

图 2-4　添加 3 个平台的管辖范围分配图

若不考虑成本因素，单追求工作量的最协调以及出警时间过长的严重程度最低，那么插入 5 个新平台最优，插入新平台的位置为路口 33、43、51、64、89。插入新平台之后各平台对应的管辖范围如图 2-5 所示。

2.3.5　平台方案合理性及改进

1. 问题分析

该题要求根据平台的原则和任务，判断全市平台设置的合理性以及不合理情况下的改进方案。

对于平台设置的合理性来说，最重要的是交通路口的覆盖率，即平台 3min 内可到达路口占总路口数的百分比。因此我们通过覆盖率大小来判断此时平台设置的合理性，当覆盖率小于 85%时，认为方案明显不合理。

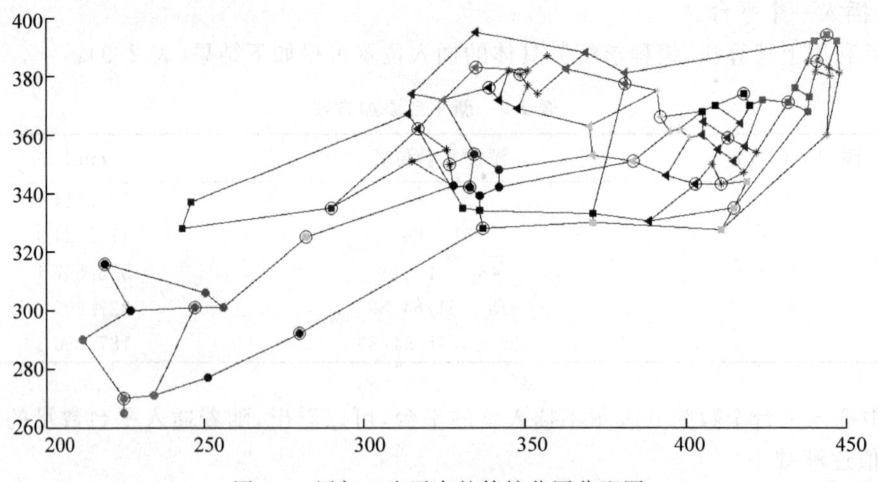

图 2-5 添加 5 个平台的管辖范围分配图

如果此时平台设置方案明显不合理，那么我们再对平台的地理位置进行重新设置。以覆盖率为目标，找出最大覆盖率下的平台设置方案。

2. 方案合理性评价

为了判断该市平台设置的合理性，我们对此时交通路口的覆盖率 P 进行计算，得出此时平台 3min 内可达路口占总路口数的比例。

在建模前的准备中我们已经将全市的交通网络图进行了图论的抽象，并得出任一交通路口间的距离 d_{ij}。基于此无向赋权图，我们利用如下步骤得出交通路口的覆盖率。

步骤 1　全市交通路口共有 $N=582$ 个，K_j 为第 j 个交通路口，初始时 $j=0$；

步骤 2　遍历 K_j 所属区域中的平台 h_i，如果 $d_{ij}\leqslant r$，那么将 K_j 加入 U 集合，U 表示平台 3min 可达路口的集合；

步骤 3　若 $j<N$，$j=j+1$，转步骤 2；若 $j=N$，转步骤 4；

步骤 4　统计集合 U 中元素的个数 k，计算出覆盖率 P，结束。

编程求解后得到，全市 582 个路口共有 450 个路口在平台的 3min 行程内，有 132 个路口在 3min 范围内无法到达。总的覆盖率为 77.32%。

可见交通路口的覆盖率只有 77.32%，不足 85%，因此该平台设置方案是不合理的。下面我们将平台进行重新设置，以得到合理的结果。

3. 平台的重新设置

(1) 模型建立

我们以覆盖率最大为目标来寻求最合理的平台设置方案，即目标函数为

$$\max P=\frac{k}{N} \tag{9}$$

同时要求平台的个数不变，且一个路口最多能设置一个平台。我们用 y_j 表示第 j 个交通路口 K_j 是否设置平台，即

$$y_j=\begin{cases}1, & \text{第 } j \text{ 个路口设置平台}\\ 0, & \text{第 } j \text{ 个路口不设置平台}\end{cases}$$

那么约束条件为

$$\sum_{j=1}^{N} y_j = M \tag{10}$$

其中 k 为可覆盖交通路口的数量，M 为全市平台的个数 80，N 为全市交通路口的总数量 582。

那么该题便转化成了以式(9)为目标，以式(10)为约束的单目标规划问题。

(2) 模型求解

下面对该模型进行求解，这里采用遗传算法进行编程求解。

遗传算法的设置如下：

染色体长度：582；

种群数量：$N_0=100$；

最大进化代数：$N_1=1\,000$。

算法的基本思想如下：

步骤 1　构建染色体序列。染色体基因数为 582，染色体上的第 j 个基因我们用 c_j 来表示，$c_j=1$ 或 0，分别表示路口 K_j 是否安置平台。且 $\sum_{j=1}^{582} c_j = 80$，表示该城市维持原有 80 个平台数量不变。随机产生 100 条上述染色体，用 ch_i 表示第 i 条染色体($1 \leqslant i \leqslant 100$)，用 O 表示父代染色体集合，初始时 $O=\{ch_1, ch_2, ch_3, \cdots, ch_{100}\}$，初始时令变量 $i=1$；k 表示进化代数，初始时 $k=0$。

步骤 2　染色体变异。将父代染色体 ch_i 进行复制，得到另一条染色体；从复制后的染色体中随机选取两基因 c_{j_1} 和 c_{j_2}，将序号 $j_1 \sim j_2$ 间染色体片段进行翻转得到子代染色体 ch_i'。若 $i<100$，$i=i+1$，重复步骤 2；若 $i=100$，转入步骤 3。

步骤 3　此时父代染色体 ch_i 和子代染色体 ch_i'($1 \leqslant i \leqslant 100$)共 200 条染色体，按照此前求覆盖率算法得到各条染色体对应的覆盖率，选取其中覆盖率最大的 100 条染色体作为父代染色体 ch_i。然后 $k=k+1$，若 $k \leqslant 1\,000$，转入步骤 2；若 $k>1\,000$，执行步骤 4。

步骤 4　最后对集合 O 中的 100 条染色体按照此前求覆盖率的算法找出覆盖率最大的一条染色体 ch^*，那么该染色体上基因序列对应的平台设置方法便是比较合理的。

该算法流程图如图 2-6 所示。

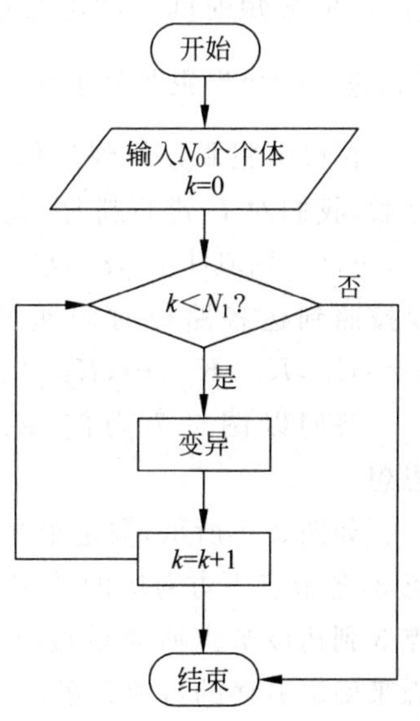

图 2-6　遗传算法流程图

编程求解后，新的平台设置方案下覆盖率达到 94.329 9%，具体结果见表 2-10。

表 2-10　新平台设置方案

3	12	13	26	33	58	62	69
70	90	113	126	142	150	163	169
188	195	200	204	206	220	226	231
238	239	240	248	249	250	263	265

续表

268	274	283	286	294	298	309	315
329	333	341	355	361	363	370	373
382	388	391	394	399	407	416	419
423	430	442	447	453	454	469	471
473	479	486	488	491	509	519	520
525	537	541	551	555	561	567	572

该表中共有 80 个数据，每个数据代表新方案下平台所在交通路口的序号。

由模型结果可以看出，我们得到的平台设置方案覆盖率较大；同原方案相比，有了较大的提升，且此时覆盖率大于 85%，因此我们得到的平台设置方案还是比较合理的。

4. 最佳围堵方案

本题要求调集全市警力资源确定围堵嫌疑犯的最佳方案，那么该方案有两个基本要求：围堵范围尽量小、时间尽量短。而对于以上两个基本要求，其前提是此围堵范围必然能将犯罪分子抓获。

因此我们努力在保证抓住犯罪分子的前提下，寻求最优的围堵方案。

问题假设：(1) 犯罪嫌疑人行驶速度最大为 $v=60\text{km/h}$ 的速度行驶；

(2) 一个平台只能封锁一个路口。

犯罪嫌疑人初始位置为点 P，他从该点开始逃往其他路口 K_j。那么我们首先求出其到达 K_j 的最短时间。利用弗洛伊德算法，得出该市所有路口与点 P 之间的最短路径长度 d_{pj}，进一步得出犯罪分子到达各点所需的最短时间 $t_j=\dfrac{d_{pj}}{v}$。

在得出犯罪分子到达任一点的最短时间对 t_j 之后，我们对 t_j 进行排序，得到时间序列 $\{t_{j_1},t_{j_2},t_{j_3},\cdots,t_{j_{582}}\}$，其中 $t_{j_1},t_{j_2},t_{j_3},\cdots,t_{j_{582}}$ 依次增大。于是按照到达各路口时间递增的顺序便得到序列 $S=\{K_{j_1},K_{j_2},K_{j_3},\cdots,K_{j_{582}}\}$。

我们以图 2-7 为例，说明追捕算法的基本思想。

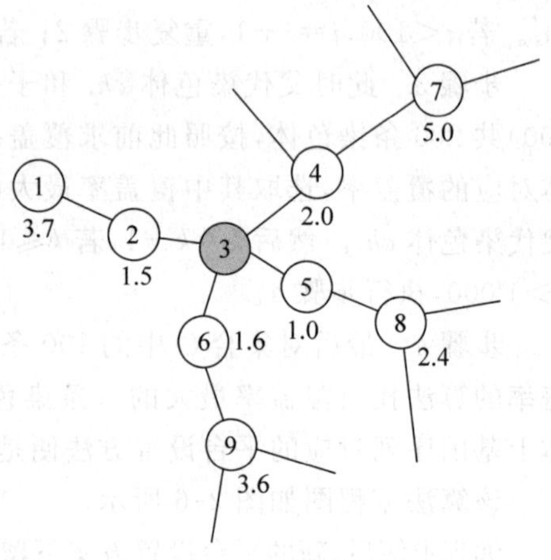

图 2-7 围堵例图

如图 2-7 所示，假定犯罪嫌疑人最初位置在节点 3，各节点下方对应的数字表示犯罪嫌疑人从节点 3 到达该节点所需最短时间。我们根据以下步骤来确定最终的封锁方案：

步骤 1 定义集合 Q 为包围圈中需要封锁的路口，O 为平台的集合，初始时 $O=\{h_1,h_2,\cdots,h_m\}$，包括图中所有平台。初始时为将犯罪嫌疑人完全包围，在包围圈最小的情况下，需要封锁节点 5,2,6,4，即 $Q=\{5,2,6,4\}$。

步骤 2 由图中犯罪嫌疑人到达各点的时间可以看出，犯罪嫌疑人最先可达节点 5，到达节点 5 的时间为 $t_5'=1.0$，假定警车到达节点 5 的最短时间 $o_5\leqslant t_5'$，安排该平台 h_{i_1} 封锁该节点，那么犯罪嫌疑人便无法从节点5逃跑；同时 h_{i_1} 只能用于封锁节点5而不能再取封锁其他节点，故而将 h_{i_1} 从 O 中剔除。

步骤3　除节点5以外，犯罪嫌疑人可最先到达节点2，所需时间为 $t_2'=1.5$，假定 O 中警车到达节点2最短时间 $o_2>t_2'$，那么犯罪嫌疑人便可以从该路口逃跑，故将节点5从集合 Q 中剔除，然后执行步骤4。

步骤4　由于犯罪嫌疑人可以从节点2逃跑，我们需要扩大包围圈，将节点1纳入包围圈，封锁路口5,6,4,1依然可以将犯罪嫌疑人封锁住，此时 $Q=\{5,6,4,1\}$。

步骤5　由于节点5已经安排警车进行封堵，故而不再进行考虑，那么对于节点6,4,1来说，犯罪嫌疑人最短时间可到达的节点此时为节点6，其对应的时间为 $t_6'=1.6$；若 O 中警车封锁节点6的最短时间 $o_6<t_6'$，那么便安排该警车 h_{i_2} 封锁节点6，并将 h_{i_2} 从 O 中剔除。

步骤6　按后按照上述方法再对节点4和节点1进行检测，若警车能抢在犯罪嫌疑人到达之前封锁该路口便只封锁节点4和节点1即可；若不能封锁，那么就再扩大包围圈的范围，直到能够完全将犯罪嫌疑人封堵住为止。

根据上述算法思想，我们给出围堵题目要求中犯罪嫌疑人的实际算法。

与上图不同，问题中的实际情况是犯罪嫌疑人已经提前行驶3min，因此在计算警车到达交通路口的时间时，需要减去这3min然后再与犯罪嫌疑人到达路口的时间进行比较。同样，也需要根据犯罪嫌疑人行驶3min后的情况确定初始包围圈的大小。

以下假设犯罪嫌疑人作案时间为 $t=0$ 时刻。

步骤1　定义集合 Q 表示包围圈中需要封锁的路口，O 为平台的集合，初始时 O 中包含市区中所有的平台。犯罪嫌疑人行驶3min后，根据犯罪嫌疑人到达各点时间 t_j，搜索出将犯罪嫌疑人包围所需的最少节点：$q_1,q_2,\cdots,q_n$。将 $q_1,q_2,\cdots,q_n$ 加入集合 Q，其中犯罪嫌疑人到达 $q_1,q_2,\cdots,q_n$ 所需时间依次增大。定义变量 i，初始时 $i=1$。

步骤2　计算 O 中各平台封锁节点 q_i 所需最小时间 o_i。

若 $o_i-3\leqslant t_i$，找出封锁该路口时间为 o_i 的平台为 h_i，将 h_i 从 O 中剔除，然后检测 i 是否小于 n。

若 $i<n$，$i=i+1$，重复步骤2；

若 $i=n$，转步骤3。

若 $o_i-3>t_i$，表示在该时间内犯罪嫌疑人可以越过节点 q_i，记此节点为 q_{i^*}，将 q_{i^*}

从集合 Q 中剔除。然后从节点 q_{i^*} 开始向外延伸搜索，找出节点 $a_1,a_2,\cdots,a_m$，使得这些新节点与 Q 中的元素一起可以将犯罪嫌疑人完全包围；然后将 $a_1,a_2,\cdots,a_m$ 加入集合 Q，对集合中的元素依照犯罪嫌疑人到达时间升序排列，并重新统计 Q 中元素个数 n；令 $i=i^*$，转步骤2。

步骤3　此时统计出集合 Q 中的元素 $q_1,q_2,\cdots,q_n$，那么这些路口便是我们所最终需要封锁的路口，然后寻找出封锁此路口对应的平台即可。

根据以上算法，我们对问题进行编程求解，结果如表2-11所示。

表 2-11 围堵方案

交巡服务台→被围堵路口	所需时间/min	交巡服务台→被围堵路口	所需时间/min
(16→562)	8.310 0	(170→215)	7.695 9
(476→558)	4.194 3	(18→68)	3.771 7
(477→549)	4.730 5	(17→76)	4.604 6
(14→487)	9.637 2	(5→62)	5.255 1
(475→482)	7.133 7	(2→17)	2.591 1
(174→273)	5.796 4	(1→41)	4.441 2
(166→248)	8.709 3	(167→371)	10.104 6
(169→240)	7.047 4	(15→29)	5.700 5
(6→168)	8.686 7	(13→14)	5.973 3
(173→227)	4.564 0	(10→26)	3.538 4
(172→218)	0.471 7	(4→70)	4.917 8
(171→217)	2.210 5	(3→43)	2.911 7

表 2-11 中($h_i \to K_j$)表示用在节点 i 处的平台 h_i 来封锁交通路口 K_j，例如(16→562)即表示用平台 h_{16} 来封锁第 562 个路口，其后的时间便是平台 h_i 封锁路口 K_j 所需时间。

从表 2-11 可以看出，根据此围堵方案，将上述各路口全部围堵所需的时间为 10.104 6min，即只需 10.104 6min 即可完成围堵。封锁的总路口数为 24 个。

将封锁路口在图中用黑点标出依次标出，得到图 2-8。

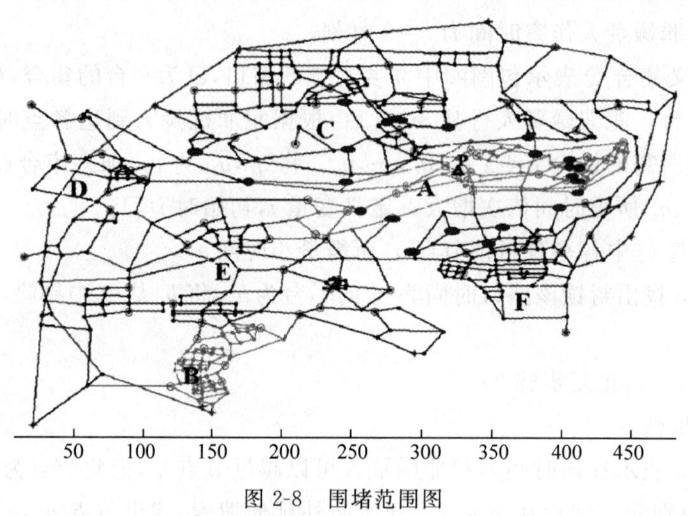

图 2-8 围堵范围图

从图 2-8 便可以看出我们封堵范围的大小，犯罪嫌疑人被完全限制在黑点所围堵的范围内而无法逃脱。

2.3.6 模型结果分析

1. 平台管辖范围划分模型

对于平台管辖范围划分模型，我们得到的工作量上限为 $W_0 = 150$(百米・次)，然后在此工作上限下划分各平台的管辖范围。由模型最终得到的各平台管辖范围可以看出，平台最大的工作量为 141.58(百米·次),这种划分方法就在一定程度上避免了某些平台出警时间过长的问题。

2. 交通要道封锁模型

在 A 区将 13 个交通路口进行封锁,我们先以将 13 个交通要道全部封锁的最短时间为目标得出其封锁方案来,其对应的最短封锁时间为 8.015 5min;然后在此基础上再以封锁各路口的总时间最短为目标,找出封锁方案来,最终得出总时间为 46.341min。可见,将进出 A 区的 13 个路口全部封锁是相当迅速的。

3. 新平台的设置模型

对于新增平台的设置方案,我们得出结果:在同时考虑新增平台数量和工作量均衡性时,需要增加 3 个平台;在只考虑工作量均衡性的情况下,增加 5 个平台。这是比较合理的,因为在一定范围内,可加入的平台数越多,我们便可以更好地使其分担工作量较大平台的工作,从而使得工作量更均衡。

4. 平台设置的合理性及重新分配

对于该市平台设置的合理性问题,我们以覆盖率为指标进行衡量。在没有进行调整的情况下,该市路口的覆盖率为 77.32%,有多达 132 个交通路口不在平台的 3min 行程内;然后我们以覆盖率最大为目标,利用遗传算法得出新的平台设置方案,此时路口的覆盖率提高到 94.329 9%。显然我们得出的平台设置方案比原方案更加合理。

5. 最佳围堵方案

对于围堵犯罪嫌疑人的方案,我们以必然抓获犯罪嫌疑人为前提,尽量减小封锁范围和减小抓获犯罪嫌疑人的时间。最终只需封锁 24 个交通路口,在 10.104 6min 内即可完成围堵任务。

2.3.7 模型的评价和改进

1. 模型的优点

(1) 对于问题一中平台管辖范围分配问题,我们在尽量使各交通路口处在平台 3min 行程内的前提下,利用算法努力使各平台的工作量均衡,避免过高的出警时间,从而得到了兼顾工作均衡性防止出警时间过长的管辖范围分配方案。并且该算法具有通用性。

(2) 对于封锁 A 区 13 个交通要道调度方案问题,在以完成封锁所需要的最小时间为目标的模型中,我们以二分图法编程求解,相对用 LINGO 进行求解来说,极大地缩短了程序运行时间。

(3) 在对各平台位置进行重新设置时,我们利用遗传算法得到全局最优解,求解迅速。避免了常规算法运行时间过长以及陷入局部最优解的不足。

2. 模型缺点

(1) 问题三在插入新平台时,只是在工作量较大的平台内部插入新平台,这使安排方案可能不是全局最优解。

(2) 问题四在寻求最优平台配置方案时,只以覆盖率最大为目标进行求解,忽略了其他因素的影响,这可能与实际情况有一定差距。

3. 模型扩展方向

(1) 对于问题三插入新平台方案时,尝试利用启发式算法求其最优设置方案,减小运算量;

(2) 对问题四中寻求最优平台配置方案时,同时考虑覆盖率、工作量均衡度以及最大出警时间严重程度,得到新的平台配置方案。

参考文献

[1] 姜启源,谢金星,叶俊.数学模型[M].北京:高等教育出版社,2008.

[2] 谢金星,邢文训,王振波.网络优化[M].北京:清华大学出版社,2009.

[3] 谢金星,薛毅.优化建模与LINDO/LINGO软件[M].北京:清华大学出版社,2005.

[4] 清源计算机工作室.MATLAB 6.0高级应用——图形图像处理[M].北京:机械工业出版社,2001.

[5] 李志春,黄海军.随机交通分配中有效路径的确定方法[J].交通运输系统工程与信息,2003,3(1):28-32.

[6] 柴登峰,张登荣.前 N 条最短路径问题的算法及应用[J].浙江大学学报(工学版),2002,36(5):532-534.

[7] 周兴龙,金鹏飞.基于遗传算法的单点物流选址问题探析[J].物流工程与管理,2010,32(7):39-42.

[8] 林雅惠,钟晓燕,钟聪儿,等.基于遗传算法的木材物流中心选址研究[J].运筹与管理,2007,16(6):51-56.

[9] 李军.车辆调度问题的分派启发式算法[J].系统工程理论与实践,1999(1):27-33.

2.4 论文点评

本文比较好地解决了题目要求的几个问题,文笔流畅,解释清楚,计算结果合理,格式也很规范,整个论文的层次结构非常清晰,是一篇不错的数学建模论文。

论文存在的主要问题有以下几点:

摘要第一段中"为叙述方便,以下将'交巡警服务平台'简称'平台'。"这句话不适合放在摘要中,应删除。摘要第二段应点明所用模型及算法。摘要第三段中"调度方案见表2-8"、第五段中"具体方案见表2-10"及第六段中"围堵方案见表2-11"没有必要写在摘要中,应删去。关键词中第一个词是"弗洛伊德算法"应与摘要中对该算法的提法"Floyd算法"一致。

文章对问题一的求解没有建立通用的数学模型,而是直接针对问题给出搜索算法,且没有考虑各平台工作量的均衡,与题目要求不符。对问题二的求解,模型与算法较为简略,各平台所用的总时间最短不合理,应为完成封锁的时间最短,即完成封锁时间最长的平台用时最短。问题三的求解也没有模型而是直接给出了算法。

总之,本文虽然较好地完成了题目的要求,但是还是有不少的地方需要改进。

2.5 获奖论文——交巡警服务平台的设置与调度

作　　者:赵万耀　鱼屹哲　刘德康

指导教师:金海

获奖情况:2011全国数学建模竞赛一等奖

摘要

本文对交巡警服务平台的设置与调度问题进行研究。

针对问题一的辖区划分问题，我们利用 Dijkstra 最短路径算法，按照时间最小原则先将所有节点和道路进行了分配，统计每个节点到所属平台的最短路径，我们得到 A 区交巡警服务平台设置方案的“3min 覆盖率”为 88.92%。其次，对于封锁调度问题，我们建立了以最大调度时间为第一目标，总调度路程为第二目标的分层次 0-1 规划模型，得到了最优调度方案。最后，在 A 区平台设置方案优化问题中，我们建立了以各平台工作量的方差和 3min 道路覆盖率作为评价指标的多目标优化模型，目标函数为两个指标的线性加权和。通过优先选择案发次数高、距离所属平台远的节点建立新平台进行启发式搜索，求得应在 29，30，39，69，91 这 5 个节点增设交巡警服务平台。

针对问题二全市平台设置合理性的评价问题，我们分别计算了 6 个区的工作差异程度和 3min 覆盖率等指标，并通过比较发现该市的交巡警服务平台设置方案存在明显不合理。于是我们使用模拟退化算法找到了较优的平台优化方案。对于寻找最佳围堵方案问题，我们借用任务队列的模式，通过使小包围圈以不同的优先级向外扩充的启发式算法，找到了可以高效求解围堵方案的方法。

最后，本文讨论了以上模型的优缺点及适用情况，并给出了改进的方向。

关键词：Dijkstra 算法　0-1 规划　多目标优化　启发式搜索　退火算法

2.5.1　问题重述

为了更有效地贯彻实施警察的职能，需要在市区的一些交通要道和重要部位设置交巡警服务平台(以下简称“平台”)。由于警务资源是有限的，本文就某市设置平台的相关情况，建立数学模型分析研究下面的问题：

(1) 根据 A 区的交通网络和平台的设置情况为各平台分配管辖范围。对于重大突发事件，需全部封锁 13 条交通要道，给出 A 区各个平台警力的调度方案。针对现有平台工作量不均衡和出警时间过长的情况，确定 A 区需要增加平台的具体个数和位置。

(2) 针对全市的具体情况，分析研究该市现有平台设置方案的合理性，并针对不合理的地方给出解决方案。如果该市地点 P 处发生了重大刑事案件，给出调度全市平台警力资源围堵嫌犯的最佳方案。

2.5.2　问题分析

本题要求对平台的设置与调度进行研究。实际中，警力的调度和设置会受到当地的人口、交通规划等的影响。工作量、出警时间也与道路情况、业务熟练度相关。这些因素增加了问题的复杂程度，同时也削弱了模型的普适性。因此，我们对问题进行了必要的简化。我们认为突发事件只发生在道路上，与道路之外的地区无关，平台管辖范围也只包括道路，整个出警时间只与路程和平均速度有关。通过这些简化，我们将这道题转化为图论问题和以此为基础的规划问题。

问题一

(1) 通常认为交巡警到达事发现场所需时间越少越好。因此，我们采取就近原则，利用 Dijkstra 最短路径算法，将一条道路安排给距此最近的平台管辖。如果某一条道路可以同时安排给两个平台管辖,那么我们将这条道路分割成两个部分,使道路上的每一点都被距离最近的平台管辖。这样可以保证在案发后,交巡警能够在最短的时间内到达。

(2) 在封锁道路的过程中,最重要的是节省时间,整个封锁过程用的总时间应该尽量减少。由于总时间是由时间最长的封锁过程决定的,而指派类问题可以采用0-1变量表示可行域。所以,我们将问题转化为了以最大封锁时间为目标函数,以某一平台是否向某一出口出警为决策变量进行0-1规划。由于以最大封锁时间作为目标函数,所以很可能出现不同的调配方案所需的时间相同的情况,即具有多个最优解。而事实中,这些仅通过最大调度时间确定的最优解还会通过调用的总里程来区分好坏,所以可以在第一步优化的基础上在加入第二个目标函数进行分步规划,求出一个更优解。

(3) 为了优化平台分配方式,我们首先需要找到描述一种分配方式好坏的定量化指标。由于工作量不均衡和有些地方出警时间较长是服务平台存在的主要问题,所以我们考虑引入工作量方差函数和3min道路覆盖率这两个函数来作为定量化指标。在这两个指标下,该问题转化为一个多目标优化的问题。对于多目标优化问题,可以采用线性组合法将问题转化为单目标优化。此外,由于该问题中可以添加平台的节点很多,需要采用启发式搜索,先找出对于目标函数影响最大的点击,缩小可行域,提高求解速度。

问题二

(1) 由于评价平台设置方案采用覆盖率和工作量作为标准,而这两个标准之间没有直接的联系,故无法直接评价平台设置方案是否合理。所以,我们将这两个标准转化为一个标准,化为单目标优化。考虑到没有标准的参考值,我们将全市的6个城区做横向比较,区分优劣。对于设置方案不合理的城区,建立统一的优化标准,以此对现有平台设置进行优化。由于优化时选择非常多,可采用模拟退火等启发式算法。

(2) 已知嫌犯在P点作案,而不知道嫌犯的逃离方向,只能假定嫌犯向各个方向逃离的可能性都相同,需要对这些方向都进行围堵。嫌犯已经逃离现场3min,并且仍在持续逃离,在围堵的过程中需要考虑这一部分的时间差。若从小向大搜索包围圈,由于不能确定包围圈的形成时间,故不能保证包围圈一定能成功围堵嫌犯,只能再扩大后搜索范围,这样效率太低,由最大包围圈开始缩小也存在同样效率过低的缺陷。所以我们考虑采用动态调度法,不是一次将包围圈形成,而是采用单步扩充法,借助任务优先队列的模式求出一个最优解。

2.5.3 模型假设与符号说明

1. 模型假设

(1) 交巡警只负责道路内出现的突发事件,不负责道路以外的区域。

(2) 交巡警在驾驶中不考虑等红灯、堵车等因素,其速度保持60km/h不变。

(3) 平台覆盖的区域是指交巡警在3min之内能够到达的区域。

(4) 只在路口处增设平台。

(5) 嫌犯会按照最短路线逃离犯罪现场,不作停留,不试图返回现场。

(6) 嫌犯逃离的方向任意,车速保持60km/h不变。

2. 符号说明

v_i:路口节点,其中 $i=1,2,\cdots,92$;

e_{ij}：以路口节点 v_i, v_j 为端点的边，其中 $i \neq j$；
N：城市内无平台的路口节点的集合；
P：城市内有平台的路口节点的集合；
V：城市内所有路口节点的集合；
E：城市内所有边的集合；
G：城市道路形成的图；
P_A：A 区内有平台的路口节点的集合；
N_A：A 区内无平台的路口节点的集合；
V_A：A 区内所有路口节点的集合；
E_A：A 区内所有边的集合；
G_A：A 区道路形成的图；
$d(v_i, v_j)$：节点 v_i 到节点 v_j 之间最短路的距离；
$d(v_j, P_A)$：节点 v_j 到 P_A 之间的最短路的距离；
A_i：平台 v_i 所负责的节点的集合；
W：全市新增平台集合；
W_A：A 区新增平台集合；
P'_A：A 区新增平台后的平台集合；
$\sigma^2(P_A, G_A)$：A 区原有各个平台工作量的方差；
$\sigma^2(P'_A, G_A)$：A 区新增平台后各个平台工作量的方差；
$S_R(P_A, G_A)$：A 区原有的交巡警的道路覆盖率；
$S_R(P'_A, G_A)$：A 区新增平台后交巡警的道路覆盖率；
$S_C(P_A, G_A)$：A 区原有的交巡警的案件覆盖率；
$S_C(P_A, G_A)$：A 区新增平台后交巡警的案件覆盖率；
$a(v_i)$：节点 v_i 的发案率，其中 $v_i \in V$；
$\mu(v_i)$：节点 v_i 所隶属的平台的标号，其中 $v_i \in N$；
$w(v_i)$：平台 v_i 的工作量，$v_i \in P$；
N_{ac}：所属平台的交巡警能够在 3min 内到达的节点所构成的集合，$N_{ac} \subseteq N$；
$t(v_j)$：交巡警到达节点 v_j 所需的时间。

2.5.4 模型的建立与求解

1. (模型 1)辖区分配问题

模型的建立

对于确定平台管辖范围的问题，我们只考虑道路，不考虑其他区域。因此，整个城区的结构可以用一个图 $G=(V,E)$ 来表示。路口为图的节点 v_j，节点集合 V 由有交巡警服务平台的节点集合 P 和无平台节点集合 N 组成，道路为图中的边 e_{ij}，满足 $e_{ij} \in E$。为了使出警时间最少，我们采取就近原则，即将图中边上的每一条道路划归为距离最近的平台管辖。

为了确定每条道路究竟由哪个平台管辖，我们先确定每一个路口属于哪个平台管辖。然后再根据路口的所属情况确定道路的划分。具体算法如下：

(1) 计算节点 v_j 到任意一个平台 v_i 的最短距离 $d(v_i, v_j)$。

针对这一步,我们直接采用计算点到点最短路径的 Dijkstra 算法:

① 令 $d(v_j, v_j)=0, d(v_j, v_i)=\infty, v_i \neq v_j$; $S_0=\{v_0\}, i=0$。

② 对每个 $v \notin S_n$,用 $\min\{d(v_j, v), d(v_j, v_i)+w(v, v_i)\}$ 代替 $d(v_j, v)$;设 v_{i+1} 是使 $d(v_j, v)$ 取最小值的 $\overline{S_i}$ 中的节点($\overline{S_i}$ 是 S_i 的补集),令 $S_{i+1}=S_i \cup \{v_{i+1}\}(i=1,2,\cdots)$。

③ 若 $i=|V(G)|-1$,则停止;若 $i<|V(G)|-1$,令 $i=i+1$,转②。

(2) 对每一个节点都可以找到距离它最近的平台,称这个平台管辖这个节点。同样,对于某一个平台 v_i,也可以得到它所管辖的所有节点的集合 A_i。

$$A_i = \{v_j \mid d(v_i, v_j) = d(v_j, P_A)\}$$

$$d(v_j, P_A) \overset{\text{def}}{=\!=\!=} \min_i\{d(v_i, v_j)\}, i = 1,2,\cdots,20,\cdots, j = 21,22,\cdots,92$$

(3) 考虑每一条道路的划分。这些道路可以分成两类:①道路的两个节点被同一个平台管辖。对于这种道路,我们可以将其划归为由同一个平台管辖。②道路的两个节点被两个不同的平台管辖。对于这种道路,我们可以将其分割为两部分,分别由这两个平台管辖。分割的方法是:在这条道路上取一个新的节点,使得这个节点到这两个平台的最短距离相等。

模型的求解

通过以上步骤,我们就可以将 A 区内的每一条道路都划归由一个或两个平台管辖。通过编程计算,我们得到了各个平台管辖范围的分配结果(计算程序见附录)。具体的分配结果如图 2-9 所示。图中,[N]表示的是第 N 号平台;[N]表示的是由第 N 号平台管辖的节点;* 表示的是这条道路由两个平台管辖,* 所在的位置就是这条道路的分割点。表格形式的详细分配结果参见附录。

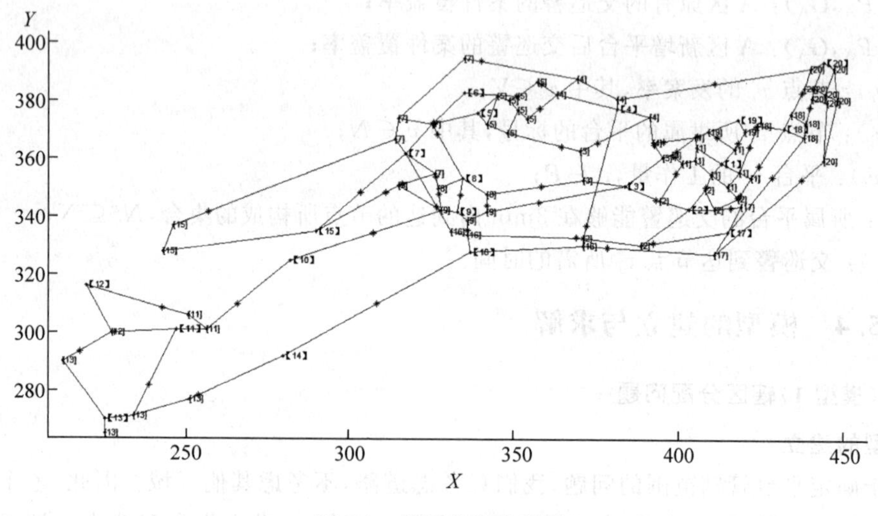

图 2-9 辖区分配示意图

由于存在一些道路距离平台较远,因此,对于这些道路,交巡警无法在 3min 之内到达。这些道路具体如图 2-10 所示。

图 2-10 中用粗实线标注的道路是交巡警无法在 3min 之内到达的地方,总计有 6 处。

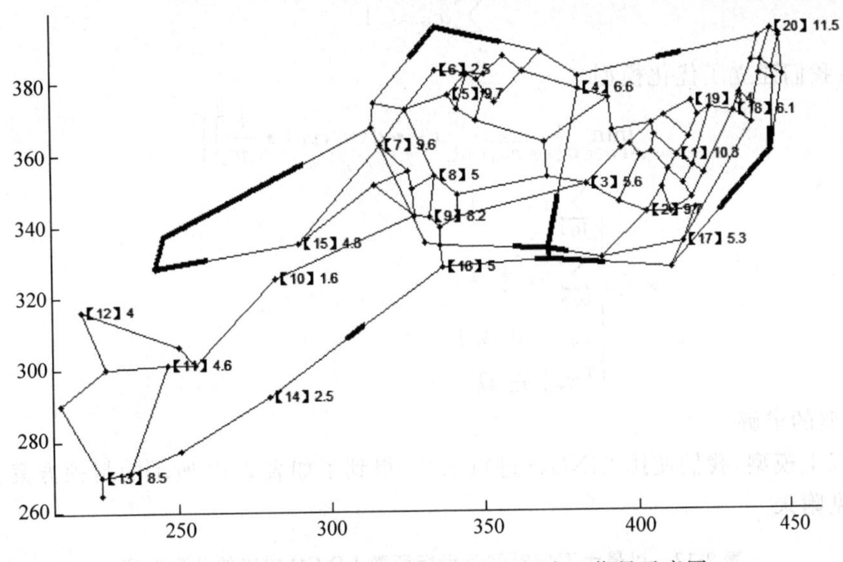

图 2-10 3min 内不可到达路径和各平台工作量示意图

其中，最远的地方需要 5.7min。通过编程计算，在 3min 内无法到达的道路总长为 222.58，而 A 区道路总长度为 2 009.60，3min 城区覆盖率为 1－222.58/2 009.69＝88.92%。

2. （模型 2）封锁调度的分层次 0-1 规划模型

1）模型的建立——第一层目标函数

对于重大突发事件，需要调度全区 20 个平台的警力资源，对进出该区的 13 条交通要道实现快速全封锁。由于实际中一个平台的警力最多可以封锁一个路口，因此为了节约人力，我们使用一个平台的警力封锁一个路口。因为是重大突发事件，必须在最短的时间内封锁所有道路。所以，我们以整个封锁过程所耗费的最大时间作为目标函数，用 0-1 规划模型求解最优封锁策略。

具体规划过程如下：

选取变量 x_{ik} 来表示第 i 号平台 v_i 是否向第 k 号出口 v_k 出动警力进行封锁，设出口集合为 O，

$$x_{ik}=\begin{cases}1, & \text{出动警力进行封锁}\\0, & \text{未出动警力进行封锁}\end{cases}\quad (v_i\in P,\quad v_k\in O)$$

于是，整个封锁过程的最大时间就是

$$\max_{v_i\in P,v_k\in O}\left[x_{ik}\cdot d(v_i,v_k)\cdot\frac{1}{v}\right]$$

即为我们的目标函数，其中 v 是警车的速度，即为 60km/h。

由于需要封锁住全部的出口，因此，对于每一个出口 v_k，向这个出口出动警力的总的平台数不小于 1。又因为对于每一个出口至多有一个平台出动警力，所以，有以下约束条件：

$$\sum_{v_i\in P}x_{ik}=1$$

由于每个平台以一个整体的形式选择出动与否，因此，每个平台出动的警力不超过 1，于是，有以下约束条件：

$$\sum_{v_k \in O} x_{ik} \leqslant 1$$

综上，我们建立了优化模型

$$\min_{v_i \in P, v_k \in O} \left\{ \max_{v_i \in P, v_k \in O} \left[x_{ik} \cdot d(v_i, v_k) \cdot \frac{1}{v} \right] \right\}$$

$$\text{s. t.} \begin{cases} \sum_{i \in I} x_{ik} = 1 \\ \sum_{k \in K} x_{ik} \leqslant 1 \\ x_{ik} = 0 \text{ 或 } 1 \\ \{x_{ik}\} \in \Omega \end{cases}$$

2）模型的求解

对于以上模型，我们使用 LINGO 进行求解，得到了如表 2-12 所示的封锁方案。源程序的代码参见附录。

表 2-12　以最大调度时间为目标函数 LINGO 求出的分配方案

出口编号	12	14	16	21	22	23	24	28	29	30	38	48	62
平台编号	12	16	3	14	10	11	13	15	7	9	1	8	4

表中第二行的平台封锁第一行中相应的出口，例如，12 号平台封锁 12 号出口，16 号平台封锁 14 号出口。求得目标函数最小值为 80.154 6，即 8min 13 个出口将全部完成封锁。

具体的调度结果可以从图 2-11 中直接看出。

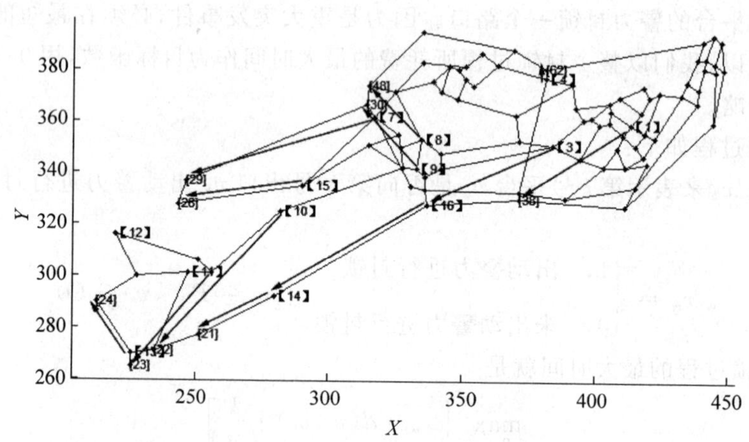

图 2-11　警力调度方案示意图 1

图中箭头的起点表示参与封锁平台，箭头的终点表示封锁的出口。由于 12 号平台封锁其所在的出口，因此图中未标出。

3）模型的改进——建立第二层目标函数

在用 LINGO 实现本过程时，软件只给出了该最优化问题的一个最优解，但对于此类整数规划，尤其是 0-1 规划问题，我们不能排除多解的存在，所以我们有必要在上一步优化的基础进一步优化,选取新的目标函数,找到该问题的一个更优解。不难想到,在满足时间最小的前提下,应使所有平台调度的总路程尽可能小。于是第二个目标函数课表示为

$$\sum_{v_i \in P, v_k \in O} \sum_{v_i \in P, v_k \in O} \left[x_{ik} \cdot d(v_i, v_k) \cdot \frac{1}{v} \right]$$

约束条件为

$$\begin{cases} \sum_{i \in I} x_{ik} = 1 \\ \sum_{k \in K} x_{ik} \leqslant 1 \\ x_{ik} = 0 \text{ 或 } 1 \\ \{x_{ik}\} \in \Omega \end{cases}$$

其中 Ω 表示第一层优化时求出的解集。利用软件,我们求出了更优的一组解,见表 2-13。

表 2-13 同时满足最小时间和最小调度路程的更优调度方案

出口编号	12	14	16	21	22	23	24	28	29	30	38	48	62
平台编号	10	16	9	14	11	13	12	15	7	8	2	5	4

可以验证,该调度方案完成的最大距离同样是 80.154 6,是由于 7 号平台到 29 号出口调度的缘故。此时目标函数(距离和)的最小值为 491.230 7,平均为 37.787。而第一个调度方案的距离和为 563.905 8,平均距离为 43.377,显然要劣于此调度方案。此时的警力调度示意图如图 2-12 所示。

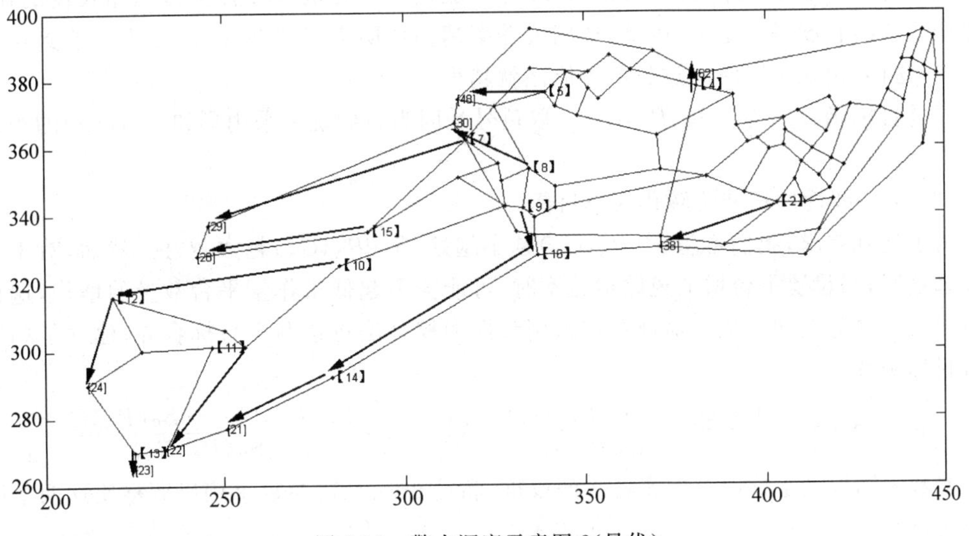

图 2-12 警力调度示意图 2(最优)

3. (模型 3)平台增设的多目标优化模型

1) 模型的建立

(1) 目标函数的确定

由于现有平台存在工作量不均衡和有些地方出警时间过长的问题,我们要增设一些平

台以均衡工作量,减少出警时间。记 A 区新设的平台集合为 W_A,新设平台后 A 区的平台集合为 P'_A,即

$$P'_A = P_A \cup W_A$$

为了衡量特定分配方式下各个平台的工作不均衡程度,我们采用工作量方差函数 $\sigma^2(P'_A,G_A)$:

$$\sigma^2(P'_A,G_A) = \sum_{v_i \in P}[w(v_i) - \overline{w(v_i)}]^2$$

其中 $w(v_i)$表示平台 v_i 的工作量,$\overline{w(v_i)}$为这些平台的平均工作量,即

$$\overline{w(v_i)} = \frac{1}{\mathrm{card}(P)}\sum_{v_i \in P} w(v_i)$$

于是目标函数一为 $\sigma^2(P'_A,G_A)$。

为了衡量出警时间,我们作如下考虑:

由模型 1 可知,对于每一次出警,如果能够保证交巡警在 3min 之内能够到达,就足以达到需要。于是,我们认为,只有当出警时间超过 3min 时,才算是出警时间过长。我们引入了道路覆盖率函数 $S_R(P'_A,G_A)$:

$$S_R(P'_A,G_A) = 1 - \frac{\sum \Delta l}{\sum_{e_{ij} \in E_A} l(e_{ij})}$$

其中 $l(e_{ij})$表示取边 e_{ij} 的长度,Δl 表示整个图中到最近平台的距离大于 3min 距离的线段,如图 2-12 中的描黑的粗线段所示。

$S_R(P'_A,G_A)$表示 A 区的交巡警 3min 内所能覆盖道路的长度占全区道路长度的比例。由于全区道路长度是一定的,因此,道路覆盖率越高说明交巡警在 3min 之内所能到达的地方越多,这样,出现出警时间过长的可能性就越小。

于是目标函数二为 $-S_R(P'_A,G_A)$(取负号是因为我们统一采用形如 $\min f(x)$的规划模型)。

(2) 采用线性加权和法转化为单目标

为了达到要求,我们希望 $\sigma^2(P'_A,G_A)$越小越好、$S_R(P'_A,G_A)$越大越好。然而,对于某一些偏远地区,当设置平台增加道路覆盖率时,可能会引起低工作量平台数量的增加,这也许会造成工作量方差的增大。对此我们采用线性加权合法将这两个目标合并,建立了如下的组合目标函数:

$$\min\left[\alpha \cdot \gamma \cdot \frac{\sigma^2(P'_A,G_A) - \sigma^2(P_A,G_A)}{\sigma^2(P_A,G_A)} - (1-\alpha) \cdot \frac{S_R(P'_A,G_A) - S_R(P_A,G_A)}{S_R(P_A,G_A)}\right]$$

其中参数 α 用以确定这两个因素各自的权重,满足 $0<\alpha<1$,参数 γ 用以调整使这两个因素具有可比性。

为了使工作量方差与道路覆盖率具有可比性,我们首先分别对其进行归一化处理。取

$$\frac{\sigma^2(P'_A,G_A) - \sigma^2(P_A,G_A)}{\sigma^2(P_A,G_A)}$$

$$\frac{S_R(P'_A,G_A) - S_R(P_A,G_A)}{S_R(P_A,G_A)}$$

其次,由于工作量方差与道路覆盖率对于增设的平台的敏感性不同,有可能新增加一个

平台会导致道路覆盖率有很大的起伏，而工作量方差几乎不变。因此，我们需要调整参数 γ，以减少敏感性不同带来的误差。

因为 γ 只存在于第一项中，所以：如果新设置的平台导致工作量方差的变化较大，则 γ 应该较小；如果新设置的平台导致道路覆盖率的变化较大，则 γ 应该较大。于是我们有如下估计 γ 的方法：

通过第一小问的结果和前述关于工作量的计算，我们可以找到工作量最大的平台的位置和出警时间最长的位置，分别是 38 号路口和 88 号路口。

对于工作量最大的位置，如果设置新的平台必将最大程度减少工作量方差，提高工作均衡程度，而对出警时间的影响则可以忽略；对于出警时间最长的位置，如果设置新的平台必将最大程度增加道路覆盖率，减少出警时间，而对工作均衡程度的影响则可以忽略。对于这两种极端情况，我们认为它们各自的效用是相同的，即：提高的工作均衡程度与减少的出警时间带来的效果相同。

2）模型的求解

（1）参数估计与搜索域的确定

我们认为工作均衡程度与出警时间具有同等的重要性，所以取 $\alpha=0.5$。分别将 38 号路口和 88 号路口加入集合 P 中，通过计算，得到如下结果：

表 2-14　添加 38 号点和 88 号点的效果——用于估计 γ

	设置前	设置后	变化率
设置在(38 号)的道路覆盖率	88.92%	91.87%	3.32%
设置在(88 号)的工作量方差	8.01	6.38	−20.35%

可见工作量方差对新设置的平台的敏感性要高于道路覆盖率。并且，由表 2-14 中的数据，我们可以计算出 $\gamma=0.16$。目标函数即可写成

$$\min\left[0.16\times\frac{\sigma^2(P'_A,G_A)-\sigma^2(P_A,G_A)}{\sigma^2(P_A,G_A)}-\frac{S_R(P'_A,G_A)-S_R(P_A,G_A)}{S_R(P_A,G_A)}\right]$$

又题目中要求只能增加 2～5 个平台，于是有如下的约束条件：

$$2\leqslant \mathrm{card}(W_A)\leqslant 5$$

最终的优化模型如下：

$$\min\left[0.16\times\frac{\sigma^2(P'_A,G_A)-\sigma^2(P_A,G_A)}{\sigma^2(P_A,G_A)}-\frac{S_R(P'_A,G_A)-S_R(P_A,G_A)}{S_R(P_A,G_A)}\right]$$
$$2\leqslant \mathrm{card}(W_A)\leqslant 5$$

通过之前的分析和计算，我们发现在工作量大的位置和出警时间长的位置增设平台可以最大限度地优化结果，因此，对于全区 72 个可以设置平台的节点，我们避免全部搜索，而是采用启发式算法，选定其中工作量较大或出警时间较长的位置进行搜索，从而减小计算量。

选择的标准如下：

① 针对交巡警在 3min 之内无法到达的 6 处位置，我们选择对其进行优化。如图 2-12 中所示被粗线覆盖的 6 个节点，即 28,29,38,39,61,92 号点。

② 针对 20 个平台中的 5 个工作量最大的平台(依次为 1,2,5,7,20 号点)，我们选择对

这些平台负责的路口进行优化。

按照以上两个准则，确定的搜索域由以下 39 个点组成。

{28,29,30,32,38,39,40,43,44,47,48,49,50,51,52,53,56,58,59,61,67,68,69,70,71,73,74,75,76,78,84,85,86,87,88,89,90,91,92}

所以添加 i 个平台，则有 C_{39}^{i} 中不同的添加策略。由于添加的平台数为 2～5 不定，而一般而言添加结点愈多，改善效果越好，所以不宜将添加不同平台数目的解混在一起评判考虑。所以我们分别讨论添加 2,3,4,5 个平台时的最优解。求解程序见附录。

(2) 结果分析

通过编程进行搜索比较，我们得到如表 2-15 的结果。

表 2-15　添加不同数目平台时的最优解与目标函数值

添加的平台个数	最优解	目标函数
2	39,91	−0.045 938
3	30,39,91	−0.057 951
4	30,39,69,91	−0.069 923
5	29,30,39,69,91	−0.081 525

做出目标函数的绝对值关于添加平台个数的关系的图像，可以发现在 2～5 范围内两者呈线性关系，如图 2-13，即添加一个平台的作用并没有随着平台数的增多而减少。因此，为最大程度改善交巡警平台的实际情况，应添加 5 个平台。

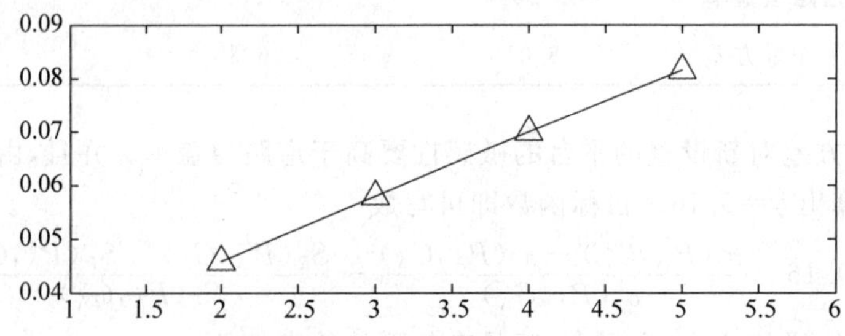

图 2-13　目标函数绝对值随添加平台个数的变化关系图

此时，应在 29,30,39,69,91 号节点处增设交巡警服务平台。增添后的效果如图 2-14 所示。

图 2-14 中，29、30、39、69 和 91 号是新增设的平台。我们可以清楚地看到，在出警时间较长的地区增设平台后，交巡警在 3min 之内所能到达的地区增加了，出警时间相应地减小了；在工作量较高的地区增设平台后，工作量的差异减小了，工作量不均衡的问题得到了改善。

4. (模型 4)全市交巡警平台设置与改进

1) 全市交巡警平台设置的合理性分析

在前面的模型中，我们已经确定了衡量交巡警平台设置方案的两个指标：工作量方差 $\sigma^2(P,G)$和道路覆盖率 $S_R(P,G)$。由于各段道路的发案率不同，为了更全面地反映设置方案的优劣，我们引入了案件覆盖率 $S_C(P,G)$，统计某一平台所管辖的能在 3min 内到达的路

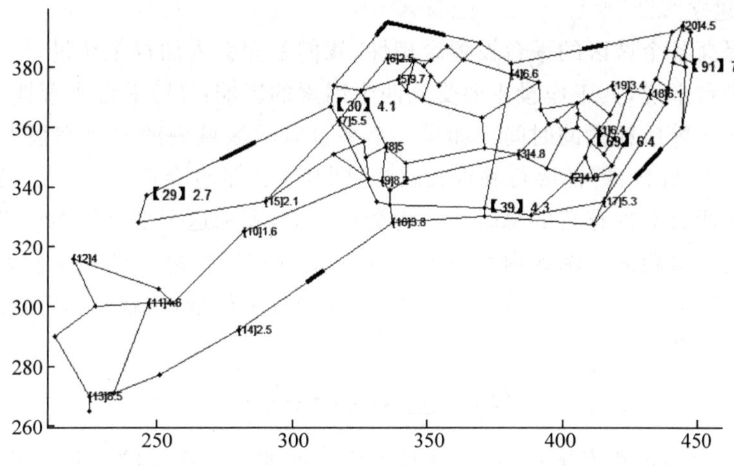

图 2-14 在 29,30,39,69,91 号节点出增设平台后的示意图

口的发案次数之和,计算出发案次数之和占全区总发案次数的百分比,即

$$S_C(P,G)=\frac{\sum_{v_i\in N_{ac}}a(v_i)}{\sum_{v_i\in P}w(v_i)}=\frac{\sum_{v_i\in N_{ac}}a(v_i)}{\sum_{v_i\in N}a(v_i)}$$

其中 $N_{ac}=\{v_i\,|\,d(v_i,v_j)\leqslant vt_0,j=\mu(v_i),v_i\in N\}$,即 3min 内能到达的节点构成的集合,$a(v_i)$表示节点 v_i 的发案率,$w(v_i)$表示平台 v_i 的工作量。

由于不能对交巡警平台设置的合理性确定一个绝对的指标,我们考虑将该市的各区方案的合理性进行对比。通过分析各区指标差异性的大小来评估全市交巡警平台设置的合理性。通过计算,各区的各项指标如表 2-16 所示。

表 2-16 6 个城区指标对比

区号	服务平台个数	道路覆盖率/%	案件覆盖率/%	工作量平均值	工作量方差
A	20	88.92	94.62	6.23	8.01
B	8	91.29	92.97	13.16	75.78
C	17	56.11	72.23	10.61	18.64
D	9	55.37	75.70	9.56	39.10
E	15	54.86	69.19	9.50	33.44
F	11	55.00	68.43	13.22	101.12

观察上述数据可以发现,该市不同区的平台设置方案有较大差异,个别指标差异极大。可以看出,A 区具有最高的案件覆盖率,最少的工作量平均值,以及最小的方差,表明在该市的 6 个区中,A 区的分布是较优的。

以 A 区作为衡量标准,我们可以看出 B 区达到了足够的覆盖率,但是工作量却过高,而且很不均匀。这可能与 B 区的公路长度较小且人口相对密集有关。可以通过增加平台的方式使 B 区的工作量达到均衡。

反观 C、D、E、F 区,其指标与 A 区差异更大,不但工作量平均值高,方差大,道路的覆盖率也远低于 A 区。改善 C、D、E、F 区可以通过增加平台,或者移动现有平台的位置来实现。

2）模型的建立

为了综合提高各个城区的平台设置合理性，我们首先引入加权工作量。

对于一个平台来说，其工作量主要受到两个因素的影响：(1)平台所管辖区域内的发案率，(2)平台每次出警所耗费的时间。如果一个平台管辖区域内的发案率很大，那么其工作量会很大；如果其每次出警都要行驶很长路程，则其工作量也会很大。于是，我们就以平台处理一定时间内所有案件花费的总时间作为衡量标准，表示这个平台的加权工作量，权值即某一案件对应的出警距离。辖区内每一个节点 v_j 的加权工作量就是其发案率 $a(v_j)$ 与出警时间 $t(v_j)$ 的乘积 $a(v_j)\cdot t(v_j)$。每一个平台 v_i 的加权工作量 Q_i 就是其管辖区域内所有节点加权工作量的总和：

$$Q_i = \sum_{v_j \in \mathrm{A}_i} a(v_j) \cdot t(v_j)$$

为了改善平台的设置方案，我们发现只需要降低加权工作量的方差即可：在加权工作量大的地方增设平台，就能够同时增加工作量的均衡性或者减少出警时间，而将加权工作量小的地方的平台移至更需要它的地方，也会对平台设置方案的改善起积极作用。

由于各个城区之间存在很大的差异，从交通状况到管理体系都不尽相同，因此，我们以每个城区为单位，对城区内部的平台设置进行优化。

根据经验，一个部门新购买硬件设施的过程比较繁琐，所以新增平台不能作为优化平台设置方案的主要手段。综合考虑，我们决定采用小规模调整现有的交巡警平台的分布位置来获得一个更优化的设置方案。

根据分析结果，我们采用的基本策略是将加权工作量小的平台移动到工作量大的地方。对于加权工作量小的平台，其案件率和出警时间通常都比较小，因此移走这种平台不会造成周围平台的负担大量增加；而将其移动到加权工作量大的地方相当于在这些地方增设了新的平台，这是一举两得的策略。

在加权工作量大的地方增设新平台可将平台设置在案件率高的地方，这样就可以降低周围高工作量平台的数量，进而使工作量的分布更均衡；同时，如果该地区是因为 3min 覆盖率较低导致的加权工作量过大，在加权工作量最大的节点新增加的平台恰好也处在最偏远处，因此，覆盖率也会随之上升。

综上所述，通过减小加权工作量方差的方法可以同时改善工作量的均衡性和 3min 内覆盖率，这比多目标规划更加简单方便。

在搜索算法中，我们选取最小的加权工作量的方差 $\min[\mathrm{Var}(Q)]$ 作为目标函数，其中

$$\mathrm{Var}(Q) = \frac{1}{n}\sum_i\left(\sum_{v_j \in \mathrm{A}_i} a(v_j)\cdot t(v_j)\right)^2 - \frac{1}{n^2}\left(\sum_i\sum_{v_j \in \mathrm{A}_i} a(v_j)\cdot t(v_j)\right)^2$$

首先，对原始数据进行处理，将数据按照各个城区分离。利用这些数据，可以计算出每个城区采用原方案时加权工作量的方差。我们把这个方差作为优化该城区平台设置方案的起点。

其次，我们采用模拟退火算法求解优化方案，具体算法如下：

(1) 初始化：初始目标函数值，初始设置方案，初始化保留位置。

(2) 从加权工作量较小的一半平台中随机抽取一个平台 v_i，从加权工作量较大的一半平台附近的节点中以一定概率抽取一个节点 v_j，将平台 v_i 移到节点 v_j。这产生了一个新的

状态 S'。

(3) 计算增量 $\Delta t = \mathrm{Var}(Q') - \mathrm{Var}(Q)$。

(4) 若 $\Delta < 0$,则接受 S' 作为新的当前解,否则以概率 $\exp(-\Delta t/T)$ 接受 S' 作为新的当前解。

(5) 若 $\Delta > 0$,并且接受 S',则将前一个状态的解与保留位置的解进行比较保留最优解。

(6) 如果连续 100 000 次 $\Delta \geqslant 0$,则退出迭代,否则返回(2)继续执行。

(7) 比较保留位置的解和当前解,输出目标函数值最小的解得平台设置方案。

3) 模型的求解

通过计算机求解(程序见附录 8.2.4),得到每个城区优化后的设置方案,见表 2-17。

表 2-17　6 个城区优化后各个平台的位置

区号	平　台　号
A	1、2、3、4、5、6、7、8、9、10、11、12、13、14、15、16、17、18、72、86
B	93、94、95、96、97、98、142、165
C	166、167、168、169、170、171、172、173、174、175、176、177、178、179、180、181、272
D	320、321、322、323、324、325、326、327、328
E	372、373、374、375、376、377、378、379、380、381、382、383、384、385、443
F	475、476、477、478、479、480、481、482、511、542、570

经过优化后,各个区的加权工作量方差有如下变化:

表 2-18　优化前后 6 城区加权工作量方差的变化

	A 区	B 区	C 区	D 区	E 区	F 区
原加权工作量方差	1 881.8	4 453.4	28 141.3	9 346.1	33 004.0	15 559.6
调整后加权工作量方差	1 646.4	2 634.4	21 677.4	9 346.1	25 800.6	12 240.3
变化率/%	−12.51	−40.85	−22.97	0.00	−21.83	−21.33

从表 2-18 中可以看出,B 区改善效果最明显,D 区可能由于条件所限没有更优的方案,A、C、E、F 区均有较大改善。

5. (模型 5)围堵方案问题

1) 模型的建立

(1) 基本数学模型

发生重大刑事案件后,首先要做到对嫌犯全面围堵,确保其无法逃离城市。其次,在保证嫌犯不会逃出城市的基础上,尽快抓住嫌犯。此外,为了不影响市区交巡警平台的其他任务,在进行围堵时要尽可能减少交巡警的任务时间。于是,我们对这三个目标进行分优先级的优化。

由于优化目标较多,且嫌犯逃逸时对路线的选择存在不确定性,如果采用静态一次调度不能很好地解决实际问题,于是我们决定采用动态调度方式进行围堵。

首先考虑确保围堵,根据犯罪点和每个城市出口的最短路径可以计算出嫌犯从任一出口逃离城市的最短时间,而任一出口都可由不同的交巡警平台在嫌犯到达之前封锁,这就保证了第一个目标绝对可以实现。

其次考虑尽可能快的逮捕嫌犯，由于嫌犯在每一个节点处转向不同方向的概率是相同的，且只能在节点处进行拦截。假设嫌犯在某一节点进行转向，为了让成功逮捕嫌犯的时间的期望最小，我们应赶在嫌犯之前，优先在距离该节点最近的节点处设卡拦截。只有先将离嫌犯最近的节点堵住，才能使嫌犯被成功逮捕所需的时间的期望更小。

因此，我们引入嫌犯被拦截所需时间的期望作为优化的目标。据此，我们定义目标函数

$$\sum_{v_i \in R} p_{ik} d(v_i, v_k)$$

其中 v_i 为包围圈的节点，R 为包围圈节点集合，故 $v_i \in R$，v_k 表示犯罪现场，在本问题中 $k=32$，p_{ik} 表示 v_i 到 v_k 的概率。这里假定逃犯在每一个路口选择其他各分支的概率是相同的，所以

$$p_{ik} = \frac{1}{\deg(v_k)} \prod_{n=1}^{N} \left(\frac{1}{\deg(v_{in}) - 1} \right)$$

其中 $\deg(v)$ 表示节点 v 的度，集合 $\{v_{in} \mid n=1,2,\cdots,N\}$ 构成从 v_k 到 v_i 的最短路径。

本优化问题的可行域即为所有可能的包围圈构成的集合，包围圈 $R \subseteq V$，但显然不是 V 的任何子集都可构成包围圈，构成包围圈的子集 R 也并不一定满足及时围堵的基本条件。由于确定一个点集是否属于可行域本身就是一个非常困难的问题，如果采用常规的搜索策略，不能快速得出一个可行方案，耽误的时间越多，围捕就越困难。所以算法的高效性也是一个需要慎重考虑的问题。

(2) 构造启发式算法

本问题采用如下启发式搜索算法：

基于假设 3,4，设从案发到接到报警之间的时间为 t_0，嫌犯的车速恒定为 v，搜索最优解的算法如图 2-15 所示。

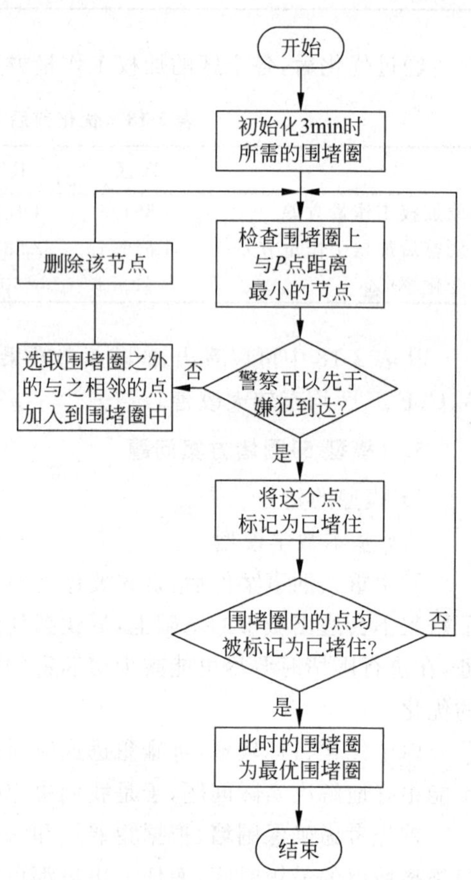

图 2-15　搜索最小包围圈的算法流程图

首先，对于最初时刻的包围圈，我们检查距离 P 点的最近的点。假设在接到报警前嫌犯正全力沿最短路径从 P 点驶向该节点；接到报警后，距离该节点最近平台的交巡警也全力驶向该节点。如果交巡警能在嫌犯之前到达，则我们认为该节点已经被堵住，继续在包围圈中寻找最距离 P 点最近的点进行处理。即使嫌犯到达该节点，由于交巡警在此之前已经到达，嫌犯势必会离开该节点。

其次，如果嫌犯在交巡警之前到达该节点，则嫌犯有可能会从该节点逃窜至其他地方，因此，我们需要对该节点进行进一步的围堵。我们将位于包围圈之外所有与该节点相连的节点加入到包围圈中，并删除该节点形成新的包围圈。

重复上述过程，直至包围圈中的所有节点都

可以被及时堵住。

这样,对包围圈上的任何一个节点,都会有交巡警在嫌犯到达之前对其围堵,这就完成了对嫌犯的围堵工作。

(3) 初始时 3min 包围圈的寻找方法

确定 3min 包围圈作为上述算法的第一步,具有很重要的作用。这一步实现的具体算法如下:

第一步:求出嫌犯最大行驶路程为 vt_0。

第二步:确定疑犯可以到达的节点的集合 A_C,A_C 中的元素到达 P 的距离都小于 vt_0。

第三步:计算包围圈。考虑这样一些边:这些边的一个节点是嫌犯可能到达的位置(如图 2-16 中的 E、D),另一个节点则是嫌犯还未到达的位置(如 F,A)。如果断开这些边(如图中 EF,EB,DA,DC,GH),那么嫌犯可能到达的位置和嫌犯还未到达的位置能被完全分隔开,这也就达到了围堵嫌犯的目的。所以,我们选择每一条这样的边上的嫌犯还没有到达的节点,如果交巡警能够围堵在这些节点,就可以围堵嫌犯。因而,初始包围圈 R_0 满足

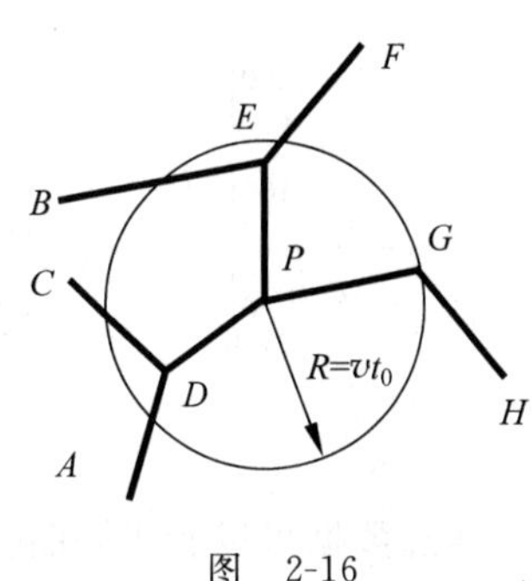

图　2-16

$$R_0 = \{v_j \mid d(v_j, v_{32}) > vt_0, d(v_i, v_{32}) \leqslant vt_0, e_{ij} = 1\}$$

例如,图中的集合为 $R_0=\{A,B,C,F,H\}$。

2) 模型的求解

将上述算法编程实现后,具体的程序代码参见附录。最终确定的包围圈由如下 22 个节点组成:

表 2-19　调度包围方案

序号	节点号	该节点到 P 的距离	调动的平台号	调动距离	序号	节点号	该节点到 P 的距离	调动的平台号	调动距离
1	16	33.02	16	0.00	14	4	87.97	19	46.84
2	5	38.77	5	0.00	15	561	87.97	480	45.44
3	6	39.07	6	0.00	16	240	101.54	169	70.47
4	236	40.91	173	6.32	17	41	105.03	18	55.43
5	15	41.39	15	0.00	18	168	124.79	176	54.86
6	55	52.10	3	12.66	19	273	128.09	178	78.76
7	232	57.20	171	19.06	20	371	158.94	326	105.69
8	10	61.88	10	0.00	21	248	205.24	166	87.09
9	3	64.76	2	21.12	22	368	233.40	328	170.00
10	244	68.12	172	35.29	23	359	258.00	373	227.76
11	60	77.43	168	47.39	24	361	287.30	381	254.72
12	230	78.07	170	47.98	25	324	316.85	12	285.68
13	40	79.62	17	26.88					

最小包围圈的示意图如图 2-17 所示。

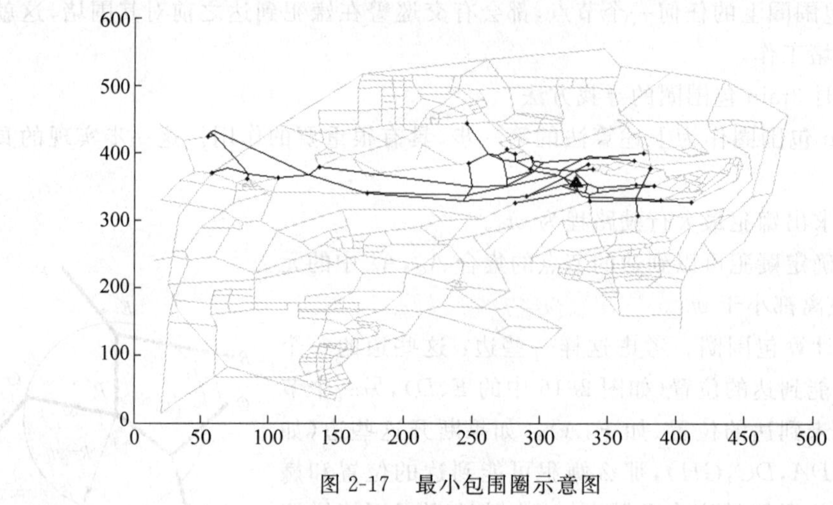

图 2-17 最小包围圈示意图

通过数据可以看出,在包围圈形成过程的初期,即前 15 个形成的围堵点,调动距离都小于 50,按照 60km/h 的车速,调动时间小于 5min,而后 10 个形成的围堵点虽然时间较多,在 7～29min 间,但由于是前期的成功封堵,嫌犯能成功躲避前面全部围堵点行驶到最后概率是很低的。综合考虑,嫌犯在 10min 内不被成功围堵的概率小于 0.01。这是一个不错的结果。而且此模型的计算速度非常快,不会因为搜索围捕方案而浪费时间。

2.5.5 模型分析与评价

1. 辖区分配问题

对于辖区分配问题,我们只考虑了交巡警在 3min 之内所能到达的区域,并且把最大化这个区域作为评价分配结果的唯一标准。在建模的过程中,我们假定一个平台的处理能力可以完全应对辖区内同时出现的多个情况。最后的分配结果显示,道路覆盖率和出警时间都能很好地满足要求。而且这个模型简单易懂,适合于实际中对平台的辖区进行分配。

2. 封锁调度问题

为了实现快速全封锁,我们以完成整个封锁所需的最终时间为优化的对象。在求解中,我们也是以最小化最终时间为目标。在最终时间相同的情况下,有的方案的平均封锁时间也很小,却可能被忽略。为此,我们又增加了最小化总路程的优化方案,这样可以确保最终的结果达到最优。而且,该模型可以很方便地利用 LINGO 软件求解,对于突发事件,可以在第一时间内完成调度方案。

3. 平台增设问题

针对本问题,我们只考虑增设平台对于提高工作量均衡程度和减少出警时间的积极作用,忽略了实际生活中很重要的成本、人员等限制因素。对于工作量均衡性和出警时间二者重要性的判断,我们只是人为地给出了权重因子 $\alpha=0.5$,实际中,可以通过调查和参数估计求得 α。

由于采用了启发式算法,对于规模更大的问题,该模型依然具有很强的适应性,直观、易于求解。而且，利用多目标优化方法，可以使结论更加全面、完整。

4. 全市平台设置评价问题

由于缺少必要的评价标准，进行多目标优化就变得没有意义。所以该模型将 3min 覆盖率和工作量转化为加权工作量。并且将加权工作量的方差作为目标函数进行最优化处理。而加权工作量方差的减少会使平台的设置方案更趋于合理。优化搜索过程中采用模拟退火，恰好避免陷入局部最优解。

5. 围堵方案问题

以 3min 时嫌犯能到达的最大范围作为包围圈的起点，将包围圈上的节点放入任务队列中，通过不断检查、调整、更新、处理任务队列，修正包围圈，最终得到能够围堵住嫌犯所需时间的期望最短的包围圈。算法效率极高，能够保证在最短的时间内提供最优的调度方案，有利于及时抓捕罪犯。

2.5.6 参考文献

[1] 韩中庚. 数学建模方法及其应用[M]. 北京：高等教育出版社，2006.
[2] 林锉云，董加礼. 多目标优化的方法与理论[M]. 长春：吉林教育出版社，1992.
[3] 谢金星，薛毅，优化建模与 LINDO/LINGO 软件[M]. 北京：清华大学出版社，2005.
[4] 王海英. 图论算法及其 MATLAB 实现[M]. 北京：北京航空航天大学出版社，2010.
[5] 王树禾. 图论[M]. 北京：科学出版社，2009.
[6] BRASSARD G，BRATLEY P. 算法基础[M]. 邱仲潘，柯渝，徐锋，译. 北京：清华大学出版社，2005.
[7] 董文永，刘进，丁建立，朱福喜. 最优化技术与数学建模[M]. 北京：清华大学出版社，2010.

2.5.7 附录(略)

2.6 论文点评

本文运用数学建模的方法并利用软件设计了相应的启发式算法很好地解决了题目要求的几个问题，叙述清楚，层次分明，计算结果合理，格式规范，是一篇很好的数学建模论文。

本文对问题一的解决没有给出通用的数学模型，而是直接把每个路口按就近分配的原则分给各个平台，这样只考虑尽快到达现场，看似合理，但是没有考虑各平台工作量的均衡性，可能会造成各平台工作量差异很大的情况，在实际中也不合理，应适当考虑二者的平衡性，既要尽快到达案发现场，又要各平台工作量尽可能均衡，这样才更为符合实际而且也更合理。本文对问题二的处理是建立了通用的 0-1 规划数学模型并运用 LINGO 软件进行求解，这是一个很好的策略，也得到了不错的结果。问题三综合考虑覆盖率和方差来评价平台设置的合理性也非常符合实际情况，考虑也比较全面。对全市范围的问题的解决不仅建立了模型而且设计了相应的启发式算法，也都不错。在遇到复杂的规划模型求解精确解比较困难的情况下，采用启发式算法寻找近似解是不错的选择。

第 3 章　葡萄酒的评价(2012 A)

3.1　葡萄酒的评价

确定葡萄酒质量时一般是通过聘请一批有资质的评酒员进行品评。每个评酒员在对葡萄酒进行品尝后对其分类指标打分,然后求和得到其总分,从而确定葡萄酒的质量。酿酒葡萄的好坏与所酿葡萄酒的质量有直接的关系,葡萄酒和酿酒葡萄检测的理化指标会在一定程度上反映葡萄酒和葡萄的质量。附件 1 给出了某一年份一些葡萄酒的评价结果,附件 2 和附件 3 分别给出了该年份这些葡萄酒和酿酒葡萄的成分数据。请尝试建立数学模型讨论下列问题:

(1) 分析附件 1 中两组评酒员的评价结果有无显著性差异,哪一组结果更可信?

(2) 根据酿酒葡萄的理化指标和葡萄酒的质量对这些酿酒葡萄进行分级。

(3) 分析酿酒葡萄与葡萄酒的理化指标之间的联系。

(4) 分析酿酒葡萄和葡萄酒的理化指标对葡萄酒质量的影响,并论证能否用葡萄和葡萄酒的理化指标来评价葡萄酒的质量?

附件 1:葡萄酒品尝评分表(略)。

附件 2:葡萄和葡萄酒的理化指标(略)。

附件 3:葡萄和葡萄酒的芳香物质(略)。

注:题目及数据附件都可以到全国大学生数学建模竞赛官方网站 http://www.mcm.edu.cn 下载。

3.2　问题分析与建模思路概述

葡萄酒的评价问题看起来思路很明确,就是要用统计方法来进行分析和讨论,关键是选择的统计方法是不是恰当合理,对各种统计方法的理解和认识是不是透彻,计算过程和结果是不是正确,以及能不能对计算结果和原理给予充分的论述和解释。

问题一要求分析两组评酒员的评价结果是否具有显著性差异,对此统计学有方差分析方法可供使用。不过在进行方差分析之前,首先需要对数据进行检验和处理,确保总体数据服从多元正态分布;然后采用双因素(评酒员、酒样)或三因素(评酒员、酒样、组别)方差分析,判断不同组别之间是否有显著性差异。在哪一组更可信的问题上,评酒员之间的一致性好、对不同酒样的区分度大当然是更好的,对此可以考虑建立一个指标来综合考虑两个因素的作用。

问题二要求根据葡萄的理化指标与葡萄酒的质量数据，对酿酒所用的葡萄进行分级。在指标的选择上建议选择行业公认的一些重要指标，葡萄酒质量则可以用评酒员的评价结果，建立酒质量与葡萄重要指标之间的关系模型。与此有关的统计方法不少，比如回归分析、主成分分析等。最好能在模型建立后有一个检验步骤，表明根据模型和葡萄的重要指标数据算出的葡萄酒质量，确实与评酒员的评价吻合较好。

问题三分析酿酒葡萄与葡萄酒的理化指标之间的联系，首先需要对理化指标进行梳理，将影响质量的化学成分进行合并分类，降低模型的复杂程度，然后运用多元线性回归等方法给出各项指标之间的关系。

问题四要求分析酿酒葡萄、葡萄酒的理化指标对葡萄酒质量的影响，有了前三问的分析，到这里无论是数学方法还是建模思路都应该比较清楚了，可以采用第三问的方法给出结论。

需要特别指出的是，可供统计方法和软件工具虽然非常丰富，但在具体使用时应该注意各种方法的适用范围、优缺点，并注意运用数据对自己的模型和结果进行校验，表明模型的可靠性。

3.3 获奖论文——葡萄酒评价模型

作　　者：刘弘扬　侯棋文　张东洋

指导教师：闫桂峰

获奖情况：2012 全国数学建模竞赛二等奖

摘要

评价一种葡萄酒时，感官评价的指标和理化指标共同反映其质量。

问题一中分析两组评酒员对红白两种葡萄酒的评价，本文用 Kolmogorov－Smirnov 双样本检验的方法判断两组评价存在显著性差异。然后由信度分析可知，第一组评酒员对红葡萄酒的评价的可靠性更好，可靠程度达到 88.5%；而对白葡萄酒的评价，第二组的评价更可信，可靠程度达 88.3%。

为了对酿酒葡萄分级，本文先对大量数据进行有效处理。考虑到红葡萄酒和白葡萄酒酿酒葡萄理化指标、制作方法上等方面存在着差异，应该分别对红葡萄酒和白葡萄酒分级。由于多变量大样本的特点可能使变量之间可能存在相关性。因此用主成分分析降维以简化模型，用尽可能少的状态变量反映综合信息。以主成分分析分别从红葡萄酒和白葡萄酒酿酒指标提取出 14 个和 16 个主成分，来反映酿酒葡萄的理化指标。另外评酒员对葡萄酒的评分和芳香物质作为感官评价的指标。以这些成分作为新的样本数据可以进行分层聚类分析。聚类开始时把参与聚类的每一个观测量视为一类，根据两类之间的距离或相似性逐步合并，直到合并成一个大类为止。聚类后类内的“亲密性”越来越弱，这样酿酒葡萄的类别结构就显而易见了。

酿酒葡萄与葡萄酒的理化指标之间存在着一定联系。为解决这个多因变量的建模问题，采用偏最小二乘回归模型分析。其建立的回归模型中保留了不显著项，由于这些项对回归模型的影响不显著，因而可以把它们看成是随机误差项，并不构成对模型的影响。分析相关系数矩阵和回归系数矩阵，由相关系数可以看出葡萄酒的理化指标和酿酒葡萄的理化指标之间的线性相关程度，由回归系数反映酿酒葡萄的理化指标对该项葡萄酒理化指标的作用和贡献。

感官评价是衡量葡萄酒质量的重要标准，而葡萄酒的外观、色泽、口感和整体方面必然会受到酿酒葡萄和葡萄酒的理化指标的影响。综合分析酿酒葡萄和葡萄酒的理化指标，本文用灰色系统理论来解释其对葡萄酒质量的影响，也就是对葡萄酒的感官评价指标的影响。分别计算评酒员评价的10个评分项目（澄清度、色调、……、平衡/整体评价）对酿酒葡萄和葡萄酒理化指标的灰色关联度，进行优势分析，从而得出各个理化指标对葡萄酒外观、色泽、口感和整体方面的影响程度。

关键词：主成分分析　分层聚类　偏最小二乘　灰色系统

3.3.1 问题重述

1. 背景

品评葡萄酒时，由评酒员品尝后对其分类指标打分从而确定葡萄酒的质量。酿酒葡萄的好坏与所酿葡萄酒的质量有直接的关系，葡萄酒和酿酒葡萄检测的理化指标会在一定程度上反映葡萄酒和葡萄的质量。

2. 问题

本文模型主要解决以下问题：

(1) 分析附件1中两组评酒员的评价结果有无显著性差异，哪一组结果更可信？

(2) 根据酿酒葡萄的理化指标和葡萄酒的质量对这些酿酒葡萄进行分级。

(3) 分析酿酒葡萄与葡萄酒的理化指标之间的联系。

(4) 分析酿酒葡萄和葡萄酒的理化指标对葡萄酒质量的影响，并论证能否用葡萄和葡萄酒的理化指标来评价葡萄酒的质量？

3.3.2 问题分析

问题一：在葡萄酒的感官评价中，由于观念和方向的差异，使得评酒员对同一葡萄酒样品的评分各不相同。分析两个评酒员组的显著性差异可以用非参数检验的方法。为了判断哪组评价更真实地反映出葡萄酒的品质，可以用信度分析的方法。

问题二：根据问题一中求得可信度高的评分组，对葡萄酒样品的平衡/整体评价的各个评酒员评分取平均，用来衡量葡萄酒的质量。要对酿酒葡萄进行分级，首先应先对附录2中众多的酿酒葡萄的理化指标进行筛选。降维的方法会使问题大大简化。

问题三：酿酒葡萄的理化指标和葡萄酒的理化指标之间的联系，属于多变量对多变量的建模问题。可以用偏最小二乘法，以相关系数矩阵和回归系数来分析二者的联系。

问题四：应该考虑酿酒葡萄和葡萄酒的理化指标对葡萄酒外观、色泽、口感和整体方面的影响。将考察的因素细化，能更明确地反映出理化指标对葡萄酒哪一方面的影响和影响程度。

3.3.3 问题的假设与符号说明

1. 问题假设

(1) 假设两组评酒员的葡萄酒评分是相互独立的，每个评酒员对每种葡萄酒的评价也是独立的,即对一种葡萄酒的评价不会影响对另一种的评价。

(2) 假设酿造过程中各葡萄酒样品仅酿酒葡萄不同,其他因素无差别。

(3) 假设评酒员在评价过程中秉承公平公正的原则。

2. 符号说明

α:信度系数;

S_{p_i}:第 i 个主成分方程式的总方差在第 i 个成分上分配的结果;

D:欧氏距离的平方;

p_m:葡萄酒的理化指标;

q_n:酿酒葡萄的理化指标;

$\boldsymbol{F}$:酿酒葡萄理化指标的观测矩阵;

$\boldsymbol{E}$:葡萄酒理化指标的观测矩阵;

t_1:在自变量集 $q_1,q_2,\cdots,q_n$ 中提取的第一成分;

u_1:在因变量集 $p_1,p_2,\cdots,p_n$ 中提取的第一成分;

$\xi_i(k)$:比较数列 x_i 对参考数列 x_0 在 k 时刻的关联系数;

r_i:序列 x_i 对参考数列 x_0 的关联度。

3.3.4 模型建立及求解

1. 葡萄酒评价结果分析模型

考虑到不同评酒员对同一葡萄酒样品的评价差异会掩盖不同酒的优劣。因此要分析两组的显著性差异,并判断出那个组的可信度更高。这样才能减少评酒员的异质性,真正反映出葡萄酒的品质。

1) Kolmogorov-Smirnov 双样本检验

Kolmogorov-Smirnov 检验是将样本的累积分布函数与确定的理论分发函数相比较,根据差值的大小确定样本是否来自特定的总体。

设$(X_1,X_2,\cdots,X_{270})$和$(Y_1,Y_2,\cdots,Y_{270})$分别来自总体 X 和总体 Y,其中总体 X 表示第一组评酒员对红葡萄酒的平衡/整体评价,总体 Y 表示第二组评酒员对红葡萄酒的平衡/整体评价。根据独立性假设,设 k 为观察值,求得两个样本的经验分布函数 $S_x(x)=\dfrac{k}{n}$ 和 $S_y(x)=\dfrac{k}{m}$,其中 k 不大于样本数 x,n 和 m 分别代表样本 X 和样本 Y 的样本容量。$S_x(x)$ 和 $S_y(x)$是连续分布的。根据 Glivenko 定理可知,用经验分布来近似理论分布是可行的。

Kolmogorov-Smirnov 检验按照绝对值计算两个分布函数之间的最大差异构造检验统计量,原假设 H_0:总体 X 和总体 Y 不同;备择假设 H_1:总体 X 和总体 Y 相同。

当零假设成立时,对每一个 x,$|S_x-S_y|$会很小,趋近于 0,因此考虑双样本检验中最大差值。令统计量

$$F=\max_{k\leqslant x}|S_x-S_y|$$

用统计量 F 来检验上面的假设问题,统计量 F 对应的显著性水平由可靠性分布函数 Q_{ks} 表示[5]:

$$\text{prob}(F) = Q_{ks}(\lambda) = 2\sum_{i=1}^{\infty}(-1)^{i-1}e^{-2i^2\lambda^2}$$

其中

$$\lambda = (\sqrt{N_e} + 0.12 + \frac{0.11}{\sqrt{N_e}})F, \quad N_e = \frac{mn}{m+n}$$

显然,若两个独立的样本没有显著性差异,则当统计量距离 $F \to 0$ 时,$\text{prob}(F) \to 1$,反之亦然。

计算结果 $\text{prob}(F) \to 0$,原假设成立,说明第一组评酒员和第二组评酒员对红葡萄酒的评价存在显著差异。

同理分析,可得第一组评酒员和第二组评酒员对白葡萄酒的评价也存在着显著差异。

2) 信度分析

信度分析又称可靠性分析,可以检验结果的可信程度,主要度量综合评价体系是否具有一定稳定性和可靠性的有效分析方法,信度是反映被测特征真实程度的指标。

信度的定义是一组测量分数的真变异数与总变异数(实得变异数)的比例。信度系数 r_{XX} 可以用真分数方差 S_T^2 和总分数方差 S_X^2 之比表示:$r_{XX} = \frac{S_T^2}{S_X^2}$。

品酒员在品酒过程中,实际的分数 X 和他个人评分 X_T 存在如下关系:

$$X = X_T + X_{RE}$$

其中 X_{RE} 为品酒过程中的随机误差分数,所以有 $S_X^2 = S_T^2 + S_{RE}^2$。信度系数还可以表示为 $r_{XX} = 1 - \frac{S_{RE}^2}{S_X^2}$。

本文中用 α 信度系数来进行信度估计。α 信度系数可以反映量表中内在的一致性,从而反映量表受随机误差影响的程度,其具体表达式为

$$\alpha = \frac{k}{k-1}\left(1 - \frac{\sum_{i=1}^{k}\text{var}(i)}{\text{var}}\right)$$

以表 3-1 中评酒员对红葡萄酒的评价为例,第一组 α 信度系数为 $\alpha = 0.885$,表示测试的可靠程度可以达到 88.5%,受随机误差的影响程度为 11.5%。而第二组可靠程度为 75%,说明对红葡萄酒的评价第一组评酒员更可信。

表 3-1 两组评酒员对红、白葡萄酒样品评价的信度系数

评酒员	酒种	
	红葡萄酒	白葡萄酒
第一组	0.885	0.763
第二组	0.75	0.838

同理,对白葡萄酒的评价第二组评酒员的可靠程度更高。

2. 主成分分析法和分层聚类模型

对葡萄酒进行分级时,考虑到红葡萄酒和白葡萄酒理化指标、制作方法上等方面存在着差异,应该分别对红葡萄酒和白葡萄酒分级。

1）主成分分析法

附录 2 中对众多的酿酒葡萄理化指标进行了大量观测，但多变量大样本可能增加了问题分析的复杂性，且多个变量之间可能存在相关性。因此有必要降维，用尽可能少的状态变量反映综合信息。主成分分析法就是一种在多个存在相关关系的变量中寻找潜在的起支配作用的因子的方法。

对数据的处理

首先在多次测量的项目数据中，有明显高于其余测量数据的，视为无效数据，然后取平均值来反映该项指标的水平。考虑一级指标是二级指标综合影响的结果，用因子分析法只考虑这些没有二级的一级指标和除去一级的二级指标，避免了一级指标与二级指标的相关性。这样还剩余 60 个状态变量。

主成分分析法原理和步骤

设酿酒葡萄的 60 个理化性质为潜在因子 $z_1, z_2, \cdots, z_{60}$。在原始变量的 60 维空间中，假设找到新的 60 个坐标轴 $p_i, i=1,2,\cdots,60$，新变量与原始变量的关系可以表达为下式：

$$\begin{cases} p_1 = b_{11}z_1 + b_{12}z_2 + \cdots + b_{1,60}z_{60} \\ p_2 = b_{21}z_1 + b_{22}z_2 + \cdots + b_{2,60}z_{60} \\ \quad\vdots \\ p_i = b_{i1}z_1 + b_{i2}z_2 + \cdots + b_{i,60}z_{60} \end{cases}$$

60 个变量中存在相关的变量，因此用主成分分析可以找到少于 60 个新变量来解释原始数据中大部分方差所包含的信息。其余变量对方差的影响很小，因此称这些新变量为主成分，每个新变量均为原始变量的线性组合。

使得方差最大的 60 个互相正交的方向及沿这些方向的方差是一个特征方程的特征向量和特征值，这个特征方程为 $\boldsymbol{AZ}=\lambda\boldsymbol{Z}$，$\boldsymbol{A}$ 为样本协方差矩阵。特征方程的根 λ 反映原始变量的总方差在各成分上重新分配的结果。第 i 个主成分的方程式总方差在各主成分上重新分配后，第 i 个成分上分配的结果，在数值上等于第 i 个特征值。

$$S_{p_i} = \frac{\sum_{i=1}^{60}(p_i - \overline{p_i})^2}{n-1} = \lambda_i$$

考虑每个成分的贡献率，即各个成分所包含的信息占总信息的百分比。用方差来衡量变量所包含的信息量，贡献率可以表示为每个成分所提供方差占总方差的比例：

$$\sum_{i=1}^{60}\lambda_i = m, \quad \frac{\lambda_i}{\sum_{i=1}^{60}\lambda_i} = \frac{S_{p_i}}{\sum_{i=1}^{60}S_{p_i}} = \frac{\lambda_i}{60}$$

而前 k 个成分的贡献率为 $\sum_{i=1}^{k}\frac{\lambda_i}{\sum_{i=1}^{60}\lambda_i} = \sum_{i=1}^{k}\frac{\lambda_i}{m}$。

这样可以根据贡献率来提取主成分的个数。本文中取所有特征值大于 1 的成分作为主成分。

各个成分表达式中的标准化原始变量的系数向量作为各个成分的特征向量。根据主成分表达式和各个变量值可以计算主成分分数。这样就提取出了能代表 60 个成分的主成分。

主成分分析结果

由上述过程进行主成分分析，结果如表 3-2 所示。

表 3-2 红葡萄酒酿酒葡萄理化指标主成分分析方差解释表

成分	特征值	每个贡献率/%	累积贡献率/%
1	9.475	15.792	15.792
2	7.861	13.101	28.893
3	7.196	11.993	40.886
4	6.071	10.118	51.004
5	4.580	7.634	58.638
6	3.400	5.667	64.305
7	2.742	4.569	68.875
8	2.605	4.341	73.216
9	2.073	3.454	76.670
10	2.037	3.395	80.065
11	1.689	2.815	82.880
12	1.407	2.344	85.225
13	1.124	1.874	87.098
14	1.078	1.796	88.895
15	0.995	1.658	90.553
⋮			

表 3-2 中第 2、3、4 列分别表示特征值、每个因子的贡献率和前 k 个因子总的贡献率。从 60 个成分中提取特征值大于 1 的因子，可以提取 14 个主成分来反映总信息量，累计贡献率达到 88.893%，这表示提取 14 个成分(新变量)所包含的信息占总信息的 88.893%，而其余的 46 个变量对方差的影响很小。

红葡萄酒酿酒葡萄理化指标的 14 个主成分(新变量)得分见附录 1。

分析表 3-3 可知，从 60 个成分中提取特征值大于 1 的主成分有 16 个。累计贡献率达到 90.690%。这也证明了将红葡萄酒和白葡萄酒分别分级是正确的。

表 3-3 白葡萄酒酿酒葡萄理化指标主成分分析方差解释表

成分	特征值	每个贡献率/%	累积贡献率/%
1	12.673	21.121	21.121
2	7.442	12.403	33.524
3	5.224	8.707	42.231
4	4.557	7.595	49.826
5	3.927	6.546	56.372
6	3.263	5.438	61.809
7	2.423	4.038	65.848
8	2.317	3.861	69.709
9	2.165	3.608	73.317
10	2.013	3.356	76.672
11	1.922	3.203	79.875
12	1.615	2.692	82.567
13	1.448	2.414	84.981
14	1.351	2.252	87.233
15	1.057	1.761	88.994
16	1.018	1.696	90.690
17	0.933	1.555	92.246
⋮			

白葡萄酒酿酒葡萄理化指标的14个主成分(新变量)得分见附录1。

2) 分层聚类分析

聚类分析是根据事物本身的特性来研究个体分类的方法,将物理或抽象对象的集合分组成为由类似对象组成的多个类的分析过程,并在相似的基础上收集数据来分类。从机器学习的角度讲,簇相当于隐藏模式。聚类是搜索簇的无监督学习过程。与分类不同,无监督学习不依赖预先定义的类或带类标记的训练实例,需要由聚类学习算法自动确定标记,而分类学习的实例或数据对象有类别标记。聚类是观察式学习,而不是示例式的学习。

(1) 分层聚类原理和算法

分层聚类根据过程不同可以分为分解法和凝聚法。本文采取凝聚法。

凝聚法的基本思想是将距离最近或最相似的视为一类。聚类开始时把参与聚类的每一个观测量视为一类,根据两类之间的距离或相似性逐步合并,直到合并成一个大类为止。可见通过此类方法进行聚类后类内的“亲密性”越来越弱[3]。

在对其进行聚类分析之前,应该先对上述数据进行标准化。把观测值标准化到−1～1之间,对每个值用正在标准化的观测值的范围去除,如果范围为0,所有值不变。

对红葡萄酒的酿酒葡萄,由主成分分析提取的14个变量,反映酿酒葡萄的理化性质;另外用第一组评酒员对红葡萄酒的评分和红葡萄酒的芳香物质作为感官评价的指标,构成一个16维向量。对这些进行标准化,设葡萄样品的向量为

$$\boldsymbol{U}_i = (x_{i1}, x_{i2}, \cdots, x_{i16}), \quad i = 1, 2, \cdots, 27$$

对白葡萄酒的酿酒葡萄,由主成分分析提取的16个变量,反映酿酒葡萄的理化性质;另外用第一组评酒员对白葡萄酒的评分和白葡萄酒的芳香物质作为感官评价的指标。构成一个18维向量。对这些进行标准化,设葡萄样品的向量为

$$\boldsymbol{V}_i = (x_{i1}, x_{i2}, \cdots, x_{i18}), \quad i = 1, 2, \cdots, 28$$

定义各个酿酒葡萄样品的距离,用欧氏距离平方 $D(a,b)$ 表示。例如红葡萄酒酿酒葡萄样品 i 和葡萄样品 j 公式为

$$D(\boldsymbol{U}_i, \boldsymbol{U}_j) = \sum_{k=1}^{16} (x_{ik} - x_{jk})^2$$

对于计数变量的不相似性测度,用卡方值测度不相似性。该测度是根据两个集的频数相等的卡方检验,测度产生的值是卡方值的平方根,由被计算的两个观测量总额数计算其不相似性。期望值来自观测量的独立模型。

$$C(\boldsymbol{U}_i, \boldsymbol{U}_j) = \sqrt{\frac{\sum_{k=1}^{16} (x_{ik} - E(x_{ik}))^2}{E(x_{ik})} + \frac{\sum_{k=1}^{16} (x_{jk} - E(x_{jk}))^2}{E(x_{jk})}}$$

(2) 分层聚类分析的结果

分别对27个红葡萄酒酿酒葡萄样本和28个白葡萄酒酿酒样本进行分层聚类分析。

聚类分析的树形图反映出所有观测量从一开始距离比较,到最后聚成一类的全过程。作一条垂直于聚类分析距离轴的直线在图上左右移动,与这条垂线相交的每一根横线就是一类。每根横线左端相联系的各个观测量就是该分类的成员。如图3-1中与虚线相交有3条横线,这样可以分为3类。

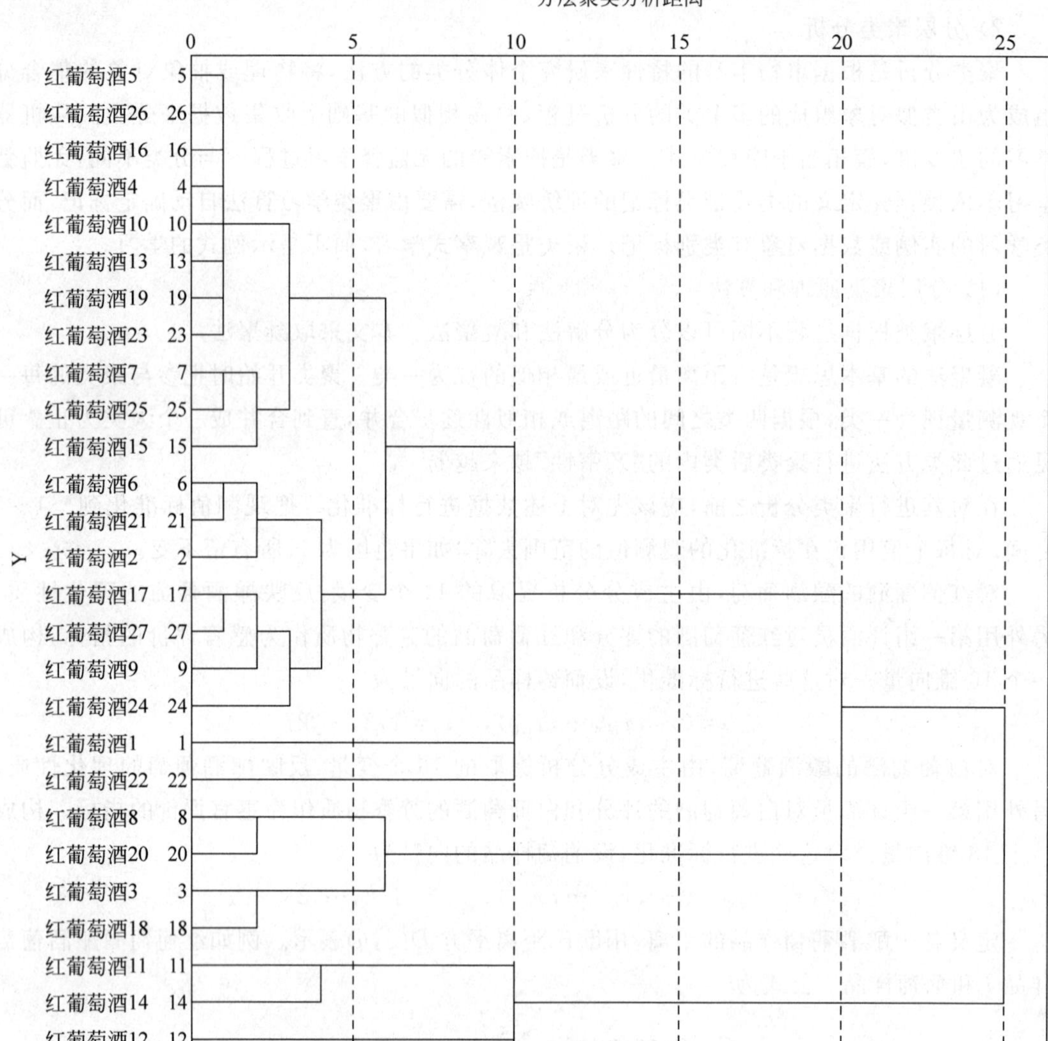

图 3-1 红葡萄酒酿酒葡萄分层聚类结果的树形图

表 3-4 中给出将 27 种样品分别分成 5 类、4 类、3 类时各个酿酒葡萄的类别属性。例如同为 1 的样品为一类,同为 2 的样品为第二类。

讨论分类数的合理性时,应满足

① 各类重心之间的距离必须足够大;

② 确定的类中,各类包含的元素不应太多;

③ 类的数目满足实际。

这样分析,将分类数定为 4 最为符合。

酿酒葡萄的好坏直接影响葡萄酒的质量。因此葡萄酒的质量在一定程度上能反映出酿酒葡萄的等级优劣。以上聚类分析并没有算出哪个类别最好或最差,因此我们以附录 1 中评酒员对葡萄酒的评分为标准,来判断这 4 个类别的优劣排名。

表 3-4 分为 3、4、5 类时的聚类结果

红葡萄酒酿酒葡萄样品	分 5 类	分 4 类	分 3 类	红葡萄酒酿酒葡萄样品	分 5 类	分 4 类	分 3 类
样品 1	1	1	1	样品 15	2	2	1
样品 2	2	2	1	样品 16	2	2	1
样品 3	3	3	2	样品 17	2	2	1
样品 4	2	2	1	样品 18	3	3	2
样品 5	2	2	1	样品 19	2	2	1
样品 6	2	2	1	样品 20	3	3	2
样品 7	2	2	1	样品 21	2	2	1
样品 8	3	3	2	样品 22	1	1	1
样品 9	2	2	1	样品 23	2	2	1
样品 10	2	2	1	样品 24	2	2	1
样品 11	4	4	3	样品 25	2	2	1
样品 12	5	4	3	样品 26	2	2	1
样品 13	2	2	1	样品 27	2	2	1
样品 14	4	4	3				

定义红葡萄酒酿酒葡萄的质量等级，并与聚类分析结果相对应，见表 3-5。

表 3-5 酿酒葡萄等级和相应聚类类别

等级	等级意义	对应聚类分析类别	样品数目
Ⅰ级	较差	4	3
Ⅱ级	普通	1	2
Ⅲ级	较好	3	4
Ⅳ级	高级	2	18

同理分析(见图 3-2)可得，将白葡萄酒的酿酒葡萄也分成 4 类，见表 3-6。

表 3-6 酿酒葡萄等级和相应聚类类别

等级	等级意义	对应聚类分析类别	样品数目
Ⅰ级	较差	3	6
Ⅱ级	普通	1	14
Ⅲ级	较好	4	4
Ⅳ级	高级	2	3

3. 偏最小二乘法回归模型

寻找酿酒葡萄的理化指标 $\boldsymbol{q}_1,\boldsymbol{q}_2,\cdots,\boldsymbol{q}_n$ 与葡萄酒的理化指标 $\boldsymbol{p}_1,\boldsymbol{p}_2,\cdots,\boldsymbol{p}_m$ 之间的联系时，属于多因变量的建模问题，本文运用偏最小二乘回归的方法。偏最小二乘回归分析集典型相关分析、主成分分析和多元线性回归分析方法为一体，当多个因变量之间存在较大的相关性时，偏最小二乘回归分析法特别适用，而且相对于单个因变量各自进行回归建模和逐步回归建模更为有效。偏最小二乘回归分析法建立的回归模型中保留了不显著项，由于这些项对回归模型的影响不显著，因而可以把它们看成是随机误差项，并不构成对模型的

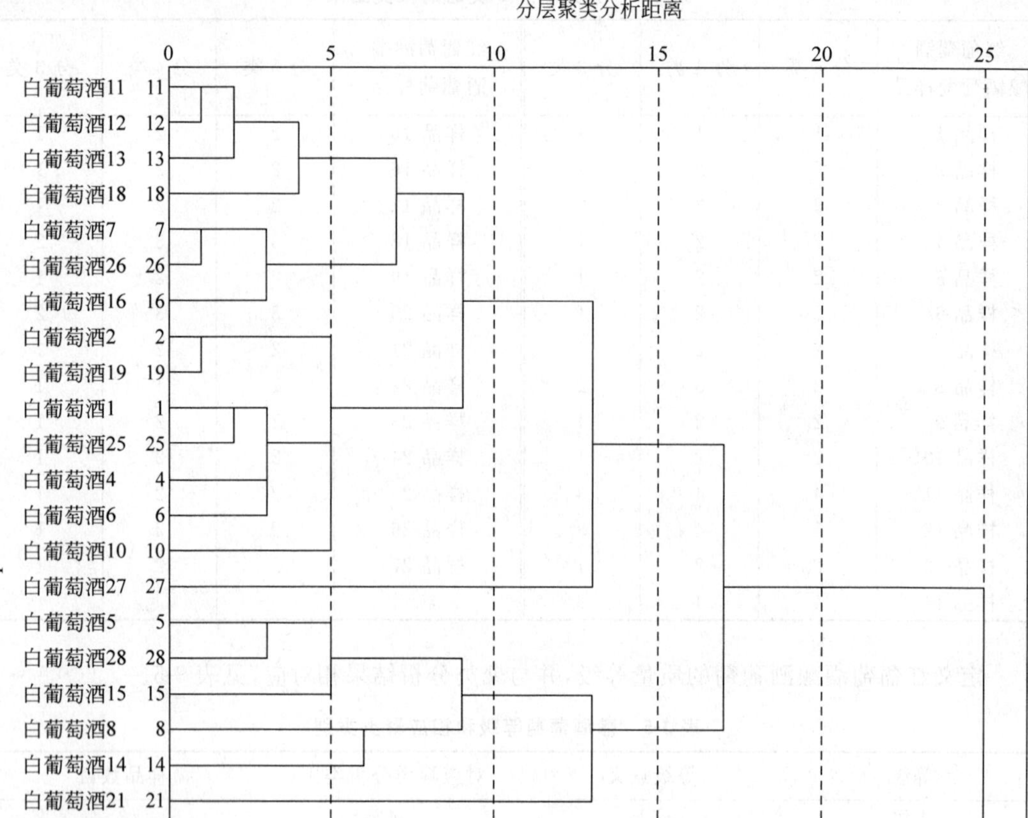

图 3-2 白葡萄酒酿酒葡萄分层聚类结果的树形图

影响[5]。

1）偏最小二乘法的原理和方法

因变量 $\boldsymbol{p}_1,\boldsymbol{p}_2,\cdots,\boldsymbol{p}_9$ 代表红葡萄酒的 9 个一级理化指标的含量，分别对应花色苷、单宁、…、bD65；因变量 $\hat{\boldsymbol{p}}_1,\hat{\boldsymbol{p}}_2,\cdots,\hat{\boldsymbol{p}}_8$ 代表白葡萄酒的 8 个一级理化指标的含量，分别对应单宁、总酚、……、bD65；自变量 $\boldsymbol{q}_1,\boldsymbol{q}_2,\cdots,\boldsymbol{q}_{30}$ 代表酿酒葡萄的 30 个一级理化指标的含量，分别对应氨基酸总量、蛋白质、……、果皮颜色。

首先在自变量集$\{\boldsymbol{q}_1,\boldsymbol{q}_2,\cdots,\boldsymbol{q}_n\}$中提取第一成分 $\boldsymbol{t}_1$（t_1 是 $\boldsymbol{q}_1,\boldsymbol{q}_2,\cdots,\boldsymbol{q}_n$ 的线性组合，且包含了尽可能多的变异信息），同时在因变量集$\{\boldsymbol{p}_1,\boldsymbol{p}_2,\cdots,\boldsymbol{p}_m\}$中也提取第一成分 $\boldsymbol{u}_1$，并要求 $\boldsymbol{t}_1$ 与 $\boldsymbol{u}_1$ 的相关程度达到最大，而后建立因变量集$\{\boldsymbol{p}_1,\boldsymbol{p}_2,\cdots,\boldsymbol{p}_m\}$对 t_1 的回归，如果回归方程已经达到满意的精度，则算法终止，否则继续对第二成分进行提取，直到达到满意的精度。设最终对自变量集提取的成分为 $\boldsymbol{t}_1,\boldsymbol{t}_2,\cdots,\boldsymbol{t}_r$，运用偏最小二乘法则要建立 $\boldsymbol{p}_1,\boldsymbol{p}_2,\cdots,\boldsymbol{p}_m$ 与

$t_1,t_2,\cdots,t_r$ 的回归方程式，然后再表示为 $p_1,p_2,\cdots,p_m$ 与原自变量 $q_1,q_2,\cdots,q_n$ 的回归方程式。

设 m 个因变量 $p_1,p_2,\cdots,p_m$ 与 n 个自变量 $q_1,q_2,\cdots,q_n$ 均为标准化向量，自变量组与因变量组的 k 次标准化观测数据矩阵分别为

$$F_0=\begin{pmatrix} p_{11} & \cdots & p_{1m} \\ \vdots & \ddots & \vdots \\ a_{k1} & \cdots & a_{km} \end{pmatrix},\quad E_0=\begin{pmatrix} q_{11} & \cdots & q_{1n} \\ \vdots & \ddots & \vdots \\ q_{k1} & \cdots & q_{kn} \end{pmatrix}$$

则变最小二乘法的具体步骤如下：

分别对 $p_1,p_2,\cdots,p_m,q_1,q_2,\cdots,q_n$ 取第一成分 t_1,u_1，并使之相关性最大，其中 t_1 是变量集 $Q=(q_1,q_2,\cdots,q_n)^T$ 的线性组合：$t_1=w_{11}q_1+\cdots+w_{1n}q_n=w_1^TQ$；$u_1$ 是变量集 $P=(p_1,p_2,\cdots,p_m)^T$ 的线性组合：$u_1=v_{11}p_1+\cdots+v_{1m}p_m=v_1^TP$。要求 t_1 和 u_1 分别尽可能多地提取所在变量组的变异信息且其相关程度达到最大。

由 E_0 和 F_0 可以分别计算第一对成分的得分向量$\hat{t}_1$ 和$\hat{u}_1$：

$$\hat{t}_1=E_0w_1=\begin{pmatrix} q_{11} & \cdots & q_{1n} \\ \vdots & \ddots & \vdots \\ q_{k1} & \cdots & q_{kn} \end{pmatrix}\begin{pmatrix} w_{11} \\ \vdots \\ w_{1n} \end{pmatrix}=\begin{pmatrix} t_{11} \\ \vdots \\ t_{k1} \end{pmatrix},\quad \hat{u}_1=F_0v_1=\begin{pmatrix} p_{11} & \cdots & p_{1m} \\ \vdots & \ddots & \vdots \\ p_{k1} & \cdots & p_{km} \end{pmatrix}\begin{bmatrix} v_{11} \\ \vdots \\ v_{1m} \end{bmatrix}=\begin{bmatrix} u_{11} \\ \vdots \\ u_{k1} \end{bmatrix}$$

第一对成分 t_1,u_1 的协方差 $\mathrm{Cov}(t_1,u_1)$可利用$\hat{t}_1,\hat{u}_1$ 的向量内积来计算，故上面两个要求可以转化为条件极值问题

$$\begin{cases} \langle \hat{t}_1,\hat{u}_1 \rangle=\langle E_0w_1,Y_0v_1 \rangle=w_1^TE_0^TF_0v_1\Rightarrow\max \\ w_1^Tw_1=\|w_1\|^2=1,v_1^Tv_1=\|v_1\|^2=1 \end{cases}$$

利用 Lagrange 乘数法，问题化为求单位向量 w_1 和 t_1，使 $\theta_1=w^TE_0^TF_0v_1\Rightarrow\max$。问题的求解可通过计算 $m\times m$ 矩阵 $M=E_0^TF_0F_0^TE_0$ 的特征值和特征向量来实现，M 的最大特征值为 θ_1^2，相应的单位特征向量就是所求的解 w_1，而 $v_1=\frac{1}{\theta}F_0^TE_0w_1$。建立 $p_1,\cdots,p_m$ 对 t_1 的回归和 $q_1,\cdots,q_n$ 对 u_1 的回归。

假定回归模型为$\begin{cases} E_0=\hat{t}_1\alpha_1^T+E_1 \\ F_0=\hat{u}_1\beta^T+F_1 \end{cases}$，其中$\alpha_1=(\alpha_{11},\cdots,\alpha_{1n})^T$，$\beta_1=(\beta_{11},\cdots,\beta_{1m})^T$ 分别为多对一回归模型中的参数向量，E_1 和 F_1 是残差矩阵，回归系数向量α_1,β_1 的最小二乘估计为

$$\begin{cases} \alpha_1=\dfrac{E_0^T\hat{t}_1}{\|\hat{t}_1\|^2} \\ \beta_1=\dfrac{F_0^T\hat{u}_1}{\|\hat{u}_1\|^2} \end{cases}$$，称α_1,β_1 为模型效应负荷量。

用残差矩阵 E_1 和 F_1 代替 E_0 和 F_0 重复以上过程。

记$\hat{E}_0=\hat{t}_1\alpha_1^T$，$\hat{F}_0=\hat{u}_1\beta_1^T$，则残差矩阵 $E_1=E_0-\hat{E}_0$，$F_1=F_0-\hat{F}_0$。如果残差矩阵 F_1 中元素的绝对值近似为 0，则可认为第一个成分建立的回归式精度已经满足需要，可以停止抽取成分，否则用残差矩阵 E_1 和 F_1 代替 E_0 和 F_0 重复以上步骤，得 $w_2=(w_{21},\cdots,w_{2n})^T$，$v_2=(v_{21},\cdots,v_{2m})^T$ 分别为第二对成分的权数，而$\hat{t}_2=E_1w_2$，$\hat{u}_2=F_1v_2$ 为第二对成分的得分向量。

而$\begin{cases}\boldsymbol{\alpha}_2=\dfrac{\boldsymbol{E}_1^{\mathrm{T}}\hat{\boldsymbol{t}}_2}{\|\hat{\boldsymbol{t}}_2\|^2}\\ \boldsymbol{\beta}_2=\dfrac{\boldsymbol{F}_1^{\mathrm{T}}\hat{\boldsymbol{u}}_2}{\|\hat{\boldsymbol{u}}_2\|^2}\end{cases}$分别为 $\boldsymbol{P},\boldsymbol{Q}$ 的第二对成分的负荷量。这时有

$$\begin{cases}\boldsymbol{E}_0=\hat{\boldsymbol{t}}_1\boldsymbol{\alpha}_1^{\mathrm{T}}+\hat{\boldsymbol{t}}_2\boldsymbol{\alpha}_2^{\mathrm{T}}+\boldsymbol{E}_2\\ \boldsymbol{F}_0=\hat{\boldsymbol{u}}_1\boldsymbol{\beta}_1^{\mathrm{T}}+\hat{\boldsymbol{u}}_2\boldsymbol{\beta}_2^{\mathrm{T}}+\boldsymbol{F}_2\end{cases}$$

设 $k\times n$ 数据矩阵 $\boldsymbol{E}_0$ 的秩为 $r\leqslant\min\{n-1,m\}$，则存在 r 个成分 $\boldsymbol{t}_1,\boldsymbol{t}_2,\cdots,\boldsymbol{t}_r$ 使得

$$\begin{cases}\boldsymbol{E}_0=\hat{\boldsymbol{t}}_1\boldsymbol{\alpha}_1^{\mathrm{T}}+\cdots+\hat{\boldsymbol{t}}_r\boldsymbol{\alpha}_r^{\mathrm{T}}+\boldsymbol{E}_r\\ \boldsymbol{F}_0=\hat{\boldsymbol{t}}_1\boldsymbol{\beta}_1^{\mathrm{T}}+\cdots+\hat{\boldsymbol{t}}_r\boldsymbol{\beta}_r^{\mathrm{T}}+\boldsymbol{F}_r\end{cases},$$

将 $\boldsymbol{t}_l=\boldsymbol{w}_{l1}\boldsymbol{x}_1+\cdots+w_{ln}\boldsymbol{x}_n(l=1,2,\cdots,r)$ 代入 $\boldsymbol{P}=\boldsymbol{t}_1\boldsymbol{\beta}_1+\cdots+\boldsymbol{t}_r\boldsymbol{\beta}_r$，即可得 m 个因变量的偏最小二乘回归方程式 $\boldsymbol{p}_j=\alpha_{j1}\boldsymbol{x}_1+\cdots+\alpha_{jn}\boldsymbol{x}_n(j=1,2,\cdots,n)$[6]。

2）偏最小二乘法的求解及分析

应用 MATLAB 编程求解，程序详见附录 2，回归系数和相关系数矩阵见附录 3。

由相关系数矩阵可以看出葡萄酒的理化指标与酿酒葡萄的理化指标的相关程度，是正相关还是负相关，相关系数绝对值越接近于 1，其相关程度越大，表示葡萄酒的指标受酿酒葡萄的指标影响越大，其具有一定的线性关系。

如图 3-3 红、白葡萄酒的单宁对酿酒葡萄的单宁的回归直线，可以看出数据点分布在回归线两侧上下小幅度波动，方程的拟合值与原值差异很小，说明葡萄酒的单宁与酿酒葡萄的单宁之间有较强的线性相关性。

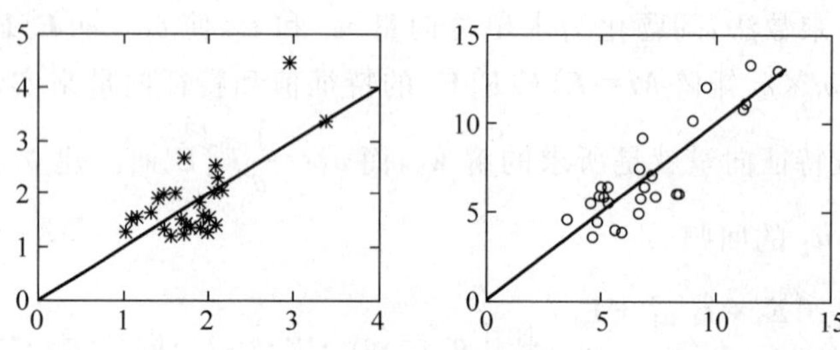

图 3-3　红、白葡萄酒的单宁对酿酒葡萄的单宁的回归曲线图

分析回归系数矩阵，其元素 a_{ij} 代表因变量葡萄酒的第 i 个指标 q_i 对自变量酿酒葡萄的第 j 个理化指标 p_j 的偏导数$\dfrac{\partial q_i}{\partial p_j}$，其反映酿酒葡萄的理化指标对该项葡萄酒理化指标的作用和贡献。

将数据标准化后，由葡萄酒的理化指标对酿酒葡萄理化指标的回归系数绘制直方图，红、白葡萄酒各一个。横坐标为酿酒葡萄的理化指标，红葡萄酒有 9 个，白葡萄酒有 8 个；纵坐标为回归系数。

由图 3-4、图 3-5 可以明显看出葡萄酒的各个理化性质受酿酒葡萄理化性质的影响状况，也可以清楚看出酿酒葡萄各个理化性质对葡萄酒单个理化性质影响程度的差异。从$\dfrac{\partial q_i}{\partial p_j}$中可以直观明确地反映各个自变量在如何解释因变量，可见对于每个因变量，都有一定

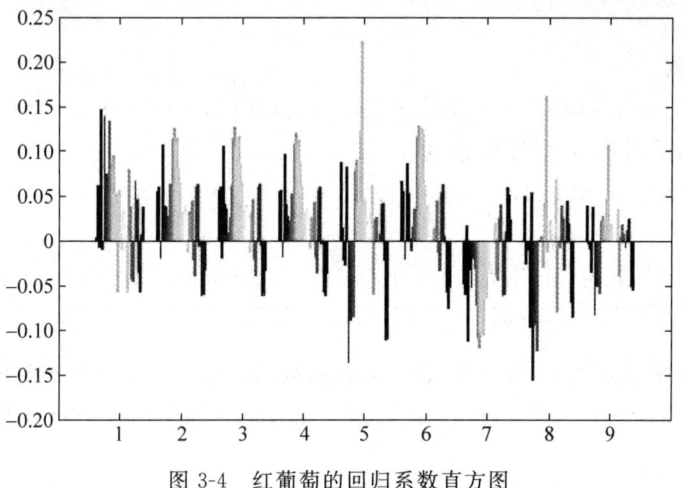

图 3-4　红葡萄的回归系数直方图

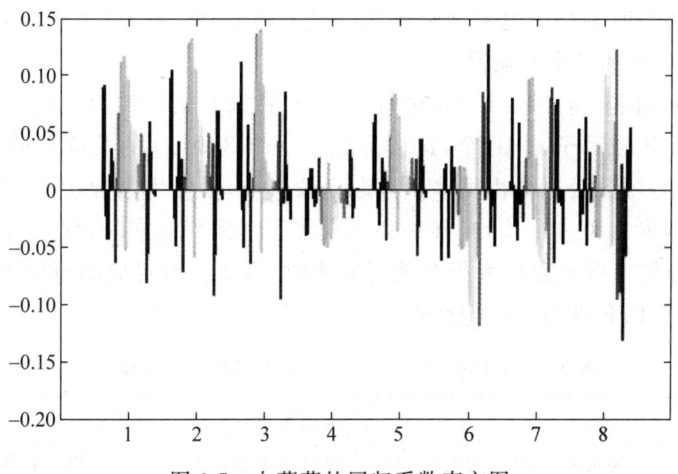

图 3-5　白葡萄的回归系数直方图

数目的酿酒葡萄理化指标对其有重要的解释作用。

4. 灰色系统模型

事物之间及因素之间相互制约、相互联系而构成一个整体。通常，对于一个系统，有一部分内部特性已知，而另一部分特性是未知的，这样的系统称为灰色系统。灰色系统通过关联度分析，揭示了事物动态关联的特征和程度，在不完全的信息中，对所要分析研究的各因素，通过一定的数据处理，在随机的因素序列间，找出它们的关联性，发现主要矛盾，找到主要特性和主要影响因素。

1) 灰色系统关联度分析的原理和方法

设酿酒葡萄和葡萄酒的理化指标为序列 $x=\{x(1),x(2),\cdots,x(n)\}$，设葡萄酒的质量为序列 y，称映射

$$\begin{cases} f: x \rightarrow y \\ f(x(k)) = y(k), \quad k = 1,2,\cdots,n \end{cases}$$

为序列 x 到序列 y 的数据变换，当 $f(x(k))=\dfrac{x(k)}{x(1)}=y(k)$，$x(1)\neq 0$ 时，称 f 是初值化

变换。

选取参考数列

$$x_0 = \{x_0(k) \mid k = 1,2,\cdots,n\} = \{x_0(1), x_0(2), \cdots, x_0(n)\}$$

其中 k 表示时刻,假设有 m 个比较数列

$$x_i = \{x_i(k) \mid k = 1,2,\cdots,n\} = \{x_i(1), x_i(2), \cdots, x_i(n)\}, \quad i = 1,2,\cdots,m$$

则称

$$\xi_i(k) = \frac{\min\limits_s \min\limits_t |x_0(t) - x_s(t)| + \rho \max\limits_s \max\limits_t |x_0(t) - x_s(t)|}{|x_0(k) - x_i(k)| + \rho \max\limits_s \max\limits_t |x_0(t) - x_s(t)|}$$

为比较数列 x_i 对参考数列 x_0 在 k 时刻的关联系数,其中 $\rho\in[0,1]$为分辨系数。

称$\min\limits_s\min\limits_t|x_0(t)-x_s(t)|$,$\max\limits_s\max\limits_t|x_0(t)-x_s(t)|$分别为两级最小差及两级最大差。

定义 $r_i = \dfrac{1}{n}\sum\limits_{k=1}^{n}\xi_i(k)$ 为序列 x_i 对参考序列 x_0 的关联度。

关联度是把各个时刻的关联系数集中为一个平均值,亦即把过于分散的信息集中处理。

2) 灰色关联分析的结果和解释

对多参考序列和多比较因素,需要进行优势分析,来判别哪些为主因素,哪些为次因素。参考序列有 39 个,比较因子有 10 个,这样形成了一个 39×10 的关联矩阵 $\boldsymbol{R}$。根据矩阵 $\boldsymbol{R}$ 的各个元素的大小,可分析判断出哪些因素起主要影响,哪些因素起次要影响。起主要影响的因素称为优势因素。再进一步,当某一列元素大于其他列元素时,称此列所对应的子因素为优势子因素;若某一行元素均大于其他行元素时,称此行所对应的母元素为优势母元素。表 3-7 给出了澄清度、色调等 10 个比较因子的优势因素及排名。

表 3-7 影响葡萄酒质量的理化指标的关联度排序

酒 样 品		影响葡萄酒质量的理化指标
外观分析	澄清度	葡萄酒总糖>葡萄酒白藜芦醇>葡萄酒固酸比>葡萄酒干物质含量>葡萄酒可溶性固形物
	色调	葡萄酒白藜芦醇>葡萄酒总糖>葡萄酒 pH 值>葡萄酒干物质含量>葡萄酒固酸比
香气分析	纯正度	葡萄酒固酸比>葡萄酒干物质含量>葡萄酒可滴定酸>葡萄酒白藜芦醇>葡萄酒花色苷
	浓度	葡萄酒固酸比>葡萄酒干物质含量>葡萄酒可滴定酸>葡萄酒可溶性固形物>葡萄酒花色苷
	质量	葡萄酒固酸比>葡萄酒干物质含量>葡萄酒可滴定酸>葡萄酒果穗质量>葡萄酒可溶性固形物
口感分析	纯正度	葡萄百粒质量>葡萄柠檬酸>葡萄蛋白质>葡萄酒花色苷>葡萄褐变度
	浓度	葡萄酒固酸比>葡萄酒干物质含量>葡萄酒可滴定酸>葡萄酒果穗质量>葡萄酒花色苷
	持久性	葡萄黄酮醇>葡萄果梗比>葡萄 bD65>葡萄 LD65>葡萄百粒质量
	质量	葡萄黄酮醇>葡萄氨基酸总量>葡萄苹果酸>葡萄总酒黄酮>葡萄百粒质量
平衡/整体评价		葡萄黄酮醇>葡萄氨基酸总量>葡萄百粒质量>葡萄氨基酸总量>葡萄总酒黄酮

从表3-7中可以看出，属于同一范畴的评价标准，对其影响较大的几个因素大致相同。例如，对于香气分析中的三个标准，对它们影响大的因素基本上都是葡萄酒固酸比、葡萄酒干物质含量、葡萄酒可滴定酸、葡萄酒果穗质量、葡萄酒可溶性固形物这几个因素，只是它们的排名(影响程度)有所不同。

另外，从整体上看，葡萄酒的理化指标主要影响葡萄酒的外观分析和香气分析，而酿酒葡萄主要影响口感和平衡整体评价。

从以上分析可知，葡萄酒的质量与酿酒葡萄的理化指标和葡萄酒的理化指标之间存在着显著关联。并且感官分析是评价葡萄酒质量高低的重要方法[7]。因此以葡萄酒与酿酒葡萄的理化指标来分析是可行的。

3.3.5 模型的评价和改进

1. 模型的优点

(1) Kolmogorov-Smirnov检验和可靠性分析相结合，解决了评酒员的评价的差异和可信度问题。

(2) 通过主成分分析降维，提取出主成分作为分层聚类分析新变量，两种方法相结合，降低问题的复杂度。

(3) 以偏最小二乘法建立了多因变量和多自变量之间的联系，分析了其相关系数矩阵和回归系数矩阵对模型的意义。

2. 模型的改进

(1) 由于葡萄酒样本数量少，在进行分层聚类分析时，分类会有一类占有较多元素的情况。

(2) 考虑葡萄酒分级的界限并不明显，具有一定模糊性，可以用模糊聚类分析来进行分类。

(3) 对于多变量与多变量的关系，还可以用路径分析和结构方程模型的方法。

3.3.6 参考文献

[1] 王文静. 感官评价在葡萄酒研究中的应用[J]. 山东食品发酵，2007(2).
[2] 李华，刘勇强，等. 运用多元统计分析确定葡萄酒感官特性的描述符[J]. 中国食品学报，2007(4).
[3] 罗菲菲，刘贵全，等. 一种分层聚类方法及其应用研究[J]. 成都理工大学学报(自然科学版)，2005(6).
[4] 王礼立. 应力波基础[M]. 北京：国防工业出版社，1985.
[5] 张忠诚. 成分数据的偏最小二乘回归分析法[J]. 长春师范学院学报，2005(11).
[6] 韩汉鹏. 偏最小二乘法在回归设计多因变量建模中的应用及其优化[J]. 数理统计与管理，2007(2).

3.3.7 附录(略)

3.4 论文点评

这篇论文的特点是简洁明了，对所用方法、结果都介绍得非常明确。对于问题一，文中采用了Kolmogorov-Smirnov双样本检验方法检验两组评价结果，又通过可靠性分析给出了可信程度的量化评估；对于问题二，文中采用主成分分析法减少需要考虑的化学成分，又利用分层聚类方法对酿酒葡萄进行分级。对于问题三，文中建立了偏最小二乘回归分析模型，最后又基于灰色关联度分析，给出了问题四的结果。

本文的优点是很明显的，那就是所有环节的论述、说明都简明扼要，读起来条理清晰。在摘要环节，对所用方法、建模思路介绍得不错，不足之处是对于问题二、问题三和问题四，没有明确说明自己分析的结果是什么。另外，论文的章节标题最好针对各个问题，文中以某种方法为标题的做法容易造成混淆。

在解决各个问题时，文中所选用的数学方法都比较适用，不过在使用数学方法建立模型时，应该就这种方法在本问题上的适用性进行论述，文中在这一点上有欠缺。在使用统计方法分析实际问题时，通常需要先对数据进行整理并说明自己的理由和结论，在分析完成后还应该对模型、分析结果的正确性进行验证，这是本文的另一个不足之处。

3.5 获奖论文——葡萄酒质量与酿酒葡萄和葡萄酒理化指标的关系探究

作　　者：刘宏伟　刘汝浩　史文博

指导教师：黄宝胜

获奖情况：2012 全国数学建模竞赛二等奖

摘要

当前，葡萄酒的质量评价主要由专业的评酒师完成。随着葡萄酒在我国的进一步普及，受评酒师人力资源的限制，基于客观指标的葡萄酒质量判定显得尤为重要。本文尝试通过酿酒葡萄和葡萄酒的理化指标来评价葡萄酒的质量。

我们先对数据进行合理的预处理，填补空缺值、修改异常值。

对于问题一，采用非参数检验中的 Friedman 检验和 Kendall's W 检验。使用 SPSS 对两组专家的评价结果进行多个相关样本差异的显著性检验，并以和谐系数 Kendall's W 为可信度标准，得出两组专家的评价结果，其中红葡萄酒的评分存在显著性差异，白葡萄酒的评分没有显著性差异，且第一个专家组的结果更可信。

对于问题二，采用系统聚类分析。首先分别采用了隶属度函数标准化法(由 C 语言实现)和 Z-score 标准化法(由 SPSS 实现)对数据进行标准化处理，再利用 SPSS 对酿酒葡萄进行系统聚类，将其分为三类。结合问题一的结论，以三类葡萄相应的葡萄酒的质量得分对三类葡萄进行综合评分，将三类酿酒葡萄分为特级、一级和二级。

对于问题三，采用多元回归和曲线拟合。以葡萄酒的理化指标为因变量，以葡萄的理化指标为自变量，通过 SPSS 建立多元回归模型，除色差指标 L、a、b 外，其余均通过了回归模型显著性检验。通过 MATLAB 对葡萄酒的色差指标 L 和酿酒葡萄中的花色苷进行曲线拟合，得出两者之间存在指数相关。这为模型的扩展提供了新的视角。

对于问题四，采用熵权法评价模型和多元回归及主成分分析。分别通过 C 语言编程建立熵权法评价模型、使用 SPSS 进行多元回归和主成分分析，得出葡萄酒的理化指标与葡萄酒的质量之间的关系。并对两种方法的结果进行对比，得出结论：酿酒葡萄和葡萄酒的理化指标无法完全确定葡萄酒的质量。

关键词：非参数检验　系统聚类　主成分分析　葡萄酒质量　酿酒葡萄

3.5.1　问题重述

1. 引言

确定葡萄酒质量时一般是通过聘请一批有资质的评酒员进行品评。每个评酒员在对葡萄酒进行品尝后对其分类指标打分，然后求和得到其总分，从而确定葡萄酒的质量。酿酒葡萄的好坏与所酿葡萄酒的质量有直接的关系，葡萄酒和酿酒葡萄检测的理化指标会在一定程度上反映葡萄酒和葡萄的质量。附件 1 给出了某一年份一些葡萄酒的评价结果，附件 2 和附件 3 分别给出了该年份这些葡萄酒和酿酒葡萄的成分数据。

2. 问题提出

根据附件给出的数据尝试建立数学模型讨论下列问题：

(1) 分析附件 1 中两组评酒员的评价结果有无显著性差异，哪一组结果更可信？

(2) 根据酿酒葡萄的理化指标和葡萄酒的质量对这些酿酒葡萄进行分级。

(3) 分析酿酒葡萄与葡萄酒的理化指标之间的联系。

(4) 分析酿酒葡萄和葡萄酒的理化指标对葡萄酒质量的影响，并论证能否用葡萄和葡萄酒的理化指标来评价葡萄酒的质量？

3.5.2　问题分析

葡萄酒具有非常渊源的历史，根据参考文献[1]，大约距今七千多年前，在古波斯、古埃及和古希腊的一些地区，出现了今天的葡萄酒雏形。随着葡萄种植在全世界的传播以及制酒技术的发展，葡萄酒也逐渐在全世界传播开来。

虽然我国的葡萄酒业拥有悠久的历史，但是我们的传统的饮酒习惯为饮用白酒和黄酒，所以葡萄酒在中国饮料酒总产量中的比例很小，而且在这很小的比例中，低档劣质的葡萄酒却占了很大的比例[2]。因此如何有效区分葡萄酒的质量是十分重要的。

通过查阅资料发现，现在评价葡萄酒的质量时大部分情况下是通过葡萄酒品评员来评价的[3]。由于存在极强的主观因素，而且对品评员的要求极高，所以本文尝试通过研究酿酒葡萄的理化指标和葡萄酒的理化指标来评价葡萄酒的质量。

葡萄酒酿制行业流传着这样一句话：葡萄酒的质量，七分在于葡萄，三分在于工艺。可见酿酒葡萄的质量对葡萄酒的质量有着极大的影响。本试题在附件中给出了关于葡萄酒和葡萄的各项理化指标，根据发酵原理可以得知，发酵的过程中发生着复杂的化学变化，所以本题将发酵过程视为灰色系统，而使用数据分析的方法来研究，从而解释其规律。

问题一：判断两组专家的评价结果有无显著性差异以及哪一组更加可信。

(1) 根据题目要求，得到葡萄酒质量的两组专家平均总得分(满分为 100)，再对两组数据进行非参数检验，判断相关样本差异的显著性。

(2) 同(1)中的原理，对两组专家内部的评价结果进行显著性差异的非参数检验，得出两组专家内部的评价标准一致性的和谐系数 Kendall's W。依据 Kendall's W 的统计意义，确定哪组专家的结论更可信，同时也就确定了葡萄酒的质量[4]。

问题二：根据酿酒葡萄的理化指标和葡萄酒的质量来对酿酒葡萄进行分级。

(1) 对酿酒葡萄的理化指标进行标准化，消除量纲影响。然后对其进行 Q 型聚类分析，将酿酒葡萄分为三类[5]。

(2) 结合问题一中有关葡萄酒质量的结论,对已被分为三类的酿酒葡萄进行综合评价,得到各类酿酒葡萄的综合评分,依据综合评分对酿酒葡萄进行分级。

问题三：分析酿酒葡萄与葡萄酒的理化指标之间的关系。

(1) 基于已有数据,建立多元回归模型,分析葡萄酒的主要理化指标与酿酒葡萄的理化指标之间的数值关系,从而得出两套指标之间的关系。

(2) 结合生物化学知识,对回归分析结果的正确性给予一定的解释。

问题四：分析酿酒葡萄和葡萄酒的理化指标对葡萄酒质量的影响,并论证能否用酿酒葡萄和葡萄酒的理化指标来评价葡萄酒的质量。

(1) 通过对指标的加权求和与葡萄酒的评分进行回归分析,得到葡萄酒的理化指标与葡萄酒质量之间的关系。

(2) 对葡萄酒的评分和理化指标进行多元回归分析和主成分分析。通过回归分析得出理化指标与葡萄酒质量之间的关系,通过主成分分析得出理化指标的主成分。

3.5.3 基本假设与符号说明

1. 基本假设

(1) 各个专家都拥有足够的鉴别葡萄酒的经验和能力,不同评酒员对同一葡萄样品的同一指标的评分不会有过大差异。评判结果的差异来自于专家个人评判的偶然误差。

(2) 各葡萄样品的酿制条件、酿制工艺等均相同。

(3) 酿酒葡萄等级的划分依据其所酿出来的葡萄酒的质量。

2. 符号说明

Z：专家组；

Z_i：第 i 个专家组；

K_s：第 s 个评酒员；

K_{sj}：第 s 个评酒员对第 j 个葡萄酒样品的总分；

J：葡萄酒样品；

J_j：第 j 个葡萄酒样品；

Z_{ij}：第 i 个专家组对第 j 个葡萄酒样品的平均评分；

H_0：假设检验中的原假设；

F：检验的 F 统计量；

Sig：检验的 p 值。

3.5.4 模型建立与求解

1. 数据预处理

(1) 对数据进行有效性检测,发现附件 1 中有一个评价数据空缺,有一个评价严重不符合实际,附件 2 中有一个数据远超出同组数据的平均水平。

(2) 对于附件 1 中的空缺数据,基于假设 1,我们采用平均值填补法；对于超出实际水平的数据,我们认为是人工输入错误,并对其进行适当处理。

2. 问题一的求解

(1) 比较两组专家对多个葡萄酒样品的评分是否具有显著性差异,由于葡萄酒评分的总体分布未知,参数检验的效果不好,所以需要借助非参数检验中的多个相关样本差异的显著性检验。

由第 i 个专家组中第 s 个评酒员对第 j 个葡萄酒样品打的总分 K_{sj},对 s 进行求和,得到第 j 个葡萄酒样品的总分,再除以第 i 个专家组评酒员的人数 K,得到第 j 个葡萄酒的平均评分 Z_{ij}(满分为 100),并将此平均分作为葡萄酒质量的评判标准,得出表 3-8,而且分数越高,葡萄酒质量越好。

表 3-8　两组专家对葡萄酒的评价表

	J_1	J_2	…	J_j
Z_1	Z_{11}	Z_{12}	…	Z_{1j}
Z_2	Z_{21}	Z_{22}	…	Z_{2j}

通过 SPSS 对两组专家对葡萄酒样品的平均评分数据进行 Friedman 检验和 Kendall's W 检验,其中检验的原假设 H_0:两组专家的意见没有显著性差异。检验结果如下(表 3-9)。

表 3-9　两组专家对葡萄酒样品的平均评分的显著性检验

红葡萄酒显著性差异检验		白葡萄酒显著性差异检验	
N	2	N	2
Kendall's W	0.922	Kendall's W	0.594
Chi-Square	47.941	Chi-Square	32.093
df	26	df	27
Asymp. Sig.	0.005	Asymp. Sig.	0.229

表 3-9 中,红葡萄酒的显著性差异检验的概率值 Sig. $=0.005<0.05$(95%的置信水平),因此否定原假设 H_0;白葡萄酒的显著性差异检验的概率值 Sig. $=0.205>0.05$(95%的置信水平),因此无法拒绝原假设 H_0。

综上,对于红葡萄酒质量的评定,两组专家的意见具有显著性差异;对于白葡萄酒质量的评定,两组专家的意见没有显著性差异。

(2) 对每组专家内部进行非参数检验,确定可信度的标准。

在每组专家内部,得到评酒员 K 与葡萄酒样品 J 的评分矩阵,如表 3-10 所示。

表 3-10　评酒员 K 与葡萄酒样品 J 的评分矩阵

	J_1	J_2	…	J_j
K_1	K_{11}	K_{12}	…	K_{1j}
⋮	⋮	⋮		⋮
K_s	K_{s1}	K_{s2}	…	K_{sj}

同(1)中情形,通过 SPSS 对数据进行 Friedman 检验和 Kendall's W 检验,其中原假设 H_0:组内专家的意见没有显著性差异,结果如表 3-11 所示。

表 3-11 组内专家的评分差异性的显著性检验

显著性检验	1 组红葡萄酒	1 组白葡萄酒	2 组红葡萄酒	2 组白葡萄酒
N	10	10	10	10
Kendall's W	0.517	0.338	0.455	0.23
Chi-Square	134.327	91.134	118.414	62.191
df	26	27	26	27
Asymp. Sig.	0	0	0	0

表 3-11 中的四个检验概率值 Sig. $=0<0.05$，因此拒绝原假设 H_0：组内专家的意见没有显著性差异。说明每组内部专家的意见都有显著性差异。

和谐系数 Kendall's W 取值范围为 0～1，其越接近于 1，表示各行数据之间的相关性越强，说明评判者的评价标准越一致。考虑到 Kendall's W 的统计意义，且基于假设(1)，可确定 Kendall's W 为可信度的标准。

对表 3-11 中的 Kendall's W 值进行比较可得出：一组内红葡萄酒＞二组内红葡萄酒，一组内白葡萄酒＞二组内白葡萄酒，即一组专家的评判标准比二组更加一致公平。因此，第一组专家的评价结果可信度更高，并以第一组专家的评价结果作为葡萄酒质量的评判标准。

3. 问题二的求解

本问题采用系统聚类分析，结合葡萄酒的质量，对酿酒葡萄进行分级。

(1) 确定聚类分析所需要的理化指标

对于葡萄的二级理化指标，由于一级指标已经从总体上反映出二级指标，所以在聚类分析的过程中不考虑二级指标。对于色泽指标，由于影响色泽的因素较多，且目前并没有给出色泽规定说明，色泽的每个独立指标不能切实反映出实际意义，因此聚类的过程中不考虑色泽的影响。对于气味的相关指标，由于香味不仅与芳香物质的浓度有关，且与芳香物质组合以及人的主观感官有关。因此暂不考虑芳香物质的影响。综上，为了降低聚类分析的难度、减少误差，对酿酒葡萄进行聚类的过程中不考虑葡萄的二级理化指标、色泽和芳香物质指标。

(2) 对酿酒葡萄进行聚类分析

为了消除指标的量纲的影响，先对数据进行标准化。由于标准化的方法决定着模型结果的好坏，所以本模型采用两种标准化方法：隶属度函数标准化法和 Z-score 标准化法，并将两种标准化方法的聚类结果进行对比。

① 数据标准化

采用隶属度函数标准化法[6]：

我们借助模糊数学中的隶属度函数并根据数值计算越小越好的特性进行如下的标准化处理：

$$x'_{ij}=\frac{\max\limits_{i} x_{ij}-x_{ij}}{\max\limits_{i} x_{ij}-\min\limits_{i} x_{ij}},\quad i=1,2,\cdots;\ j=1,2,\cdots$$

其中 $\max\limits_{i} x_{ij}$，$\min\limits_{i} x_{ij}$ 是第 j 个评价准则中的最大值和最小值。

采用 Z-score 标准化公式，得

$$x'_{ij}=\frac{x_{ij}-\overline{x_j}}{S_j},\quad i=1,2,\cdots;\ j=1,2,\cdots$$

其中$\overline{x_j}$为第 j 列的平均值，S 为标准差。

② 系统聚类分析

利用上述两种标准化方法可分别得到数据矩阵 $\boldsymbol{X}$。系统聚类分析的流程如图 3-6 所示。

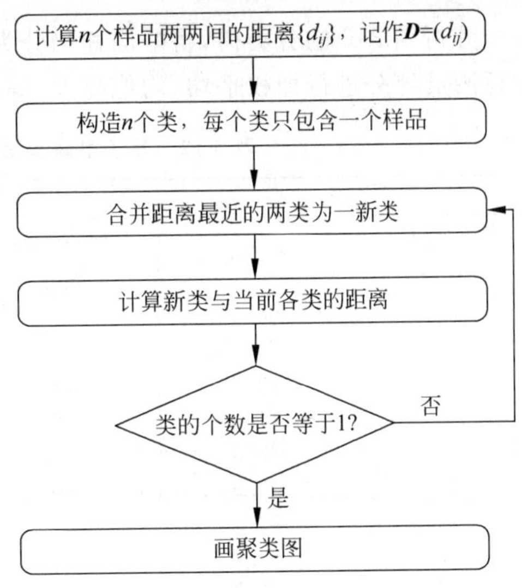

图 3-6　系统聚类分析流程图

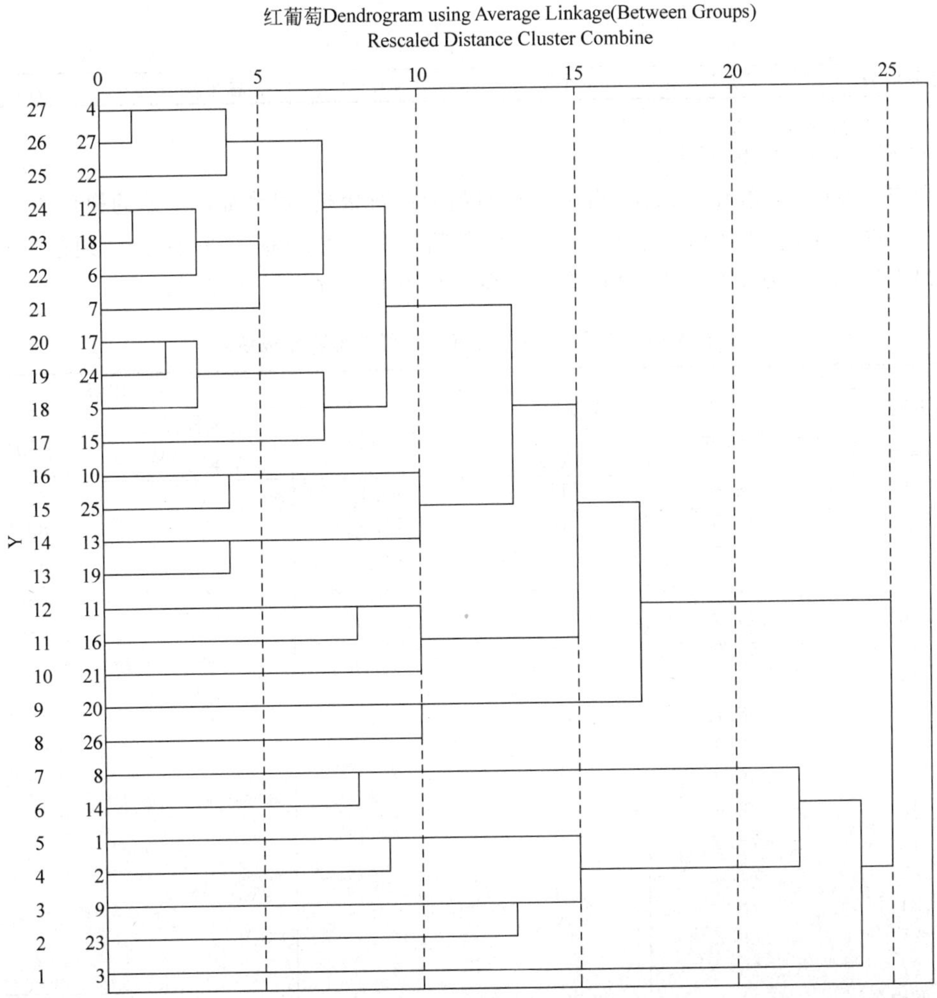

在本模型中，我们以组间连接法测量不同类之间的距离，以平均欧氏距离作为测算数据之间距离的方法，通过 SPSS 对标准化之后的数据进行系统聚类。

③ 利用隶属度函数标准化法

利用隶属度函数标准化的数据，对红酒葡萄进行聚类，得到如下的分类树(图 3-7)。

红葡萄Dendrogram using Average Linkage(Between Groups)
Rescaled Distance Cluster Combine

图 3-7　基于隶属度标准化的聚类结果

分析图 3-7 的分类树,将酿酒葡萄分为三类。基于假设(1),然后对每一类的葡萄样品的评酒员评分进行加权平均,均值越大,等级越高,得到表 3-12。

表 3-12　基于隶属度函数标准化的红葡萄酒分级结果

1(二级)		2(一级)		3(特级)	
葡萄样品编号	平均分	葡萄样品编号	平均分	葡萄样品编号	平均分
4	68.6	10	74.2	1	62.7
5	73.3	11	70.1	2	80.3
6	72.2	13	74.6	3	80.4
7	71.5	16	74.9	9	81.5
8	72.3	19	78.6	23	85.6
12	53.9	20	78.6		
14	73	21	77.1		
15	58.7	25	69.2		
17	79.3	26	73.8		
18	59.9				
22	77.2				
24	78				
27	73				
总平均分	70.1	总平均分	74.6	总平均分	78.1

④ 利用 Z-score 标准化法

利用 Z-score 标准化的数据,再次对红酒葡萄进行聚类,得到如图 3-8 的树形图。

分析图 3-8,将酿酒葡萄分为三个类别,然后求每一个类别的评分均值,通过均值的大小来判别类别的等级,均值越大的,等级越高。利用上述方法得到表 3-13。

表 3-13　基于 Z-score 标准化的红酒葡萄分级结果

1(二级)		2(一级)		3(特级)	
葡萄样品编号	平均分	葡萄样品编号	平均分	葡萄样品编号	平均分
4	68.6	11	70.1	1	62.7
5	73.3	16	74.9	2	80.3
6	72.2	21	77.1	3	80.4
7	71.5			8	72.3
10	74.2			9	81.5
12	53.9			14	73
13	74.6			23	85.6
15	58.7			26	73.8
17	79.3				
18	59.9				
19	78.6				
20	78.6				
22	77.2				
24	78				
25	69.2				
27	73				
总平均分	71.3	总平均分	74.0	总平均分	76.2

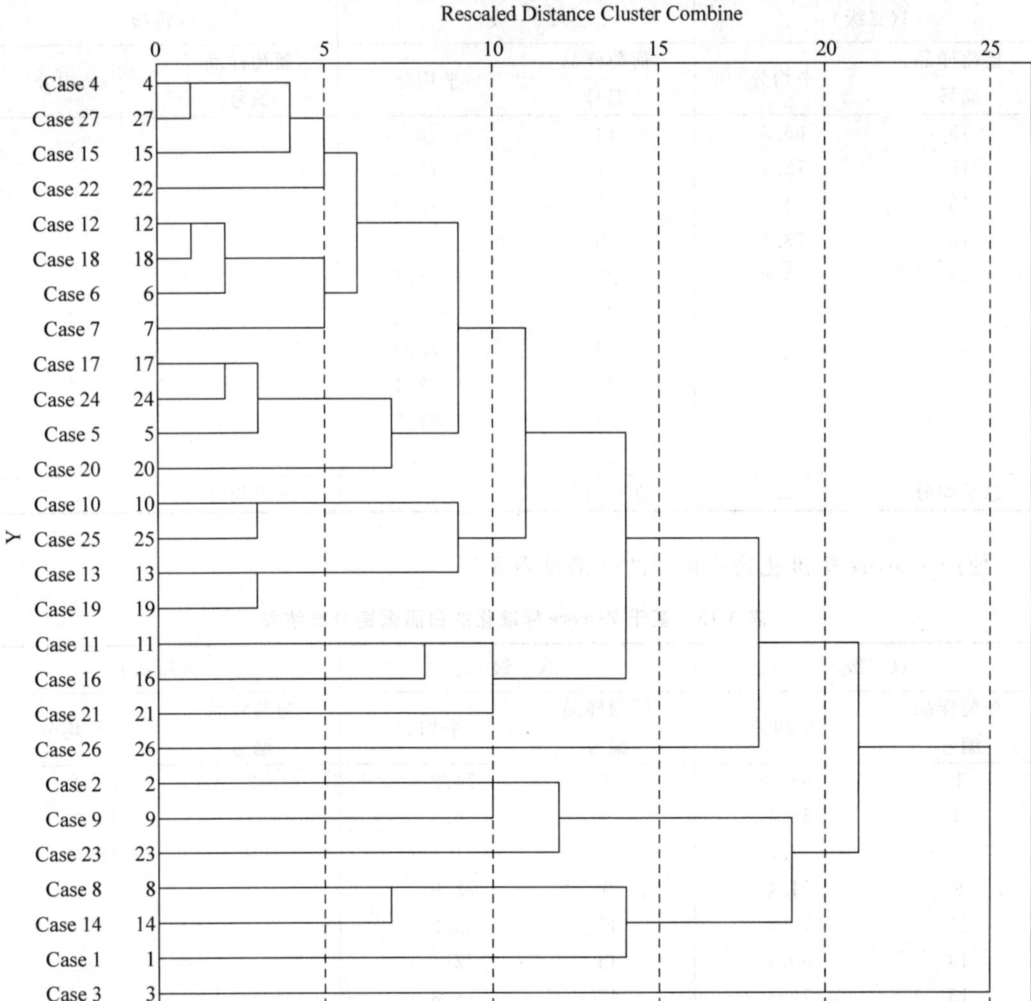

图 3-8　基于 Z-score 标准化的聚类结果

⑤ 利用上述的两种方法，对白酒葡萄进行分析，得到如下的结果：

使用隶属度函数标准化法得到的结果见表 3-14。

表 3-14　基于隶属度标准化的白酒葡萄分级结果

1(二级)		2(一级)		3(特级)	
葡萄样品编号	平均分	葡萄样品编号	平均分	葡萄样品编号	平均分
1	82	2	74.2	3	85.3
6	68.4	4	79.4	10	74.3
7	77.5	5	71	24	73.3
8	71.4	9	72.9		
11	72.3	12	63.3		

续表

1(二级)		2(一级)		3(特级)	
葡萄样品编号	平均分	葡萄样品编号	平均分	葡萄样品编号	平均分
13	65.9	14	72		
15	72.4	17	78.8		
16	74	19	72.2		
18	73.1	20	77.8		
27	64.8	21	76.4		
		22	71		
		23	75.9		
		25	77.1		
		26	81.3		
		28	81.3		
总平均分	72.2	总平均分	75	总平均分	77.6

使用 Z-score 标准化公式得到的结果见表 3-15。

表 3-15 基于 Z-score 标准化的白酒葡萄分类结果

1(二级)		2(一级)		3(特级)	
葡萄样品编号	平均分	葡萄样品编号	平均分	葡萄样品编号	平均分
1	82	2	74.2	3	85.3
6	68.4	4	79.4	10	74.3
7	77.5	5	71	24	73.3
8	71.4	9	72.9		
11	72.3	12	63.3		
13	65.9	14	72		
15	72.4	17	78.8		
16	74	19	72.2		
18	73.1	20	77.8		
27	64.8	21	76.4		
		22	71		
		23	75.9		
		25	77.1		
		26	81.3		
		28	81.3		
总平均分	72.18	总平均分	74.97333	总平均分	77.63333

⑥ 对两种方法的结果进行分析比较和一致性检验

在红酒葡萄中，特级的相符个数为 5、一级的相符个数为 3、二级的相符个数为 11；在白酒葡萄中，特级的相符个数为 3、一级的相符个数为 15、二级的相符个数为 10。综上，两种标准化方法得到的聚类结果：红酒葡萄的一致率为 19/27，白酒葡萄的一致率为 28/28。因此，两种方法得出的结果是比较一致的。

但第一种方法的结果，红酒葡萄的三个等级的平均得分分别为 78.1、74.6 和 70.1，第二种方法结果的三个等级的平均得分为 76.2、74.0 和 71.3；第一种方法的结果，白酒葡萄的三个等级的平均得分为 77.6、75.0、72.2，第二种方法的结果为 77.6、75.0、72.2。第一种方法分级的结果更具有差异性，也就是更能反映出不同等级的葡萄之间平均得分的差异。因此，在这种意义下，第一种方法(基于隶属度函数标准化的系统聚类)更好。

⑦ 最终的分级结果如表 3-16、表 3-17 所示。

表 3-16　红酒葡萄样品的分级结果

等级	红酒葡萄样品编号
特级	1、2、3、9、23、27
一级	10、11、13、16、19、20、21、25、26
二级	4、5、6、7、8、12、14、15、17、18、22、24、27

表 3-17　白酒葡萄样品的分级结果

等级	白酒葡萄样品编号
特级	3、10、24
一级	2、4、5、9、12、14、17、19、20、21、22、23、25、26、28
二级	1、6、7、8、11、13、15、16、18、27

4. 问题三的求解

本模型利用数据分析中的多元回归模型研究酿酒葡萄与葡萄酒的理化指标之间的关系。

(1) 建立多元回归模型

① 确定回归分析的自变量与因变量

在使用多元线性回归方法的过程中，自变量与因变量的选取是很重要的，如果两者之间在实际上没有关系的话，即便两者存在统计上的联系，但也无法使用回归分析。根据发酵工程的原理，酿酒葡萄的理化指标在一定程度上决定了葡萄酒的理化指标(因为葡萄酒的理化指标还受到发酵环境的影响)，因此选取葡萄酒中的理化指标作为因变量，将酿酒葡萄的理化指标作为自变量，应用 SPSS 软件的回归分析，检验各项理化指标之间的相关性，并筛选出自变量与因变量的显著性概率值小于 0.05 的量作为主要影响的自变量(即置信水平为 95%)。

② 以分析红葡萄酒的酒总黄酮为例，多元回归的 Pearson 相关系数结果见表 3-18。

表 3-18　自变量与酒中黄酮的关系

序号	自变量	相关系数	显著性
1	蛋白质	0.438	0.011
2	花色苷	0.709	0
3	褐变度	0.443	0.01
4	DPPH 自由基	0.764	0
5	总酚	0.883	0
6	单宁	0.701	0
7	葡萄总黄酮	0.823	0

根据上述的结果,建立线性回归方程如下:

$$Y = a_0 + a_1X_1 + a_2X_2 + a_3X_3 + a_4X_4 + a_5X_5 + a_6X_6 + a_7X_7$$

其中 a_0 为常量,$a_1, a_2, a_3, a_4, a_5, a_6, a_7$ 分别为相应序号的自变量对应的系数,即偏回归系数。

利用 SPSS 软件进行回归分析,得到回归方程拟合度表,回归方程显著性检验表和回归系数表分别如下(表 3-19～表 3-21)。

表 3-19 回归方程拟合度

R	R^2	调整 R^2	标准估计的误差
0.904	0.817	0.749	1.494 38

表 3-20 回归方程显著性

F 检验	Sig.
12.106	0

表 3-21 回归系数

自变量	回归系数
常数	3.356
蛋白质	−0.009
花色苷	0.002
褐变度	0.001
DPPH 自由基	2.709
总酚	0.259
单宁	−0.009
葡萄总黄酮	0.149

利用统计检验量 R、Sig. 的值,判断该回归模型的适用程度:

从表 3-19 得,模型的复相关系数 $R=0.904$,表明回归模型的拟合优度比较好。

从表 3-20 得,回归模型的检验值 Sig. $=0<0.05$,表明线性回归方程相关显著。

根据上述检验结果,可得因变量与自变量之间有显著的线性相关关系,该回归模型可用。

③ 同上,分别以葡萄酒的各理化指标作为因变量,进行回归分析,得到如下的回归系数表格(表 3-22、表 3-23)。

表 3-22 红葡萄酒的回归系数表格

自变量	因 变 量					
	酒花色苷	酒单宁	酒总酚	酒总黄酮	酒白藜芦醇	酒 DDPH
(Constant)	356.813	−3.721	4.103	3.356	0.738	0.026
蛋白质	−1.144	−0.006	−0.011	−0.009	0	−0.001
VC 含量	−39.667	0.829	0.162	0.002	0	0
花色苷	1.555	0.001	0.002	0	0	−6.31E−05

续表

自变量	因变量					
	酒花色苷	酒单宁	酒总酚	酒总黄酮	酒白藜芦醇	酒 DDPH
苹果酸	5.071	0	0.063	0	0	0
柠檬酸	36.175	0	0	0	0	0
多酚氧化酶活力	1.496	0	0	0	0	0
褐变度	0.092	0.002	0.002	0.001	0	0
DPPH 自由基	816.927	16.578	14.74	2.709	−0.046	0.643
总酚	−0.264	0.044	−0.043	0.259	−0.177	0.004
单宁	3.224	0.074	0.021	−0.009	−0.046	0
葡萄总黄酮	−9.391	−0.086	0.168	0.149	0.057	0.007
黄酮醇	0.181	−0.001	−0.011	0	0	0
氨基酸	0	0.001	0.001	0	0.001	2.94E−05
总糖	0	0.026	0	0	0	0

表 3-23 白葡萄酒的回归系数表格

自变量	因变量				
	酒单宁	酒总酚	酒总黄酮	酒白藜芦醇	酒 DDPH
(Constant)	−1.299	−1.02	−4.867	2.49	0.042
氨基酸	0	0	0	0	0
蛋白质	0	0	0.008	−0.001	0
DPPH 自由基	1.603	0.761	0	0	0.045
总酚	−0.224	−0.075	0.165	0	−0.003
单宁	0.049	0.013	−0.078	0	0.004
葡萄总黄酮	0.377	0.209	0.092	0	0.005
黄酮醇	0.024	0.007	0.044	0	0.001
总糖	0.012	0.008	0	−0.005	0
多酚氧化酶活力	0	−0.002	0	0	−0.001
苹果酸	0	0	0.133	−0.037	0
酒石酸	0	0	0	−0.055	0
白藜芦醇	0	0	0	−0.083	0

(2) 回归分析的结论及生化解释

① 红葡萄酒

A. 由回归系数表可得出葡萄酒的各理化指标与葡萄的各理化指标之间的函数关系。

B. 由标准化之后的系数(Beta)表(参看附录),可得出各自变量对因变量的影响程度(Beta 值越大,说明该自变量对因变量的影响越大)。例如:

(a) 葡萄的花色苷、DPPH 自由基 1、蛋白质等对红葡萄酒的酒花色苷影响较大。根据发酵原理,葡萄酒中的花色苷主要来自于葡萄的花色苷,花色苷可清除自由基,降低低密度脂蛋白,因此酒花色苷与 DPPH 自由基 1、蛋白质呈负相关。

(b) 葡萄的 DPPH 自由基 1、褐变度、总糖、单宁等对红葡萄酒的单宁影响较大。单宁具有抗氧化、捕捉自由基的作用,褐变度本身反映了氧化程度。单宁可与多糖反应。

(c) 相应地,可得出葡萄酒的其他理化指标与葡萄的理化指标之间的影响程度。

② 白葡萄酒

A. 由回归系数表可得出葡萄酒的各理化指标与葡萄的各理化指标之间的函数关系。

B. 由标准化之后的系数(Beta)表,可得出各自变量对因变量的影响程度。

(3) 非线性关系的探索

对于色泽的色差坐标 L,a,b,采用线性回归未得到比较理想的结果,所以尝试采用非线性模型进行预测。

根据色差坐标的规定可以看出,色差中 L 坐标直接反映出葡萄酒的色泽明亮,通过文献[2]和显著性检测,发现 L 坐标与花色苷具有较大的相关性,所以着重分析花色苷与 L 坐标的非线性关系。绘制出 L 坐标与花色苷的散点图如图 3-9 所示。

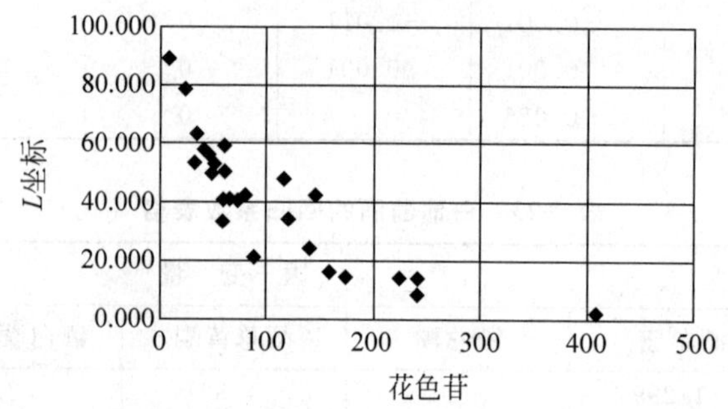

图 3-9 葡萄酒色差 L 坐标与葡萄中花色苷的散点图关系

从图 3-9 可以发现,L 坐标与花色苷具有一定的对数函数关系。利用 MATLAB 进行多项式拟合得到图 3-10。

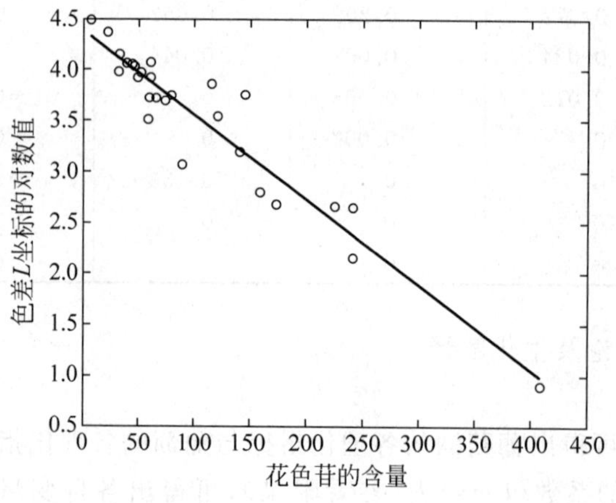

图 3-10 色差坐标的对数值与花色苷的含量呈线性关系

通过上述过程可以推断,某些量之间可能存在非线性关系。当多元回归模型无法解释多变量之间的关系时,可尝试其他的分析手段(比如曲线拟合),这为模型的扩展提供了有益的思路。

5. 问题四的求解

葡萄与葡萄酒的理化指标之间的关系已经由问题三的结果给出。因此只需探讨葡萄酒的理化指标与葡萄酒的质量之间的关系。由问题一的结果，葡萄酒的质量由第一组的10位评酒员所评的分数来决定，而评价葡萄酒时的一级指标为外观、香气、口感和平衡/整体评价。由于平衡/整体评价与评酒员的综合主观感觉有关，难以作为客观分析的因变量，在此不予考虑。因此，我们将以三个一级指标的得分为因变量，以葡萄酒的理化指标为自变量进行分析。

为了简化分析难度，按照葡萄酒的理化指标与三个一级指标之间的关系，可将葡萄酒的各理化指标划分为三类：

对外观的影响主要有花色苷、总酚、酒总黄酮和色泽(L,a,b)；

对香气的影响主要有总酚以及芳香物质；

对口感的影响主要有单宁、总酚、酒总黄酮以及芳香物质中的乙醇和乙酸。

为了进一步探究各一级指标与相应的理化指标之间的关系，我们分别采用了熵权法评价模型和多元回归模型，并将对两种模型的结果进行比较和分析。

(1) 熵权法评价模型

按照每种类别将各种指标数据结合在一起，进行隶属度标准化，利用熵信息输出求取客观权重的方法求得每种指标的权重，然后求和得到每种葡萄酒样品在外观、香气、口感这三类中的得分。

由评酒员打出的分数可以计算出每种葡萄酒在每一类性质上的平均得分，这样由理化指标得到的分数与由评酒员打出的分数就一一对应起来，然后通过回归分析来评价葡萄酒的理化指标是否可以评价葡萄酒的质量。

① 熵信息输出求取客观权重法[7]

对标准化的决策矩阵 $\mathbf{Z}=(z_{ij})_{n\times m}$，令

$$p_{ij} = z_{ij} / \sum_{i=1}^{n} z_{ij}, \quad i = 1,2,\cdots,n;\ j = 1,2,\cdots,m$$

由信息论知，指标 G_i 输出的信息熵为

$$E_j = -(\ln n)^{-1} \sum_{i=1}^{n} p_{ij} \ln p_{ij}, \quad j = 1,2,\cdots,m$$

式中，当 $p_{ij}=0$ 时，规定 $p_{ij}\ln p_{ij}=0$。则

$$\mu_j = (1-E_j) / \sum_{k=1}^{m} (1-E_k), \quad j = 1,2,\cdots,m$$

为指标 G_i 的客观权重，从而所有指标的客观权重向量为

$$\boldsymbol{\mu} = (\mu_1, \mu_2, \cdots, \mu_m)^{\mathrm{T}}$$

② 利用得到的权重乘上每个指标的数值，求和得到每种葡萄酒样品的加权总和。

利用上述方法可求得每种葡萄酒在三种分类上的得分。例如，红葡萄酒在外观上的得分如表3-24所示。

表 3-24 熵权法得出的红葡萄酒在外观上的得分以及评酒员评分(总表见附录)

样品	加权总和(得分)	评酒员打分(平均分)
1	0.750 315	8.7
2	0.396 895	10.1
3	0.429 881	12
4	0.396 445	12
⋮	⋮	⋮
24	0.462 235	12.1
25	0.486 918	10.4
26	0.425 203	11.4
27	0.540 865	9.9

同时也得到红葡萄酒在香气、口感上的得分及白葡萄酒在外观、香气、口感上的得分。

③ 将加权总和作为 x,将评酒员打分作为 y,进行回归分析(95%的置信水平),回归结果如表 3-25 所示。

表 3-25 熵权法评价模型的显著性检验

类别	外观		香气		口感	
葡萄酒	红	白	红	白	红	白
Sig. 值	0.017 032	0.000 699	0.729 593	0.700 264	0.043 773	0.545 055

由结果可以看出,熵权法评价模型中,可利用葡萄酒的理化指标进行预测的葡萄酒质量指标为:红、白葡萄酒的外观以及红葡萄酒的口感。

(2) 多元回归模型和主成分分析

与熵权法评价模型相同,将葡萄酒的理化指标按照外观、香气、口感三个一级评价指标分为三类,然后通过 SPSS 对红、白葡萄酒的每个一级指标分别做回归分析和主成分分析,得到与每个一级指标相关的理化指标之间的关系。

① 回归模型和主成分分析的结果

表 3-26 多元回归模型的显著性检验

一级指标	外观		香气		口感	
葡萄酒	红	白	红	白	红	白
回归模型显著性系数 Sig.	0.353	0.013	0.000	0.000	0.005	0.87

从上表的 Sig. 值可以看出,白葡萄酒的外观和红葡萄酒的口感两个回归模型比较好,其他的回归模型并不好。

② 由于回归分析和主成分分析的结果是大量的表格,在此只以葡萄酒的外观为例,分析回归模型(95%的置信水平)和主成分分析的结果,详细分析结果参看电子附件。

对红葡萄酒的外观和相关的葡萄酒理化指标进行回归分析(表 3-25),其回归模型显著性值 Sig. 为 0.353,说明回归模型并不好。

对红葡萄酒的外观进行主成分分析,得到两个主成分,其系数表格如下(表 3-27)。

表 3-27　红葡萄酒外观主成分分析

自变量	第一主成分	第二主成分
花色苷	0.908	−0.169
酒总黄酮	0.895	0.09
L	−0.869	−0.369
a	−0.356	0.719
b	−0.117	0.827
总酚	0.951	0.11

第一主成分的方程为

$$y_1 = 0.908 \times 花色苷 + 0.895 \times 酒总黄酮 - 0.869 \times L - 0.356 \times a - 0.117 \times b + 0.951 \times 总酚$$

第二主成分的方程为

$$y_2 = -0.169 \times 花色苷 + 0.09 \times 酒总黄酮 - 0.369 \times L + 0.719 \times a + 0.827 \times b + 0.11 \times 总酚$$

对白葡萄酒的外观和相关的葡萄酒理化指标进行回归分析，其回归模型显著性值 Sig. 为 0.013，说明回归模型比较好，相应的回归方程的系数如下(表 3-28)。

表 3-28　白葡萄外观回归方程系数

自变量	系数
常量	798.074
酒总黄酮	−0.270
L	−7.700
a	−2.034
b	−1.612
总酚	0.268

可得到回归方程为

$$y = -0.27 \times 酒总黄酮 - 7.7 \times L - 0.2034 \times a - 1.612 \times b + 0.268 \times 总酚 + 798.074$$

该方程可以较好地说明白葡萄酒的外观与相关因变量之间的关系。

对白葡萄酒外观进行主成分分析，得到两个主成分，其系数表格如下(表 3-29)。

表 3-29　白葡萄外观主成分分析

自变量	第一主成分	第二主成分
酒总黄酮	0.288	0.830
L	0.855	−0.331
a	0.782	0.302
b	−0.970	0.205
总酚	0.008	0.878

由此也可得到第一与第二主成分方程分别为

$$y_1 = 0.288 \times 酒总黄酮 + 0.855 \times L + 0.782 \times a - 0.97 \times b + 0.008 \times 总酚$$

$$y_2 = 0.83 \times \text{酒总黄酮} - 0.331 \times L + 0.302 \times a + 0.205 \times b + 0.878 \times \text{总酚}$$

③ 同理,对葡萄酒的口感进行回归分析(以口感为因变量,以葡萄酒的单宁、总酚、酒总黄酮、乙醇和乙酸为自变量),可得如下结果:

红葡萄酒的回归方程显著性值 Sig. $=0.005<0.05$,说明该回归模型较好。对其进行主成分分析,可得其有一种主成分;

白葡萄酒的回归方程显著性值 Sig. $=0.87>0.05$,说明白葡萄酒的口感与理化指标之间的关系不能由回归模型进行解释。对其进行主成分分析可得其有三种主成分。

④ 同理,对葡萄酒的香气进行回归分析(以香气为因变量,以葡萄酒的总酚与芳香物质为自变量),但回归分析无法得到合理的回归系数值。

对红葡萄酒的香气进行主成分分析,可知其有 14 种主成分;

对白葡萄酒的香气进行主成分分析,可知其有 16 种主成分。

(3) 葡萄酒质量评价的复杂性(以葡萄酒的香气为例)

葡萄酒芳香物质的种类、含量、感觉与之及其之间的相互作用共同决定着葡萄酒的感官质量,它们是构成葡萄酒质量的主要因素,决定着葡萄酒的风味和典型性。这些芳香物质之间存在着累加作用、协同作用、分离作用以及抑制作用,而使香气千变万化。葡萄的香气分为品种香、发酵香和陈酿香,同时受到游离芳香物质与结合芳香物质的影响。目前虽然可以通过多种方法确定葡萄酒的具体香气成分,但由于多个组分在酒中的表现是一种复杂的综合作用,所以仪器分析仍无法代替感官品尝[8]。

(4) 结果分析及结论

① 利用熵权法评价模型可以对红葡萄酒的外观、口感和白葡萄酒的外观进行一定程度的评价,而对葡萄酒质量的其他指标无法进行有效的评价;利用回归模型可以对红葡萄酒的口感和白葡萄酒的外观进行一定程度上的评价,而对葡萄酒质量的其他指标无法进行有效的评价;利用主成分分析,可得出葡萄酒的三个一级指标相应的主成分。

② 两种模型均无法对葡萄酒的理化指标与葡萄酒的质量之间的关系作出完整的评价,主要原因是葡萄酒的理化指标比较复杂,且葡萄酒的质量是由人工评价得出的,而人工评价具有很强的主观性,因此无法通过葡萄酒的指标来评价葡萄酒的质量。考虑到问题三的模型求解结果,酿酒葡萄的理化指标也无法评价葡萄酒的质量。

③ 酿酒葡萄和葡萄酒的理化指标无法评价葡萄酒的质量,因此,目前大多数的葡萄酒评价主要依靠人工感官评价。

3.5.5 模型的评价及改进

1. 模型的优点

(1) 基于合理的假设,对缺失数据和异常数据进行了预处理。

(2) 通过非参数检验,确立了可信度的标准:Kendall's W,从而为问题一的求解提供了一种思路。

(3) 在问题二的求解中,通过两种数据标准化方法对葡萄进行系统聚类分析,两种方法的聚类结果可以作一致性检验。根据葡萄酒的质量对聚类结果进行分级,且分级结果比较满意。

(4) 在问题三的求解中,从实际问题出发,建立两套理化指标之间的多元回归模型,并对回归模型进行回归有效性检验和一定的生化解释,从而为回归模型结果的合理性提供一定的理论依据。

(5) 在问题三中，当回归模型无法较好地解释色泽指标间的关系时，通过 MATLAB 对其进行曲线拟合，得到了理想的结果，弥补了回归分析的不足。

(6) 应用熵权法模型和回归模型对问题四进行分析，两种模型的结论有着比较好的一致性，说服力较强。

(7) 本文使用 SPSS、C 语言、MATLAB 等对数据进行处理分析，所得结果比较理想。

2. 模型的缺点

(1) 求解问题二时，根据聚类分析的分类树对葡萄样品进行分类的过程难免存在一定的分类误差。

(2) 求解问题三时，由于数据指标过多，且缺乏主观评判指标，因此，葡萄酒的 L、a、b、芳香物质与葡萄样品的理化指标之间的关系并不明晰。

(3) 在求解问题四时，评酒员对酒的评价一共有四个一级指标。而第四个指标"平衡/整体感觉"由于涉及的个人主观因素过多，因此未被考虑到模型之中，也会造成一定的分析误差。

(4) 在模型的建立和求解过程中，对 SPSS 的数据处理依赖程度比较高。

3. 模型的改进

(1) 在问题三中，分析两套指标之间的关系时，对于那些回归模型解释得并不理想的指标，可采用其他的分析模型作为补充，比如曲线拟合、灰色关联模型、典型相关分析等。

(2) 在问题四中，可以考虑将"平衡/整体感觉"作为模型中葡萄酒质量的一级指标之一，建立一个更加全面的分析模型。

3.5.6　参考文献

[1] 梦白. 葡萄酒的故事[M]. 天津：百花文艺出版社，2004.

[2] 王恭堂，孙雪梅，张葆春. 葡萄酒的酿造与欣赏[M]. 北京：中国轻工业出版社，2000.

[3] 张安宁. 饮料酒的勾兑与品评[M]. 北京：科学出版社，2005.

[4] 黄润龙，管于华. 数据统计分析——SPSS 原理及应用[M]. 北京：高等教育出版社，2010.

[5] 京出台果品等级标准 5 月水果分级销售[OL]. 中国林业网，2012[2012-09-09]. http://www.forestry.gov.cn/portal/jjlxx/s/1974/content－169140.html.

[6] 陈晓红，徐选华，曾江洪. 基于熵权的多属性大群体决策方法[J]. 系统工程与电子技术，2007,29(7)：1088.

[7] 吴金平，缪旭东. 建模与仿真中"权"的确定方法浅析[C]//管理科学与系统科学研究新进展——第 6 届全国青年管理科学与系统科学学术会议论文集，2001.

[8] 于静，李景明，吴继红，葛毅强. 葡萄酒芳香物质研究进展[J]. 中外葡萄与葡萄酒，2005(3)：48-51.

3.5.7　附录(略)

3.6　论文点评

本文的特点是数据分析的流程比较完整，有明确的数据预处理、计算结果分析和评价意识。在解决问题一时，文中直接利用 SPSS 软件对两组评酒员的评价进行 Friedman 检验和 Kendall's W 检验，并用和谐系数 Kendall's W 来判断两组评价的可信度；在问题二中，论文首先对数据进行了预处理,然后在一级指标的基础上通过聚类对酿酒葡萄分级;对于问题三,文中采用多元回归和非线性拟合方式分析各项指标之间的关系;在解决问题四时,文中使用了熵权和多元回归两种方法分析酿酒葡萄、葡萄酒的理化指标与葡萄酒质量之间的关系,两种方法相互对比。

本文的优点是针对每一个问题都有数据处理、建模和结果分析步骤,不过对数据的预处理部分有些粗糙,也缺少重要的模型验证环节。在解决问题一时,文中根据组内评价的一致性来判断两组数据的可信度,不够全面。在分析问题二时,文中为了降低聚类分析的难度、减少误差,不考虑葡萄的二级理化指标、色泽和芳香物质指标,处理得有些过于简单。

在论文写作方面,摘要详略得当,图文、表格的使用规范。不足之处是无论是摘要还是正文中,对所用的数学方法的介绍、该方法在本问题上的适用性论述很少,尤其是解决问题一的过程中,直接说明运用 SPSS 进行分析,可能会给读者造成只会用软件而不懂其中数学原理的印象。

第 4 章　太阳能小屋的设计(2012 B)

4.1　太阳能小屋的设计

在设计太阳能小屋时，需在建筑物外表面(屋顶及外墙)铺设光伏电池，光伏电池组件所产生的直流电需要经过逆变器转换成220V 交流电才能供家庭使用，并将剩余电量输入电网。不同种类的光伏电池每峰瓦的价格差别很大，且每峰瓦的实际发电效率或发电量还受诸多因素的影响，如太阳辐射强度、光线入射角、环境、建筑物所处的地理纬度、地区的气候与气象条件、安装部位及方式(贴附或架空)等。因此，在太阳能小屋的设计中，研究光伏电池在小屋外表面的优化铺设是很重要的问题。

附件 1～附件 7 提供了相关信息。请参考附件提供的数据，对下列三个问题，分别给出小屋外表面光伏电池的铺设方案，使小屋的全年太阳能光伏发电总量尽可能大，而单位发电量的费用尽可能小，并计算出小屋光伏电池 35 年寿命期内的发电总量、经济效益(当前民用电价按 0.5 元/(kW・h)计算)及投资的回收年限。

在求解每个问题时，都要求配有图示，给出小屋各外表面电池组件铺设分组阵列图形及组件连接方式(串、并联)示意图，也要给出电池组件分组阵列容量及选配逆变器规格列表。

在同一表面采用两种或两种以上类型的光伏电池组件时，同一型号的电池板可串联，而不同型号的电池板不可串联。在不同表面上，即使是相同型号的电池也不能进行串、并联连接。应注意分组连接方式及逆变器的选配。

问题一：请根据山西省大同市的气象数据，仅考虑贴附安装方式，选定光伏电池组件，对小屋(见附件 2)的部分外表面进行铺设，并根据电池组件分组数量和容量，选配相应的逆变器的容量和数量。

问题二：电池板的朝向与倾角均会影响到光伏电池的工作效率，请选择架空方式安装光伏电池，重新考虑问题 1。

问题三：根据附件 7 给出的小屋建筑要求，请为大同市重新设计一个小屋，要求画出小屋的外形图，并对所设计小屋的外表面优化铺设光伏电池，给出铺设及分组连接方式，选配逆变器，计算相应结果。

附件 1：光伏电池组件的分组及逆变器选择的要求

(1) 光伏电池组件分组阵列连接要求。光伏电池组件在排布阵列安装时应根据可能选用逆变器的额定工作电压(V)范围和功率容量(W)等参数进行分组设计。电池组件可以通过同类型组件的串联叠加电压和功率形成“一串”连接组件及相应的输出电压(V)和功率(W)。为了保证光伏组件正常工作，只允许相同型号的光伏组件进行串联。多个光伏组件串联后可以再进行并联，并联的光伏组件端电压相差不应超过10%。一串或多串(相同电压、功率)组件通过并联即形成“分组阵列”，该“分组阵列”的总功率(W)为所有组件功率的总和，图4-1给出了三种光伏电池的串并联形式。同一分组阵列中的组件在安装时，应尽可能保证具有相同的太阳辐射条件(朝向、倾角等)。

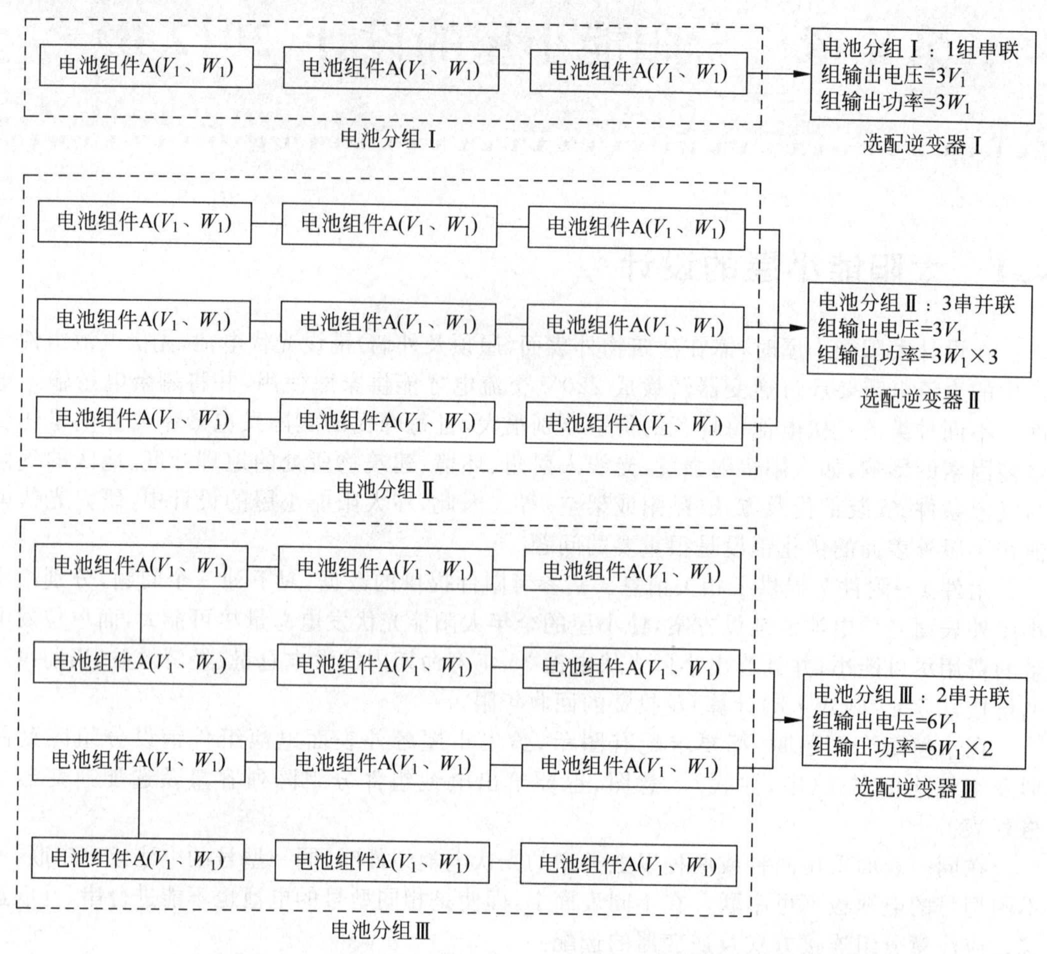

图4-1 电池组件连接分组阵列输出电压及功率示意图

(2) 逆变器选配要求。光伏电池一般经过串、并联组成光伏分组阵列接入逆变器的直流侧，逆变器对于接入的光伏分组阵列有以下要求：①光伏分组阵列的端电压应满足逆变器直流输入电压范围，当电压低于其范围下限时，逆变器将停止运行。此时光伏发电系统不输出电力，即认为系统不能发电，应在发电量计算中予以剔除。为简化计算在此可通过电池表面太阳光辐照阈值(光伏电池组件启动发电时其表面所应接收到的最低辐射量限值，单晶硅和多晶硅电池启动发电的表面总辐射量大于或等于80W/m^2、薄膜电池表面总辐射量大于或等于30W/m^2)进行判断；②光伏阵列的最大功率不能超过逆变器的额定容量。根据设计的电池组件分组阵列的输出电压和总功率选配相应工作电压和功率的逆变器，或根据逆变器的参数调整设计电池组件分组阵列串并联的方式以满足相应的输出电压和总功率。逆变器的选配容量应大于或等于光伏电池组件分组安装的容量。

附件 2：给定小屋的外观尺寸图（图 4-2～图 4-7）

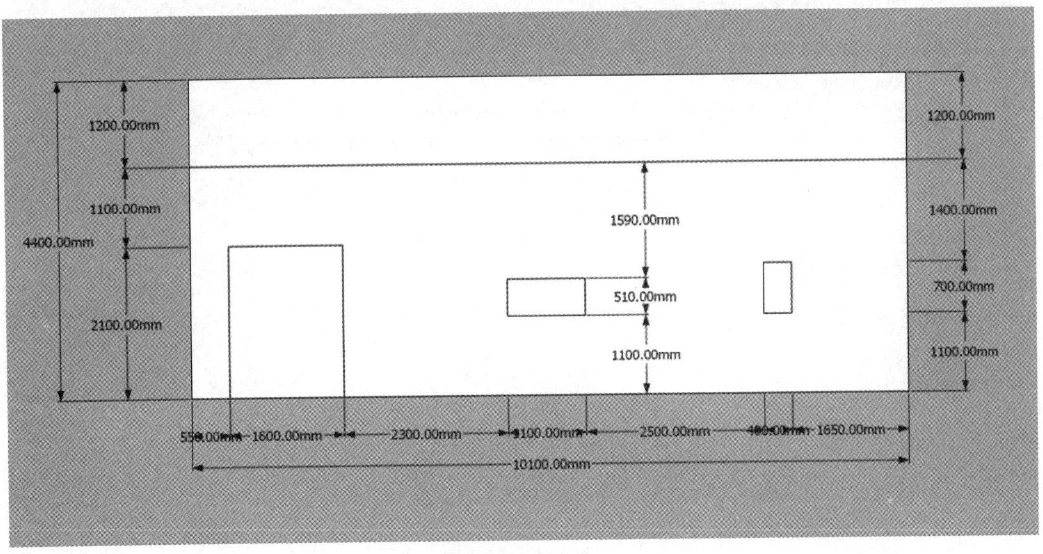

图 4-2　北立面

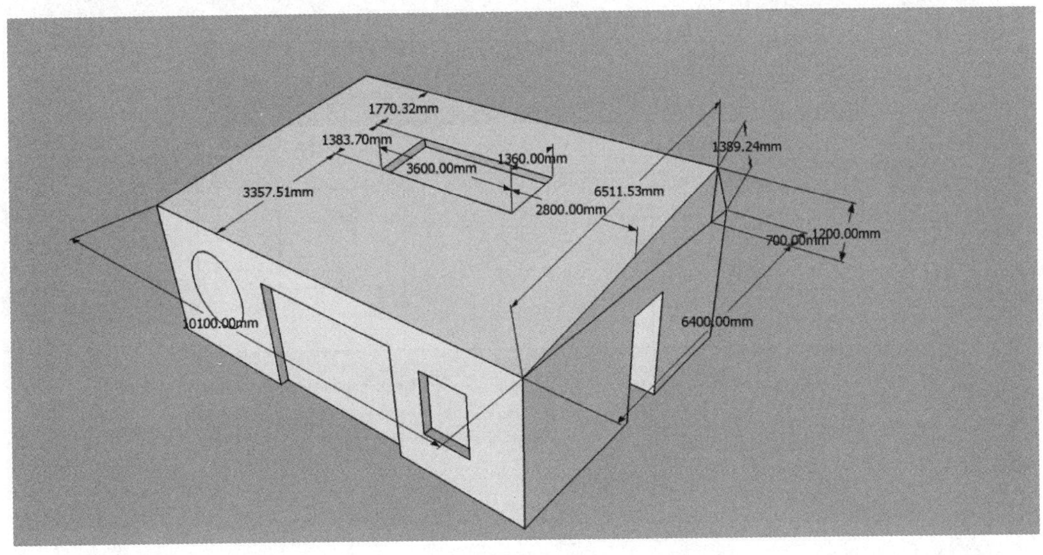

图 4-3　顶视图

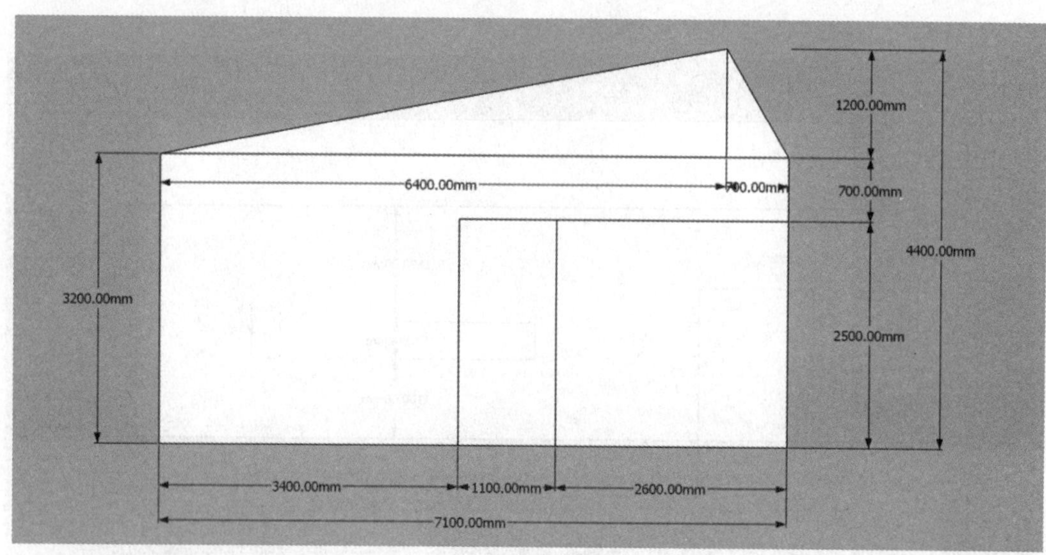

图 4-4　东立面

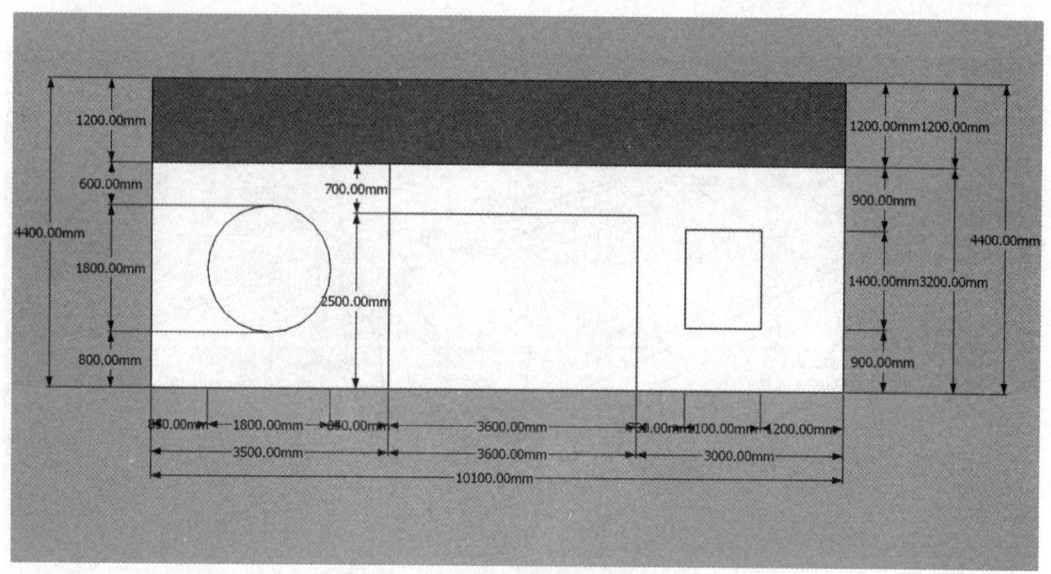

图 4-5　南立面

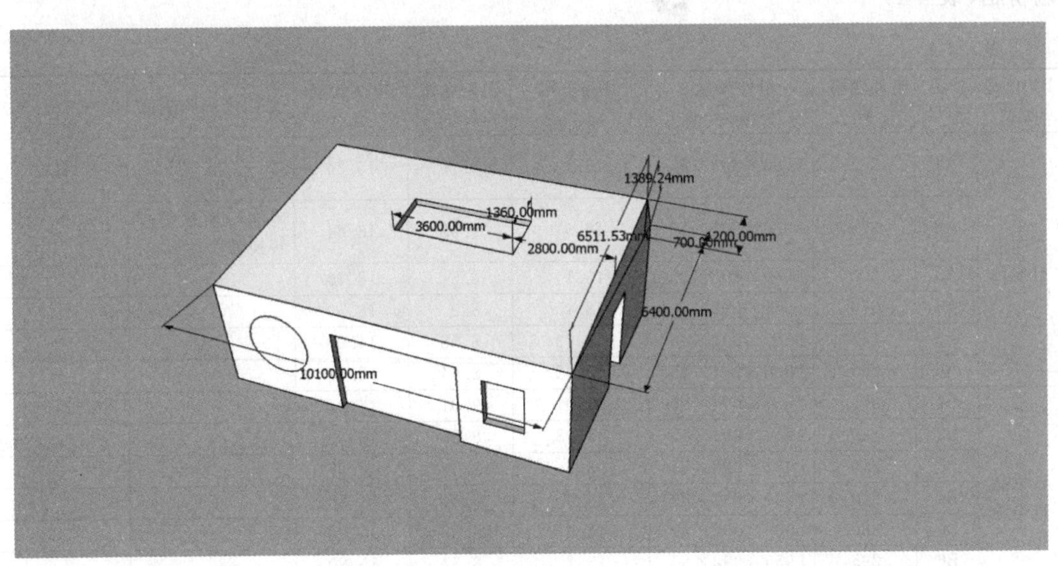

图 4-6 透视图

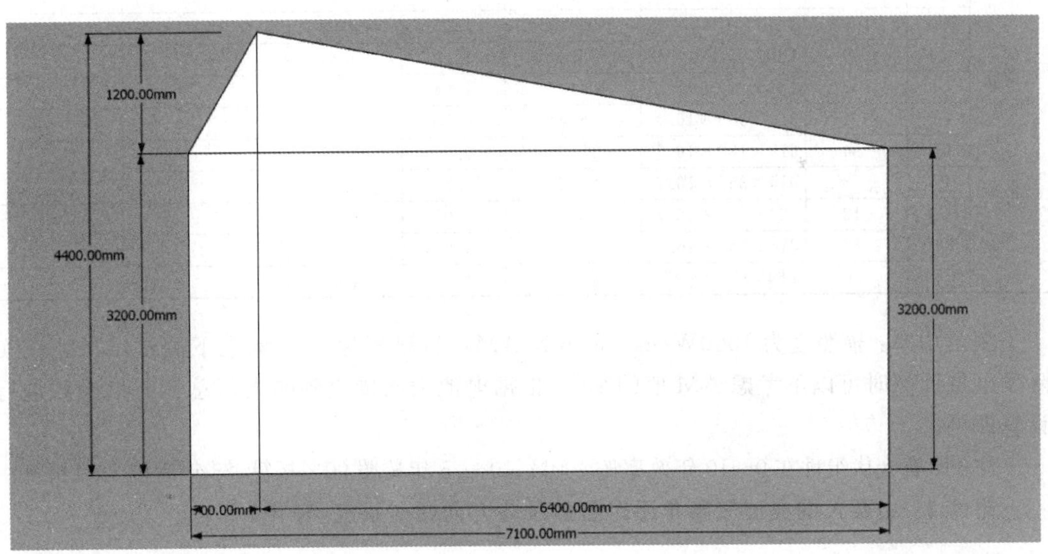

图 4-7 西立面

附件 3：三种类型的光伏电池(A 单晶硅、B 多晶硅、C 非晶硅薄膜)组件设计参数和市场价格(表 4-1)

表 4-1

PV 电池类型	产品型号	组件功率/W	组件尺寸/mm×mm	开路电压 V_{oc}/V	短路电流 I_{sc}/A	转换效率 η/%	太阳光辐照阈值	价格/(元/W)
A 单晶硅电池	A1	215	1 580×808×40	46.1	5.79	16.84	辐照度低于 200W/m² 时	14.9
	A2	325	1 956×991×45	46.91	8.93	16.64	电池转换效率＜转换效率的 5%	
	A3	200	1 580×808×35	46.1	5.5	18.70		
	A4	270	1 651×992×40	38.1	8.9	16.50		
	A5	245	1 650×991×40	37.73	8.58	14.98		
	A6	295	1 956×991×45	45.92	8.64	15.11		
B 单晶硅电池	B1	265	1 650×991×40	37.91	9.01	16.21		12.5
	B2	320	1 956×991×45	45.98	8.89	16.39		
	B3	210	1 482×992×35	33.6	8.33	15.98		
	B4	240	1 640×992×50	36.9	8.46	14.80		
	B5	280	1 956×992×50	44.8	8.33	15.98		
	B6	295	1 956×992×50	45.1	8.57	15.20		
	B7	250	1 668×1 000×40	37.83	8.75	14.99		
C 薄膜电池	C1	100	1 300×1 100×15	138	1.22	6.99	200W/m² 较 1 000W/m² 性能提高 1%	4.8
	C2	58	1 321×711×20	62.3	1.54	6.17		
	C3	100	1 414×1 114×35	99	1.65	6.35		
	C4	90	1 400×1 100×22	115.4	1.26	5.84		
	C5	100	1 400×1 100×25	100	1.64	6.49		
	C6	4	310×355×16.7	26.7	0.35	3.63		
	C7	4	615×180×16.7	12.6	0.7	3.63		
	C8	8	615×355×16.7	26.7	0.7	3.66		
	C9	12	920×355×16.7	26.7	1.05	3.66		
	C10	12	818×355×16.7	26.7	0.9	4.13		
	C11	50	1 645×712×27	55	1.75	4.27		

额定功率：辐照度为 1000W/m²，光谱为 AM1.5，温度为 25℃标准下测试结果。在实际发电量计算时可以不考虑 AM 值的影响，根据电池表面接收到的太阳总辐射量参数进行计算即可。

注：所有光伏组件在 0～10 年效率按 100%，10～25 年按照 90%折算，25 年后按 80%折算。

附件 4：山西大同典型气象年逐时参数及各方向辐射强度(表 4-2)

表 4-2

日期	时刻	小时	水平面总辐照度/(W/m²)	水平面散射辐照度/(W/m²)	法向直射辐照度/(W/m²)	东向总辐照度/(W/m²)	南向总辐照度/(W/m²)	西向总辐照度/(W/m²)	北向总辐照度/(W/m²)
1月1日	0	0	0.00	0.00	0.00	0.00	0.00	0.00	0.00
1月1日	1	1	0.00	0.00	0.00	0.00	0.00	0.00	0.00
1月1日	2	2	0.00	0.00	0.00	0.00	0.00	0.00	0.00

续表

日期	时刻	小时	水平面总辐照度/(W/m^2)	水平面散射辐照度/(W/m^2)	法向直射辐照度/(W/m^2)	东向总辐照度/(W/m^2)	南向总辐照度/(W/m^2)	西向总辐照度/(W/m^2)	北向总辐照度/(W/m^2)
1月1日	3	3	0.00	0.00	0.00	0.00	0.00	0.00	0.00
1月1日	4	4	0.00	0.00	0.00	0.00	0.00	0.00	0.00
1月1日	5	5	0.00	0.00	0.00	0.00	0.00	0.00	0.00
1月1日	6	6	0.00	0.00	0.00	0.00	0.00	0.00	0.00
1月1日	7	7	0.00	0.00	0.00	0.00	0.00	0.00	0.00
1月1日	8	8	11.11	11.11	0.00	5.56	5.56	5.56	5.56
1月1日	9	9	94.44	78.01	74.26	89.91	90.59	39.00	39.00
1月1日	10	10	202.78	97.39	310.26	204.83	295.50	48.69	48.69
1月1日	11	11	266.67	113.63	365.49	161.58	372.03	56.82	56.82
1月1日	12	12	341.67	143.37	438.23	93.82	462.17	71.68	71.68
1月1日	13	13	386.11	74.69	710.00	37.35	661.66	171.58	37.35
1月1日	14	14	269.44	90.45	473.46	45.22	437.26	242.06	45.22
1月1日	15	15	175.00	73.91	367.29	36.95	309.00	262.51	36.95
1月1日	16	16	75.00	40.44	249.00	20.22	175.41	212.10	20.22
1月1日	17	17	5.56	0.00	0.00	0.00	0.00	0.00	0.00
1月1日	18	18	0.00	0.00	0.00	0.00	0.00	0.00	0.00
1月1日	19	19	0.00	0.00	0.00	0.00	0.00	0.00	0.00
1月1日	20	20	0.00	0.00	0.00	0.00	0.00	0.00	0.00
1月1日	21	21	0.00	0.00	0.00	0.00	0.00	0.00	0.00
1月1日	22	22	0.00	0.00	0.00	0.00	0.00	0.00	0.00
1月1日	23	23	0.00	0.00	0.00	0.00	0.00	0.00	0.00
⋮	⋮	⋮	⋮	⋮	⋮	⋮	⋮	⋮	⋮
12月31日	0	8 736	0.00	0.00	0.00	0.00	0.00	0.00	0.00
12月31日	1	8 737	0.00	0.00	0.00	0.00	0.00	0.00	0.00
12月31日	2	8 738	0.00	0.00	0.00	0.00	0.00	0.00	0.00
12月31日	3	8 739	0.00	0.00	0.00	0.00	0.00	0.00	0.00
12月31日	4	8 740	0.00	0.00	0.00	0.00	0.00	0.00	0.00
12月31日	5	8 741	0.00	0.00	0.00	0.00	0.00	0.00	0.00
12月31日	6	8 742	0.00	0.00	0.00	0.00	0.00	0.00	0.00
12月31日	7	8 743	0.00	0.00	0.00	0.00	0.00	0.00	0.00
12月31日	8	8 744	19.44	19.44	0.00	9.72	9.72	9.72	9.72
12月31日	9	8 745	144.44	59.94	373.35	286.65	288.00	29.97	29.97
12月31日	10	8 746	263.89	74.88	547.73	313.89	471.36	37.44	37.44
12月31日	11	8 747	347.22	83.16	622.26	220.51	576.35	41.58	41.58
12月31日	12	8 748	394.44	81.85	682.13	75.56	646.72	40.93	40.93
12月31日	13	8 749	400.00	72.02	738.09	36.01	682.82	175.85	36.01
12月31日	14	8 750	352.78	58.80	766.26	29.40	661.51	348.76	29.40
12月31日	15	8 751	272.22	36.34	840.82	18.17	638.17	535.86	18.17
12月31日	16	8 752	108.33	29.26	550.65	14.63	355.83	440.09	14.63

续表

日期	时刻	小时	水平面总辐照度/(W/m²)	水平面散射辐照度/(W/m²)	法向直射辐照度/(W/m²)	东向总辐照度/(W/m²)	南向总辐照度/(W/m²)	西向总辐照度/(W/m²)	北向总辐照度/(W/m²)
12月31日	17	8 753	8.33	0.00	0.00	0.00	0.00	0.00	0.00
12月31日	18	8 754	0.00	0.00	0.00	0.00	0.00	0.00	0.00
12月31日	19	8 755	0.00	0.00	0.00	0.00	0.00	0.00	0.00
12月31日	20	8 756	0.00	0.00	0.00	0.00	0.00	0.00	0.00
12月31日	21	8 757	0.00	0.00	0.00	0.00	0.00	0.00	0.00
12月31日	22	8 758	0.00	0.00	0.00	0.00	0.00	0.00	0.00
12月31日	23	8 759	0.00	0.00	0.00	0.00	0.00	0.00	0.00

附件 5：逆变器参数及价格表(表 4-3)

表 4-3

序号	型号	直流输入			交流输出			逆变效率(80%阻性负载)	使用环境温度/℃	外观尺寸(宽×高×深)/(mm×mm×mm)	参考价格/(元/台)
		额定电压/V	额定电流/A	允许输入电压范围/V	(额定电压/频率)/(V/Hz)	额定电流/A	额定功率/kW				
1	SN1	DC24	25	21～32	AC220/50	2.2	0.4	84%	−20～50	200×365×395	2 900
2	SN2	DC24	50	21～32	AC220/50	4.5	0.8	84%	−20～50	200×365×395	4 500
3	SN3	DC48	24	42～64	AC220/50	4.5	0.8	86%	−20～50	200×365×395	4 500
4	SN4	DC48	48	42～64	AC220/50	9.0	1.6	86%	−20～50	200×365×395	6 900
5	SN5	DC48	73	42～64	AC220/50	13.6	2.4	86%	−20～50	400×750×470	10 200
6	SN6	DC48	115	42～64	AC220/50	22.7	4	90%	−20～50	400×750×47	15 000
7	SN7	DC110	30	99～150	AC220/50	13.6	2.4	90%	−20～50	458×400×470	10 200
8	SN8	DC110	51	99～150	AC220/50	22.7	4	90%	−20～50	400×750×470	15 300
9	SN9	DC110	101	99～150	AC220/50	45.5	8	92%	−20～50	800×1800×600	35 000
10	SN10	DC110	202	99～150	AC220/50	91	16	92%	−20～50	800×2 260×600	63 800
11	SN11	DC220	5	180～300	AC220/50	4.5	0.8	94%	−20～50	205×365×425	4 500
12	SN12	DC220	10	180～300	AC220/50	9.1	1.6	94%	−20～50	205×365×425	6 900
13	SN13	DC220	15.2	180～300	AC220/50	13.6	2.4	94%	−20～50	205×365×425	10 300
14	SN14	DC220	25.3	180～300	AC220/50	22.7	4.0	94%	−20～50	400×740×470	15 300
15	SN15	DC220	37.9	180～300	AC220/50	34.1	6.0	94%	−20～50	400×740×470	22 000
16	SN16	DC220	48.4	180～300	AC220/50	45.5	8	94%	−20～50	400×750×470	35 000
17	SN17	DC650	40	250～800	AC230/50	15	10	97.3%	−25～60	550×650×250	43 750
18	SN18	DC650	40	330～800	AC230/50	18	12	97.3%	−25～60	550×650×250	54 700

附件 6：可参考的相关概念

1. 太阳时(t_s)

时间的计量以地球自转为依据，地球自转一周，计 24 太阳时，当太阳达到正南处为 12:00。钟表所指的时间也称为平太阳时(简称为平时)，我国采用东经 120°经圈上的平太阳时作为全国的标准时间，即“北京时间”(大同的经度为113°18′)。(该定义摘自《太阳能应用技术》的第二章——太阳辐射)

2. 时角(ω)

时角是以正午12点为0°开始算，每一小时为15°，上午为负下午为正，即10点和14点分别为−30°和30°。因此，时角的计算公式为

$$\omega = 15°(t_s - 12)$$

其中 t_s 为太阳时(单位：h)。(该定义摘自《太阳能应用技术》的第二章——太阳辐射)

3. 赤纬角(δ)

赤纬角也称为太阳赤纬，即太阳直射纬度，其计算公式近似为

$$\delta = 23.45°\sin\left(\frac{2\pi(284+n)}{365}\right)$$

其中 n 为日期序号，例如，1月1日为 $n=1$，3月22日为 $n=81$。(该定义摘自《太阳能应用技术》的第二章——太阳辐射)

4. 太阳高度角(α)

太阳高度角是太阳相对于地平线的高度角，这是以太阳视盘面的几何中心和理想地平线所夹的角度。太阳高度角可以使用下面的算式，经由计算得到很好的近似值：

$$\sin\alpha = \sin\phi \cdot \sin\delta + \cos\phi \cdot \cos\delta \cdot \cos\omega$$

其中 α 为太阳高度角；ω 为时角；δ 为当时的太阳赤纬；ϕ 为当地的纬度(大同的纬度为40.1°)。(该定义摘自维基百科)

5. 太阳方位角(A)

太阳方位角是太阳在方位上的角度，它通常被定义为从北方沿着地平线顺时针量度的角。它可以利用下面的公式，经由计算得到良好的近似值，但是因为反正弦值，也就是 $x=\arcsin y$ 有两个以上的解，但只有一个是正确的，所以必须小心处理。

$$\sin A = \frac{-\sin\omega \cdot \cos\delta}{\cos\alpha}$$

下面的两个公式也可以用来计算近似的太阳方位角，不过因为公式是使用余弦函数，所以方位角永远是正值，因此，角度永远被解释为小于180°，而必须依据时角来修正。当时角为负值时(上午)，方位角的角度小于180°，时角为正值时(下午)，方位角应该大于180°，即要取补角的值。

$$\cos A = \frac{\sin\delta \cdot \cos\phi - \cos\omega \cdot \cos\delta \cdot \sin\phi}{\cos\alpha}$$

$$\cos A = \frac{\sin\delta - \sin\alpha \cdot \sin\phi}{\cos\alpha \cdot \cos\phi}$$

其中 A 为太阳的方位角；α 为太阳高度角；ω 为时角；δ 为当时的太阳赤纬；ϕ 为当地的地理纬度(大同的纬度为40.1°)。(该定义摘自维基百科)

附件7：小屋的建筑要求

限定小屋使用空间高度为：建筑屋顶最高点距地面高度小于或等于5.4m，室内使用空间最低净空高度距地面高度不小于2.8m；建筑总投影面积(包括挑檐、挑雨棚的投影面积)不大于74m²；建筑平面体型长边应不大于15m，最短边应不小于3m；建筑采光要求至少应满足窗地比(开窗面积与房间地板面积的比值，可不分朝向)不小于0.2的要求；建筑节能要求应满足窗墙比(开窗面积与所在朝向墙面积的比值)南墙不大于0.50、东西墙不大于

0.35、北墙不大于0.30。建筑设计朝向可以根据需要设计,允许偏离正南朝向。

参考文献

[1] 方荣生.太阳能应用技术[M].北京:中国农业机械出版社,1985.

[2] STINE W B, GEYER M. Power From The Sun [M/OL]. [2012-09-07]. http://www.powerfromthesun.net/book.html.

[4] 全国能源基础与管理标准化技术委员会.太阳能热利用术语 第一部分:GB/T 12936.1—1991[S].北京:中国标准出版社,1991.

注:题目及数据附件都可以到全国大学生数学建模竞赛官方网站 http://www.mcm.edu.cn 下载。

4.2 问题分析与建模思路概述

国际太阳能十项全能竞赛是美国能源部发起并主办以全球高校为参赛单位的太阳能建筑科技竞赛,该竞赛要求建造一个将太阳能作为一个唯一能源的未来小屋,其目的是通过竞赛加快太阳能产业的产学研融合与交流,推进太阳能技术的创新发展和深度应用。这项竞赛于2013年首次来到中国,中国国际太阳能十项全能竞赛于2013年在山西大同举办。2012年全国大学生数学建模竞赛B题就是以此为背景提炼出来的,其宗旨在于让学生使用数学方法设计出高校利用太阳能的未来小屋。为便于学生能够三天内完成题目,问题简化为以下三个子问题:

(1) 根据大同的气象资料,仅考虑贴附安装方式,选定光伏电池组件,对小屋外表面进行铺设,使小屋的全年太阳能光伏发电量尽可能大,而单位发电量的费用尽可能小。

(2) 选择架空方式安装光伏电池,考虑电池板的最佳朝向与倾角。

(3) 为大同市重新设计一个小屋,计算相应结果。

问题属于典型的优化问题,但比较复杂,直接求解很困难,所以建立模型后可采用启发式算法求解。

如何计算光照强度是解决问题的关键,直面的光照强度题目给出了数据,但都是离散的,可以直接利用Excel表格求出一年光照的平均值,也可以采用插值的方法将离散数据连续化,作出连续曲线,用积分的方法求出平均值,计算的时候要注意电池门限值,当光照强度低于此值,电池不产生电能,还要考虑光伏电池的最大功率,光照辐射超过一定值后,产生的电能也不会超过组件最大功率。对于斜面的光照辐射强度,其值为光照直射辐射强度、散射辐射强度和地面反射强度之和,由于地面反射强度很小,可以忽略不计,只考虑前两者之和,在题目推荐的文献中可查到相关的计算公式,涉及太阳角、时角、赤纬角、太阳高度角和太阳方位角等概念。

总成本应为所选用的光伏电池板和与之相配套的逆变器成本之和,在优化铺设电池板的过程中,要参照逆变器的参数,合理地串并联逆变器,才能有效降低成本。可以将逆变器价格以每千瓦功率进行计算排序作为选择的参考依据。

问题第一问建立的数学模型是一个多目标规划,要使小屋全年发电量尽可能大,而单位发电成本尽可能小,并且逆变器是在选定光伏电池板后才能配备的,而且要求解的电池板数量是整数,因此要建立规划问题直接求解是非常困难的,因此比较合理的处理方式是采用启发式算法逐步求解，求解过程是对顶面及各朝向面分别进行讨论，先考虑光伏电池的最优选择及在有限面积上的合理搭配使铺设面积达到最大，再进行串、并联配备逆变器，使单位发电量的成本达到最小。

对于问题二电池板架空方式的计算，这里只是指顶面光伏电池板的架空，不考虑四面墙上的架空，因为这样小屋投影面积会大于题目规定的面积，这样只需找出光伏电池板安装的最佳倾角即可。最佳倾角的计算有连续和离散两种方法，连续的方法就是把倾角看作变量，推导出年辐射强度的表达式，令导数为零，算出倾角；离散的方法就是逐点搜索，例如每隔0.1°计算一次光照强度，求得最佳倾角。最佳倾角为31.7°左右。考虑电池板的架空安装，有两种方式，一种是整体架空，即按最佳倾角制作一个大的支架，电池板铺在支架上，这也是大多数参赛队的做法，第二种是分排架空，每排倾角为最佳倾角，这时还要计算两排之间的距离。

最后一问重新设计小屋，可将小屋房顶设计成倾角31.7°，可将门窗开在东面或北面，满足题目要求即可。还可以考虑小屋的朝向是非正南的情况，偏西15°左右最佳。设计新的小屋要有计算做依据。

参考文献

[1] 边馥萍，薛毅. 关于“太阳能小屋的设计”的命题与评阅[J]. 工程数学学报，2012，29(增刊1)：157-160.

[2] 薛毅. 太阳能小屋设计的问题解析[J]. 数学建模及其应用，2012，1(4)：57-63.

4.3　获奖论文——光伏电池的优化铺设问题

作　　者： 张杰鑫　张雪平　陈文

指导教师： 李炳照

获奖情况： 2012全国数学建模竞赛二等奖

摘要

光伏建筑是太阳能利用中最清洁、最有潜力的绿色技术之一，其中，光伏电池在建筑外表面的优化铺设问题更是影响到光伏建筑设计优劣的重要因素。针对山西大同的太阳能小屋外表面的优化铺设问题，我们建立了相关数学模型，并进行了分析和讨论。

对于问题一中的贴附式安装光伏电池的方式，为了达到总发电量大的同时单位发电量费用小的双目标，我们首先根据年逐时水平面总辐射强度、水平面散射辐射强度、当地纬度以及包括时角在内的一些基本天文参量对小屋屋顶的倾斜面进行了总辐射强度的求解，从而得到了每种型号的电池在每个面上的总辐射强度；并通过转化率得到了单位面积上的年发电量。其次，同时实现发电量大，单位发电量费用小的目标属于多目标线性规划问题，我们采用模糊优化模型将多目标问题转化为单目标规划，解出每个面最优的电池型号和数量的组合。接着我们利用AutoNEST中的剩余矩阵切割算法并结合求解矩形Packing问题的砌墙式启发算法，对每个面进行了优化铺设。最后，在满足逆变器选择的要求的同时，找出可与之匹配的花费最小的逆变器组合方案。由此我们可得出小屋光伏电池35年寿命期内的发电总量为585 334kW·h、盈利9.6万元及投资的回收年限为23年。

对于问题二中的架空式安装光伏电池的方式，我们基于问题一中的倾斜面总辐射强度的求解,以大同的纬度位置为中心,在一定的区间内利用插值法变换倾角,依次计算各倾角对应的一年总发电量,最后选择与总发电量极大值相对应的37.3°倾角值作为大同的最佳倾角。在对每个面接收光辐射强度不同的考虑下,我们仅对屋顶进行架空式安装。最后沿用第一问的方法进行优化铺设、确定其串并联关系和选配逆变器规格。架空式安装光伏电池的小屋在35年内的发电总量为536 084kW·h、盈利10.5万元,投资的回收年限为21年。

对于问题三中的小屋的重新设计的问题,我们在满足建筑要求的前提下,尽可能做到面向南方的倾角为最佳倾角且面积最大,从而可获得较大的辐射强度。在保证此面积最大的前提下,考虑次优面——南面的面积大小,使其尽可能最大。考虑到光伏电池铺设在北面墙时在25年之内不能收回成本,在满足要求的情况下,我们在设计房屋时首先选择北面墙安装窗户。我们对新设计好的小屋进行优化铺设、确定其串并联关系和选配逆变器规格。确定此小屋在35年内的发电总量可达到为847 715kW·h、盈利16.9万元,在20年后回收投资。

最后我们对模型结果进行了分析,对模型方案进行了评价,并提出了模型的改进方向。

关键词:光伏电池的优化铺设　倾斜面总辐射强度　双目标模糊优化模型

4.3.1 问题重述

随着光伏发电技术的飞速发展,光伏建筑在国内的应用日趋广泛。在设计太阳能小屋时,需在建筑物外表面铺设光伏电池。不同种类的光伏电池每峰瓦的价格差别很大,且每峰瓦的实际发电效率或发电量还受诸多因素的影响。因此,研究光伏电池在小屋外表面的优化铺设是很重要的问题。

同时,若要供家庭使用光伏电池组件所产生的直流电,还需要将其经过逆变器转换成220V交流电,并将剩余电量输入电网。为了实现小屋的全年太阳能光伏发电总量尽可能大,而单位发电量的费用尽可能小的双目标问题,我们需要考虑太阳辐射强度、光线入射角、环境、建筑物所处的地理纬度、地区的气候与气象条件、安装部位及方式以及逆变器的成本等问题。

针对山西省大同市的太阳能小屋设计,本文试图解决以下问题:

(1) 根据大同市的气象数据,选定光伏电池组件,对小屋的部分外表面进行贴附式铺设。并根据电池组件分组数量和容量,选配相应的逆变器的容量和数量。

(2) 选择架空方式安装光伏电池,计算出最佳的电池板朝向与倾角,使光伏电池的工作效率最大。

(3) 根据已给出的小屋建筑要求,请为大同市重新设计一个更有利于吸收辐射强度的小屋,并对所设计小屋的外表面优化铺设光伏电池。

(4) 针对每一种不同的方案,计算出小屋光伏电池35年寿命期内的发电总量、经济效益(当前民用电价按0.5元/(kW·h)计算)及投资的回收年限。

4.3.2 问题分析

小屋全年太阳能光伏发电总量以及单位发电量的费用是太阳小屋外表面的优化铺设需要考虑两个重要的因素。为了达到总发电量大的同时单位发电量费用小的目标,我们做出如下分析。

当我们在确定电池组件的数量及容量以及相匹配的逆变器容量和数量时,首先,我们需要求解出不同型号的光伏电池在小屋不同面上的发电量，并针对不同面对不同型号的电池发电量进行排序，以便更好地选择电池的型号。

其次，同时实现发电量大，单位发电量费用小的目标属于多目标线性规划问题，其的基本求解思想大都是将多目标问题转化为单目标规划。通常用理想点法、线性加权和法、模糊偏差解法进行求解，但针对本问题在多个目标，要求各目标同时取得最优值比较难以实现，故我们将采用模糊优化模型。需考虑不同型号电池在不同面上的发电量，同时结合上电池每峰瓦所花费的价格，并以不同型号的光伏电池面积之和与小屋可贴附表面积之间的关系作为约束条件，解出每个面最优的电池型号和数量的组合。然后根据这种组合方式找出可与之匹配的花费最小的逆变器组合方案。

最后我们还需要考虑电池的排布铺设问题，即因门窗等原因造成可铺设图形的不规则，可能因面积不足导致实际使用光伏电池数量的减少。

考虑到电池板的朝向与倾角均会影响到光伏电池的工作效率，我们先根据大同的纬度位置判断出了电池应该朝向南方。因为大同处在北回归线以北，根据太阳直射点的回归运动可知，其一年四季中太阳都位于其南方，所以电池板朝向南方相对于其他朝向更有利于获得更多的辐射强度。根据上一问的分析已得到求倾斜面上的太阳总辐射量的解法，我们以大同的纬度位置为中心，在一定的区间内利用插值法变换倾角，依次计算各倾角对应的一年总发电量，最后选择与总发电量极大值相对应的倾角值作为该地的最佳倾角。值得注意的是当架空后的光伏电池板可能会出现遮挡问题，所以光伏电池的列阵间距应大于物体在太阳下阴影长度最长时不相互遮挡。

对于小屋的设计而言，我们需要在满足设计要求的前提下，尽可能多地设计出有利于接收太阳辐射的表面，换而言之，使更多的光伏电池板可以满足最佳的倾角与最优的朝向。

4.3.3 基本假设与符号说明

1. 基本假设

(1) 太阳小屋处在空旷地带，即周围没有会遮挡小屋受光的障碍。

(2) 不考虑架空时所需要的材料成本。

(3) 忽略在贴附安装方式中电池高度所造成的遮挡。

(4) 不考虑光伏电池自身的耗能。

(5) 认为每一个面至少需要一种逆变器。

(6) 认为屋顶为同一个面，共同选用逆变器。

2. 符号说明

t_s：太阳时；

ω：时角；

δ：赤纬角；

α：太阳高度角；

β：屋顶坡度；

A：太阳方位角；

ϕ：当地纬度；

G：辐照度；

s：架空的电池板与水平面的夹角；

D：架空时光伏电池列阵前后间距。

4.3.4 模型的建立与求解

1. 问题一模型的建立与求解

随着不可再生能源正面临资源枯竭和环境恶化的双重压力，全世界能源结构将在 21 世纪发生根本改变，利用太阳能发电将成为未来分布式发电的重要组成部分。此种太阳能小屋的设计将在未来的生活中广泛普及。

1）每种电池不同面总辐射量的确定

首先，我们根据附件 2 给出的小屋外观尺寸图确定了房屋的大体形状以及可用来进行贴附光伏电池的表面积。通过尺寸图不难发现，其屋顶的设计为一个南面较缓、北面较陡的坡屋顶。朝向南方的倾斜角约为 10.62°，朝向北方的倾斜角约为 59.74°。又照射在太阳能小屋上的太阳辐射总强度由直接辐射、天空散射两部分组成。所以我们利用原有附件 4 给出的年逐时水平面总辐照度和水平面散射辐照度基础上对南北两个倾斜面的总辐照度进行了求解。

在任意平面上得到的太阳直射辐射，与阳光对该平面的入射角有关，如果某平面法线和阳光射线的夹角为 θ，对于斜面来说其接收到的直射辐照度可用以下公式通过 MATLAB 来计算[1]：

$$G_{id} = \frac{G_{fd}\cos\theta}{\sin\alpha}$$

其中 G_{id} 为倾斜面上的直射辐照度；G_{fd} 为水平面上的直射辐照度。

同时，我们根据天球坐标系统，太阳光的入射角和倾斜面的倾角及倾斜面法线的方向角有关。而它又是当地纬度、太阳赤纬角和时角的函数。综合这些因素，太阳光对任意壁面的入射角 θ 可用以下公式计算：

$$\begin{aligned}\cos\theta =& \sin\delta\cdot\sin\phi\cdot\cos\beta - \sin\delta\cdot\cos\phi\cdot\sin\beta\cdot\cos\gamma + \cos\delta\cdot\cos\phi\cdot\cos\beta\cdot\cos\omega \\ &+ \cos\delta\cdot\sin\phi\cdot\sin\beta\cdot\cos\gamma\cdot\cos\omega + \cos\delta\cdot\sin\beta\cdot\sin\gamma\cdot\sin\omega\end{aligned}$$

其中 γ 为壁面法线的方向角，朝南为 0°，偏西为正，偏东为负，且大同的纬度为40.1°。

我们通过附件 6 中所提供的信息可知，时角 ω 是以正午 12 点为 0°开始算，每一小时为 15°，上午为负下午为正，即 10 点和 14 点分别为 −30°和 30°。因此，时角的计算公式为

$$\omega = 15°(t_s - 12)$$

其中 t_s 为太阳时，它是时间的计量以地球自转为依据，地球自转一周，计 24 太阳时，当太阳达到正南处为 12 点。钟表所指的时间也称为平太阳时，我国采用东经 120°经圈上的平太阳时作为全国的标准时间，即“北京时间”(大同的经度为113°18′)。

赤纬角 δ 即太阳直射纬度，其计算公式近似为

$$\delta = 23.45°\sin\left(\frac{2\pi(284+n)}{365}\right)$$

其中 n 为日期序号。

太阳高度角 α 是太阳相对于地平线的高度角，这是以太阳视盘面的几何中心和理想地

平线所夹的角度。太阳高度角可以使用下面的公式，经由计算得到很好的近似值：

$$\sin\alpha = \sin\varphi \cdot \sin\delta + \cos\varphi \cdot \cos\delta \cdot \cos\omega$$

太阳方位角 A 是太阳在方位上的角度，它通常定义为从北方沿着地平线顺时针量度的角。下面的两个公式也可以用来计算近似的太阳方位角，不过因为公式使用余弦函数，所以方位角永远是正值，因此，角度永远被解释为小于 180°，而必须依据时角来修正。当时角为负值时（上午），方位角的角度小于 180°，时角为正值时（下午），方位角应该大于 180°，即要取补角的值。

$$\cos A = \frac{\sin\delta \cdot \cos\varphi - \cos\omega \cdot \cos\delta \cdot \sin\varphi}{\cos\alpha}$$

$$\cos A = \frac{\sin\delta - \sin\alpha \cdot \sin\phi}{\cos\alpha \cdot \cos\phi}$$

经过以上计算，我们可以得到倾斜面上的直射辐射强度，然后我们综合了下面的公式[2]，可以得出倾斜面总辐射强度

$$G_{ih} = G_{id} + G_{fb} \times R_b + G_{fh} \times R_\rho$$

其中 G_{ih}，G_{fb}，G_{fh} 分别为倾斜面总辐射强度、水平面散射辐射强度和水平面总辐射强度。

散射辐射修正因子

$$R_b = \frac{1}{2}(1 + \cos\beta)$$

地面反射修正因子

$$R_\rho = \frac{1}{2}\rho(1 - \cos\beta)$$

式中 ρ 为地面反射率，普通地面取 $\rho=0.2$。

现在我们获得了 6 个面的年逐时的总辐射强度。与此同时，因光伏分组阵列的端电压应满足逆变器直流输入电压范围，当电压低于其范围下限时，逆变器将停止运行，系统不能发电。我们考虑了太阳光辐照阀值即光伏电池组件启动发电时其表面所应接收到的最低辐射量限值的影响，对于单晶硅和多晶硅类电池来说单位面积上接收到的辐射量低于 80W/m^2 的，对于薄膜类电池来说低于 30W/m^2，即光照辐射量低于阀值的量的时间段内，系统不发电，故在计算中予以剔除。针对不同型号的光伏电池乘以其对应的转换效率。因其数据都是以一小时为单位统计的，故相当于直接可以转化为每个型号单位面积的逐时发电量。并通过对一年内数据的累加，不难得出所有型号的光伏电池在小屋不同面的年发电量，结果如表 4-4 所示。

表 4-4　各朝向不同型号单位面积的年发电量　kW·h

型号	朝向						
	东	南	西	北	朝南斜面	朝北斜面	水平面
A1	95	170	134	41	262	114	241
A2	94	168	133	41	259	113	238
A3	106	189	149	46	291	127	267
A4	93	166	132	41	257	112	236
A5	85	151	120	37	233	102	214
A6	85	152	121	37	235	103	216

续表

型号	朝向						
	东	南	西	北	朝南斜面	朝北斜面	水平面
B1	84	163	128	21	253	112	233
B2	85	165	130	21	256	113	235
B3	83	161	127	21	250	110	229
B4	77	149	117	19	231	102	212
B5	83	161	127	21	250	110	229
B6	79	153	120	20	238	105	218
B7	78	151	119	19	234	103	215
C1	45	82	68	18	112	55	102
C2	40	73	61	16	99	48	90
C3	41	75	62	16	101	50	92
C4	38	70	58	15	93	46	85
C5	42	76	64	17	104	51	94
C6	25	46	39	10	58	29	53
C7	25	46	39	10	58	29	53
C8	25	47	39	10	59	30	53
C9	25	47	39	10	59	30	53
C10	28	52	43	11	66	33	60
C11	29	53	44	11	68	34	62

我们针对小屋不同面，又对不同型号单位面积的光伏电池年发电量进行排序(详见附录)。

2) 光伏电池的经济效益

根据附件 3 中所给出的信息我们可以间接得到光伏电池每种型号的成本，因为光伏电池不同于其他设备，价格是根据组件功率决定的，即

$$电池价格 = 组件功率 \times 每峰瓦单价$$

分析已给出的数据中我们得知在光伏电池 35 年的寿命期中所有电池组件在 0～10 年的效率可达到 100%，10～25 年按照 90% 折算，25 年后按 80% 折算这一信息，又考虑到光伏电池发电所带来的经济效益与其自身的成本，我们自然希望在最短的时间内收回成本以盈利，所以我们会选择在 25 年之内可以实现自身盈利的光伏电池进行铺设。对于铺设于某一面而在 25 年之内不能收回成本的电池，我们将不考虑将其铺设在这个面中。

又现民用电价按 0.5 元/kW·h 计算，所以我们可以得出对于 25 年内一种电池在某一朝向中可产生的收入为

$$(10Q + 0.9 \times 15Q) \times 0.5$$

其中 Q 为一种电池在某一朝向的年发电量。

为了达到良好的经济效益，我们对在不同面的所有型号电池进行了为期 25 年的利润评估，我们希望到的电池型号需满足“利润＝收入－成本≥0”的条件，并得到可以盈利的型号，如表 4-5 所示。

表 4-5 25 年之内盈利型号表

朝向	盈利型号
东	C 类全部
南	B3、B5、C 类全部
西	C 类全部
北	无
朝南斜面	全部型号
朝北斜面	C 类全部

分析表格可知，在北面放光伏电池并不能达到收支平衡的效果，故我们将不在北面墙上贴附光伏电池。由不同朝向所得结果，我们剔除掉 25 年之内不盈利的电池型号，并计算剩余的电池型号 35 年寿命期内的获利情况(见表 4-6)。

表 4-6 筛选后的型号在 35 年内盈利情况 kW·h

型号	朝向				
	东	南	西	朝南斜面	朝北斜面
A1	0.00	0.00	0.00	2 064.55	0.00
A2	0.00	0.00	0.00	3 064.70	0.00
A3	0.00	0.00	0.00	2 871.16	0.00
A4	0.00	0.00	0.00	2 606.37	0.00
A5	0.00	0.00	0.00	2 350.09	0.00
A6	0.00	0.00	0.00	2 778.99	0.00
B1	0.00	0.00	0.00	3 203.16	0.00
B2	0.00	0.00	0.00	3 815.61	0.00
B3	0.00	1 102.92	0.00	3 163.69	0.00
B4	0.00	0.00	0.00	2 919.00	0.00
B5	0.00	1 420.25	0.00	4 140.14	0.00
B6	0.00	0.00	0.00	3 585.91	0.00
B7	0.00	0.00	0.00	3 022.41	0.00
C1	533.51	1 366.85	1 051.53	2 042.52	758.74
C2	313.32	801.48	623.97	1 186.10	431.66
C3	537.18	1 380.70	1 058.18	2 025.74	760.47
C4	489.69	1 265.85	974.79	1 823.72	683.73
C5	538.71	1 363.38	1 072.32	2 042.52	757.01
C6	24.13	60.53	48.40	81.33	31.07
C7	24.39	61.00	48.80	81.92	31.36
C8	47.57	123.22	95.71	164.48	64.76
C9	71.00	184.17	143.01	245.89	96.72
C10	70.46	180.23	139.07	244.26	93.33
C11	294.96	737.69	571.67	1 014.40	387.20

3) 光伏电池型号及数量的确定[3]

(1) 模型的建立

在分别得到每种型号在不同面的全年光伏发电总量和筛选后的型号获利情况之后，我们需要考虑使小屋的全年太阳能光伏发电总量尽可能大，而单位发电量的费用尽可能小的目标规划问题，但这种对立的两种目标规划问题，不利于考虑计算，故我们对于其中单位发电量的费用尽可能小的目标进行了转化。单位发电量的费用即产生一度电所需要的费用，而对于光伏电池来说，主要花费便在于购置电池上。如果想使单位发电量的费用尽可能小，就需要尽可能地多发电，带来更大收入，从而获得更大的利润。因此，我们不妨把对单位发电量费用多少的考虑可以转化成对不同电池型号利润的大小的衡量。原先的双目标规划问题就变成同时满足总发电量最大、获利最多的问题。

我们可以得到发电量相对大的目标函数可以表达为

$$\max F = \sum_{i=1}^{n} N_i E_i S_i$$

式中，F 为 35 年内小屋的总发电量，N_i 为第 i 种型号的电池所需要的个数，E_i 为第 i 种型号的电池 35 年内单位面积上的发电量，S_i 为其对应型号 i 的面积，n 为光伏电池的型号总数。

利润相对大的目标函数可以表达为

$$\max M = \sum_{i=1}^{n} N_i P_i$$

式中，M 为 35 年内获得的利润，P_i 为第 i 种型号的电池在 35 年里获得的利润。

目标的约束条件为

$$\begin{cases} \sum_{i=1}^{n} S_i \leqslant S - S_w \\ N_i \geqslant 0, \quad i = 1,2,\cdots,n \end{cases}$$

上式针对的是小屋的一个面，并非小屋整体。式中，S 为此面的面积，S_w 为不可用来贴附光伏电池的面积，如门窗所占的面积。

我们需要综合考虑这两个目标，以得到最佳的光伏电池组合方案。要想求得某一个点，使得所有的目标函数都达到各自的最大值是十分困难的。因此，在具体求解时，需要采取折中的方案，使两个目标函数都尽可能地大。双目标加权模糊优化可对其各目标函数进行模糊化处理，将双目标线性问题转化为单目标，从而求该问题的最优解[4]。

我们采用了在节能减排目标下的燃煤机组电量分配模糊优化模型来解决选择光伏电池最佳组合的问题，节能减排目标下燃煤发电机组的电量分配双目标优化问题可以通过模糊满意度的方法来进行求解，由此我们可以类比得出，每一个目标函数需要建立相关的隶属度函数来进行模糊化处理，在实际优化选择光伏电池型号、数量过程中需要尽可能提高发电量和增加盈利的金额。发电量越大、获利越多时，其相关隶属度越大，结果越令人满意。

定义目标函数在约束条件下的最小值和最大值分别是 $F^{\max}$，$F^{\min}$ 和 $M^{\max}$，$M^{\min}$，两个目标函数均选用降半梯度隶属度函数表示，式子如下：

$$\mu(F) = \begin{cases} 0, & F^{\max} \leqslant F(N) \\ \dfrac{F^{\max} - F(N)}{F^{\max} - F^{\min}}, & F^{\min} \leqslant F(N) \leqslant F^{\max} \\ 1, & F(N) \leqslant F^{\min} \end{cases}$$

$$\mu(M)=\begin{cases}0, & M^{\max}\leqslant M(N)\\ \dfrac{M^{\max}-M(N)}{M^{\max}-M^{\min}}, & M^{\min}\leqslant M(N)\leqslant M^{\max}\\ 1, & M(N)\leqslant M^{\min}\end{cases}$$

优化目标对应的隶属度函数图像如图 4-8 所示。

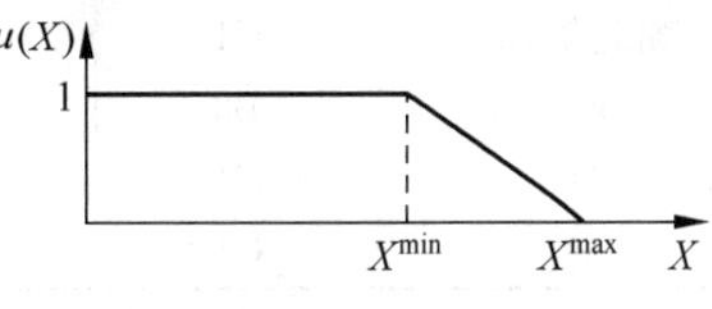

图 4-8　优化目标对应的隶属度函数

设 σ_1,σ_2 分别为发电量最大和获利最大的权重因子,调整权重大小可改变发电量和获利目标的重要程度,这里我们不妨将 σ_1,σ_2 假设为0.5;λ_1 为满足发电量目标及相应约束条件的隶属度,即发电量耗函数的最大满意度;λ_2 为满足获利目标及相应约束条件的隶属度,即利润函数的最大满意度,记模型的最优解为 N_i^*,$i=1,2,\cdots,n$。根据以上式子可得到双目标加权模糊分配优化模型如下:

$$\max\ 0.5(\lambda_1+\lambda_2)$$

$$\text{s. t.}\begin{cases}F(N)-(1+\lambda_1)F^{\min}\geqslant\lambda_1 F^{\max}\\ M(N)-(1+\lambda_2)F^{\min}\geqslant\lambda_2 F^{\max}\\ \sum\limits_{i=1}^{n}S_i\leqslant S-S_w\\ N_i\geqslant 0\\ i=1,2,\cdots,n\\ 0\leqslant\lambda_1\leqslant 1,0\leqslant\lambda_2\leqslant 1\end{cases}$$

(2) 模型的求解

输入原始数据,以发电量最大为目标求解其目标函数,由此可得到最大发电量 $F^{\max}$ 及其所对应的 M'。同理可知得收益最大为目标函数的最大利润 $M^{\max}$ 及对应的发电量 F'。在此基础上对两个单位目标进行一定程度缩略,以达到 $F^{\max}-F'$ 及 $M^{\max}-M'$ 越小越好的目的,进而把多目标问题转成单目标问题,并使用 LINGO 进行优化计算,得到

$$\begin{cases}F^{\max}=554\,121\\ F^{\min}=105\,966\\ M'=135\,131\\ M^{\max}=136\,214\\ M^{\min}=43\,605\\ F'=553\,586\end{cases}$$

在已知 $F^{\max}$,$F^{\min}$ 和 $M^{\max}$,$M^{\min}$ 之后我们便可通过计算半梯度隶属度函数来达到满意度最大,其函数表达式为$10^{-6}(5M+F)-1.29$,对其的求解就被转化为线性规划的问题。

$$\max 10^{-6}\left(5\sum_{i=1}^{n}N_iP_i+\sum_{i=1}^{n}N_iE_iS_i\right)-1.29$$

$$\text{s. t.}\begin{cases}\sum\limits_{i=1}^{n}S_i\leqslant S-S_w\\ N_i\geqslant 0\end{cases}$$

由此可得到最优解为 $N_i^*, i=1,2,\cdots,n$，如表 4-7 所示。

表 4-7 电池组件分组数量

朝向	型号	个数	型号	个数	型号	个数
朝南斜面	A3	43				
朝北斜面	C1	9				
南	B3	8	C7	3		
西	C1	17	C2	1	C7	3
东	C1	16	C7	1		

4）逆变器规格的确定

在最优解结果的基础上，将所得型号的个数作为阈值，算出逆变器容量所能带的每种型号个数 n，其计算公式如下：

$$\frac{U_e}{U_{oc}} \cdot \frac{I_e}{I_{sc}} \geqslant n$$

纯利润 $= n \times 1$ 种型号电池的所获得利润 $\times$ 逆变效率 $-$ 逆变器的价钱

当实际所需个数小于 n 时，取 n 取实际的个数；当实际所需个数大于 n 时，n 取最大值。然后我们对纯利润由大到小进行排序。选出纯利润大的逆变器类型。同时可计算出组件的容量，其结果如表 4-8 所示。

表 4-8 贴附式安装时逆变器规格及组件容量列表

方向	逆变器类型	容量/VA
朝南屋顶	SN16	840
朝北屋顶		800
南	SN3	1 264
西	SN12	1 600
东	SN12	1 200

5）光伏电池在小屋外表面的优化铺设[5]

通过最优解的结果可知，在某些面中存在一些只需一个的光伏电池型号，考虑到电压匹配的问题，我们对个数为 1 的类型忽略。然后我们利用 AutoNEST 中的剩余矩阵切割算法并结合求解矩形 Packing 问题的砌墙式启发算法，对每个面进行了优化铺设。

矩形 Packing 问题的目的是将 n 个长度为 l_i，宽度为 w_i 的矩形，互不重叠地放进矩形板 W 中，使得所用地矩形板的高度最小。我们可以更加形象化地把一矩形板的左下角当作笛卡儿坐标的原点。$(0,H)$ 为矩形板的左上角坐标，$(W,0)$ 为矩形板的右下角坐标，我们需要去求 n 个四元组的集合 $U=\{\langle(x_{li},y_{li}),(x_{ri},y_{ri})\rangle \mid 1\leqslant i\leqslant n, x_{li}<x_{ri}, y_{li}>y_{ri}\}$，使得矩形板上的高度 H 最小。这里，(x_{li},y_{li}) 表示矩形 i 的左上角坐标，(x_{ri},y_{ri}) 表示矩形 i 的右下角坐标，并且使得对任意的矩形 $i(1\leqslant i\leqslant n)$，其坐标满足下列三个条件：

(1) $x_{ri}-x_{li}=l_i \wedge y_{li}-y_{ri}=w_i$；或者 $x_{ri}-x_{li}=w_i \wedge y_{li}-y_{ri}=l_i$；

(2) 任意两个矩形不能相互重叠，$x_{ri}\leqslant x_{lj}, x_{rj}\leqslant x_{li}$ 或 $y_{li}\leqslant y_{rj}, y_{lj}\leqslant y_{ri}$；

(3) $0\leqslant x_{li}\leqslant W, 0\leqslant x_{ri}\leqslant W$；且 $0\leqslant y_{li}\leqslant H, 0\leqslant y_{ri}\leqslant H$。

在矩形 Packing 问题上结合砌墙式启发算法的先交后边以及向基准砖看齐的砌墙规则，我们将小屋面上有窗户或者门的面进行分割，使其每一部分成一个矩形，以方便优化铺设。对小屋外表面 6 个面光伏电池的铺设方案如表 4-9 所示。

表 4-9　小屋外表面光伏电池的铺设方案

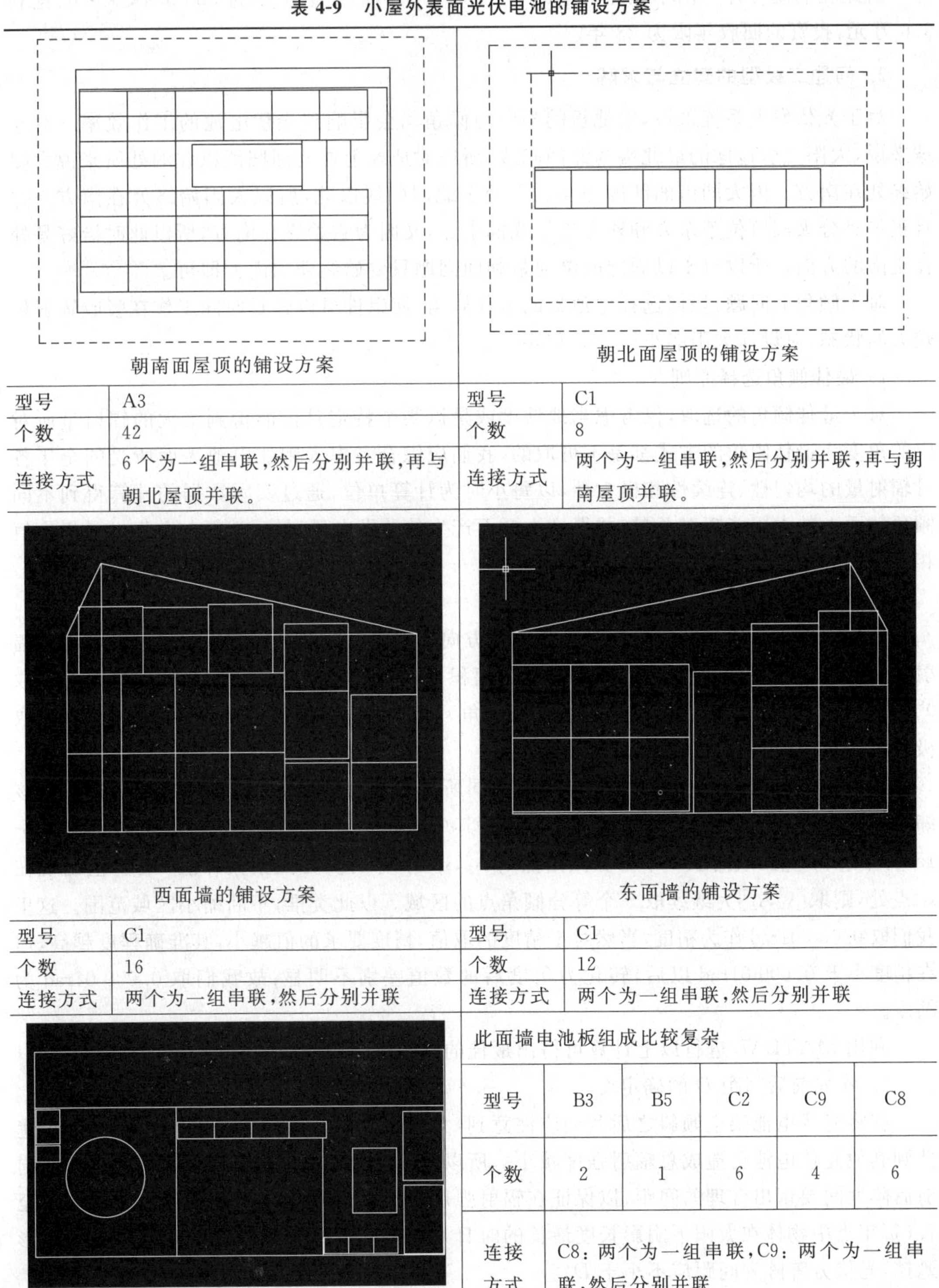

朝南面屋顶的铺设方案

型号	A3
个数	42
连接方式	6 个为一组串联,然后分别并联,再与朝北屋顶并联。

朝北面屋顶的铺设方案

型号	C1
个数	8
连接方式	两个为一组串联,然后分别并联,再与朝南屋顶并联。

西面墙的铺设方案

型号	C1
个数	16
连接方式	两个为一组串联,然后分别并联

东面墙的铺设方案

型号	C1
个数	12
连接方式	两个为一组串联,然后分别并联

南面墙的铺设方案

此面墙电池板组成比较复杂

型号	B3	B5	C2	C9	C8
个数	2	1	6	4	6
连接方式	C8:两个为一组串联,C9:两个为一组串联,然后分别并联				

其中串并联关系由工作电压确定。

由此我们便可计算出小屋光伏电池 35 年寿命期内的发电总量为 585 334kW·h、盈利 9.6 万元，投资的回收年限为 23 年。

2. 问题二模型的建立与求解

对于光伏发电系统来说，电池板的朝向与倾角均会影响到光伏电池的工作效率。对地球来说，太阳直射地球的最北端为北回归线，所以对地球上在北回归线以北的处所来说太阳始终处在南方。因大同市的纬度为 40.1°，处于北回归线以北，所以太阳始终处在南方。并且正午时分太阳恰位于东方和西方连接线的中点，又因为它始终在南方，所以此时恰好是处在正南的方向。所以对于以固定的电池板朝向问题只要始终朝向南方即可。

对于倾角的问题，如何选择电池板的最佳倾角，使组件可以较长时间工作在吸收辐射量较大的状态，对设计太阳能小屋十分重要。

1）最佳倾角选择原则[6]

对于最佳倾角的选取，仅考虑当地纬度或是以某个特定月份能得到最大的辐射量所对应的角度为最佳倾角的方式都是不可取的，我们应综合考虑太阳能电池表面所受的全年各月辐射量的均匀性、连续性和极大性，以每小时为计算单位，通过实际数据的计算得到不同倾角斜面上的太阳能辐射总量，并得到由此而产生的总发电量，最后选择与总发电量极大值相对应的倾角值作为该地的最佳倾角。

2）最佳倾角的计算方法[7]

根据附件 4 中的典型气象逐时参数和各方向辐射强度并结合问题一中求解倾斜面总辐射强度的过程，我们可以得出一种电池单位面积上一年的发电量。我们先假定倾角为 s 取 0°～90°间的任一数值。并采用插值法变换倾角 s，依次计算各自对应的一年总发电量 E_s，取极大值相对应的倾角 s 作为其最佳倾角。

在变化倾角 s 时，为节省时间，可根据大同所处的地理纬度 φ 用插值法计算，选取以该纬度值为中心，长度为 30°倾角区域$[s_1, s_2]$，其中 $s_1=[\varphi-15°]$（[ ]表示取整），$s_2=[\varphi+15°]$；在$[s_1, s_2]$区域内取 5 个等分倾角点 s_1, s_3, s_4, s_5, s_2 计算并观察其峰值；若峰值出现在 s_5 点处，则取$[s_4, s_2]$为继续取 5 个等分倾角点的区域。以此类推，不断缩小区域范围。这里我们取 0.000 01rad 作为精度，当然对于精度的取值，精度要求的值越小，其准确程度越高，但在精度小于 0.000 01rad 以后，转化为角度后的数值差别不明显，故我们取 0.000 01rad 为精度。

利用 MATLAB 进行以上计算可得出最佳的倾角应为37.3°。

3）阵列前后间距 D 的确定[8]

在将光伏电池架空倾斜之后我们应注意到，太阳照射在电池板上时会产生阴影，如果遮挡到其他光伏电池会造成总辐射强度减小。所以我们在架设电池板的时候需要考虑南北向前后阵列间要留出合理的间距，以保证在辐射强度较大的时候可以不互相遮挡。根据冬至日（每年当中物体在太阳下阴影长度最长的时日）9：00—15：00，组件之间南北方向无阴影遮挡，光伏方阵阵列间距应不小于 D。

图 4-9 中的 l 为光伏电池架空倾斜的边长，H 为列阵距倾斜面的高度。如图分析可知，投影长度为

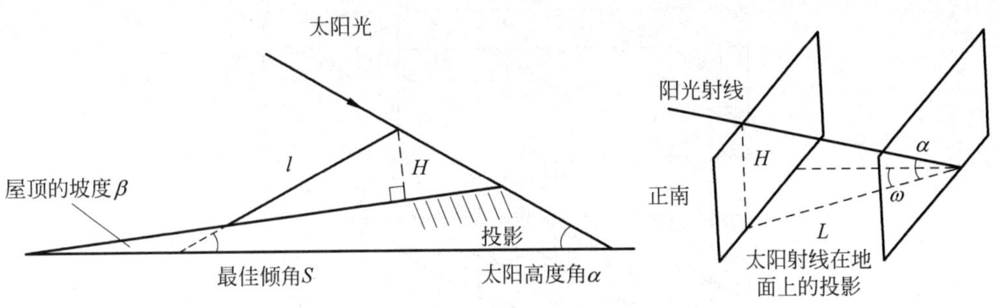

图 4-9　阵列前后间距间 D 的计算

$$L = \frac{H}{\tan(\alpha + \beta)}$$

阵列前后间距为

$$D = \frac{\cot(s - \beta)}{l} + \cos\omega \cdot L$$

我们以 A3 光伏电池板为例计算出当 $s=37.3°$时，

长边为斜边 l 时，$D = 2.2392$，$L = 2.5856$，$R = 1.8093$

短边为斜边 l 时，$D = 1.1451$，$L = 1.3223$，$R = 1.8093$

其中 R 为光伏电池板的等效面积，即阵列前后间距 D 乘以电池板固定在地上边的边长。

在对顶部进行铺设的时候，因其可以有架空设计，故我们可将放在朝向北面的屋顶上的光伏电池抬高到朝向南面屋顶的延长线上，换而言之，我们将朝向北面的屋顶面积等效为朝向南边屋顶的一部分。

在对每个面接收光辐射强度不同的考虑下，我们仅对屋顶进行架空式安装。其他面我们仍然采用贴附式的安装方法。

根据第一问中的求解过程，不难得出如下结果(见表 4-10)。

表 4-10　贴附式安装时逆变器规格及组件容量列表

方向	逆变器类型	容量/VA
朝南屋顶	SN15	5 800
朝北屋顶		1 400
南	SN3	1 264
西	SN12	1 600
东	SN12	1 200

对其的铺设如图 4-10 所示。

其中的电池组件均为 A3，29 台在靠南的屋顶，7 台在靠北的屋顶，共计 36 个。其连接方式为每两个串联在一起，然后一起并联到逆变器上。

最后沿用问题一的方法进行优化铺设、确定其串并联关系和选配逆变器规格。架空式安装光伏电池的小屋在 35 年内的发电总量为 536 084kW·h、盈利 10.5 万元，投资的回收年限为 21 年。

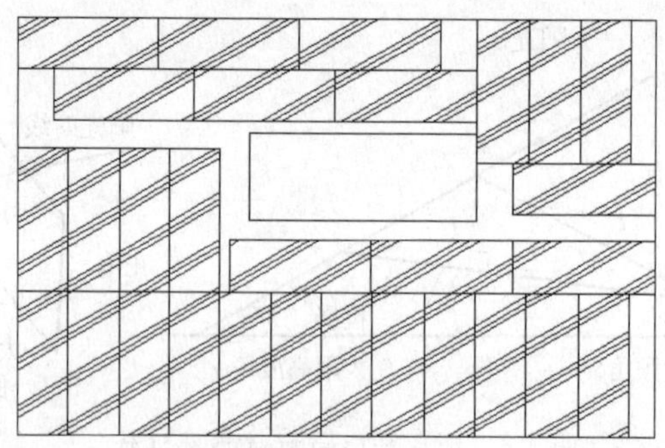

图 4-10 架空铺设屋顶的电池组件分组阵列图形

3. 问题三模型的建立与求解

光伏建筑是太阳能利用中最清洁、最有潜力的绿色技术。对于太阳能小屋的设计我们首先需要明确以下目标：

(1) 小屋必须满足附件 7 中的建筑要求；

(2) 设计要便于光伏电池最大程度上的捕捉阳光，即获得太阳辐射强度；

(3) 尽量体现建筑与光伏一体化、符合建筑美学。

由问题二计算结果可知，对于光伏电池板来说最佳朝向为正南、最佳倾角应为37.3°，当朝向正南且满足最佳倾角时光伏电池可获得最大的辐射强度，继而可产生最大的发电量。问题一与问题二中分别采用了贴附式与架空式的方法安装光伏电池，采用架空式安装方法可在平面或者较缓的坡上通过架设支架来满足最佳倾角的要求，但这种方法会有互相遮挡的问题，为了避免这种情况而增加的光伏方阵距离又会导致面积使用的不充分，且当投影面积相同的时候，倾斜角大的屋顶面积更大，所以我们将采用贴附式的方法来安装光伏电池。

所以，我们设计的太阳能小屋将尽可能大地构建一个朝向南面且符合最佳倾角的屋顶。同时由问题一求出的在不同朝向上 25 年之内盈利型号情况可知，光伏电池铺设在北面墙时在 25 年之内不能收回成本，故没有选择在北面墙上安装光伏电池。考虑到这一点我们在设计房屋时需要将北面墙的面积设计得尽可能小，或是在满足要求的情况下，首先选择北面墙安装窗户。根据以上目标我们设计出的太阳能小屋的模型如图 4-11 所示。

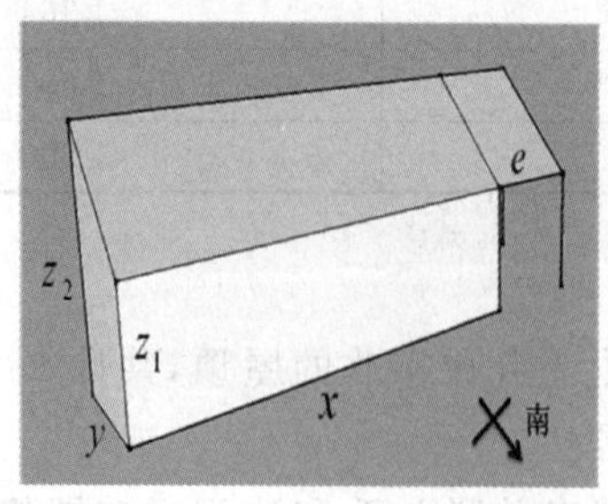

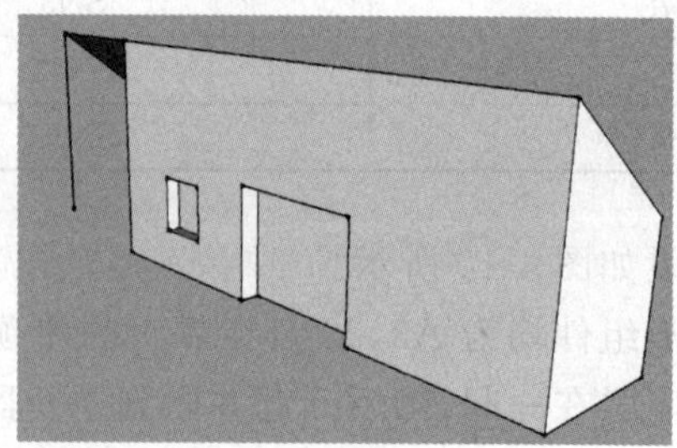

图 4-11 太阳能小屋的模型

所需的变量已在图中标出，且屋顶的倾角为 37.3°，我们认为建筑平面体型长边为底面部分的长边 x，而并非投影上的长边。

根据附件 7 给出的小屋建筑要求可以得到以下约束条件：

$$z_1 \geqslant 2.8\text{m}, \quad z_2 \leqslant 5.4\text{m}$$

$$x \leqslant 15\text{m}, \quad y \geqslant 3\text{m}$$

$$(x+e) \cdot y \leqslant 74\text{m}^2$$

为了使处于最佳倾角的屋顶可以吸收到更多的辐射强度，所以我们希望屋顶的面积可以尽可能地大。又因屋顶面积与投影面积有一个 cos37.3°的关系，所以当投影面取最大值的时候，屋顶的面积最大。我们可以认为$(x+e) \cdot y=74\text{m}^2$。

从前两问的研究中可知，南面是仅此与屋顶的接收到辐射强度最强的一个面，所以，我们在考虑过屋顶面积最大的基础上，希望南面的面积也达到最大。即 x,z_1 尽可能大，因而可取 $x=15\text{m}$。在屋顶倾角固定的基础上，要想使 z_1 最大，z_2 需取最大，即为 5.4m，同时 y 取到最小 3m，所以根据 $\tan 37.3°=z_2-z_1/y$ 可以解出 $z_1=3.11\text{m} \geqslant 2.8\text{m}$，所以可以成立。再根据$(x+e) \cdot y=74\text{m}^2$，可以得到 $e=9.67\text{m}$。

我们得到小屋大体轮廓的数据如下：

$$x=15\text{m}, \quad y=3\text{m}, \quad z_1=3.11\text{m}, \quad z_2=5.4\text{m}, \quad e=9.67\text{m}$$

从附件 7 中的设计要求可知，建筑采光要求至少应满足窗地比(开窗面积与房间地板面积的比值，可不分朝向)大于等于 0.2 的要求。我们所设计出的房屋的地板面积为 45m²，故需要至少需要的开窗面积为 9m²。又因为建筑节能要求应满足窗墙比(开窗面积与所在朝向墙面积的比值)南墙、东西墙、北墙分别小于等于 0.50,0.35,0.30。我们首先选择接收太阳辐射强度最弱的北面墙来安装窗户。北墙的面积为 81m²，允许的最大开窗面积为 24.3m²。

将设计出的太阳能小屋由 SketchUp 画出的比例图如图 4-12 和图 4-13 所示。

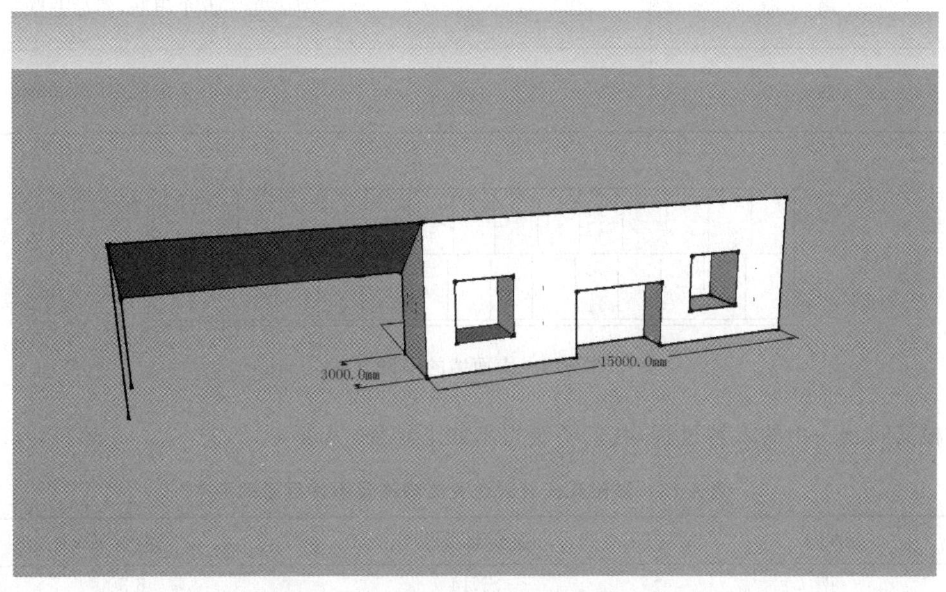

图 4-12　太阳能小屋的比例图(由北面看)

根据问题一中的模型，我们不难得出对所设计小屋的外表面优化铺设光伏电池的结果(见表 4-11，图 4-14～图 4-16)。

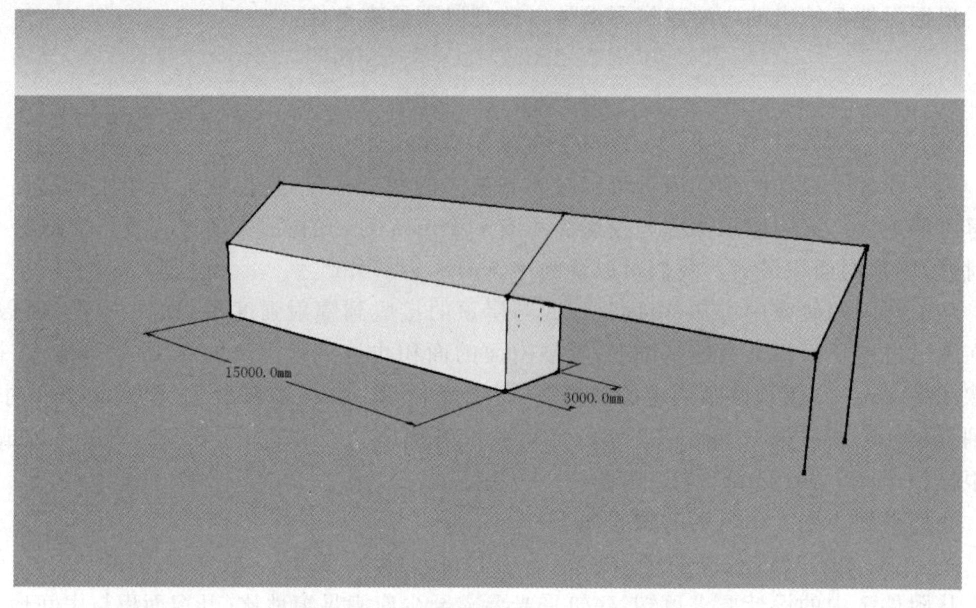

图 4-13 太阳能小屋的比例图(由南面看)

表 4-11 电池组件分组数量以及连接方式

朝向	型号及个数	连接方式
顶部	A3 50	10 个串联,然后并联
南	B3 30	6 个串联,然后并联
西	C1 8	2 个串联,然后并联

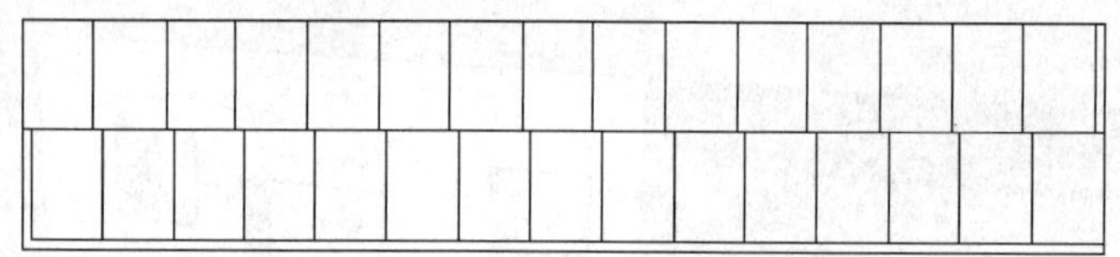

图 4-14 南面墙的铺设方案

根据问题一中的求解过程,我们不难得出如下结果(见表 4-12)。

表 4-12 贴附式安装时逆变器规格及组件容量列表

方向	逆变器类型	容量/VA
南	SN14	6 300
西	SN11	800
顶部	SN17	10 000

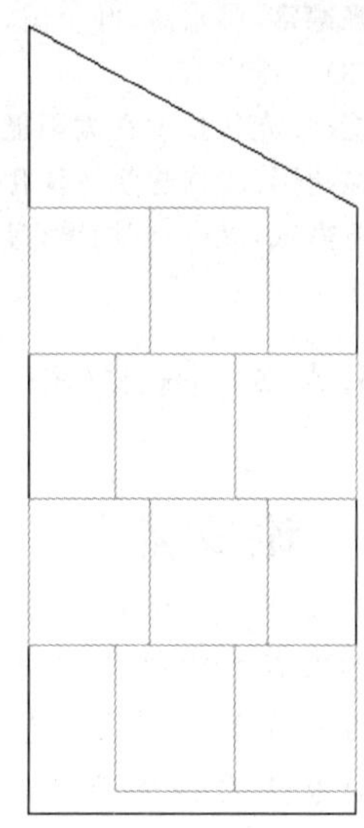

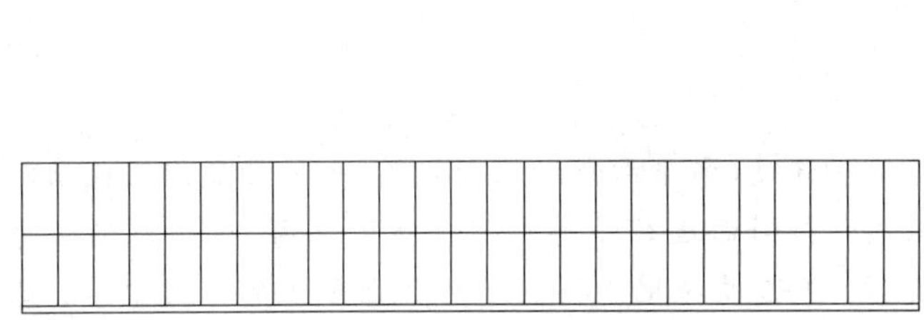

图 4-15 顶面墙的铺设方案

图 4-16 西面墙的铺设方案

可以确定此小屋在 35 年内的发电总量可达到 847 715 度、盈利 16.9 万元，在 20 年后回收投资。

4.3.5 模型的检验与评价

1. 模型的优点

该模型对促进太阳能的充分利用有极大促进作用。问题一文中采用的模糊优化模型既能将双目标转化为单目标，简化了问题的复杂程度，同时又能兼顾发电量与费用两个问题。模型可操作性高，同时运用了 AutoNEST 中的剩余矩阵切割算法等多种算法，灵活性强。

2. 模型的缺点

倾角的设计虽然在一定程度上提高了光伏电池的工作效率，但是与贴附式安装相比，因为其阵列前后有间距，使屋顶面积使用的不充分，与贴附式安装相比，导致了电池数量的减少。

4.3.6 模型的改进与扩展

题目中仅仅给出了山西省的数据，我们可以多调查几个典型地理位置上几不同房屋构造的照射量，根据调查数据总结光伏电池板以及最佳倾角设计的影响因素，避免过分依赖地域的特殊地理位置，同时可综合地将模型进一步优化，为以后太阳能的运用奠定基础。

4.3.7 参考文献

[1] 胥义，刘道平. 太阳能总辐射仿真软件的设计及实地测量验证[J]. 能源研究与利用，2003(5)：36-39.

[2] 后尚，田瑞，闫素英，等. 呼和浩特地区太阳辐射模型分析[J]. 可再生能源，2008，26(2)：79-82.

[3] 谭忠富，于超. 节能减排目标下燃煤机组电量分配模糊优化模型[J]. 电网技术，2012，36(1)：219-223.

[4] 刘淋. 多目标线性规划的若干解法及 LINGO 实现[J]. 襄樊职业技术学院学报，2011，10(6)：20-22.

[5] 张德富,韩水华,叶卫国,等.求解矩形 Packing 问题的砌墙式启发式算法[J].计算机学报,2008,31(3):509-515.
[6] 饶力.光伏技术在太阳能建筑和工程监测系统中的应用研究[D].杭州:浙江大学,2007.
[7] 徐建国.光伏建筑一体化计算机辅助设计系统开发[D].杭州:浙江大学,2011.
[8] 董霞威,庞春,苏国梁,等.光伏并网电站光伏组件安装倾角的选择设计[J].中国电力,2010,43(12):70-73.

4.3.8 附录(略)

4.4 论文点评

本文首先根据年逐时水平面总辐射强度、水平面散射辐射强度、当地纬度以及包括时角在内的一些基本天文参量对小屋屋顶的倾斜面进行了总辐射强度的求解,从而得到了每种型号的电池在每个面上的总辐射强度,并通过转化率得到了单位面积上的年发电量;基于此对于问题一的贴附式安装光伏电池的方式建立了总发电量大的同时单位发电量费用小的双目标优化模型,采用模糊优化模型将多目标问题转化为单目标规划,解出每个面最优的电池型号和数量的组合;接着利用 AutoNEST 中的剩余矩阵切割算法并结合求解矩形 Packing 问题的砌墙式启发算法,对每个面进行了优化铺设;同时找出可与之匹配的花费最小的逆变器组合方案。对于问题二的架空式安装光伏电池的方式,本文以大同的纬度位置为中心,计算各倾角对应的一年总发电量,最后搜索得出总发电量极大值相对应的37.3°倾角值作为大同的最佳倾角。对于问题三的小屋的重新设计的问题,依据前面的计算,使面向南方的倾角为最佳倾角且面积最大,从而获得较大的辐射强度,同时选择北面墙安装窗户,对新设计好的小屋进行优化铺设、确定其串并联关系和选配逆变器规格。本文的数学模型和相应的算法及软件解决了题目要求的问题,叙述清楚,层次分明,计算结果合理,格式规范,是一篇较好的数学建模论文。

本文的主要问题有以下几点:

在计算任意斜面上太阳辐射量时,因为各角度几何关系复杂,最好有示意图,这样更清楚些,还有这部分计算用到的公式没有推导过程,过于简略。另外一个问题关于数学符号的运用,建模论文通常会在符号说明部分对所有的数学符号进行列表统一说明,但是需要注意的是除此之外在每个数学符号出现的地方要再次进行说明,以保证评阅人阅读论文的连贯性,否则阅读中遇到数学符号就需要来回翻查论文,很不方便,也不符合学术论文写作规范。再一个问题是贴附情况下小屋太阳能电池板安装的模型应该综合考虑电池板选择、逆变器选择、贴附方式建立统一的优化模型,这样模型会比较复杂,难以用软件求解,而是适合用启发式算法求解,而本文建立的模型将三个问题分开考虑,先利用优化模型选好电池板,再考虑在此基础上的贴附方式及逆变器选择,这样问题虽然简单了,但是与题目要求不符。

4.5 获奖论文——太阳能小屋的设计

作　　者:李文鹏　唐涛　谷中鑫
指导教师:闫志忠

获奖情况：2012 全国数学建模竞赛二等奖

摘要

针对解决本文电池组的方案最优设计问题，我们基于多目标规划模型并综合各个模型综合迭代求解。

对于问题一，我们把尽量满足发电量大，与单位发电量费用尽可能小的双目标规划转为效益最大的单目标规划，利用串并联关系等约束建立规划模型。并考虑运用层次分析模型评价分析每个墙面的利用价值，确定优先选择顶、南、西、东面为铺设面。然后考虑建立一个光伏电池指标性能模型，来确定每个面优先选择的电池类型来简化规划模型。并考虑基于矩形件排样问题中的最低水平线搜索算法建立小屋外表面铺设模型，以此来检验效益最大的规划模型得到的最优解是否满足外表面铺设模型。若不满足则返回一个参数值 b(初始值为 0)，以此来调整规划模型的决策函数，得到一个次优解，迭代直至满足外表铺设模型，我们就认为得到了一个全局最优解，并给出了针对不同外表面的电池铺设方案，同时针对电池铺设方案找到一个符合条件并最为便宜的逆变器方案。若找不到这样的逆变器，证明解有误，同样返回一个参数，再得到一个不同的次优解，进行重新迭代。

对于问题二，是基于问题一的模型，要求架空铺设时，确定最佳的朝向与仰角，利用 Hay[3] 的天空散射各向异性模型建立初步模型，再根据大同市一年的辐射强度数据，发现南向辐射强度最大，这样确定了方位角即朝向为 180°。这样把模型中的两个自变量变为单变量。根据函数确定每一倾斜角度下全年的辐射强度，得出全年获得太阳总辐射量最大的角度即为最佳倾角。最后确定最佳倾角 $\beta=36°$。并在此基础上重新考虑问题一进行求解。

对于问题三，是基于问题一、问题二的模型，要求我们根据条件重新设计小屋，首先我们建立以整个房屋外表面的有效利用面积最大为目标函数，各个条件为约束，并且为了体现北面、南面、房顶、东西面在太阳辐射方面的不同，我们在处理时对其赋予相应的权值 ω，ω 由各个面上的太阳辐射强度来确定。

关键词：多目标规划　层次分析模型　天空散射各向异性模型　最低水平线算法

4.5.1 问题重述

1. 问题的背景

在设计太阳能小屋时，需在建筑物外表面(屋顶及外墙)铺设光伏电池，光伏电池组件所产生的直流电需要经过逆变器转换成 220V 交流电才能供家庭使用，并将剩余电量输入电网。不同种类的光伏电池每峰瓦的价格差别很大，且每峰瓦的实际发电效率或发电量还受诸多因素的影响，如太阳辐射强度、光线入射角、环境、建筑物所处的地理纬度、地区的气候与气象条件、安装部位及方式(贴附或架空)等。因此，在太阳能小屋的设计中，研究光伏电池在小屋外表面的优化铺设是很重要的问题。

2. 要解决的问题

参考附件提供的数据，对下列三个问题，分别给出小屋外表面光伏电池的铺设方案，使小屋的全年太阳能光伏发电总量尽可能大，而单位发电量的费用尽可能小，并计算出小屋光伏电池 35 年寿命期内的发电总量、经济效益(当前民用电价按 0.5 元/(kW·h)计算)及投资的回收年限。

在求解每个问题时，配有图示，给出小屋各外表面电池组件铺设分组阵列图形及组件连接方式(串、并联)示意图，给出电池组件分组阵列容量及选配逆变器规格列表。

在同一表面采用两种或两种以上类型的光伏电池组件时，同一型号的电池板可串联，而不同型号的电池板不可串联。在不同表面上，即使是相同型号的电池也不能进行串、并联连接。应注意分组连接方式及逆变器的选配。在上述条件下，我们拟解决如下问题：

问题一：根据山西省大同市的气象数据，仅考虑贴附安装方式，选定光伏电池组件，对小屋(见附件2)的部分外表面进行铺设，并根据电池组件分组数量和容量，选配相应的逆变器的容量和数量。

问题二：电池板的朝向与倾角均会影响到光伏电池的工作效率，选择架空方式安装光伏电池，重新考虑问题1。

问题三：根据附件7给出的小屋建筑要求，为大同市重新设计一个小屋，画出小屋的外形图，并对所设计小屋的外表面优化铺设光伏电池，给出铺设及分组连接方式，选配逆变器，计算相应结果。

4.5.2 问题分析

问题一：贴附式安装光伏电池组件

本题从题干上来看，可以初步确定为多目标规划问题。求解多目标规划有很多种方法，如①加权系数法：为每一目标赋一个权系数，把多目标模型转化成单一目标的模型。但困难是要确定合理的权系数，以反映不同目标之间的重要程度。②优先等级法：将各目标按其重要程度不同的优先等级，转化为单目标模型。③有效解法：寻求能够照顾到各个目标，并使决策者感到满意的解。由决策者来确定选取哪一个解，即得到一个满意解。如贪心算法等。但有效解的数目太多而难以将其一一求出。

本题是要求我们全年总发电量尽可能大，单位发电量费用尽可能小，以及小屋外表面铺设利用率尽可能大为多目标，进行规划。本题通过分析我们仅仅确定前两个目标是我们需要优先解决的，暂且设为第一等级，而对于小屋外表面铺设利用率尽可能大目标，设为第二等级。

前两个目标通过分析我们发现，如要尽可能满足发电总量尽可能大的同时又满足单位发电量费用尽可能小，恰正是满足小屋效益最大化的目标，即考虑运用加权系数法，将双目标规划转为单目标规划。而对于本题，权系数通过小屋效益与发电总量，单位发电量费用的数学关系是较好确定的。

运用此模型，我们可以得出在没有计算铺设利用率的情况下的最优解，而此最优解不一定满足外表面的利用率最大，甚至无法在该表面进行铺设。所以我们可以考虑在此规划中的决策函数里面加一个调节参数b，因此我们需要根据铺设问题来调整参数求得次优解，来得到整体最优解。

针对小屋外表面铺设利用率问题，我们分析发现可以归结为如下两个问题：(1)小屋东、南、西、北、顶面5个面的选用问题；(2)小屋每一外表面进行铺设光伏电池组时，如何避开窗户、门等物体进行铺设，并使该表面铺设利用率尽可能大的问题。

针对问题(1)，我们发现如果将每个表面运用规划方法，将具体的光伏电池组以及逆变器方案求解出来，运用求出的数据来选用外表面，虽然直观，但是费时费力。通过分析，我们认为每个表面是否值得铺设的评价指标是相同的。即为每一表面的光照强度以及其可利用面积两方面来评价。因此我们选用层次分析评价法来评价哪些面是值得被利用的。针对问题(2),我们发现解决光伏电池组铺设问题可以归结为典型的矩形件排样问题。利用解决矩形件排样问题中的分割法改进的最低水平线搜索算法来解决此类问题。

针对上述模型求出的较优光伏电池组设计的方案,确定出该光伏电池组的端电压以及额定功率,根据附件 5 中选出范围适合的逆变器且逆变器价格较低,如果不存这样的逆变器,那么同样这是不可行解,返回模型一,调节参数 b,得到下一组较优解,直到有满足的可行解,即为全局的最优解。

问题二：架空方式安装光伏电池组件

针对该问题,是在问题一的基础上,将贴附式安装方式改为架空式安装。通过分析可知,该题意让我们确定电池板的最佳朝向与倾角来改良问题一,即此问为如何确定最佳朝向与倾角的问题。通过查阅资料,根据 Hay 的天空散射各向异性模型[3],可以得出一个斜面上的每小时的太阳总辐射强度与斜面倾角与方位角的函数关系。然后就是如何通过函数求得最佳朝向与倾角。通过大同市的气象数据,我们确定了朝向,这样我们就确定了一自变量,题目变得简单了。可以根据函数曲线关系找到最大值点对应的角度即为最佳倾斜角。

问题三：小屋的重新设计及优化方案

本题通过分析可知是建立在问题二已知最佳斜面倾角与斜面方位角(朝向)的基础上的,根据最佳斜面方位角,我们可以确定房子的各个墙面的方向,而对于倾斜角来说,可以确定房顶的角度满足最佳倾斜角即可。并且对于附件 7 中给出的条件,我们可以建立以各个墙面包括顶面的可利用面积(墙面出去门窗的面积)最大的决策函数,以附件中给出的条件为约束函数的目标规划问题,确定房屋的各个参数,并利用 SolidWorks2012 画出房屋的外观三维图。并据此按照第一问的方法求出光伏电池组在各个墙面的铺设情况。

4.5.3 模型假设

(1) 假设山西省大同市的气象数据准确无误,并且在未来的 35 年内,大同市太阳辐射强度每年没有大的变动。

(2) 假设太阳能小屋凡是涉及门、窗户的结构,考虑到实际,都不再在其上安装光伏电池组。

(3) 假设在对小屋墙外表面的铺设问题上,我们仅以铺设利用率为唯一衡量指标,不考虑外观美观等影响因素。

(4) 假设三种类型的光伏电池,以及各种逆变器不因铺设等实际施工而损坏。其各个参数指标不发生意外变化。

(5) 假设光伏电池的温度不因光照而升高,即忽略温度对光伏电池发电的影响。

(6) 假设逆变器不固定在墙面的任意一个位置,逆变器放在屋内,即不考虑逆变器的大小问题。

(7) 某些薄膜的转换效率在 200W 左右时比 1 000W 时高 1%,因为数据量太小,所以我们不予以具体考虑,仅作为薄膜更适用于低强度光照的一个依据。

(8) 太阳能小屋的成本中除去购买光伏电池组件以及逆变器的费用,不考虑实际施工中其他费用。

(9) 对于单晶硅电池，附件中给出当辐照度低于 200W/m² 时，电池转换效率低于转换效率的 5%，此值极低，我们假定为 4%。

4.5.4 符号的说明

F：经济效益；

Q：选用的光伏电池组的年发电总量；

L_1：年总辐射量中分布在 80～200W/m² 区间的辐射量的和；

L_2：年总辐射量中分布在 200W/m² 以上的辐射量的和；

s_i：第 i 个类型的光伏电池的所占面积；

x_i：第 i 个类型的光伏电池选用的个数；

η_i：第 i 个类型的光伏电池的转换效率；

t_s：太阳时；

s_0：每一铺设面的有效面积(去除门窗后的面积)；

V_l：第 l 个类型的电池的开路电压；

f：整个小屋有效安装光伏电池的总面积；

s_i：第 i 个面的有效安装光伏电池的面积；

ω_i：第 i 个面的有效面积权值，大小等于除北立面之外的四个面的太阳辐射总量进行归一化后对应的值；

x：小屋较长的边，也是南北面上的底边长；

y：小屋较短的边，也是东西面上的底边长；

h：小屋的净空高度；

H：小屋的屋顶最高点距地面的距离。

其他符号将在文中用到时具体说明。

4.5.5 建模前的准备

1. 题中概念的定义清晰

(1) 峰瓦

太阳能装置容量计算单位，为装设的太阳电池模板在标准状况(模板温度 25℃，大气质量 AM1.5 时 1 000W/m² 的太阳光照射)下最大发电量的总和。也是功率处于峰值时的瓦特值。

(2) 斜面方位角

斜面法向在水平面上投影与正北方向的夹角，此处描述光伏电池板往东西方向的偏转，也就是光伏电池板的朝向。

(3) 斜面的倾角

斜面与水平面间的夹角，此处用于描述光伏电池板南北方向的偏转。

(4) 水平面直射辐照度

单位时间内以平行光形式投射到地表单位水平面积上的太阳辐射能。

(5) 水平面散射辐照度

阳光被大气散射后，单位时间内以散射光形式到达地表单位水平面积上的太阳辐射能。

水平面总辐照度＝水平面散射辐照度＋水平面直射辐照度

(6) 法向直射辐照度

法向直射辐照度是指在垂直于辐射方向的平面上(正对太阳的平面)，单位面积上的直射辐射能。

2. 关于如何确定具有朝向和倾角的斜面的光照总辐照度

斜面光照总辐照度与其朝向和倾角的函数关系的确定方式如下：

根据 Hay 的天空散射各向异向模型，其函数关系可以确定为如下形式：

$$H_T = H_B R_B + H_D[R_B H_B / H_0 + 0.5(1 - H_B H_0)(1 + \cos\beta)] + 0.5\rho H(1 - \cos\beta)$$

$$R_B = \cos\theta_i / \cos\theta_z$$

入射角为

$$\theta_i = \arccos[\cos\theta_z \cos\beta + \sin\theta_z \sin\beta \cos(\gamma_s - \gamma)], \quad \theta_i \in [0, 90°]$$

天顶角(与太阳高度角 α 互余)为

$$\theta_z = \arccos[\sin\delta \sin\varphi + \cos\delta \cos\varphi \cos\omega], \quad \theta_z \in [0, 90°]$$

太阳方位角为

$$\gamma_s = \sigma_{ew}\sigma_{ns}\gamma_{so} + \left(\frac{1 - \sigma_{ew}\sigma_{ns}}{2}\right)\sigma_\omega \times 180°$$

其中

$$\gamma_{so} = \arcsin\left(\frac{\sin\omega \cos\sigma}{\sin\theta_z}\right)$$

$$\sigma_{ew} = \begin{cases} 1, & |\omega| \leqslant \omega_{ew} \\ -1, & \text{其他} \end{cases}$$

$$\sigma_{ns} = \begin{cases} 1, & \varphi(\varphi - \delta) \geqslant 0 \\ -1, & \end{cases}$$

$$\sigma_\omega = \begin{cases} 1, & |\omega| \geqslant 0 \\ -1, & \end{cases}$$

$$\omega_{ew} = \arccos(\tan\delta / \tan\varphi)$$

$$\omega = 15°(t_s - 12) \quad (\text{度})$$

$$\delta = 23.45° \sin\left(\frac{2\pi(284 + n)}{365}\right)$$，其中 n 为日期序号

H_T：倾斜面上太阳总辐照度；

H：水平面上太阳总辐照度；

H_B：水平面上太阳直接辐照度；

H_D：水平面上的天空散射辐照度；

H_0：大气层外水平辐照量，取 1 367W/m^2；

β：斜面倾角；

ρ：地面表面反射率，根据大同市地质情况，查表约为 20%；

φ：纬度，当地约为 40.1°；

δ：赤纬；

γ：斜面方位角，即朝向，所研究斜面表面法线的投影与正北方向的夹角；

γ_s：太阳方位角；

ω：时角。

4.5.6 模型的建立和求解

1. 问题一：贴附式安装光伏电池组件的最优模型

在解决问题一前，首先我们需要对附件 4 中大同市的逐年气象数据进行分析，因为对附件 2 小屋的外观分析中，我们发现太阳能小屋的顶部并不是水平的，也就是说其顶部所受的光照强度的数据并不能用附件 4 中水平面总辐照度来表示，通过计算，我们求出其顶部的倾角 $\beta=25.3769°$，而其朝向是正南方，$\gamma=180°$。因此我们可以根据 Hay[3] 的天空散射各向异性模型，求解出其每一时刻(间隔为 1h)的斜面倾角为 β 所受的光辐照度。

1) 解决问题一的总体步骤

考虑到本题多目标，而且约束条件也十分繁杂，用层次分析法分析我们选用的小屋墙面后，我们针对每一个墙面提出解决该问题的基本思想：

步骤 1　将发电量尽可能大和单位发电费用尽可能小双目标转化为单目标，建立小屋经济效益最大规划模型。设目标函数中的次优解寻找因子 b 初值为 0。

步骤 2　我们运用 LINGO 求解变得十分烦琐，而且无法找到最优解，于是不妨建立一个光伏电池指标性能模型，

确定每一表面所需要的电池种类。转入步骤 1 进行求解，由于电池类型的确定，模型变得简单。

步骤 3　建立太阳能小屋外表面铺设模型，将第一步求得的规划解，代入此模型中，若满足可在其外表面铺尽，则认为我们已经找到全局最优解，解决问题。若不满足，那么转入步骤 1，同时调整因子 b 的值，直到规划模型能输出下一个次优解。

2) 模型建立

(1) 层次分析法综合评价模型的建立

我们运用层次分析法可较好地定量与定性相结合地评判我们所需要的 5 个面的选用问题(图 4-17)。

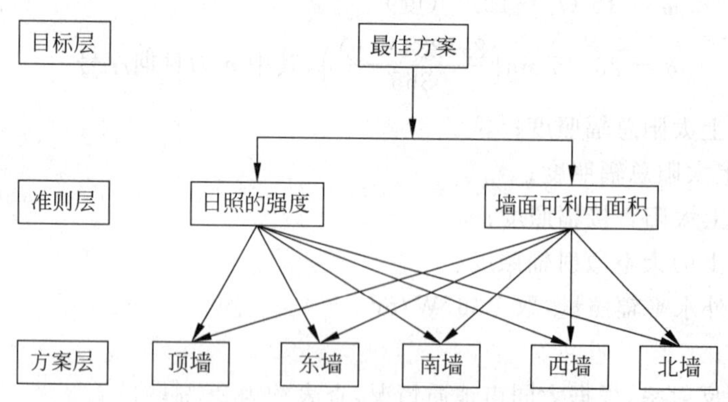

图 4-17　层次分析模型框图

① 构造成对比较矩阵

一般认为，日照的强度应该比墙面可利用面积在对方案的选择上影响稍强，根据 Saaty 尺度判断出准则层的成对比较矩阵为

$$\boldsymbol{A}=\begin{pmatrix}1 & 3\\ \frac{1}{3} & 1\end{pmatrix},$$

② 计算权向量并作一致性检验

利用 MATLAB 计算出 $\boldsymbol{A}$ 的特征值与特征向量，得

$$\boldsymbol{a}=\begin{pmatrix}2 & 0\\ 0 & 0\end{pmatrix},\quad \boldsymbol{b}=\begin{pmatrix}0.9487 & -0.9487\\ 0.3162 & 0.3162\end{pmatrix}$$

其中对应的最大特征值为 $\lambda=2$，对应的特征向量归一化后作为权向量。即准则层对目标层的权向量为

$$\boldsymbol{\omega}^{(2)}=\begin{pmatrix}0.75\\ 0.25\end{pmatrix}$$

由一致性指标 $\mathrm{CI}=\frac{\lambda-n}{n-1}$，可知 $\mathrm{CI}=\frac{2-2}{2-1}=0$，故 $\boldsymbol{A}$ 为一致矩阵，检验通过。上述 $\boldsymbol{\omega}$ 可以作为权向量。

再构造方案层对准则层的每一个准则的成对比较矩阵时，我们直接用各对同量纲数据的比值作为它们对同一准则的影响比值。由附件 4 中的数据，我们可以处理数据，知道全年每个方向面辐射的总光照强度，如表 4-13 所示。

表 4-13 全年各个方向辐射总光照强度 $10^6\ \mathrm{W/m^2}$

顶面辐射强度	东向辐射强度	南向辐射强度	西向辐射强度	北向辐射强度
1.5285	0.5942	1.0502	0.8812	0.2615

注：顶面辐射强度是我们考虑顶面倾角后，计算得到所受的年辐射总强度，且根据附件中光伏电池启动条件，该表统计的光辐射强度，均是剔除了小于 $30\mathrm{W/m^2}$ 的数据计算得到的。

通过附件 2 小屋外观的尺寸，我们可以得到小屋每个表面的可利用面积(出去门窗的面积)，如表 4-14 所示。

表 4-14 小屋每个表面可利用的面积 $\mathrm{m^2}$

顶面可用面积	东面可用面积	南面可用面积	西面可用面积	北面可用面积
60.8278	24.23	19.2353	26.98	40.2390

根据表中数据，计算出每一准则下的成对比较矩阵

$$\boldsymbol{B}_1=\begin{pmatrix}1 & 2.572 & 1.455 & 1.735 & 5.845\\ 0.389 & 1 & 0.566 & 0.674 & 2.27\\ 0.687 & 1.767 & 1 & 1.19 & 4.016\\ 0.576 & 1.484 & 0.840 & 1 & 3.37\\ 0.171 & 0.44 & 0.25 & 0.297 & 1\end{pmatrix}$$

$$B_2 = \begin{pmatrix} 1 & 2.51 & 3.16 & 2.25 & 1.51 \\ 0.398 & 1 & 1.26 & 0.898 & 0.60 \\ 0.316 & 0.793 & 1 & 0.712 & 0.478 \\ 0.444 & 1.114 & 1.404 & 1 & 0.67 \\ 0.662 & 1.667 & 2.092 & 1.493 & 1 \end{pmatrix}$$

其中 $\boldsymbol{B}_1$,$\boldsymbol{B}_2$ 表示 5 种墙面分别对年光照总强度,墙面可利用面积的成对比较矩阵。由此计算出权向量$\boldsymbol{\omega}_k^{(3)}$,最大特征根 λ_k 和一致性指标 CI_k,结果如表 4-15 所示。

表 4-15

k	1	2
$\boldsymbol{\omega}_k^{(3)}$	0.354 2	0.354 4
	0.137 7	0.141 2
	0.243 3	0.112 1
	0.204 2	0.157 4
	0.060 6	0.234 9
λ_k	5	5
CI_k	0	0

③ 计算组合权重向量

$$\boldsymbol{\omega}^{(2)} = \begin{pmatrix} 0.75 \\ 0.25 \end{pmatrix}, \quad \boldsymbol{\omega}^{(3)} = \begin{pmatrix} 0.354\,2 & 0.354\,4 \\ 0.137\,7 & 0.141\,2 \\ 0.243\,3 & 0.112\,1 \\ 0.204\,2 & 0.157\,4 \\ 0.060\,6 & 0.234\,9 \end{pmatrix}$$

则第 3 层对第 1 层的组合权向量为

$$\boldsymbol{W}^{(3)} = \boldsymbol{\omega}^{(3)}\boldsymbol{\omega}^{(2)} = (0.354\,25, 0.138\,575, 0.210\,5, 0.192\,5, 0.104\,175)^{\mathrm{T}}$$

从顶面,东、南、西、北墙面各自所占的权重来看,我们对于墙面的选择上,应该优先选择顶面>南面>西面>东面>北面的顺序。而且东面和背面所占的权重相对来说要比其他小得多。我们可以考虑北面墙不作为铺设预选方案。

(2) 小屋经济效益最大化的基本模型

根据分析,我们将题干中要求的发电量尽可能大,和单位发电费用尽可能小,转化为经济效益最优。我们铺设光伏电池板的第一年产生的总电量价值总费用与设备安装成本之差来表示经济效益 F,则目标函数为

$$\mathrm{Max}\ F = 0.5 \cdot Q/1\,000 - R - b \tag{4.1}$$

每个型号的光伏电池的价钱均为其每峰瓦的价格与其额定组件功率的乘积,因此成本为

$$R = \sum_{i=1}^{24} P_i \cdot r_i \cdot x_i \tag{4.2}$$

又由附件中条件限制,光伏电池组件启动发电时其表面所应接收到的最低辐射量限值,单晶硅和多晶硅电池启动发电的表面总辐射量大于或等于 $80\mathrm{W/m^2}$、薄膜电池表面总辐射量大

于或等于 $30\mathrm{W/m^2}$。又由于对 A 类单晶硅电池，当强度小于 $200\mathrm{W/m^2}$，其转换效率极低，为实际转换效率的 4%，所以我们将在计算总电量时考虑如下两种情况：

① L_1 为区间大于 80 小于 $200\mathrm{W/m^2}$ 的辐照度和；

② L_2 为区间大于 $200\mathrm{W/m^2}$ 的辐照度和。

于是有以下公式：

总电量 $$Q=\left(L_1\sum_{i=1}^{6}s_i\cdot x_i\cdot\eta_i\cdot 0.04+L_1\sum_{i=7}^{24}s_i\cdot x_i\cdot\eta_i+L_2\cdot\sum_{i=1}^{24}s_i\cdot x_i\cdot\eta_i\right)t$$

$$t=1\mathrm{h} \tag{4.3}$$

约束分析：

① 所有电池板铺设的总面积应该小于每一个铺设面的有效面积的 90%，即任意平面的利用率不可能达到 100%。但又希望满足一个下限，我们人为设为 60%，则有

$$60\%\cdot s_0\leqslant\sum_{i=1}^{24}s_i\cdot x_i\leqslant 90\%\cdot s_0 \tag{4.4}$$

② 由于同种型号的电池可以串联，也可以并联，不同型号的电池只能并联，并且并联的任意支路的端电压差应该不大于任意一个支路的 10%，在模型中即为第 1 串联组和第 k 串联电池开路电压差不超过 10%，并且在串并联问题上根据实际串并联应该是同种型号的。

$$x_l\cdot x_k\cdot\left|n_l\cdot V_l-n_k\cdot V_k\right|\leqslant n_l\cdot V_l\cdot 10\%\cdot x_l\cdot x_k,n_l,\quad n_k\in\mathbf{N},V_l,V_k\in V \tag{4.5}$$

$$x_l\cdot x_k\cdot\left|n_l\cdot V_l-n_k\cdot V_k\right|\leqslant n_k\cdot V_k\cdot 10\%\cdot x_l\cdot x_k,n_l,\quad n_k\in\mathbf{N},V_l,V_k\in V \tag{4.6}$$

③ 每种型号的个数：

$$x_i\geqslant 0 \tag{4.7}$$

又因为同种型号选用的串联数目不能大于本身的数目，有

$$n_k\leqslant x_k,\quad n_l\leqslant x_l \tag{4.8}$$

$$\begin{aligned}&x_k\geqslant 1\rightarrow n_k\geqslant 1\\&x_k\geqslant 1\rightarrow n_k\geqslant 1\end{aligned} \tag{4.9}$$

根据上面的结果，该问题就是以式(4.1)为决策函数，以式(4.4)，式(4.5)，式(4.6)，式(4.8)，式(4.9)为约束的单目标规划问题：

$$\mathrm{Max}\ F=0.5\times Q/1\,000-R-b$$

$$\text{s.t.}\begin{cases}60\%\cdot s_0\leqslant\sum\limits_{i=1}^{24}s_i\cdot x_i\leqslant 90\%\cdot s_0\\x_l\cdot x_k\cdot\left|n_l\cdot V_l-n_k\cdot V_k\right|\leqslant n_l\cdot V_l\cdot 10\%\cdot x_l\cdot x_k,\quad n_l,n_k\in\mathbf{N},V_l,V_k\in V\\x_l\cdot x_k\cdot\left|n_l\cdot V_l-n_k\cdot V_k\right|\leqslant n_k\cdot V_k\cdot 10\%\cdot x_l\cdot x_k,\quad n_l,n_k\in\mathbf{N},V_l,V_k\in V\\n_k\leqslant x_k,\quad n_l\leqslant x_l\\x_k\geqslant 1\rightarrow n_k\geqslant 1\\x_k\geqslant 1\rightarrow n_k\geqslant 1\\x_i\geqslant 0\end{cases}$$

由以上的非线性整数规划可以解得一组较为理想的解。

(3) 每面选用光伏电池性能最优模型的建立

为方便解决上述烦琐的规划问题，我们需要建立光伏电池指标性能模型，来确定对于每个面的最佳电池组的选择。这样会将问题变得简单。我们对其几种参数(额定功率，端口电压，转换效率，电池板上表面面积，电池组件价格等)进行相关分析。转换效率＝额定电压/电池板面积，整块电池板的价格等于额定功率乘以每峰瓦的价格，电池板的转换效率直接反映了电池板的优劣程度，所以最终我们建立了如下模型作为衡量电池板的指标，也作为选择电池组件类型的依据。

因为额定功率常常与面积成正相关，所以我们在描述电池组件的优劣时不直接使用额定功率，而采用更为直接的转换率，并且为消除不同电池板面积带来的影响，我们将电池组件的价格转化成 1m^2 大的电池组件所需要的成本，并且将 1m^2 的电板在它的寿命期内产生的总电量转化成整个寿命期内产生的经济效益，即生产的电的价值。为简化运算，在这里忽略太阳能电池在使用过程中随着使用年限的增加，转换效率会降低，转而将 35 年寿命缩短为 30 年计算，以下为具体模型。并且当辐照度在 $80\sim200\text{W/m}^2$ 之间时，我们认为转换效率呈线性变化。

$$Q_i = 30 \cdot H_2 \cdot k \cdot \eta_i + 30 \cdot H_3 \cdot \eta_i, \quad i = 1,2,\cdots,6$$

$$Q_i = 30(H_2 + H_3) \cdot \eta_i, \quad i = 7,8,\cdots,13$$

$$Q_i = 30(H_1 + H_2 + H_3) \cdot \eta_i, \quad i = 14,15,\cdots,24$$

$$k = \frac{5\%}{200-80} \cdot E$$

$$F_i = Q_i \cdot 0.005 - \frac{P_i \cdot r_i}{s_i}$$

其中

Q_i：第 i 种光伏电池组件单位面积 30 年内转换产生的电能总量；

k：第 i 种光伏电池组件在光辐照度为 $80\sim200\text{W/m}^2$ 之间的转换效率与在光辐照度大于 200W/m^2 条件下的转换效率比值；

η_i：第 i 种光伏组件在标准条件下的转换效率；

H_1：一年中太阳辐照度小于 80W/m^2 大于 30W/m^2 的所有时间段积累的太阳辐射量总和；

H_2：一年中太阳辐照度小于 200W/m^2 大于 80W/m^2 的所有时间段积累的太阳辐射量总和；

H_3：一年中太阳辐照度大于 200W/m^2 的所有时间段积累的太阳辐射量总和；

E：一年中太阳辐照度小于 200W/m^2 大于 80W/m^2 的所有时间段的每小时的太阳辐射量；

P_i：第 i 种电池组件的额定功率；

r_i：第 i 种光伏电池组件的市场价格；

s_i：第 i 种光伏电池组件的上下表面面积。

对于每种面选择性能最优的电池组的模型的求解

对于此问题的求解出来的数据，我们用 Excel 表格整理出来，由于数据庞大，只能存在附件中,在此仅以最终每个面选用的电池类型的结果给出来(见表 4-16)。

表 4-16

东面	B3	C1	C5
西面	B2	C1	C5
南面	B2	B3	C1
屋顶	A3	B5	C2

(4) 小屋外表面铺设模型的建立

模型的初步思路

针对上述模型求解出的一组解,我们要用能否满足光伏电池在小屋外表面铺设的问题来确定是否是可行解。

针对小屋外表面铺设问题我们可以类推为对矩形件排样的问题,矩形件排样优化通常是指在一定数量的长和宽给定的板材上,尽可能多地排放所需要的矩形件,从而使得所需要的板材尽可能地少,以达到节省材料的目的。

矩形件排样优化问题实际上是一个十分困难的问题。虽然解决的方法也有很多,如最低水平线搜索算法,下台阶算法,本题我们选择最低水平线搜索法,一般结合现代优化算法,如遗传算法、模拟退火算法等。但是由于本题的特殊性,并不是在规则矩形框内排布小矩形,而是要除去门窗后的非矩形内进行排布光伏电池组。因此无疑又为该问题增加了难度。

基于最低水平线搜索法的外表面铺设模型建立

不同于一般的矩形件排样问题,我们需要对最低水平线搜索法进行改进,用改进后的模型求解,改进后的一般思路如下:

步骤 1　针对包含门窗的墙面,我们可以先用分割法将其分为若干个矩形区域,分割法遵循的规则如下:

尽量将墙面划分的矩形区个数最小,也就是尽量使每一个区域的面积最大。即每个区域至少有一边是沿着内部窗户切线或者门的切线进行切割的。这样保证了将一个不规则的矩形划分为几个规则的矩形,然后将其编号 $1,2,\cdots,n$,分别用一般的矩形排样问题的方法进行求解。

步骤 2　依照编号分别对矩形区域排样,针对每个区域排样,都运用最低水平线法,首先设置初始最高轮廓线为板材最下面的边。

步骤 3　每当要排入一个光伏电池时,就在最高轮廓线集中选取最低的一段水平线,如有数段,则选取最左边的一段,如果该段线的宽度大于要排入零件的宽度,就将该电池在此位置排放,更新最高轮廓线;否则,查询与最低水平线段相邻的左右两段水平线,将最低水平线提升至与高度较低的一段平齐,更新最高轮廓线;重复此过程,直至能排入光伏电池。

步骤 4　重复上述过程,直至所有光伏电池排放完毕,或者再也排不进任意一个电池,结束本区域排样。

步骤 5　再对下一个矩形区域按照上述方法排样,直到光伏电池排放完毕,或者区域全部排放完毕,即终止。

终止后,如若电池组全部被排完,即认为该组解是可行解。否则返回模型一,用参数 b 调节目标函数,得到下一组较优解,继续遍历。

针对上述步骤,我们试着用 MATLAB 进行编程求解。

(5) 逆变器的选择

针对上述模型遍历求出的较优光伏电池组设计的方案，确定出该光伏电池组的端电压以及额定功率，根据附件 5 中选出范围适合的逆变器且逆变器价格较低，如果不存这样的逆变器，那么同样这是不可行解，返回模型一，调节参数 b，得到下一组较优解，直到有满足的可行解，即为全局的最优解。

3) 对于以上多个模型组合的求解

对于上述规划，利用 LINGO 编程。结果如下。

顶面选用 A3 型号电池 43 个，串并联连接情况如图 4-18 所示。

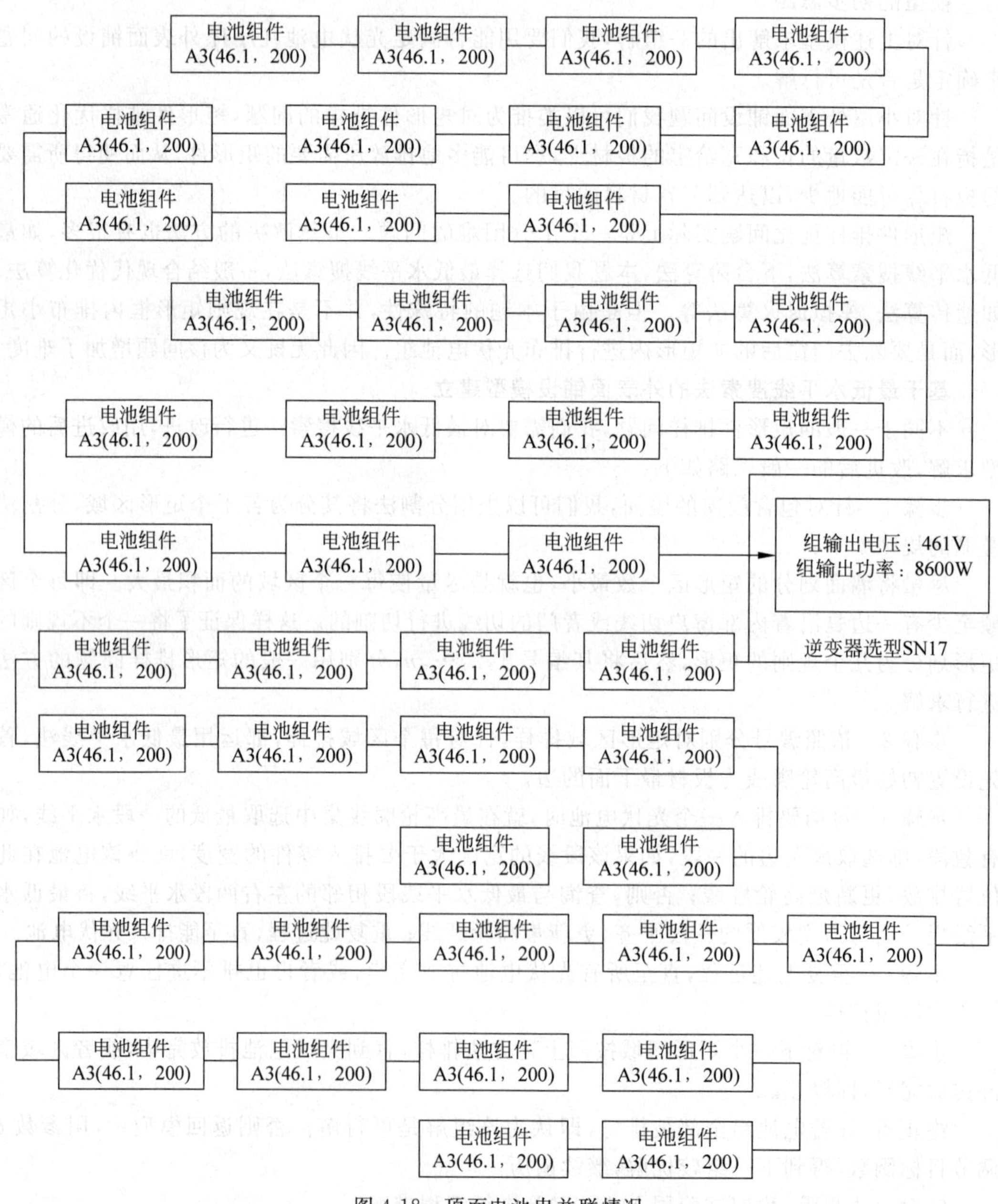

图 4-18 顶面电池串并联情况

东面的选用方案为 C1 型号电池 9 个，组件连接方式（串、并联）示意图如图 4-19 所示（9 个并，选用 SN12 逆变器）。

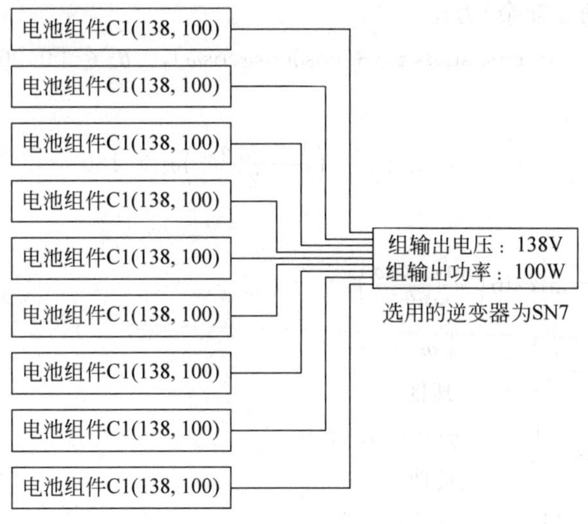

图 4-19　东面电池

西面的选用方案为 C1 型号电池 8 个，2 个串联再并联，选用 SN11 逆变器；C5 型号电池 4 个，具体见图 4-20。

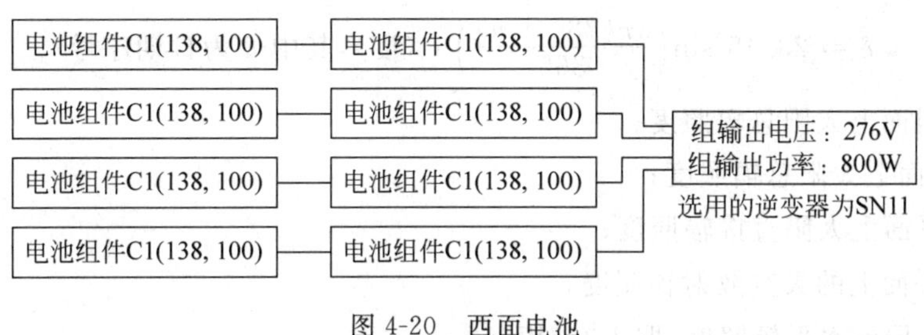

图 4-20　西面电池

南面的选用方案为 C1 型号电池 15 个，全部都采用并联，选用 SN17 逆变器，具体见图 4-21。

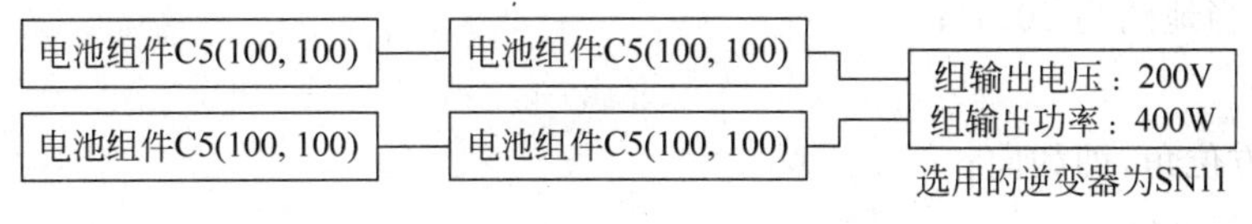

图 4-21　南面电池

2. 问题二：架空方式安装光伏电池组件模型的建立

1）最佳朝向与倾角的初步模型

对于架空电池组的朝向与倾角最佳选择问题，我们是基于 Hay[3] 的天空散射各向异性模型考虑的，该模型中

$$H_T = H_B R_B + H_D[R_B H_B / H_0 + 0.5(1 - H_B H_0)(1 + \cos\beta)] + 0.5\rho H(1 - \cos\beta)$$

$$R_B = \cos\theta_i / \cos\theta_z$$

入射角为

$$\theta_i = \arccos[\cos\theta_z \cos\beta + \sin\theta_z \sin\beta\cos(\gamma_s - \gamma)], \quad \theta_i \in [0,90°]$$

天顶角(与太阳高度角 α 互余)为

$$\theta_z = \arccos[\sin\delta\sin\varphi + \cos\delta\cos\varphi\cos\omega], \quad \theta_z \in [0,90°]$$

太阳方位角为

$$\gamma_s = \sigma_{ew}\sigma_{ns}\gamma_{so} + \left(\frac{1-\sigma_{ew}\sigma_{ns}}{2}\right)\sigma_\omega \times 180°$$

其中

$$\gamma_{so} = \arcsin\left(\frac{\sin\omega\cos\sigma}{\sin\theta_z}\right)$$

$$\sigma_{ew} = \begin{cases} 1, & |\omega| \leqslant \omega_{ew} \\ -1, & \text{其他} \end{cases}$$

$$\sigma_{ns} = \begin{cases} 1, & \varphi(\varphi-\delta) \geqslant 0 \\ -1, & \text{其他} \end{cases}$$

$$\sigma_\omega = \begin{cases} 1, & |\omega| \geqslant 0 \\ -1, & \text{其他} \end{cases}$$

$$\omega_{ew} = \arccos(\tan\delta/\tan\varphi)$$

$$\omega = 15°(t_s - 12) \quad (\text{度})$$

$$\delta = 23.45°\sin\left(\frac{2\pi(284+n)}{365}\right) \quad (\text{度}),\text{其中 } n \text{ 为日期序号}$$

H_T:倾斜面上太阳总辐照度;

H:水平面上太阳总辐照度;

H_B:水平面上太阳直接辐照度;

H_D:水平面上的天空散射辐照度;

H_0:大气层外水平辐照度,取 1 367W/m^2;

β:斜面倾角;

ρ:地面表面反射率,根据大同市地质,查表约为 20%;

φ:纬度,当地约为 40.1°;

δ:赤纬;

γ:斜面方位角,即朝向;

γ_s:太阳方位角;

ω:时角。

由该模型可知,对于电池组斜面上的光辐射强度是关于电池组的朝向 γ 和倾斜角 β 的复杂函数。针对解决这种问题,我们一般是求函数因变量对于每一自变量的偏导,联立后来确定因变量的值的。但对于本题,许多已知参数都是时刻变化的,因此这无疑增加了我们求偏导这一思路的难度,因此必须改变方法。通过表 4-17 可知,对于东、南、西、北四个方向,南向的年总辐射强度是最强的,而架空电池组的最佳朝向为南方。根据前面的定义 $\gamma=180°$,这样我们就确定了一自变量,题目变得简单了。

表 4-17　W/m²

顶面辐照度	东向辐照度	南向辐照度	西向辐照度	北向辐照度
1.528 5	0.594 2	1.050 2	0.881 2	0.261 5

2）模型的建立

根据此单一自变量，我们建立了函数 $H_T(\beta)$，该函数即为我们需要的模型，即为这一时刻此倾角太阳总辐射量，依次计算全天日照时所对应每一时刻的太阳总辐射量，并且相加即可得到该日太阳总辐射量。

通过以上计算程序建立寻优数学模型，对每一倾角下太阳总辐射量进行试算，得出全年获得太阳总辐射量最大的角度即为最佳倾角。即建立以 $\max H_T(\beta)$ 为目标函数的规划模型。

确定了最佳倾角与朝向后，重新考虑问题一，按照第一题的模型步骤，计算得出结果。

3）模型的求解

大同市全年接收总辐射量随倾斜角变化如图 4-22 所示。

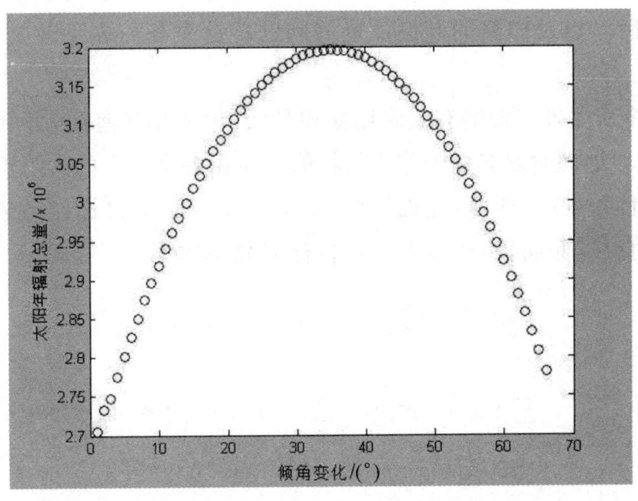

图 4-22　倾角变化与太阳年辐射总量的关系

由图中最大点可知，倾斜角 $\beta=36°$。

重新考虑问题一，得出的顶面的光伏电池组最佳方案如下：

顶面选用 A3 型号电池 44 个，4 个一组串联，并联数目为 11。

3. 问题三：小屋的重新设计及其电池组优化方案

1）建模的思路

基于问题一和问题二的研究发现，现在这个小屋的设计非常不利于太阳辐射能量的充分利用，所以我们将就上面研究发现的小屋不足之处做适当的改变。

首先在问题一的研究过程中发现，小屋的北立面不适宜铺设光伏组件，因为北立面所受到的太阳辐射非常地小，几乎都在 80W/m² 以下，硅材料制作的光伏组件根本无法启动，即使启动的时候，转化效率也小到可以忽略不计，因此，如果打算铺设太阳能电池组件，只能使用薄膜材料制作的，但是薄膜材料的光伏组件能量转换率特别低，每年产生的电能非常地小,直至组件寿命期结束,也无法弥补购买光伏电池组件所产生的成本费用,而且此时逆变器的成本才是主要成本。综合分析可知,北立面不宜铺设光伏电池组件。最适宜铺设光伏电池的地方是房顶和房子的南面,因此我们可以将门、窗尽可能地设置在北立面,南立面应该少一些窗、门,增大可以铺设电池的有效面积。而且朝北方向的屋顶通常也是不用的,因此,我们可以将向北方向的屋顶竟可能减小,增大朝南屋顶的投影面积,这样就可以提高屋顶的利用率。方法之一,不妨将北立面屋顶部分直接竖直起来,与北墙共面也是可以的。

根据问题二的分析,我们已经得到了光伏电池的最佳朝向与最佳倾角,这样我们可以据此来确定房屋的朝向,以及屋顶的倾角问题,最好是将屋顶的倾角接近我们的最佳倾角,这样我们就可以将光伏电池组件进行贴附式铺设,这样不仅提高了光伏电池组件在屋顶的稳固性,也避免了因为架空铺设而造成的阴影影响,提高了光能的利用率。

2)模型的建立

根据以上分析以及房屋的基本结构设计要求,我们建立一个规划模型,来研究房屋的长、宽、高,屋顶的倾角,以及门窗的开设位置等问题。首先我们先不改变房屋的朝向,建立如下优化模型:

目标函数为整个房屋外表面的有效利用面积最大,为了体现南面,房顶,东西面在太阳辐射方面的不同,我们在处理时对其赋予相应的权值 ω,ω 由各个面上的太阳辐射强度来确定。

分别将房顶,南面,东面,西面,北面记作 1,2,3,4,5 面,则目标函数表示为:$i=1$ 时为顶面,约束中没有约束顶面面积,所以不用在目标函数中体现。

$$\max f = \sum_{i=2}^{5} \omega_i \cdot s_i, \quad i = 2,3,4,5$$

$$\begin{aligned}
&(2x+2y)\cdot h - \sum_{i=2}^{5} s_i \geqslant xy \cdot 0.2 \\
&0 \leqslant y \cdot h - s_3 \leqslant 0.35 \cdot y \cdot h \\
&0 \leqslant y \cdot h - s_4 \leqslant 0.35 \cdot y \cdot h \\
&0 \leqslant x \cdot h - s_2 \leqslant 0.50 \cdot x \cdot h \\
&0 \leqslant x \cdot h - s_5 \leqslant 0.30 \cdot x \cdot h \\
&3 \leqslant y \leqslant x \leqslant 15 \\
&x \cdot y \leqslant 74 \\
&2.8 \leqslant h \leqslant H \leqslant 5.4
\end{aligned}$$

其中

f:整个小屋有效安装光伏电池的总面积;

s_i:第 i 个面的有效安装光伏电池的面积;

ω_i:第 i 个面的有效面积权值,大小等于除北立面之外的四个面的太阳辐射总量进行归一化后对应的值;

x:小屋较长的边,也是南北面上的底边长;

y:小屋较短的边,也是东西面上的底边长;

h：小屋的净空高度；

H：小屋的屋顶最高点距地面的距离。

3) 模型的求解

运用 LINGO 求上述目标规划确定房屋的各个参数，并绘制图像如下：

$$x = 15, y = 4.9333, h = H = 5.4, s_2 = 81, s_3 = s_4 = 26.64, s_5 = 56.7$$

所以看出此小房子为顶面水平的房子。

南面窗户面积：0　　　　北面窗户面积：24.3

东面窗户面积：0　　　　西面窗户面积：0

由于背面光照少，因此应该把门设立在北面，运用 SolidWorks2012 画出各个视图如下(图 4-23～图 4-27)。

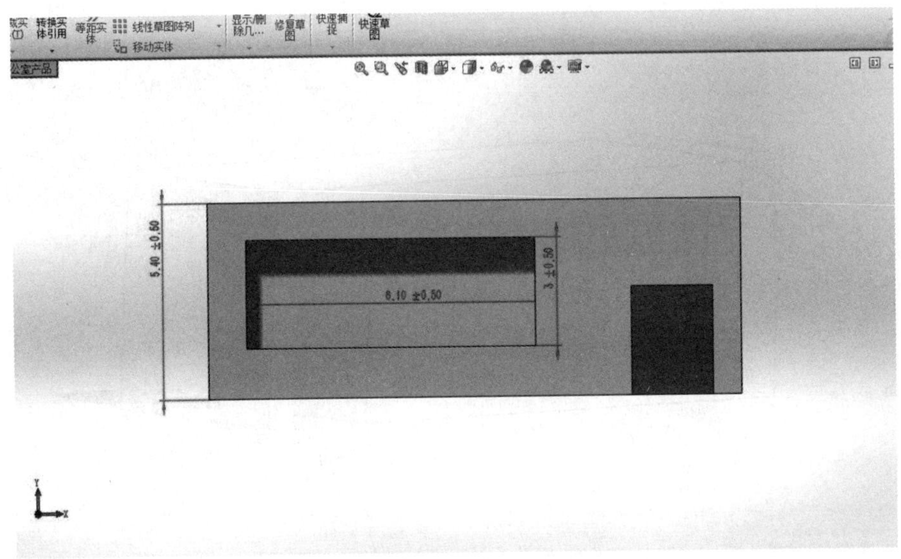

图 4-23　北立图

图 4-24　南立图

图 4-25　西立图　　　　图 4-26　东立图

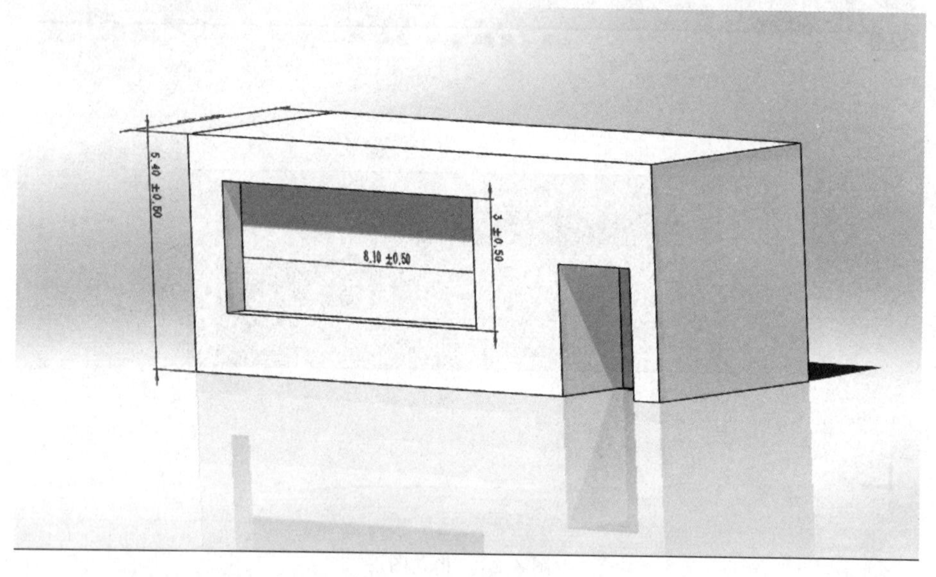

图 4-27　顶视图

4.5.7　模型的评价与改进

1. 模型的优缺点分析

优点：本文首先巧妙地将尽量满足发电量大，单位发电量费用尽可能小的双目标规划转为效益最大的单目标规划。有效地简化了计算量，并且运用了层次分析模型，分析优先铺设那些面。并对权重很小的面剔除了去。运用此模型较为直观。并且还用小屋外表面铺设模型来通过每次调整参数来调整规划的最优解，使得规划找到次优解，并且迭代下去有效找到全局最优解。在问题二的处理上，我们将双自变量问题，转化为单自变量问题，从而也一定程度上简化了模型。

缺点：在对一些细节的处理上，主观性因素较强。如处理 A 单晶硅电池所受光辐照度低于 200W/m^2 时，人为认定转换效率为实际转换效率的 4%。

2. 模型的改进

(1) 在处理房屋外表面铺设问题上，运用现代优化算法，如遗传算法、模拟退火算法会得到比最低水平线搜索算法更优的解，是我们的模型值得改进的地方。

(2) 在建立多目标规划时，尤其是类似于尽可能满足多个目标而不要求达到最优目标的情形，使用贪心算法也是一种不错的选择。

4.5.8 参考文献

[1] 姜启源，谢金星，叶俊. 数学模型[M]. 3 版. 北京：高等教育出版社，2003.

[2] 谢金星，薛毅. 优化建模与 LINDO/LINGO 软件[M]. 北京：清华大学出版社，2005.

[3] HAY J E. Calculation of monthly mean solar radiation for horizontal and inclined surface[J]. Solar Energy，1973，23(4)：301-307.

[4] 李文婷. 光伏并网发电固定安装光伏阵列最佳倾角的确定[J]. 青海科技，2010(2)：20-21.

[5] 陈维，沈辉，刘勇. BIPV 中光伏阵列朝向和倾角性能影响理论研究[J]. 太阳能学报，2009，30(2)：207-208.

[6] 王桂宾，周来水，邓冬梅. 基于模拟退火算法的矩形件排样[J]. 中国制造业信息化，2006，35(15)：65-66.

4.6 论文点评

本文首先给出了任意斜面上太阳光照辐射强度的算法，然后建立了问题一贴附情况下选择太阳能电池板的规划模型，并将发电量尽量大与单位发电量费用尽可能小的双目标规划转为效益最大的单目标规划模型。运用层次分析模型评价分析每个墙面的利用价值，确定优先选择顶、南、西、东面为铺设面。然后建立了一个光伏电池指标性能模型，来确定每个面优先选择的电池类型，并考虑基于矩形件排样问题中的最低水平线搜索算法建立小屋外表面铺设模型，给出了针对不同外表面的电池铺设方案，同时针对电池铺设方案找到一个符合条件并最为便宜的逆变器方案。对于问题二，根据函数确定每一倾斜角度下全年的辐射强度，得出全年获得太阳总辐射量最大的角度即为最佳倾角，最后确定最佳倾角 $\beta=36^{\circ}$，并在此基础上重新考虑问题一进行求解。对于问题三重新设计小屋，本文建立以整个房屋外表面的有效利用面积最大为目标函数，各个条件为约束的规划模型并进行了求解。本文的数学模型和相应的算法及软件实现基本解决了题目要求的问题，叙述清楚，计算结果大致合理，是一篇较好的数学建模论文。

本文的主要问题有以下几点：摘要中第二段“若不满足则返回一个参数值 b(初始值为0)”和“同样返回个参数”这样的语句不适合放在摘要中，应去掉。还有正文部分在计算任意斜面上太阳辐射量时，最好有示意图和公式的详细推导过程。还有本文的层次分析法没有必要，不适合用在本题中，得出的结论通过简单分析即可得出，没有太大意义。再一个问题是贴附情况下小屋太阳能电池板安装的模型应该综合考虑电池板选择、逆变器选择、贴附方式建立统一的优化模型，而本文建立的模型将三个问题分开考虑，与题目要求不符。

第5章　车道被占用对城市道路通行能力的影响(2013 A)

5.1　车道被占用对城市道路通行能力的影响

车道被占用是指因交通事故、路边停车、占道施工等因素，导致车道或道路横断面通行能力在单位时间内降低的现象。由于城市道路具有交通流密度大、连续性强等特点，一条车道被占用，也可能降低路段所有车道的通行能力，即使时间短，也可能引起车辆排队，出现交通阻塞。如处理不当，甚至出现区域性拥堵。

车道被占用的情况种类繁多、复杂，正确估算车道被占用对城市道路通行能力的影响程度，将为交通管理部门正确引导车辆行驶、审批占道施工、设计道路渠化方案、设置路边停车位和设置非港湾式公交车站等提供理论依据。

视频1(附件1)和视频2(附件2)中的两个交通事故处于同一路段的同一横断面，且完全占用两条车道。请研究以下问题：

(1) 根据视频1(附件1)，描述视频中交通事故发生至撤离期间，事故所处横断面实际通行能力的变化过程。

(2) 根据问题1所得结论，结合视频2(附件2)，分析说明同一横断面交通事故所占车道不同对该横断面实际通行能力影响的差异。

(3) 构建数学模型，分析视频1(附件1)中交通事故所影响的路段车辆排队长度与事故横断面实际通行能力、事故持续时间、路段上游车流量间的关系。

(4) 假如视频1(附件1)中的交通事故所处横断面距离上游路口变为140m，路段下游方向需求不变，路段上游车流量为1500pcu/h，事故发生时车辆初始排队长度为零，且事故持续不撤离。请估算，从事故发生开始，经过多长时间，车辆排队长度将到达上游路口。

注：只考虑四轮及以上机动车、电瓶车的交通流量，且换算成标准车当量数。

附件1：视频1(略)

附件2：视频2(略)

附件3：视频1中交通事故位置示意图(图5-1)

附件4：上游路口交通组织方案图(图5-2)

附件5：上游路口信号配时方案图(图5-3)

注：题目及数据附件都可以到全国大学生数学建模竞赛官方网站 http://www.mcm.edu.cn 下载。

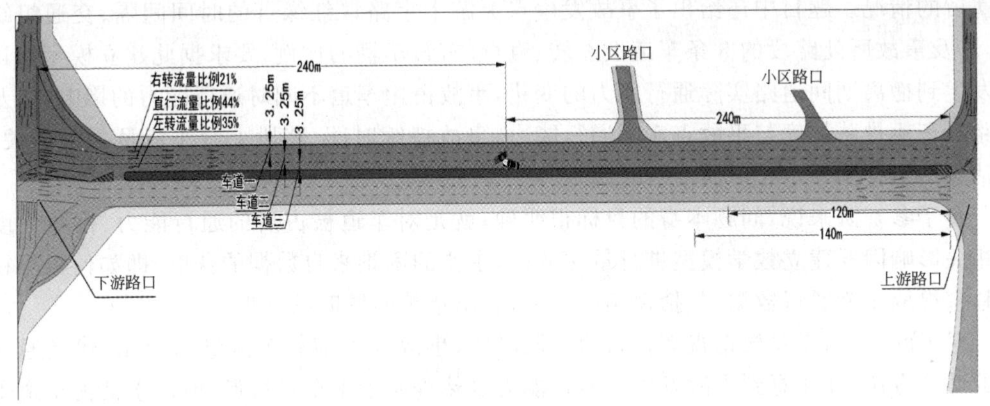

图　5-1

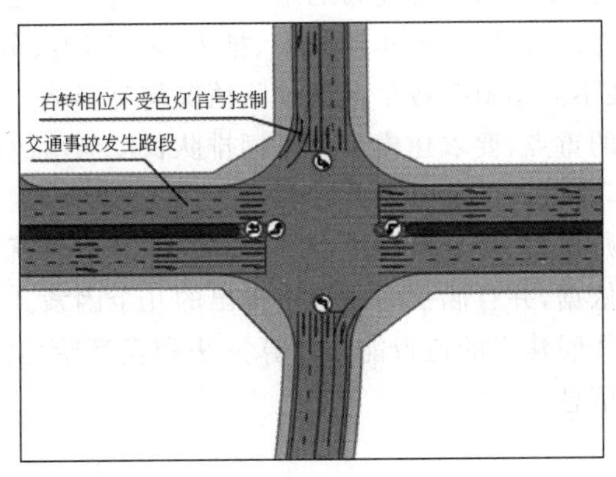

图　5-2

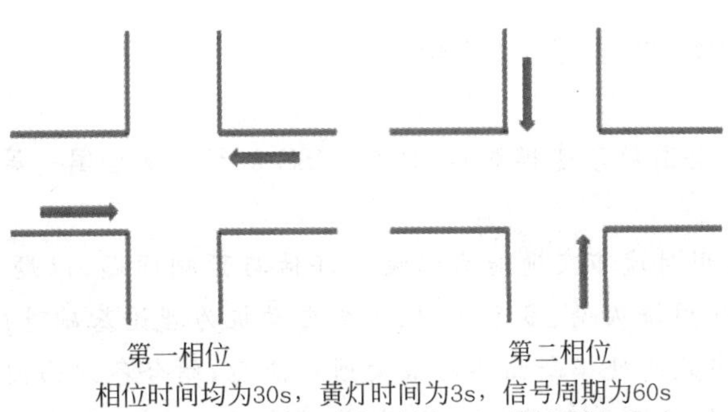

图　5-3

5.2　问题分析与建模思路概述

车道被占用后出现堵车，在人们的生活中非常常见，所以本问题对于所有参赛队来说都不陌生。本问题给出了某城市路段交通情况的两段视频，一段视频展示了 3 条车道中的 2 条内侧车道被堵塞之后的车辆通行情况，另一段视频展示了 3 条车道中的外侧 2 条车道被堵塞后的情况。题目中还给出了事故发生点上游十字路口红绿灯的时间间隔、交通组织方案,以及事故所处路段的3条车道上左转、直行、右转车辆的比例,要求据此建立模型描述事故发生到撤离期间道路实际通行能力的变化,事故占用车道不同对通行能力的影响,以及事故路段车辆排队长度与事故点实际通行能力、事故持续时间、路段上游车流量之间的关系,并估算车辆排到一定长度所需的时间。

对于参赛队来说,问题本身的目标很明确,就是对车道被占后的通行能力、排队长度及其相关影响因素建立数学模型进行量化分析,主要的困难来自数据的获取,即如何根据视频资料来提取车辆通行数据,包括视频出现缺损、出错等问题时的处理。

对于问题一,需要根据视频资料给不同时段、事故发生前后车流量的变化,建立通行能力的计算方法,并注意到事故发生后通行能力虽然等同于单车道情形,但由于被占车道受阻车辆会试图变道,因此导致实际通行能力与单车道情形有差异。

对于问题二,占用不同车道对通行能力的影响不仅要进行量化描述,还要建模分析影响程度和原因。此处需要注意的是,上游车辆到来、排入各个车道、车辆在下游的去向等都具有随机性,对事故发生在不同车道时各个车道排队情况均有影响。

问题三是整个问题的重点,要求建模分析车辆排队长度与事故横断面实际通行能力、事故持续时间、路段上游车流量间的关系。此处可以考虑更多的因素,建模方法也可以多种多样,比如排队论模型、回归模型、交通流模型、波动模型、差分方程模型,等等,关键是假设、参数的选取应该有合理的依据,并且涵盖问题三中提出的几个因素。

问题四需要基于前几问建立的通行能力计算方法和模型给出结果,并充分考虑上游路口红绿灯的时间间隔等信息。

5.3 获奖论文——车道被占用对城市道路通行能力的影响

作　　者:周晨阳　周登岳　孔垂烨

指导教师:金海

获奖情况:2013全国数学建模竞赛IBM SPSS创新奖及全国一等奖

摘要

本文针对车道占用对城市交通能力影响的评估与预测问题,以题目所给视频为基础进行大量的数据挖掘,利用排队论、多元回归、元胞自动机为理论基础进行了完整的建模工作。首先,我们处理得到事故所处横断面实际最大通行能力,结合各方面因素分段描述了其变化情况;在此基础上结合视频2,借鉴排队论模型,从本质上分析并说明了占用不同车道对实际通行能力的影响差异;建立了多元回归分析模型和元胞自动机模型来共同描述排队长度与其他指标的联系;最后对模型加以检验后应用于问题四,估算出了5.5～7.5min后车辆排队长度将达到上游路口。

针对问题一,结合实际最大通行能力的本质,考虑到视频1中事故横断面的交通绝大部分处于饱和的特点,将事故横断面处在车辆饱和状态下的单位时间车流量作为其实际最大通行能力。通过对视频数据的采集与分析,得到了实际最大通行能力的变化规律以及主要影响因素。以视频1中的6次车辆排队事故为分段,结合主要影响因素完备地描述了实际最大通行能力的变化。

针对问题二，基于问题1得到的结论，我们采用单服务台多列的排队论模型，并用基于概率的最高响应比优先(HRRN)调度策略来模拟真实的情况，仿真计算出了视频1、视频2每30s的实际通行能力，并进行了显著性检验。最后，结合模型计算的数据我们对同一横断面交通事故所占车道不同对该横断面实际通行能力影响的差异进行了深入的剖析，得出了结论。

针对问题三，基于对视频中6次车辆排队事故的排队长度、上游车流量、事故持续时间、最大通行能力指标的统计数据，分析了排队长度与其他三个指标的关系，初步推导出排队长度与其他三个指标的联系，并引入贡献系数来处理不同车辆来源对排队长度影响不同的问题。为了更加真实、形象地描述指标间的关系模型，我们通过对视频中车流量变化及其分配、车辆种类、车速的建模，以元胞自动机理论为基础，为事故路段建立了较为真实的元胞自动机模型。随后运行元胞自动机模型进行多次仿真，将仿真结果与实际视频结果进行比对，验证了该模型的准确性和科学性。

针对问题四，首先利用视频1的车流量统计数据对车流量进行建模，利用该模型预测此问题中1 500pcu/h的车流量在空间(不同车道)和时间上的分配情况，在问题三的元胞自动机模型基础上，得到真实反映问题四所述情况的元胞自动机模型，多次运行该模型后，估算得到一个合理的时间范围为5.5～7.5min(330～450s)。

关键词：数据统计　排队论　多元回归　元胞自动机　模型验证

5.3.1 问题重述

1. 引言

交通对国民经济的发展具有重要的战略意义，一直是国家重点建设内容。随着各种交通工具数量增长迅速，交通阻塞日趋严重，不仅会引发一系列严峻的社会和环境问题，而且制约经济发展，所以交通问题引起了政府机关、科研机构和学术界，乃至城市居民的普遍重视。

由于城市道路具有交通流密度大、连续性强等特点，一条车道被占用，也可能降低路段所有车道的通行能力，即使时间短，也可能引起车辆排队，出现交通阻塞。如处理不当，甚至出现区域性拥堵。

而交通系统是一个具有严重非线性、强随机性、大时变性和不确定性的复杂系统，车道被占用的情况种类也极其繁多、复杂，要解决此类交通问题，除了要充分利用现有交通资源外，更重要的是要利用科学的理论来进行合理的交通规划、控制和管理。因此，正确估算车道被占用对城市道路通行能力的影响程度，将为交通管理部门正确引导车辆行驶、审批占道施工、设计道路渠化方案、设置路边停车位和设置非港湾式公交车站等提供理论依据。

2. 问题的提出

为了更好地估算车道被占用对城市道路通行能力的影响程度，本文依次提出以下问题。

(1) 根据视频1(附件1)，描述视频中交通事故发生至撤离期间，事故所处横断面实际通行能力的变化过程。

(2) 根据问题(1)所得结论，结合视频2(附件2)，分析说明同一横断面交通事故所占车道不同对该横断面实际通行能力影响的差异。

(3) 构建数学模型,分析视频 1(附件 1)中交通事故所影响的路段车辆排队长度与事故横断面实际通行能力、事故持续时间、路段上游车流量间的关系。

(4) 假如视频 1(附件 1)中的交通事故所处横断面距离上游路口变为 140m,路段下游方向需求不变,路段上游车流量为 1 500pcu/h,事故发生时车辆初始排队长度为零,且事故持续不撤离。请估算,从事故发生开始,经过多长时间,车辆排队长度将到达上游路口。

5.3.2 问题分析

问题一:要求描述视频 1 中从交通事故发生至撤离期间,事故所处横断面实际通行能力的变化过程。首先我们需要明确,什么是实际通行能力?在明确这个概念以后利用视频对车辆饱和状态时横断面车流量的计数来反映实际通行能力,同时分析出影响实际通行能力变化的因素,再结合视频中的 6 次车辆排队事故,分段描述实际通行能力的变化。

问题二:要求结合两个视频分析说明同一横断面交通事故所占车道不同对该横断面实际通行能力影响的差异。通过问题一中的分析,我们可以得出结论:之所以占用车道不同会导致实际通行能力的不同,是因为"车道"作为一个车辆的承载体,具有如下特征——车道上车流量的大小,车速的大小,该车道车辆的排队长度,不同车种类在该车道的分配等。而上述特征,均会影响横断面的实际通行能力。针对本题中车道被占用导致车辆排队而形成的交通阻塞的情况,我们决定使用排队论模型来进行问题二的初步探索。以排队论为基础对车辆排队情况进行建模,结合视频中的现象来共同分析并说明占用不同车道时对实际通行能力的影响差异。

问题三:要求构建数学模型,分析视频 1(附件 1)中交通事故所影响的路段车辆排队长度与事故横断面实际通行能力、事故持续时间、路段上游车流量间的关系。视频 1 中一共可以提取出 6 次车辆排队事故,我们可以通过对这 6 次事故的数据进行分析来初步推导出排队长度与其他三个指标的关系。为了更精确的描述该模型,可以利用元胞自动机理论进行建模。建模中明确车辆类别、车流量的变化、车流量在不同车道的分配、车速、路段下游方向需求等因素,建立起比较精确地模型,继而进行模型的验证即可。

问题四:给出了一种假定的事故发生情况,同时给定了车流量,要求预测多长时间达到预期的车辆排队长度。分析可知,问题中仅仅给定了总的上游车流量,并未对每个车道车流量进行详细的分配,因此我们需要根据在问题一中统计得到的车流量变化规律来预测题目中给的 1 500pcu/h 在不同车道上的分配情况(包括车辆类型的分配情况)。在以上基础上,应用问题三中建立的模型,即可得到何时排队长度达到 140m。

5.3.3 基本假设

(1) 交通事故导致的交通阻塞不会影响上游路口的车流量;

(2) 不考虑该路段车辆路边临时停车对交通流的影响;

(3) 只考虑四轮及四轮以上机动车、电瓶车的交通流量;

(4) 由于车本身具有宽度以及车道宽度限制,停车时不存在车辆之间的相互穿插。

5.3.4 符号说明

L:车辆排队长度,m;

L_0：车辆排队时间开始时的排队长度，m；

ΔL：车辆排队长度的变化；

Cross_arrive：每 10s 内上游十字路口车流量；

Apt_arrive：每 10s 内小区路口车流量；

Pass_num：每 10s 内事故横断面的车流量；

Length：一个标准车当量数占有的长度，包括小型车辆车长及车头距前一辆车的距离；

$\boldsymbol{M}$：事故发生路段矩阵；

cell：元胞单位；

T：视频中显示的时间；

t：从事故发生开始到当前所经过的时间；

tt：从事故发生后第一次信号灯变绿到当前所经过的时间；

t_p：1s 时间间隔；

arrival：从事故发生后第一次信号灯变绿当前车辆到达该路段所经过的时间；

L：$L=i$ 表示第 i 条车道，$i=1,2,3$；

flux：车流量(单位：pcu/h)；

$\text{count}_{\text{time}}$：time 时间段内上游路段通过的车辆数；

p_L：车道 L 出现车辆的概率；

p_{ac}：车辆加速概率；

p_{dc}：车辆防止碰撞减速概率；

p_{rd}：车辆随机减速概率；

v_{init}：车辆初始速度；

$v_{\max}$：车辆最大速度；

v_{now}：车辆现有速度；

v_{next}：下一时刻车辆速度。

5.3.5 模型的建立与求解

1. 问题一的建模与解答

1) 实际通行能力的定义与理解

通过查阅相关资料，可以得到对于通行能力有如下概念：由于道路、交通和管制条件以及服务水平不同，通行能力分为基本(理论)通行能力，可能(实际)通行能力和设计(规划)通行能力。其中，实际通行能力是指在设计或评价某一具体路段时，根据该设施具体的公路几何构造、交通条件以及交通管理水平，对不同服务水平下的服务交通量(如基本通行能力或设计通行能力)按实际公路条件、交通条件等进行相应修正后的小时交通量。

可见，实际通行能力是对基本通行能力或设计通行能力根据具体情况进行修正的结果，换言之，实际通行能力是在实际情况下所能通行的最大小时交通量，它能够反映道路的真实通行能力。

通过视频可以看到，视频中车辆通过距离长短、花费时间长短都比较小，车辆在通过事故路段时并不是匀速，人工测量具有很大的相对误差，无法距离、时间、车速进行精确建模，无法利用常见的公式求得实际通行能力。然而，经过统计，将视频的时间做如下分类。

(1) 事故持续时间段：从事故发生到事故车辆撤离的时间段；

(2) 车辆饱和状态：视频中大部分时间段内，相邻的两辆车在保证一定安全距离的条件下都是接连缓慢通过事故所处横断面的，也就是说车辆对事故所处横断面处的补充作用一直是饱和的，因此符合实际通行能力中的“最大小时通行量”的定义，可以利用该类时间内的横断面单位时间内的车流量来反映道路实际通行能力的大小；

(3) 车辆短缺状态：两辆车之间的距离大于安全距离时，两辆车相继通过事故所处横断面的时间间隔较大，车辆的补充作用处于短缺状态，无法反映“最大小时通行量”的关键本质；

(4) 视频跳跃段：实际视频中存在画面跳跃的情况，需要加以剔除。

表 5-1 不同类别时间段的分配

时间段类别	对应时刻	总长度/s
事故持续时间段	16：42：33～17：00：09	1 056
视频的跳跃	16：49：37～16：50：05 16：56：00～16：57：58	146
车辆短缺状态	16：42：33～16：42：40 16：44：16～16：44：32 16：44：51～16：45：46	78

由表 5-1 可知，整个视频中画面除去跳跃部分，一共有 1 056s－146s＝910s 的正常时间，其中车辆短缺状态时间为 78s，占正常时间的 91.43％，可以认为绝大部分时间内，事故所处横断面一直处于车辆饱和状态，即最大小时通行量状态，利用单位时间内的车流量即可作为最大通行能力。

2) 根据视频采集横断面的车流量数据并计算最大通行能力

通过视频我们可以发现，事故路段的车流并不均匀，而是在一定的周期内进行波动。结合题目附件 4 与附件 5 可以看到，事故路段车流量受到上游路口处红绿灯的控制。经过上游十字路口到达事故路段的车流量分为三种：直行车辆、右转车辆，小区路口车辆。其中，直行车辆占有绝大部分比重，且受到红绿灯的控制，按照 30s 的周期进行周期性的变化；右转车辆占有小部分比重，而且不受红绿灯的控制；小区路口车辆比重较小，且具有随机性。此外，红绿灯在每个整分和每个半分时切换，如表 5-2 所示。

表 5-2 上游路口交通灯及路段车辆来源变化

--：00～--：30	直行绿灯，路段三类车辆均有
--：30～--：60	直行红灯，路段仅右转车辆和小区路口车辆

因此我们以 30s 为单位时间，对事故横断面的车流量进行统计，统计时避开视频跳跃点和车辆短缺状态，记录到达事故横断面车辆的标准车当量数、到达时刻及车辆是否饱和。

另外，由于我们在下面问题中采用了元胞自动机模型，因此对标准车当量系数换算做如下规定：

(1) 小轿车，小型厢式货车标准车当量数为 1pcu；

(2) 大客车，公交车的标准车当量数为 2pcu。

该规定参考了国家标准规定，所造成的误差可以通过对元胞自动机模型的精确建模来消除。详细统计表格见附件1，此处给出每半分钟的统计量及最大通行能力的计算值(见表5-3)：

表5-3　每半分钟内标准车当量数及最大通行能力

时间段长/s	时间段位置/s	标准车当量数/pcu	最大通行能力/(pcu/min)
18	15	9	30
29	45	11	22.758 620 69
25	75	10	24
16	105	7	26.25
16	135	7	26.25
12	195	5	25
28	225	10	21.428 571 43
25	255	9	21.6
19	285	6	18.947 368 42
26	315	9	20.769 230 77
28	345	11	23.571 428 57
27	375	10	22.222 222 22
29	405	10	20.689 655 17
23	465	8	20.8695 652 2
24	495	10	25
26	525	9	20.769 230 77
26	555	8	18.461 538 46
29	585	11	22.758 620 69
25	615	10	24
26	645	8	18.461 538 46
19	675	7	22.105 263 16
25	705	9	21.6
25	735	9	21.6
25	765	9	21.6
27	795	10	22.222 222 22
14	945	5	21.428 571 43
21	1 005	10	28.571 428 57
15	1 035	6	24

表5-3中最大通行能力按如下公式计算：

$$最大通行能力 = \frac{标准车当量数}{时间段长/60}$$

“时间段位置”表示：以事故发生时刻16：42：33为起点，以后每半分钟的中间时刻与起点相隔的时间长。将其作为横坐标，实际通行能力作为纵坐标得到图5-4。

3）找出影响最大通行能力的因素

为了能够准确描述最大通行能力的变化，我们需要找出根据视频我们可以看出，影响最大通行能力的因素有：

(1) 不同车道车流量不同，车辆类型分配不同，且车流量再不断变化；

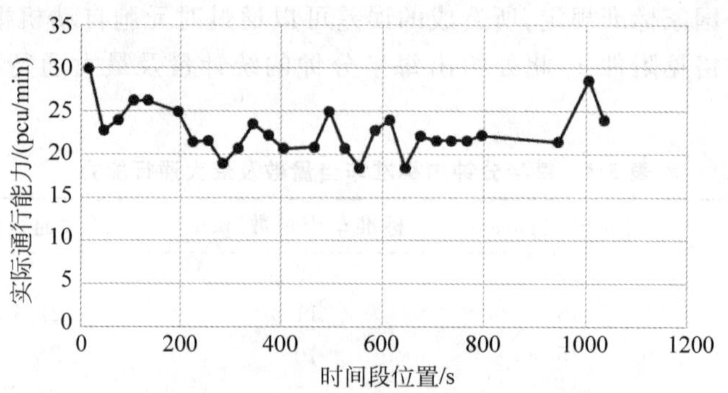

图 5-4 实际通行能力的变化曲线

(2) 大客车、公交车由于尺寸较大，其换道所需条件及时间较长，对最大通行能力影响较大；

(3) 事故横断面处的交通混乱程度很大程度上影响最大通行能力。

下面分别介绍三个因素的具体情况。

① 不同车道车流量不同，且随时间变化

我们将视频中的三条车道分为：外车道、中车道、内车道，如图 5-5 所示。

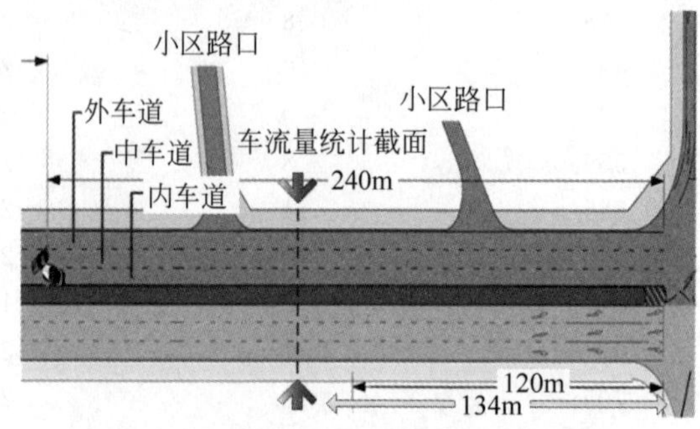

图 5-5 车道划分标准及车流量统计截面

车道不同，车流量也不同，如图 5-5 中，我们事故路段上游确定统计截面 C，该截面的选择标准为：在车辆排队最长的情况下也不会到达该截面，不会影响到该截面的车辆通过，否则若排队到达该截面，会造成车辆无法经过截面 C，那么将无法统计车流量。

在截面 C 处，我们统计指标包括车辆的标准车当量数、车辆到达时刻、车辆所在车道，具体统计结果见附件 2，此处给出不同车道的车流量分配情况(见表 5-4)。

表 5-4 车流量的分配情况

车道	车辆数/辆	大车数量/辆	标准车当量数/pcu	车流量所占百分比/%
外车道	24	0	24	9.338 521 401
中车道	130	13	143	55.642 023 35
内车道	87	3	90	35.019 455 25
合计	241	16	257	100

由于红绿灯的影响，事故路段车流量具有周期性变化的特点。和上文中介绍过的一样，每隔 30s，车流量会发生一次变化，这对车辆排队情况和实际通行能力具有较大的影响。

② 大客车以及公交车的影响

视频中可以看出，当无大型车存在时，即使短时间内大量出现小型车车流，车辆排队长度也不会很长，而且会快速消失，当存在大型车辆时，很容易造成长距离排队情况。于是我们统计了大型车辆出现的时刻，如表 5-5 所示。

表 5-5　大型车辆出现情况

出现时刻	时间段位置/s	所在车道
16：42：36	4	中
16：42：37	5	中
16：43：32	60	中
16：45：34	182	中
16：47：36	304	中
16：49：37	425	中
16：51：28	536	内
16：52：17	585	中
16：52：30	598	内
16：53：34	662	中
16：53：39	667	中
16：58：13	941	中
16：59：28	1 016	中
17：01：27	1 135	内
17：01：31	1 139	中

③ 事故横断面附近交通混乱度

在视频中可以明显观察到，即使后来车辆排队长度较长，而实际通行能力并未明显下降，主要原因在于事故横断面处交通秩序较好，能够保证车辆顺利通过。在此并不对该因素进行定量分析，仅作定性描述。

4) 结合上述因素描述实际通行能力的变化

基于上述因素，按照视频中每次显示 120m 的时刻为分界点，可以得到 6 次排队事故发生(具体分析详见问题三的建模与求解)，将排队事故发生时间段事故发生时间区间、大车到达的时刻(图中黑点表示)分别标记在图 5-6 中，得到下图，图中横坐标数字表示时间点相对于事故发生时刻经过的时间，单位为 s。下面根据图 5-6 对实际通行能力作如下描述。

总的来说，事故所处横断面的实际通行能力会因为事故占用车道出现明显的下降。下降的程度与所占用车道的车流量、大型车辆的出现、事故横断面附近交通混乱度相关。

事故发生后，占用内车道和中车道，两车道的车流量占全部车流量的 90.7%，在车道被堵住的情况下，两个车道的车流全部转移至外车道，由于大型车辆的存在，其换道时对交通的堵塞作用非常明显，同时造成交通混乱程度增加，以上共同引起了实际通行能力迅速由 30pcu/min 下降到 22.76pcu/min，同时第一次车辆排队事故出现(时间为 16：42：46)。

在 16：42：46～16：44：16(14～104s)时间段内，为第一次车辆排队事故。期间随着大型车辆的通过，实际通行能力有所上升，但是由于上游车流量的不断补充使事故横断面一直

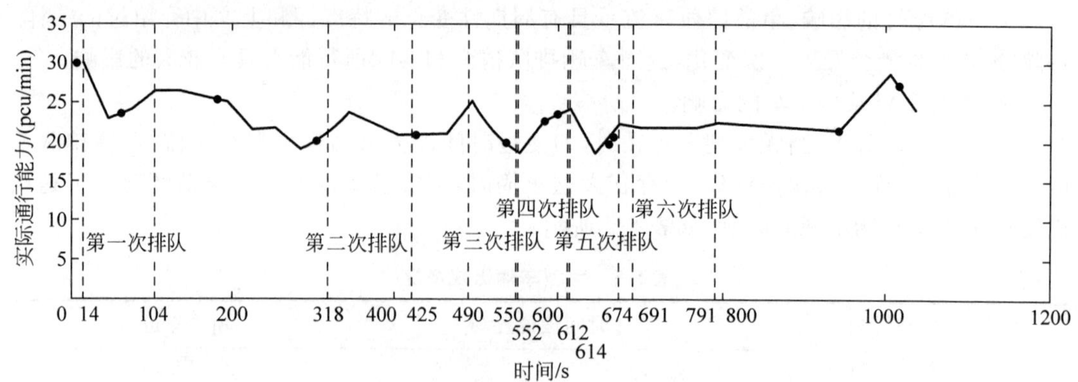

图 5-6　实际通行能力变化分析图

处于车辆排队状态,因此实际通行能力没有显著提高。

在 16：44：16～16：47：50(104～318s)时间段内,由于上游车流量明显减少,事故横断面在部分时间并不是充分处于车辆饱和状态,因此用横断面的车流量来反映实际通行能力会偏小；实际情况下,在车辆不饱和或者短缺状态,车辆能够以更快的速度通过横断面,换道没有旁边车辆的影响,大型车辆的影响降低,交通秩序混乱度很低,因此实际通行能力会上升。

在 16：47：50～16：49：37(318～425s)开始发生第二次排队事故,由于此次上游车流量并不是特别大,而且没有大型车辆出现,因此车辆排队长度较小,疏散速度也较快,所以实际通行能力会比上时间段的统计结果要高。

在 16：49：37～16：50：42(425～490s)内,和上一时间段类似,车辆进行周期性补充,能够较好地满足"最大小时车流量"的要求,且无大车出现,交通混乱度低,实际通行能力较平稳且有上升。

16：50：42～16：51：42(490～550s)时间段为第三次排队事故时间段,在一开始事故横断面交通比较混乱,同时总体车流量明显增加,小区路口处的车流量也有增加,这共同造成了实际通行能力的降低。

16：51：44～16：52：44(552～612s)被定义为第四次车辆排队事故。在前一个时间段内由于车流量得到了一部分缓解,车辆混乱度降低,因此实际通行能力有所上升。

在第五次排队事故(16：52：46～16：53：46,614～674s)中,由于大型车辆到达路口,对交通阻塞作用增加,实际通行能力降低,随后大型车辆通过,小型车辆陆续通过,实际通行能力维持不变。

在第六次排队事故中(16：54：03～16：55：43,691～791s)中,和上一阶段一样,虽然排队车辆较多,但是事故横断面处交通秩序正常,小型车辆有序通过,因此实际通行能力保持稳定。

在随后的时间段内,由于视频不断发生跳跃,因此无法真实描述出实际统计能力的变化。

2. 问题二模型的建立与解答

题目要求结合两个视频分析说明同一横断面交通事故所占车道不同对该横断面实际通

行能力影响的差异。通过问题一中的分析,我们可以得出结论:之所以占用车道不同会导致实际通行能力的不同,是因为“车道”作为一个车辆的承载体,具有如下特征——车道上车流量的大小,车速的大小,该车道车辆的排队长度,不同车种类在该车道的分配等。而上述特征,均会影响横断面的实际通行能力。

针对本题中车道被占用导致车辆排队而形成的交通阻塞的情况,我们决定使用排队论模型来进行问题二的初步探索。排队是在日常生活中经常遇到的现象,此时要求服务的数量超过服务机构(服务台、服务员等)的容量。也就是说,到达的顾客不能立即得到服务,因而出现了排队现象。电话局的占线问题,车站、码头等交通枢纽的车船堵塞和疏导,故障机器的停机待修,水库的存储调节等都是有形或无形的排队现象。

排队论也称随机服务系统理论,就是为解决上述问题而发展的一门学科[3]。排队论研究的内容有3个方面:统计推断,根据资料建立模型;系统的性态,即和排队有关的数量指标的概率规律性与系统的优化问题。本题主要应用排队论来对事故横断面车流量、排队长度、排队等待时间等数据进行统计与推断。

1) 模型假设

(1) 每辆车通过事故横截面所用时间与换道所用时间相同;

(2) 各个车辆行驶速度相同。

2) 模型的建立与求解:

问题二属于单服务台多列排队模型,我们将各车道上的车辆看作“顾客”,事故横截面未被占用的车道看作“服务台”,视频1中内车道与中车道被占用,服务台为外车道,视频2中外车道与中车道被占用,服务台为内车道。排队规则为“等待制”,即当顾客到达时,所有的服务台均被占用,顾客就排队等待,直到接受完服务才离去。来自于外、中、内三个车道的车辆分别形成队列1、队列2、队列3,记为$r_i(i=1,2,3)$,见图5-7。

(1) 服务时间 $t_{service}$

由于汽车换道的影响,如图5-8所示,在视频1中,队列2和队列3的车辆分别需要通过一次或两次换道才能换到外车道上,才能通过事故横断面,换言之,在无须等待的情况下,不同队列的车辆通过事故横断面所用的时间是不同的。由此我们可以给出视频1的服务时间的定义公式:

$$t_{service} = t_{pass} + (i-1)t_{change}$$

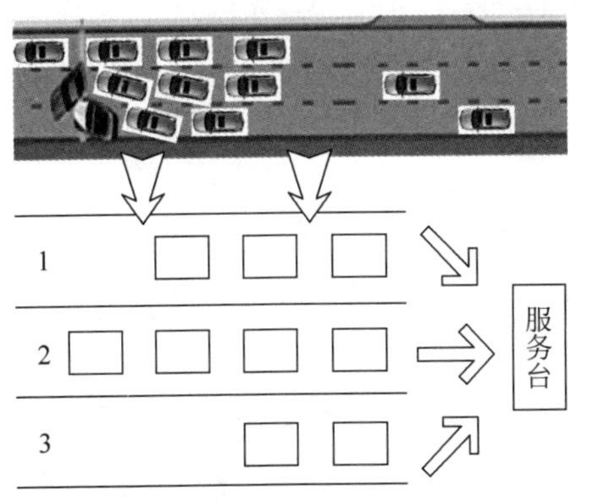

图5-7　排队论示意图

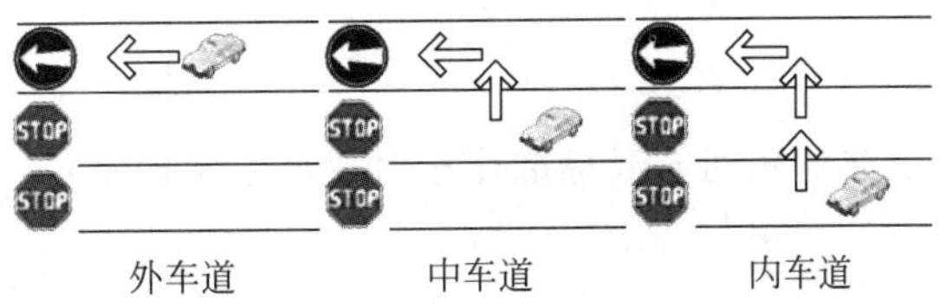

图5-8　服务时间示意图

式中，$t_{service}$ 表示服务时间，t_{pass} 表示车辆通过事故横断面所用的时间，t_{change} 表示车辆换道所用时间，i 表示队列编号。类比上式，我们可以给出视频 2 的服务时间的定义公式：

$$t_{service} = t_{pass} + (3 - i)t_{change}$$

（2）服务规则

为了得到理想的城市交通阻塞排队模型，我们引入处理器调度中的最高响应比优先(HRRN)调度策略[7]。这是现代计算机操作系统中常用的调度算法，它很好地提高了系统的运行效率，是一种非常优秀的调度算法。在这种调度方式中，每个进程的优先级不仅取决于它的服务时间，还要取决于它花在等待服务的时间，是 FCFS(先来先服务，Forst Come First Serve)和 SJF(短进程优先，Shortest Job First)的折中。动态优先级计算公式为

$$优先级 = \frac{等待时间 + 服务时间}{服务时间}$$

由于服务时间做分母，所以较短的进程将被优先照顾；又由于等待时间在分子中出现，所以等待时间较长的进程也会得到合理的对待，从而防止了无限延期的情况出现。

我们将这一思想用于城市交通阻塞排队模型中，每辆车谁先能通过事故横断面，不仅取决于该车所处的车道(车道不同服务时间不同)有关系，还取决于该车的等待时间。根据统计，从事故发生到撤离时间段内，90%的时间都有排队现象(没有排队现象的时间在问题一中已得到了修正)，所以我们可以认为，大多数情况下，同一时刻排队的所有车辆中，某车辆的等待时间越长，它就越靠近事故横断面。最终的优先级计算公式为

$$R = 1 + \frac{t_w^{i,j}}{t_{service}^i}$$

式中，R 为某车辆的优先级，$t_{service}^i$ 为队列 i 对应的服务时间，$t_w^{i,j}$ 为队列 i 的第 j 辆车在某时刻的等待时间。

由于实际的交通模型不确定性非常大，于是我们在原有的 HRRN 调动策略的基础上，对调度算法进行了优化，即基于概率的动态优先级调度算法。该算法原是 IP 网络服务中先进的调度算法，我们将其改进后，用于我们的城市交通阻塞排队模型。

在等待通过事故横断面的三个队列中，先到的车辆排在队列的前面。队列中每个人的优先级计算方法同上文，队列 i 队头车辆的优先级记为 p_i。当前一辆车通过事故横断面后，系统从三个队列的队头中随机挑选一个接受服务。队列 i 队头被挑中的概率为$\hat{r}_i$。计算前，要对 p_i 从大到小排序，记其顺序为 $P=[p_{l_1}, p_{l_2}, p_{l_3}]$，下标为 l_i。

下面说明$\hat{r}_i$ 的计算过程。

首先考虑队列 i 的相对权重，记为 r_i，其定义如下：

$$r_i = \begin{cases} p_{l_i}, & i = 1 \\ p_{l_i}\prod_{j=1}^{i-1}(1 - p_{l_j}), & i > 1 \end{cases}$$

对于非空队列 i，其标准化相对权重定义如下：

$$\hat{r}_i = \frac{r_i}{\sum_{j非空} r_j}$$

因此，优先级越高的车辆、等待时间越长的车辆更容易被系统选中，但这种情况不是绝对的，

它们只是概率高于其他车辆。

此算法的实现过程如下：

步骤1：根据式6，计算各队列队头的相对权重 r_i 和标准化相对权重 $\hat{r}_i$；

步骤2：利用随机数产生器获得一个服从均匀分布的随机数 $RN\in[0,1]$；

步骤3：计算 $b_i=b_{i-1}+\hat{r}_i$；其中 i 为队列编号，$b_0=0$；

步骤4：查找第一个满足条件 $b_i\geqslant RN$ 的队列 i；

步骤5：调度队列 i 中的队头车辆通过事故横断面。

我们以视频1、视频2中统计出的实际上游车流量为基础数据，通过MATLAB编程求解，得到了事故横断面车流量、各车道排队长度等数据。后根据问题一中对实际通行能力的定义，以30s为一个时间段，求出了两视频从事故开始到结束的实际通行能力随时间的变化表如下(见表5-6)。

表5-6 视频1、视频2中实际通行能力

视频1		视频2	
时刻/s	实际通行能力/(pcu/min)	时刻/s	实际通行能力/(pcu/min)
15	30	15	23.689 655 17
45	22.758 620 69	45	30.692 307 69
75	24	75	29.896 551 72
105	26.25	105	27
135	26.25	135	25
195	25	195	27
225	21.428 571 43	225	19
255	21.6	255	25
285	18.947 368 42	285	21
315	20.769 230 77	315	23
345	23.571 428 57	345	25
375	22.222 222 22	375	29
405	20.689 655 17	405	23
465	20.869 565 22	465	25
495	25	495	25
525	20.769 230 77	525	27
555	18.461 538 46	555	25
585	22.758 620 69	585	23
615	24	615	25
645	18.461 538 46	645	19
675	22.105 263 16	675	19
705	21.6	705	23
735	21.6	735	25
765	21.6	765	25
795	22.222 222 22	795	27
945	21.428 571 43	945	23
1 005	28.571 428 57	1 005	27

3）数据的分析与说明

首先我们运用 SPSS 软件对两起事故中横断面的实际通行能力进行了显著性检验。由于前后两次事故的样本是没有关联的，我们选择了独立样本 T 检验来进行数据的显著性检验。

我们假设“视频 1 与视频 2 中事故横断面处的实际通行能力不存在显著性差异。”运用 SPSS 进行显著性检验后得到如下结果(图 5-9)。

```
T-TEST GROUPS=VAR00002(0 1)
  /MISSING=LISTWISE
  /VARIABLES=VAR00001
  /CRITERIA=CI(.95).
```

T-Test

[□□□0]

Group Statistics

	VAR00002	N	Mean	Std. Deviation	Std. Error Mean
VAR00001	.00	27	22.7013	2.78345	.53567
	1.00	27	24.6770	3.00818	.57893

Independent Samples Test

		Levene's Test for Equality of Variances		t-test for Equality of Means						
									95% Confidence Interval of the Difference	
		F	Sig.	t	df	Sig. (2-tailed)	Mean Difference	Std. Error Difference	Lower	Upper
VAR00001	Equal variances assumed	.056	.813	-2.505	52	.015	-1.97568	.78873	-3.55839	-.39297
	Equal variances not assumed			-2.505	51.690	.015	-1.97568	.78873	-3.55862	-.39275

图 5-9 独立样本 T 检验

结果显示，Sig.（2－tailed）＜0.05，拒绝原假设，即二者存在着显著差异。并且视频 2 中实际通行能力均值明显高于视频 1。

之后我们将两视频的实际通行能力结合模型求解得到的其他几个数据进行了对比分析，得出了以下结论：

(1) 视频 2 中事故横断面实际通行能力显著高于视频 1 中的事故横断面实际通行能力；

(2) 视频 1 中的车辆排队长度明显长于视频 2 中的车辆排队长度。

原因分析如下：

(1) 根据问题一所得结论，中车道与内车道的车流量占到全部车流量的 90%，视频 1 中的中车道与内车道被占用导致 90%的车辆都要通过一次或两次换道才能通过事故横断面，其中需要两次换道的车辆占到总数的 35%，除去换道所用的时间外，由此造成的车辆减速和换道的等待也增加了车辆通过所需要的总时间。

结合我们在问题二中构建的排队论模型，这种现象大幅度地增加了车辆的服务时间和等待时间，从而导致了实际通行能力的低下。在视频 2 中，外车道与中车道被占用，这两个车道的车流量共占全部车流量的 65%，远小于视频 1 的 90%，其中需要两次换道的车辆仅占总数的 9.34%。

综上，不同车道车流量的差别是导致视频 1 事故横断面实际通行能力远低于视频 2 的主要原因。

(2) 除去车流量外，不同车道车辆的类型也是导致两视频实际通行能力显著差异的原因之一。这里我们同样可以利用问题一中的结论，当没有大型车(大客车及公交车等)存在时，即使短时间内大量出现小型车车流，车辆排队长度也不会很长，而且会快速消失，当存在大型车辆时，很容易造成长距离排队情况。

而这一现象在两视频中的差别也尤为明显，根据问题一中的统计结果，81.25%的大型车来自于中车道，18.75%的大型车来自于内车道，当仅外车道可以通行(视频 1)的时候，几乎所有的大型车都需要一或两次的换道，而由于大型车的庞大的体积，当其换道时会大大增加其后小型车的等待时间。而内车道可以通行(视频 2)时，位于内车道的大型车可以以较高的速度通过事故横断面，对小型车的影响相对较小。

(3) 不同车道行车速度的不同也存在较大的影响。根据我国交通法规的规定和人们的驾驶习惯，外车道、中车道、内车道，行车速度依次增高，通过对两个视频进行观察分析可以发现，由于行人、非机动车辆等影响，外车道的行车速度远远小于中车道与内车道，内车道又快于中车道。因此，视频 1 中的情况，中车道与内车道高速行驶的车辆接近事故横断面时不得不大幅度减速来换道和通行，而视频 2 中内车道的车辆则不存在这个问题，由于内车道整体行车速度的影响，中车道车辆的减速幅度也小于视频 1 中车辆的减速幅度。

3. 问题三模型的建立与求解

符号规定

L：车辆排队长度；

L_0：车辆排队时间开始时的排队长度；

ΔL：车辆排队长度的变化；

Cross_arrive：每 10s 内上游十字路口车流量；

Apt_arrive：每 10s 内小区路口车流量；

Pass_num：每 10s 内事故横断面的车流量；

Length：一个标准车当量数占有的长度，包括小型车辆车长及车头距前一辆车的距离。

题目中要求根据视频 1 中提供的信息，找到车辆排队长度与事故横断面实际通行能力、事故持续时间、路段上游车流量的关系。我们初步考虑利用视频 1 中提取的数据，考虑四项指标之间的关系，利用该关系自主构建排队长度其他三个指标的关系式，利用实测数据求解关系式中的未知系数，然后通过检验相关系数以及利用其他数据验证来确定模型的正确性。

1) 确定视频中事故发生的起止位置

首先，我们通过分析视频得到，在计算事故持续时间时，应考虑如下方面：

(1) 事故时间的起点并不一定限制在车辆排队情况刚出现的时间点，只要是该时间点上，有车辆排队的情况出现，都可以认作是事故持续时间的计算起点；

(2) 从起点开始算起，到车辆排队情况首次结束的时刻为止，期间任何一个时间点相对于起点经过的时间即为事故持续时间。

根据以上定义，我们可以取视频中 6 次提到“120m”距离的时刻分别作为事故持续时间的计算起点，在车辆首次排队结束、遇到下一个计算起点或者视频发生跳跃时停止，由此我们可以得到 6 次车辆排队事故，具体起止位置如表 5-7 所示。

表 5-7　6 次车辆排队事故的起止位置

排队事故序号	开始时刻	与事故发生相距时间/s	结束时刻	与事故发生相距时间/s
第一次排队	16：42：46	14	16：44：16	104
第二次排队	16：47：50	318	16：49：37	425
第三次排队	16：50：42	490	16：51：42	550
第四次排队	16：51：44	552	16：52：44	612
第五次排队	16：52：46	614	16：53：46	674
第六次排队	16：54：03	691	16：55：43	791

2）每次事故统计四项指标的变化

题目中要求给出车辆排队时间长短与事故横断面实际通行能力、事故持续时间、路段上游车流量。查阅相关资料后发现，传统的交通波、交通流的算法并不能很好地适用于本问题。我们考虑可以通过实际统计视频中 6 次事故中的各个指标的准确数据，根据实际数据的变化规律来初步确定一个关系式。接下来利用一部分统计数据作为已知量，利用 MATLAB 求解一个非线性超定方程组从而得到关系式中的各个参数，再利用另一部分数据进行该关系式的检验。

下面以第一次车辆排队事故为例作如下说明：

第一次车辆排队事故发生在 16：42：46 时刻，结束时间为 16：44：16，持续时间 80s，我们以 10s 为周期，统计了如下指标：

（1）不同时间节点的车辆排队长度 L；

（2）每个周期内经上游十字路口到达事故路段的标准车当量数 Cross_arrive，用来反映十字路口的车流量；

（3）每个统计周期内在小区路口出现的标准车当量数 Apt_arrive，用来反映小区路口处的车流量；

（4）每个 10s 周期内经过事故横断面的标准车当量数 Pass_num，用来反映事故横断面处实际最大通行能力，该做法符合问题一中对实际最大通行能力的定义。

各指标具体变化情况如表 5-8 所示。

表 5-8　第一次车辆排队事故中的各个指标变化情况

第一次车辆排队时刻	16：42：46	16：42：56	16：43：06	16：43：16	16：43：26
事故持续时间/s	0	10	20	30	40
换算成排队长度/m	101.379 3	86.896 55	68.275 86	47.586 21	60
上游路口处车流量/pcu	0	2	2	2	7
小区路口车流量/pcu	0	0	2	2	0
实际通行能力/(pcu/min)	0	5	4	3	2
第一次车辆排队时刻	16：43：40	16：43：46	16：43：56	16：44：06	16：44：16
事故持续时间/s	54	60	70	80	90
换算成排队长度/m	93.103 45	82.758 62	51.724 14	37.241 38	0
上游路口处车流量/pcu	4	1	0	1	1
小区路口车流量/pcu	1	0	0	0	0
实际通行能力/(pcu/min)	6	2	2	4	4

3）根据统计数据逐步建立指标间的联系

由表5-8可以发现：某一时刻的排队长度是在前一刻的排队长度基础上变化的，长度变化量 ΔL 与前一时间段内车流量(即车辆的流入量)与事故横断面处实际通行能力(即车辆的流出量)密切相关。显然，在一般情况下满足如下关系：

$$\begin{cases} \Delta L > 0, & \text{车辆流入量} > \text{车辆流出量} \\ \Delta L < 0, & \text{车辆流入量} < \text{车辆流出量} \end{cases}$$

不难推出

排队长度＝初始排队长度＋(车辆流入量－车辆流出量)×车辆所占长度

利用符号表达如下：

$$L = L_0 + (\text{Cross\_arrive} + \text{Apt\_arrive} - \text{Pass\_num}) \times \text{Length}$$

继续分析视频及表中数据，我们可以看到，横断面处车辆的流出对车辆排队长度的减小作用是立即产生的。同时，从小区路口进入的车辆在绝大部分时间都能够立刻加入到排队队伍中去，对队伍长度的增加作用也是立刻完成的。但是，由于车流量统计截面C与事故发生截面为134.483m。而在一般情况下，截面C都会距离车辆排队队伍末端太远，通过C截面的车辆不能及时的到达队伍末端，也就无法及时地对车辆排队长度进行补偿。因此，我们引入对贡献系数 λ 来衡量各个车辆的进入和流出对车辆排队长度的实际贡献程度大小。

具体，λ 的赋值如下：

事故横断面处车辆流出贡献系数 $\lambda_P=1$；

小区路口车辆流入贡献系数 $\lambda_A=1$；

上游路口车辆流入贡献系数 $\lambda_C=\dfrac{\lambda_0}{134.483-L}$，因不确定 λ_C 的具体形式，但考虑到该系数与截面C与队伍末尾的距离成负相关，故作此假定；

综上所述，加入贡献系数修正后的关系式如下：

$$L = L_0 + (\text{Cross\_arrive} \times \lambda_C + \text{Apt\_arrive} \times \lambda_A - \text{Pass\_num} \times \lambda_P) \times \text{Length}$$

在得到上述关系式后，我们需要建立一个完备的数学模型来加以检验。

4）元胞自动机的引入

在问题二对城市交通阻塞问题的初步探索中，我们建立了单服务台多列的排队论模型，采用了基于概率的最高响应比优先(HRRN)调度策略来模拟真实的情况，并取得了良好的效果。但该模型仍然存在比较多的漏洞和局限性，主要表现在以下几个方面：

(1) 排队论模型中车辆的速度无法定义，只能认为所有车辆的速度是相同的，因此，也无法定义车辆的加减速机制。

(2) 排队论模型对现实中复杂的换道、等待机制无法进行完备的仿真与模拟。

(3) 排队论无法考虑路段下游的方向需求。

基于上述原因，我们需要寻找一种能够对复杂的现实状况进行仿真的离散化的模型来对问题进行更细致更深入的探索。而元胞自动机正是这种用简单的规则控制相互作用的元胞来模拟复杂世界的离散动力学系统。

模型综述

车道被占用会导致车道或道路横断面通行能力在单位时间内降低。由于城市道路具有交通流密度大、连续性强等特点，一条车道被占用所导致的堵塞情况虽然有很多种，但由于车辆行驶具有一定的规律性、交通规则的限制等使得事故的影响程度有迹可循。因此我们利用这些规律在MATLAB上构建元胞自动机模型模拟交通流，从而较好地还原事故现场，并最终预计事故的影响程度。

模型的核心在于，将车流的运动看成离散的现象。虽然稳定的车流可以较好地被已知的公式来描述，但是在车道被占用的情况下，交通状况并不能被简单地计算出来。车距、车速、转向、四轮及以上机动车的类型和司机的反应时间等都应该应用到模型中，才能使模型对真实情况有较好的还原度。而我们将每辆车看成是独立的元胞来模拟便可以较好地解决事故现场的随机性，而这也是其优于传统公式计算模型之处。

我们利用建立好的CA模型也可以对该路段不同车道占用以及不同事故地点等多种事故影响情况进行仿真和预测。

符号定义

$\boldsymbol{M}$：事故发生路段矩阵；

cell：元胞单位；

T：视频中显示的时间；

t：从事故发生开始到当前所经过的时间；

tt：从事故发生后第一次信号灯变绿到当前所经过的时间；

t_p：1s时间间隔；

arrival：从事故发生后第一次信号灯变绿当前车辆到达该路段所经过的时间；

L：车道，$L=i$表示第i条车道，$i=1,2,3$；

flux：车流量(pcu/h)；

$\text{count}_{\text{time}}$：time时间段内上游路段通过的车辆数；

p_L：车道L出现车辆的概率；

p_{ac}：车辆加速概率；

p_{dc}：车辆防止碰撞减速概率；

p_{rd}：车辆随机减速概率；

v_{init}：车辆初始速度；

$v_{\max}$：车辆最大速度；

v_{now}：车辆现有速度；

v_{next}：下一时刻车辆速度。

模型的准备

(1) 事故路段平面的矩阵化

在这个元胞自动机模型中，我们设置了一个$m\times n(120\times 5)$的主矩阵$\boldsymbol{M}$代表事故发生路段，其中$m=120$表示路段长所包含的元胞个数：每个元胞的长代表实际的4m，路段总长480m，故需要120个元胞；$n=5$表示路段宽所包含的元胞个数：三条车道＋两条车道边界。

矩阵中的每点就是一个元胞，每点的数值代表当前元胞的状态。事故路段中有三种元胞：

被车辆占用的元胞——用1表示；

空元胞——用0表示；

不可进入的元胞——用-1表示。

其中，不可进入的元胞包括道路边界、事故汽车堵住的路段。

初始化的矩阵如下图所示：

$$
\boldsymbol{M}=\begin{bmatrix}
-1 & 0 & 0 & 0 & -1\\
-1 & 0 & 0 & 0 & -1\\
\vdots & \vdots & \vdots & \vdots & \vdots\\
-1 & 0 & 0 & 0 & -1\\
-1 & 0 & -1 & -1 & -1\\
-1 & 0 & 0 & 0 & -1\\
\vdots & \vdots & \vdots & \vdots & \vdots\\
-1 & 0 & 0 & 0 & -1\\
-1 & 0 & 0 & 0 & -1
\end{bmatrix}
$$

两侧路段的－1 表示道路边界，中间路段中的－1 表示事故汽车堵塞位置。

用 MATLAB 可视化后如图 5-10 所示。其中白色表示空车道，黑色表示不可通行的区域。

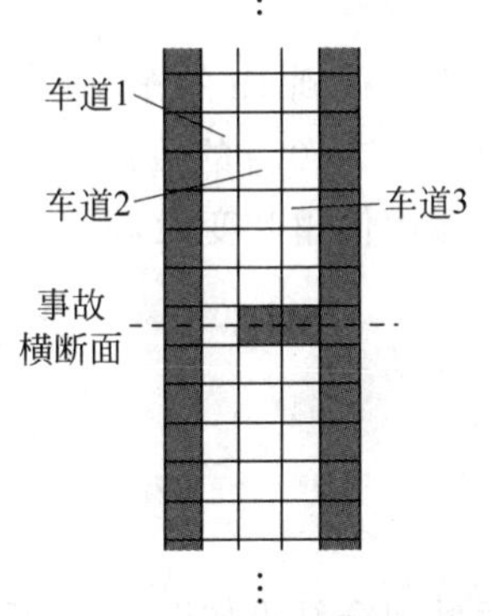

图 5-10　元胞自动机示意图

(2) 车辆类别

车辆类别分为小轿车和公交车。小轿车占一个元胞，公交车纵向占两个元胞。

(3) 车流量的分配模型

① 汽车的到达情况从视频中取得

对于问题三，我们从视频一中搜集数据，包括上游路段出现车辆的时间、类型及车道，部分数据如表 5-9 所示。

表　5-9

时刻	车辆类型	车道 L
16：42：34	小轿车	3
16：42：36	公交车	2
16：42：37	小轿车	3
16：42：37	公交车	2
16：42：46	小轿车	3

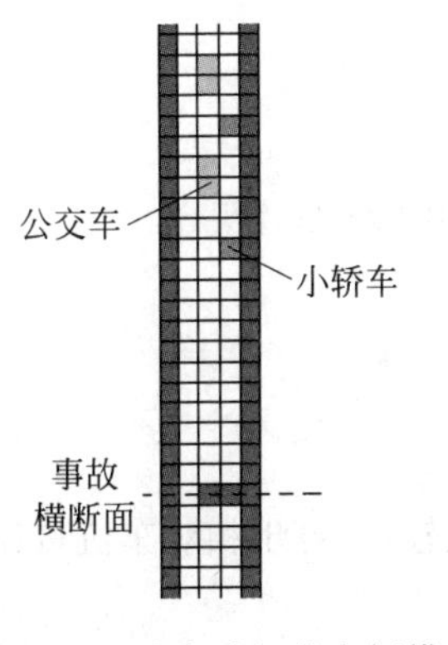

图 5-11　元胞自动机的车辆模型

车辆出现时，矩阵变化公式设定为

$$\text{小汽车：}M_{\text{arrival}}(1,L)=1$$

$$\text{公交车：}\begin{cases}M_{\text{arrival}}(1,L)=1\\M_{\text{arrival}}(2,L)=1\end{cases}$$

② 预测车流量变化后汽车的到达

a. 运用傅里叶变换估计视频 1 中的车流量：

从视频中我们统计出事故发生后信号灯第一次变绿后每 10s 通过的汽车数量 count_{10s}，由于视频中时间会有跳变，为保证数据的准确性，我们采用 tt<400 时的数据，并将其平均化得到每秒车流量(小轿车汽车当量设定为

1pcu，公交车汽车当量设定为 2pcu)，部分数据如下(见表 5-10)。

表 5-10 每秒车流量

tt/s	通过汽车当量/pcu	每秒车流量/(pcu/s)
1～10	2	0.2
10～20	4	0.4
20～30	5	0.5
30～40	3	0.3
40～50	0	0
50～60	0	0
60～70	1	0.1

为了得到 1h 的车流量，我们用傅里叶变换拟合车流量(pcu/s)－时间变化，这样便可以预测到 tt＞400s 的数据。

运用傅里叶变换，得

$$F(t) = a_0 + \sum_{i=1}^{8} a_i \cos(\mathrm{i}t\omega) + b_i \sin(\mathrm{i}t\omega)$$

其中

$$\omega = \frac{2\pi}{24} = 0.251\,3$$

傅里叶拟合结果如图 5-12 所示。

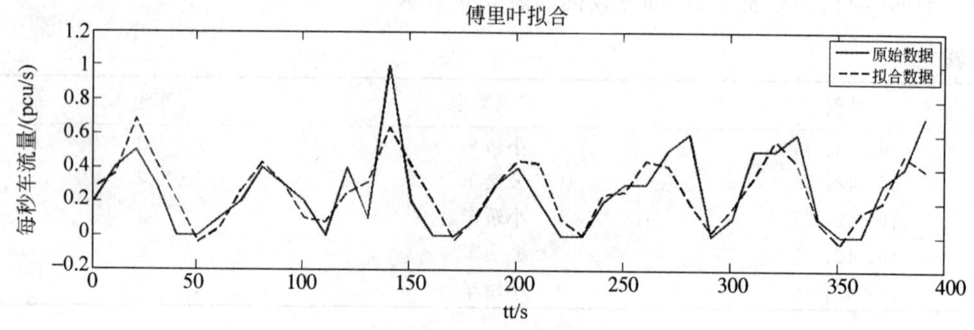

图 5-12 傅里叶拟合

由图 5-12 可见，拟合效果很好。

运用傅里叶拟合出的函数得到视频一中路段上游车流量(pcu/h)：

$$\text{flux} = \int_0^{3\,600} \mathrm{F}(\mathrm{tt})\mathrm{d}(\mathrm{tt})$$

计算得 flux=1 014pcu/h。

b. 分析车流量已知时车辆到达时间及车道

第四问中，车流量 flux′=1 500pcu/h。与视频一车流量相比较，计算出相对车流量比率

$$\text{rate} = \frac{\text{flux}}{\text{flux}'} = 0.676\,1$$

由视频 1 傅里叶变换得到的函数生成新的车流量(pcu/s)—时间变化函数：

$$F'(t) = \text{rate} \cdot F(t)$$

由该函数即可得到每十秒内上游路段通过的车辆数 $count_{10s}$，通过随机数产生这些车辆在这 10s 内到达的时间，再由附件 3 中的流量比例得到 $p_1=21\%$，$p_2=44\%$，$p_3=35\%$，由此概率分配车流量 count_{10s}。

(4) 车辆行进规则

① 基本前进规则和换道规则

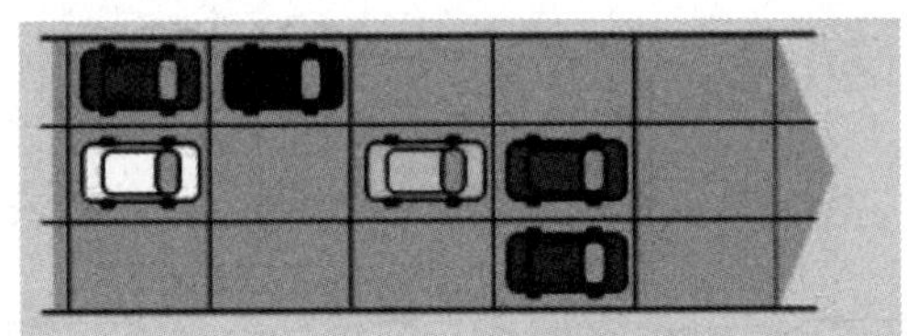

图 5-13　前进规则

当 $v=1\text{cell/s}$ 时，

前进规则：如果 tt 时刻第 i 位置状态是车，且 $i+1$ 位置为空，则 $t+1$ 时刻 i 位置变为空，$i+1$ 位置变为车。

换道规则：如果 t 时刻第 i 位置和 $i+1$ 位置状态都为车，则 i 位置的车尝试换道，向左和向右换的几率相等。

② 速度设定

根据视频 1 中可得，道路通畅状态下，车辆行驶过 240m 平均需要大约 22s 的时间，所以设定

$$v_{\text{init}} = 2\text{cell/s} = 8\text{m/s}$$

$$v_{\max} = 3\text{cell/s} = 2\text{m/s}$$

③ 进阶前进规则

找到当前汽车元胞 i 与它之前最近障碍物中间相隔的元胞个数 gap_i。

a. 加速规则

当前时刻任一车辆，即对于 $M(x,y)=1$ 这一元胞，当 $\text{gap}_i > v_{\text{now}} \cdot t_p$ 时，也即前方道路非常通畅，根据实际经验，司机此时倾向于加速，于是生成 0～1 的随机数。如果小于 $p_{\text{ac}}=0.8$，则

$$v_{\text{next}} = \min\{v_{\text{now}} + 1, v_{\max}\}$$

b. 防止碰撞减速

当前时刻任一车辆，即对于 $M(x,y)=1$ 这一元胞，当 $\text{gap}_i < v_{\text{now}} \cdot t_p$ 时，为避免碰撞，令 $p_{\text{dc}}=1$，而减速度也不应过大，则

$$v_{\text{next}} = \text{gap}_i - 1$$

c. 随机减速

司机常常有可能因为非交通因素减速，这也会对交通状况产生一定影响，但相对防止碰撞而言，随机减速的可能性较小，令 $p_{\text{rd}}=0.3$，则

$$v_{\text{next}} = v_{\text{next}} - 1$$

④ 进阶换道规则

根据视频,拥挤时车辆换道往往需要一定的时间延迟,所以我们规定在拥挤状态下车辆换道的时间延长。

模型仿真

(1) 行驶过程

对于每辆车而言,其行驶过程可分为上游段行驶、穿过事故横截面、下游段行驶。每段由路况不同,有不同的速度变化。其行驶流程图如图 5-14 所示。

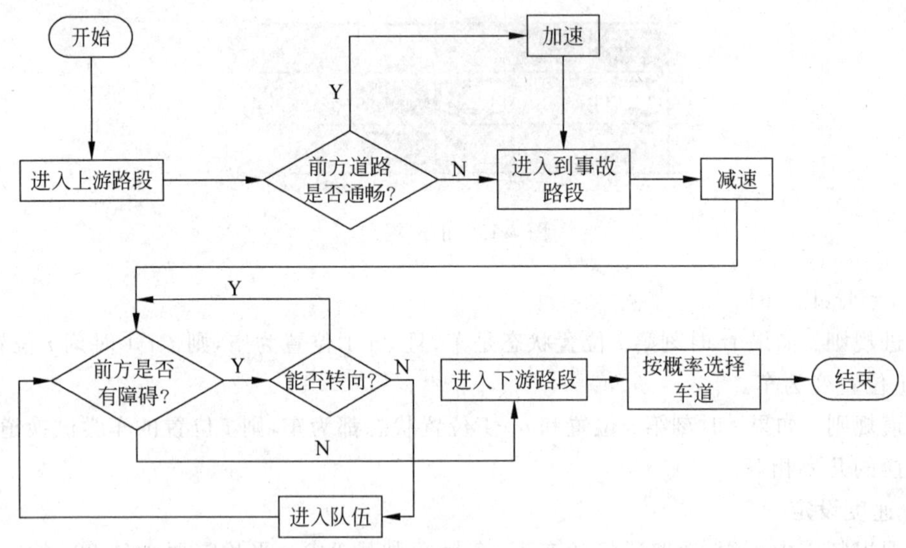

图 5-14 模型仿真行驶流程图

(2) 视频 1 的仿真

我们利用视频 1 的车流量,运行仿真程序,得到最拥堵时的交通状况如下(见可视化矩阵路面图 5-15)。

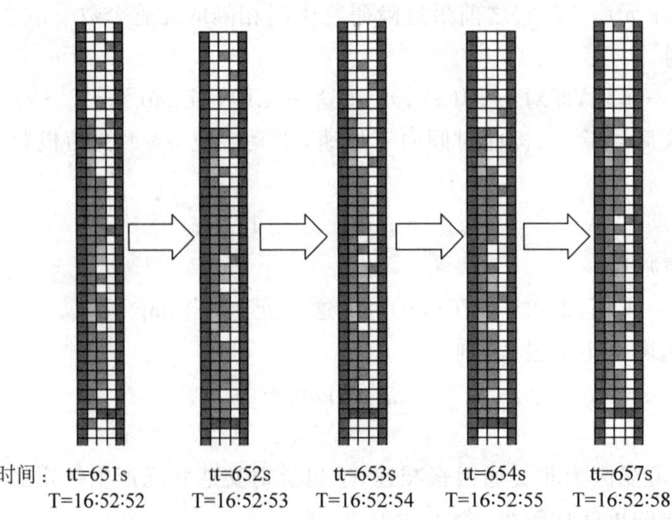

图 5-15 最拥堵时的交通情况

队伍长 31 个元胞，即 31cell×4m/cell=124m，时间约在 16：52：52。

仿真结果与视频 1 结果的比较。

我们统计出视频 1 中队伍最长的 7 个时间点，见表 5-11。

表 5-11　7 个时间点

T	16：42：46	16：48：42	16：50：42	16：51：42
tt	14	370	490	550
T	16：52：34	16：53：46	16：54：23	
tt	602	674	711	

将这些时间点代入到元胞自动机模型中，得到如下结果(见表 5-12)。

表　5-12

模型 tt	374	497	559	604	669
排队长度/m	88	102	114	122	150
视频 1 tt	370	490	550	602	674
排队长度/m	93	120	120	126	124

运用 SPSS 软件进行显著性分析，得 $p=0.20$，接受原假设，两组数据不存在显著性差异，证明元胞自动机模型可行。

4. 问题四的求解

我们主要运用问题三构建的元胞自动机的模型对问题四的情形进行模拟和预测。

我们将横断面与上游路口间的元胞个数设为 35，从而把横断面至上游路口距离更改为 140m，汽车到达时间及车道如前文所述。

图 5-16 为第一次仿真过程中，车辆排队长度将到达上游路口时的情况。此时，tt=400s，即经过 6min36s 后，车辆排队长度到达上游路口。由于仿真过程具有一定的随机性，为保证结果的准确，我们多次测量取平均值，得到如下数据(见表 5-13)。

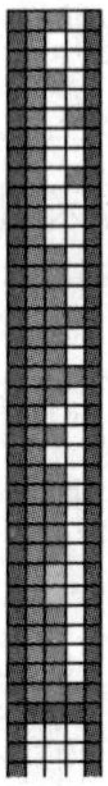

图 5-16　排队长度到达上游路口

表　5-13

仿真次数	1	2	3	4	5	6	7
到达上游路口 tt	400	376	409	401	348	394	410

$\overline{tt}_{到达上游路口}=391s=6min30s$，$5.5min<\overline{tt}_{到达上游路口}<7.5min$。

综上，车辆排队长度将到达上游路口的时间范围在 5.5～7.5min 之间。

5.3.6　模型的科学性分析

本文针对题目提出的各个问题的不同要求，分别做出了对于实际通行能力的定义；基于单服务台多列的排队模型的排队模型；研究车辆排队长度与事故横断面实际通行能力、事故持续时间、路段上游车流量间关系的多元回归分析以及模拟事故发生路段的元胞自动机模型,并通过与视频统计数据的反复检验保证了各模型的准确性。结合模型的建立过程和求解得到的结果,对各预测模型的科学性分析阐述如下。

1. 对于实际通行能力定义的科学性分析

首先,我们定义了实际通行能力。实际通行能力是对基本通行能力或设计通行能力根据具体情况进行修正的结果,因此,实际通行能力是在实际情况下所能通行的最大小时交通量,它能够反映道路的真实通行能力。

由于视频中车辆通过距离长短、花费时间长短都比较小,车辆在通过事故路段时并不是匀速,人工测量具有很大的相对误差,无法距离、时间、车速进行精确建模,无法利用常见的公式求得实际通行能力,我们将视频中的时间分段进行统计,分别是:事故持续时间段、车辆饱和状态、车辆短缺状态、视频跳跃段。这就减小了视频中数据量小、时间不连续所带来的弊端,同时也展现出了车流量因信号灯变化而带来的周期性,使得模型具有较好的科学性和合理性。

2. 基于单服务台多列的排队模型的科学性分析

排队论也称随机服务系统理论,就是为解决本类问题而发展的一门学科。我们主要应用排队论来对事故横断面车流量、排队长度、排队等待时间等数据进行初步统计与推断。

之后在统计视频 1 和视频 2 的差异时,我们运用 SPSS 软件对两组数据进行了独立样本 T 检验来进行数据的显著性差异分析,发现两组数据有显著性差异并运用排队论的知识和相关资料对这种差异做出了较为合理的解释。

3. 研究车辆排队长度与事故影响程度关系的多元回归分析的科学性分析

在这里我们根据视频 1 中提供的信息,找到车辆排队长度与事故横断面实际通行能力、事故持续时间、路段上游车流量的关系。我们初步考虑利用视频 1 中提取的数据,考虑四项指标之间的关系,利用该关系自主构建排队长度其他三个指标的关系式,利用实测数据求解关系式中的未知系数,然后通过检验相关系数以及利用其他数据验证来确定模型的正确性。

由于是利用了视频中的统计数据分析了各个指标间的联系,基础关系式具有很好的科学性和合理性,多元回归分析法对于各项系数的确定更进一步确定了该模型的精确性。

4. 模拟事故发生路段的元胞自动机模型的科学性分析

元胞自动机模型将车流的运动看成离散的现象。虽然稳定的车流可以较好地被已知的公式来描述,但是在车道被占用的情况下,交通状况并不能被简单地计算出来。车距、车速、转向、四轮及以上机动车的类型和司机的反应时间等都应该应用到模型中,才能使模型对真实情况有较好的还原度。而我们将每辆车看成是独立的元胞来模拟便可以较好地解决事故现场的随机性,具有较强的科学性和合理性。

同时,我们充分利用了 MATLAB 软件对于矩阵的处理能力,将整个路段模拟成一个由元胞构成的大矩阵,通过每个元胞中的不同数值表示该位置在路段中的状态。通过对于矩阵的可视化显示,我们可以直观地事故路段的交通状态、队列长度等信息,为研究带来了很大的便利性。

5.3.7　模型的评价与改进

1. 模型的优点

(1) 模型是在充分统计了视频中的各项数据信息后建立的，通过不断地分析、检验和完善使得模型具有较高的精确性，同时也确保了思维的科学性，和整体的模型结构的严谨性。

(2) 对于模型得到的结果，并能联系全文不同模型所得结果，合理地分析，反复推测，最后验证模型的可行性。

(3) 模型可以做到对事故地段的逼真还原，再现当时的情景，从而可以帮助进一步交通研究。同时，也可以对于未发生的事故做出科学且合理的预测，这样可以预估出占用车道对于交通状况的影响，从而采取完备的预防措施。

(4) 数据处理及模型求解时充分运用了 MATLAB 等数学软件，较好地解决了问题，得到了较理想的结果。充分用了题目中的各种信息，并且较好地结合了对模型的检验。

2. 模型的缺点

(1) 在运用排队论时，只是对数据进行了初步的分析，但其结果还不能做到深度的分析，而需要之后的元胞自动机模型对其进行定量的补充和扩展。

(2) 元胞自动机模型结果具有一定的随机性，且对预测出现的汽车较为局限地依赖于视频 1 中的信息，使得预测区间不够精确，还应通过对更多该路段发生事故的信息统计对其参数进行优化，使预测结果能够更加精确。

3. 模型的可推广性分析

(1) 本文提出的车道被占用对城市道路通行能力的影响模型具有较高的使用推广价值，而且算法时间、空间复杂度都不高，很容易开发成事故路段路况预测的软件，较高效率地解决交通问题。

(2) 本文提出的元胞自动机算法可以推广到更为复杂的路段，只需改变元胞矩阵的参数设置就可以模拟出不同路段的交通情况，汽车的加速、减速、换道等步骤也具有较强的普适性，使得模型有很强的灵活性和鲁棒性。

(3) 问题一中对于实际通行能力的定义能够反映道路的真实通行能力，可以推广到复杂路段通行能力的判断。

5.3.8　参考文献

[1] 赵寿根. 事故地点对交通波的影响研究[J]. 物理学报，2009，58(11)：7497-7505.
[2] 卓金武. MATLAB 在数学建模中的应用[M]. 北京：北京航空航天大学出版社，2011.
[3] 田乃硕，等. 离散时间排队论[M]. 北京：科学出版社，2008.
[4] 雷功炎. 数学模型讲义[M]. 北京：北京大学出版社，2004.
[5] 姜启源，谢金星，叶俊. 数学模型[M]. 3 版. 北京：高等教育出版社，2003.
[6] 苏金明，阮沈勇. MATLAB 实用教程[M]. 北京：电子工业出版社，2008.
[7] 李雪，胡丁晟，徐铎. 眼科病床安排模型的评价及改进[M]. 全国数学建模竞赛一等奖，2009.

5.3.9　附录(略)

5.4 论文点评

论文首先明确定义了道路的实际通行能力，随后对大型、小型车辆按照一定标准换算为统一的标准当量，在此基础上对视频中车辆通行情况以30s为单位时间进行计数，从而完成了视频数据的提取。通过对数据的解读，文中分析了影响道路实际通行能力的几种因素。

文中将问题二视为单服务台多列排队问题，在选择算法时注意到了对算法原理和优点的阐述，并运用SPSS软件对两次事故的通行数据进行了显著性检验，从而为不同车道堵塞对实际通行能力的影响提供了可信的量化分析。

在问题三中，文中在建立并分析了排队论模型的优缺点之后，又重点建立了元胞自动机模型。文中将整个道路划分成若干个元胞，对于车辆在各个元胞之间的转移规则，充分考虑了不同位置、不同去向、道路拥堵时的应对和随机干扰。文中又对进入事故路段的车辆数据进行了傅里叶级数拟合，得到上游到来车流量与时间的函数关系，两者结合，可以较好地反映上述因素与事故路段通行能力之间的关系。

这篇论文的优点在于部分细节处理得比较好，比如车辆大小在道路占用、通行能力等方面的影响有差异；在讨论事故占用不同车道对通行能力的影响时，运用SPSS做了显著性检验，这比简单的数据对比有更强的说服力；在针对问题三建模时，没有采用常规的排队论方法，而是有理有据地提出了元胞自动机模型，相关因素的考虑也比较周到。

这篇论文的不足之处在于数据提取时没有表现出较好的技术水平，对于因视频缺失而造成的数据中断也没有采取相应的补救措施。另外，在筛选影响道路通行能力的因素时未能进行充分论证。不过总体而言，本论文在有理有据、创新思维方面表现都非常突出。

最后值得一提的是，在解决问题二时，这篇论文恰当地使用SPSS进行数据分析，应用环境、具体的计算和分析都非常合理，在竞赛中获得了IBM SPSS创新奖。

5.5 获奖论文——车道被占用对城市道路通行能力的影响

作　　者：刘伟杰　赵晔　高佳贝

指导教师：金海

获奖情况：2013全国数学建模竞赛一等奖

摘要

本文研究了基于概率论和排队论的车道被占用对道路通行能力的影响问题。

首先通过监控视频提取事故路段车流量信息，将其量化为数值型数据。对于视频中缺失的部分，根据规律进行估值并补充。在对提取的数据进行作图、拟合等分析后，发现受上游十字路口影响，事故路段车流量具有周期性、成批性的特点。

对于问题一，由于横断面的通行能力受噪声干扰，单凭数据图像难以直观描述，故用小波分析对道路路口交通系统进行辨识，对采样信号进行一维小波分析与目标匹配，重构出多种不同特征的信号，在时域上观察表征周期性变化状态的DCT及正余弦子波与表征突变状态的sym4-lev5子波小波包的分布规律，继而从时域的角度描述出事故所处横断面实际通行能力的变化过程。

对于问题二,一方面亦通过小波变换,重构出表征的阻塞因素的稳定信号 sym4-lev5,在交通事故期间根据此信号的波动状况与问题一中该子波形态比较得到事故期间实际通行能力的差异;另一方面通过机理分析,建立层次分析模型,分析车辆在不同车道的分布差异。两方面均得出车道一与车道二阻塞时交通状况优于车道二与车道三阻塞时的交通状况的结论。

对于问题三,根据二流理论思想,构建出基于交通流的排队长度模型。将运动车辆形成的交通流视为行驶交通流,停止车辆形成的交通流视为阻塞交通流,通过两个交通流的加权和来描述该车辆排队模型的状态。结合交通流与事故断面通行能力和上游车流量之间的关系,推导出该路段车辆排队长度的变化率表达式,将该表达式对事故持续时间求积分,从而得出该路段车辆排队长度与事故横断面实际通行能力、事故持续时间、路段上游车流量间的关系式。

对于问题四,将该路段视为容量为 35pcu 的单服务排队系统。用 Monte-Carlo 算法模拟车流输入,车辆到达累计数与离去累计数之差为排队车辆数,车辆从事故现场通过模拟为服务,车辆服务时间服从泊松分布。多次执行该过程,发现车辆排队长度到达上游路口的时间 T_D 服从均值为 231s(3.85min),标准差为 20.4s 的正态分布,即 $T_D \sim N(231, 20.4^2)$。

最后,本文对以上模型进行了模型验证和灵敏度分析,确定了该模型的准确性和可靠性。

关键词:小波分析　二流理论 Monte-Carlo 模拟　排队论　概率论

5.5.1 问题背景与重述

车道被占用是指因交通事故、路边停车、占道施工等因素,导致车道或道路横断面通行能力在单位时间内降低的现象。由于城市道路具有交通流密度大、连续性强等特点,一条车道被占用,也可能降低路段所有车道的通行能力,即使时间短,也可能引起车辆排队,出现交通阻塞。如处理不当,甚至出现区域性拥堵。

车道被占用的情况种类繁多、复杂,正确估算车道被占用对城市道路通行能力的影响程度,将为交通管理部门正确引导车辆行驶、审批占道施工、设计道路渠化方案、设置路边停车位和设置非港湾式公交车站等提供理论依据。

视频 1(附件 1)和视频 2(附件 2)中的两个交通事故处于同一路段的同一横断面,且完全占用两条车道。请研究以下问题:

(1) 根据视频 1(附件 1),描述视频中交通事故发生至撤离期间,事故所处横断面实际通行能力的变化过程。

(2) 根据问题 1 所得结论,结合视频 2(附件 2),分析说明同一横断面交通事故所占车道不同对该横断面实际通行能力影响的差异。

(3) 构建数学模型,分析视频 1(附件 1)中交通事故所影响的路段车辆排队长度与事故横断面实际通行能力、事故持续时间、路段上游车流量间的关系。

(4) 假如视频 1(附件 1)中的交通事故所处横断面距离上游路口变为 140m,路段下游方向需求不变,路段上游车流量为 1 500pcu/h,事故发生时车辆初始排队长度为零,且事故持续不撤离。估算从事故发生开始,经过多长时间,车辆排队长度将到达上游路口。

5.5.2 基本假设

(1) 车辆转换为标准车当量后,车辆间差异较小,可以忽略;

(2) 车辆排队时密度一定,不会出现排列过紧或出现大面积空缺的情况;

(3) 事故发生后上游路口红绿灯仍正常工作,并未做出调整;

(4) 事故发生后车辆有序排队通过,不会出现二次车祸;

(5) 四轮以下机动车、电瓶车对该路段的通行能力的影响可以忽略。

5.5.3 符号说明

符号、名称	意　义
pcu	标准车当量,未特殊说明,车辆数均指 pcu
T	数据采样周期,$T=10\text{s}$
$L_D(t)$	t 时刻上、下游断面间车辆当量排队长度
$q_U(t)$	t 时刻上游断面车流量,即上游路段车流量
$q_D(t)$	t 时刻下游断面车流量,表征事故横断面实际通行能力
T_D	车辆排队长度到达上游路口时间
上游输入断面	图 5-17 中弧线,简称上游断面、输入断面
下游输出断面	图 5-17 中直线,简称下游断面、输出断面

5.5.4 数据提取与处理

1. 计算标准车当量数(pcu)

由于数据以视频的形式给出,首先要对视频进行数据的采集。我们以 $T=10\text{s}$ 为采样间隔,分别对上下游断面间区域进出的四轮及以上机动车、电瓶车(以下简称汽车)的数量进行记录。采集数据时,输出车辆以事故发生处的横断面为参考标准(图 5-17 中直线所示),而输入车辆则以上游输入断面为参考标准(图 5-17 中弧线所示)。另外,由于途中车辆以标准小客车、中型客车和大型客车为主,在数据采集时,就将车分成了这三种类型,折算系数见表 5-14。

计算公式为:

标准车当量(pcu)=标准小客车辆数×1+中型客车辆数×1.5+大型客车辆数×2

表 5-14　车类型及折算系数

车类型	标准小客车	中型客车	大型客车
折算系数	1	1.5	2

2. 断点处理

这里需要指出,在观看监控录像时我们发现,视频当中存在许多断点。比如,视频 1 中

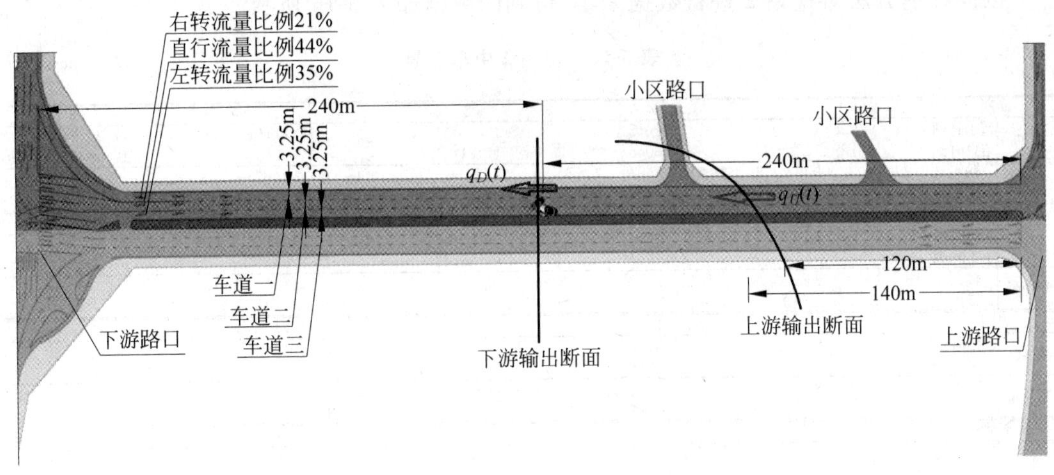

图 5-17 输入和输出断面示意图

断点的缺失时间小到 19s,大到 2min。为了保持后续分析的连贯性,结合附件 5 中给出的上游路口信号配时方案,对获得的数据进行了分析,发现在正常运行期间,每分钟经过输入断面和输出断面的标准车当辆数基本都处于[15,25]的区间内,且均比较靠近 20(事故消失以后不算)。我们以 10s 为间隔采集了整个视频中通过输入断面和输出断面的车辆数,其中,对于缺失数据按照周期性规律给予了补足。

说明:以视频 1 为例,视频 1 总共可以分成 25 个周期,每个周期为 1min,故以 10s 为间隔,每个周期可以分成 6 个部分。表 5-15 是我们采集的原始数据。

表 5-15 视频 1 中车流量 pcu

周期		1						2						3						4						5					
时间	起始时刻	16:38:39						16:39:39						16:40:39						16:41:39						16:42:42					
	结束时刻	16:39:39						16:40:39						16:41:39						16:42:42						16:43:42					
车流量	输入	7	1	0	0	2	7	2	0	2	2	5	7	2	0	1	0	1	7	7	4	1	1	0	7	0	4	6	3	5	3
	输出	12	2	1	0	2	7	3	0	1	2	2	5	4	4	0	1	3	5	7	3	2	1	2	4	3	4	4	3	4	4
周期		6						7						8						9						10					
时间	起始时刻	16:43:42						16:44:42						16:45:42						16:46:42						16:47:42					
	结束时刻	16:44:42						16:45:42						16:46:42						16:47:42						16:48:42					
车流量	输入	2	2	1	6	0	1	0	3	3	2	2	9	4	1	2	3	4	5	0	3	0	4	4	5	6	3	1	2	6	5
	输出	4	3	4	2	2	4	3	2	2	3	2	3	3	1	3	4	3	4	2	3	2	3	1	4	2	5	3	3	4	4
周期		11						12						13						14						15					
时间	起始时刻	16:48:42						16:49:38						16:50:34						16:51:34						16:52:34					
	结束时刻	16:49:38						16:50:34						16:51:34						16:52:34						16:53:34					
车流量	输入	5	2	1	2	5	3	5	4	3	2	2	3	6	6	3	0	2	3	7	0	5	3	5	2	4	4	5	0	2	5
	输出	3	2	3	4	3	2	2	4	2	3	3	3	4	3	4	3	4	3	3	2	4	4	1	4	3	3	4	4	2	3
周期		16						17						18						19						20					
时间	起始时刻	16:53:34						16:54:33						16:55:33						16:56:33						16:57:33					
	结束时刻	16:54:33						16:55:33						16:56:33						16:57:33						16:58:28					
车流量	输入	2	1	5	8	2	3	2	1	1	0	2	1	4	7	0	2	1	4	8	2	3	2	1	2	1	2	5	3	8	5
	输出	4	2	4	3	4	4	3	2	2	2	4	4	4	3	4	2	4	3	4	4	3	2	4	4	3	2	3	3	1	3
周期		21						22						23						24						25					
时间	起始时刻	16:58:28						16:59:27						17:00:34						17:01:31						17:02:29					
	结束时刻	16:59:27						17:00:34						17:01:31						17:02:29						17:03:29					
车流量	输入	4	2	3	4	1	2	3	2	1	4	3	4	4	0	0	1	0	11	7	5	10	6	9	2	9	9	8	7	9	7
	输出	2	2	2	5	4	4	2	4	3	4	3	4	4	4	2	3	4	10	9	7	8	9	3	3	9	8	4	7	8	7

注:事故发生到撤离的时间为第 5~23 周期。

以同样的方法对视频 2 进行数据采集,得到的数据如表 5-16 所示。

表 5-16　视频 2 中车流量

pcu

周期		1						2						3						4						5					
时间	起始时刻	17:28:51						17:29:51						17:30:51						17:31:51						17:32:51					
	结束时刻	17:29:51						17:30:51						17:31:51						17:32:51						17:33:51					
车流量	输入	2	1	5	8	2	0	1	1	7	6	3	3	1	2	0	1	3	5	4	5	3	6	4	3	2	4	3	4	1	3
	输出	0	2	1	4	9	2	0	0	3	4	7	6	1	0	0	2	2	4	3	6	2	4	3	5	3	3	4	3	2	4
周期		6						7						8						9						10					
时间	起始时刻	17:33:51						17:34:47						17:35:47						17:36:47						17:37:47					
	结束时刻	17:34:47						17:35:47						17:36:47						17:37:47						17:38:47					
车流量	输入	3	2	4	3	2	3	2	2	4	5	13	1	0	1	3	4	10	2	1	1	4	7	5	2	2	1	4	6	7	3
	输出	4	3	3	2	3	4	4	4	5	4	4	6	4	2	3	3	2	3	4	5	4	4	3	5	5	3	2	4	5	3
周期		11						12						13						14						15					
时间	起始时刻	17:38:47						17:39:47						17:40:47						17:41:45						17:42:45					
	结束时刻	17:39:47						17:40:47						17:41:45						17:42:45						17:43:45					
车流量	输入	0	1	3	8	7	1	1	0	4	6	9	3	2	1	6	7	8	1	2	1	2	7	8	3	0	1	2	6	3	4
	输出	5	4	2	1	5	6	4	3	2	3	4	3	4	3	2	3	4	3	4	4	3	4	5	5	4	6	4	3	3	4
周期		16						17						18						19						20					
时间	起始时刻	17:43:45						17:44:45						17:45:45						17:46:45						17:47:45					
	结束时刻	17:44:45						17:45:45						17:46:45						17:47:45						17:48:45					
车流量	输入	2	0	0	9	5	2	1	0	5	5	6	2	2	1	2	6	3	2	1	0	1	7	5	6	3	2	1	4	9	5
	输出	5	2	2	0	4	4	4	3	3	2	4	4	4	3	2	5	3	5	2	2	1	0	3	6	4	5	4	4	3	3
周期		21						22						23						24						25					
时间	起始时刻	17:48:45						17:49:45						17:50:44						17:51:38						17:52:40					
	结束时刻	17:49:45						17:50:44						17:51:38						17:52:40						17:53:40					
车流量	输入	1	1	2	8	9	6	2	2	2	6	10	4	2	3	1	6	9	3	5	0	0	0	4	7	2	0	1	3	6	7
	输出	4	3	3	3	4	4	4	4	4	4	4	4	1	4	4	5	4	3	4	4	3	3	3	4	4	3	2	4	1	5
周期		26						27						28						29						30					
时间	起始时刻	17:53:40						17:54:40						17:55:40						17:56:33						17:57:33					
	结束时刻	17:54:40						17:55:40						17:56:33						17:57:33						17:58:33					
车流量	输入	2	3	5	4	4	7	2	0	1	1	5	8	5	1	0	2	6	3	9	1	1	3	6	7	9	3	0	0	5	7
	输出	4	3	4	4	4	4	3	4	4	3	3	4	4	1	4	4	3	5	4	4	3	4	3	4	3	4	3	4	3	4
周期		31						32						33						34						35					
时间	起始时刻	17:58:33						17:59:31						18:00:34						18:01:34						18:02:36					
	结束时刻	17:59:31						18:00:34						18:01:34						18:02:36						18:03:26					
车流量	输入	6	0	4	3	3	6	7	1	1	3	4	9	3	0	1	1	8	6	1	1	2	3	9	6	1	2	0	1	2	5
	输出	2	3	2	2	3	3	4	4	3	4	5	3	4	3	3	3	4	2	3	4	4	5	4	4	4	4	4	4	4	4

注：事故发生到撤离的时间为第 3～35 周期。

5.5.5　模型建立与求解

1. 模型准备

1）数据分析

在“数据提取与处理”部分,我们已经将所需的数据从视频影像中提取出来,转化为量化直观的数据。下面主要对提取出来的数据进行初级分析,为之后更深层次的分析做准备。

首先提取的车流量数据单位都为 pcu/(10s),为了分析,先将其转化为标准单位 pcu/h,转化公式为

$$q = \frac{3\ 600 q_1}{10}$$

式中,q_1 为转换前数据,q 为转换后数据。

将表 5-15 中数据进行单位转化,化为 pcu/h,以时间为横坐标,车流量为纵坐标,画出图 5-18,其中 $t=0$ 点表示视频开始时刻。

从图 5-18 可以发现,输入断面车流量具有成批性、周期性的特点,且周期为 60s,有波峰和波谷,车流量并非均匀。

造成车流量具有周期性特征的原因为上游十字路口红绿灯的周期性变化。如图 5-19

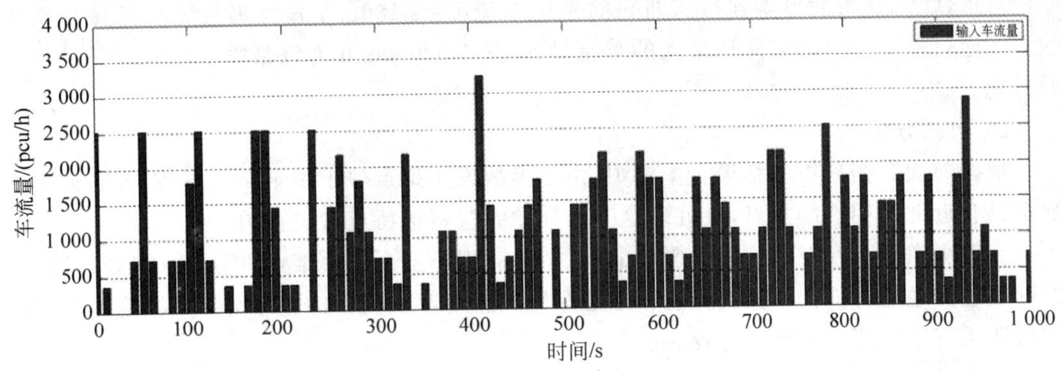

图 5-18 视频 1 输入断面车流量

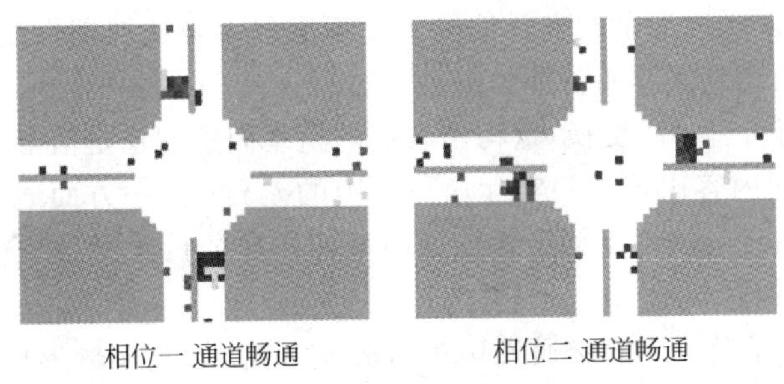

图 5-19 上游路口信号配时方案

所示，当十字路口处于第二相位时，上游断面车流因红灯而无法通行，车辆在此积累，积累时间为半个周期 30s。当转为第一相位时，上游断面车辆放行，积累的车辆进入事故路段，形成波峰。

对视频 1 中事故发生处横断面车流量进行分析，如图 5-19 所示。在事故发生以前，通过该地点的车流量同通过上游断面车流量一样，具有明显的周期性。当事故发生之后，道路受阻，该断面的车流量发生明显变化，车流量基本在 500～1 500pcu/h 之间波动。当事故撤离后道路恢复，由于事故撤离后为车流高峰时段，车流量迅速上升，但仍然呈周期性，且仍有波峰、波谷产生。

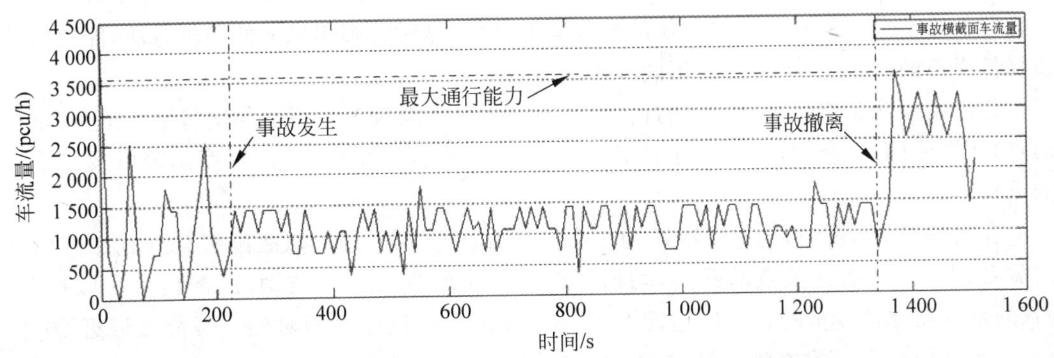

图 5-20 视频 1 中事故断面车流量

可以认为,从事故发生到撤离期间的平均车流$\bar{q}$=1 100pcu/h 为事故发生后该横断面的实际通行能力。事故解除后最大的车流量q_{mqx}=3 500pcu/h 为该路段正常状况下的最大通行能力。

2)问题分析

根据前面数据分析的结果。本题中,由于事故发生地点位于十字路口下游,导致许多参数都具有近似周期性的特点,在处理这方面问题时应将该特点考虑在内。

在解决道路阻塞对通行能力影响的问题中,有以下三个主要难点:①提取与处理数据,准确描述交通通行能力;②找到能够描述车辆到来与车辆离去的概率分布;③构建出准确的排队系统来描述车辆排队过程。

解决以上难点需要概率论、排队论等诸多方面的知识。

问题一:该题中,横断面的实际通行能力受噪声干扰很明显,故运用小波分析对信号进行重构,在多种因素及噪声混杂的实际信号中分解出包含表征周期性交通流与表征阻塞因素的稳定信号。从而得到实际通行能力的变化过程。

问题二:一方面通过小波变换,重构出表征的阻塞因素的稳定信号,根据此信号的波动状况与问题一中相同内容比较得到实际通行能力的差异;另一方面通过机理分析,建立主干道车辆来源分布向量与路口车辆干扰强度向量的层次分析模型,综合作用得到车辆分布的概率向量,亦得出相同结论。

问题三:将运动车辆形成的交通流称为行驶交通流,停止车辆形成的交通流称为阻塞交通流。运用交通流的方法可求出排队队长增长率与上、下游断面车流量之间的关系,进而求得排队队长。

问题四:运用排队论的思想,构造一个单服务排队系统,输入过程根据车流量规律用Monte-Carlo 法模拟。将车辆通过事故断面的过程视为服务过程,由之前规律寻找出车辆服务过程所需时间的分布。最后由计算机模拟该排队系统,观察何时车辆排队长度到达上游路口。

2. 模型建立与求解

1)问题一

根据统计得到的原始数据,我们获得了横断面实际的通行能力 pcu/(10s),由于数据太多,存在 152 个数据点,并且横断面的实际通行能力受噪声干扰很明显,因此直接对折线图进行分析并不准确。基于小波变换的多分辨率分析,是时间频率域上的分析方法,能够有效地降低噪声的干扰,重构出反映不同性质的小波[1]。

将原始信号看作最高分辨率的信息,而根据求平均与细节的不同层次将平均信息(低频信息)和细节信息(高频信息)与分辨率联系起来,得到各层小波系数、尺度系数以及对信号的重构。

在图 5-21 中,图(1)为迭代次数为 20 下,原始信号与小波近似匹配拟合后叠加的信号的关系;图(2)为各匹配点的残差,均值大约位于 200 左右上下波动,匹配精度可以接受;图(3)显示在保留能量的百分比趋近 100%时,算法不断迭代的相对误差百分比逼近 20%;图(4)为信号分解后的类型分布,左边的垂直轴显示子波的名称。右侧垂直轴给出子波中总的矢量数量的选择载体比例。垂直条的位置,沿水平轴给出在子波选定的向量的相对位置;图(5)中,我们能看到不同子波相对贡献的信号近似。DCT 子波的贡献在大致范围上是一

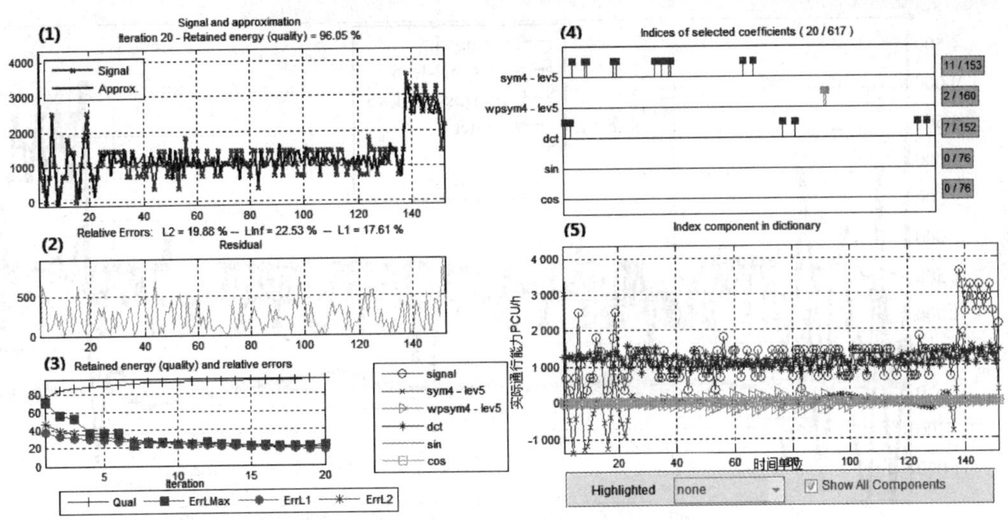

图 5-21 视频 1 中采样信号一维小波分析目标匹配图

个整体趋势的近似。而 Daubechies 小波消失矩(sym4-lev5)更加在细节上逼近精确的波动状况。

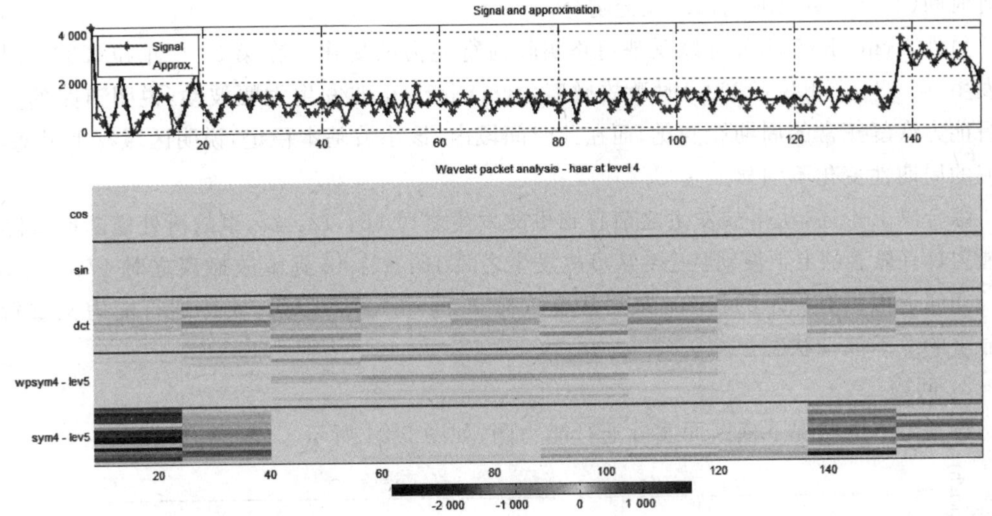

图 5-22 视频 1 中采样信号小波包分析图

在小波包分析中,虽然 DCT 在信号的所有范围内贡献了大多数的能量,但是各类子小波或小波包,却在突变位置使得尖峰得以产生,sym4-lev5 小波使得信号在此位置产生剧烈变化。图中可以观察小波包的分布,在事故开始前与结束后,该小波明显,而在事故发生的期间,该小波几乎不存在。

我们将离散余弦变化 DCT 可以看作该道路正常通行时,道路实际通行能力的上下波动变化,此原因由前一路口的信号灯周期性变化所引起。在每两条计数单位中,大约有 6 个波动,因此波动周期为

$$10 \times 20/6 = 33.3\text{s}$$

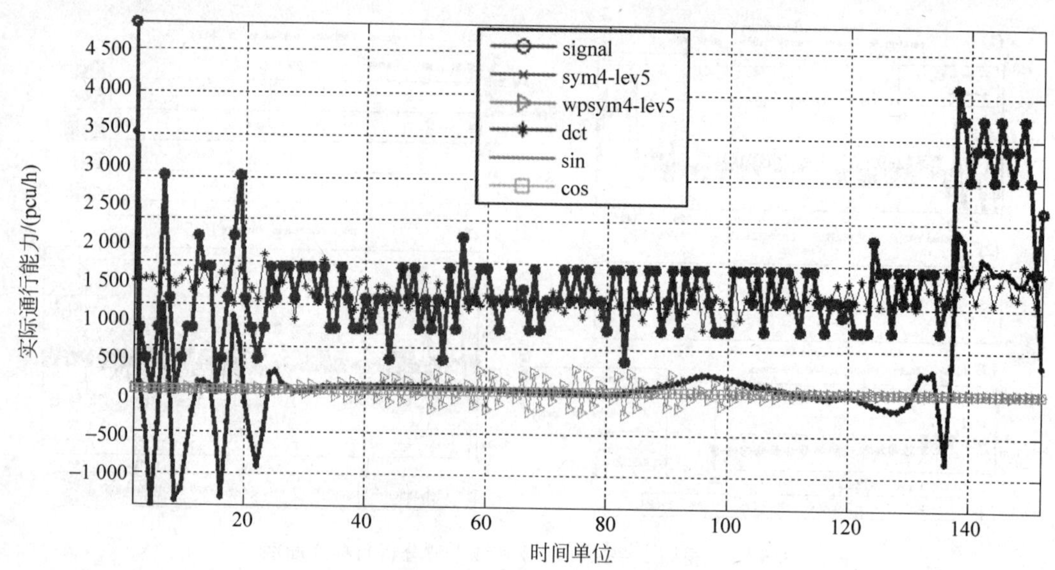

图 5-23 视频 1 中采样信号分解成分图

可推测每隔 33.3s 产生一次大规模的车辆到达此横断面，由附件 5 给出的相位时间＝绿灯时间(30s)＋黄灯时间(3s)完全吻合。

另外，sym4-lev5 小波可以反映道路实际通行能力的变化。在第 23 个单位(230s)时事故发生，第 136 个单位(1360s)时事故撤离，sym4-lev5 小波发生大幅波动，说明道路的实际通行能力恢复正常的周期性变化，而在此时间段内，该小波基本稳定，说明区域发生阻塞，交通流的周期性变化不明显。

综合以上论述，从事故发生之前直到事故发生之时 16：42：42，事故所处横断面实际通行能力具有显著的上下波动状态；从事故发生之时 16：42：42 到事故撤离之时 17：01：31，这一期间近似具有稳定的状态；最后从事故撤离 17：01：31 以后，实际通行能力又重新具有显著的上下波动状态。

2）问题二

绘制出不同状况下横断面实际通行能力图，如图 5-24 所示。

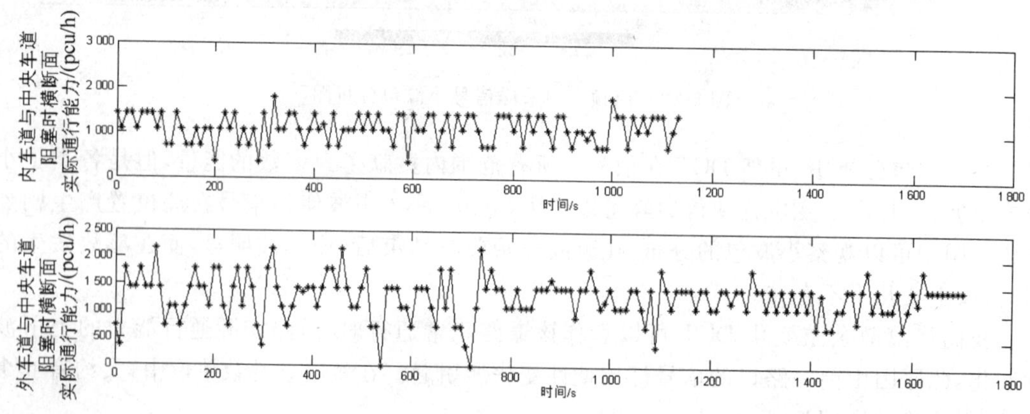

图 5-24 视频 1、2 中横断面实际通行能力采样比较图

以相同方法进行基于小波变换的多分辨率分析,得到各层小波系数、尺度系数以及对信号的重构,如图 5-25 所示。

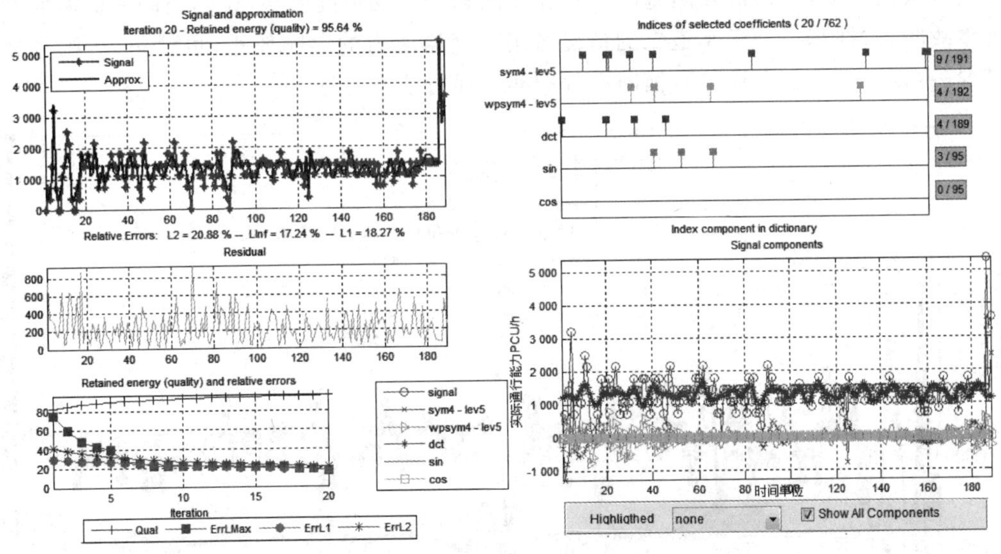

图 5-25 视频 2 中采样信号一维小波分析目标匹配图

由视频 2 的小波包分析(见图 5-26)可知,sym4-lev5 子波在 25 单位(250s)以前和 180 单位(1 800s)以后存在的较为明显,而该子波说明实际通行能力恢复正常,而在 80～100 单位和 120～140 单位同样出现了表征正常通行能力的 sym4-lev5 子波,产生了实际通行能力的突变,说明该时间段通行亦趋于正常通行。而在全段范围内呈现周期性变化的 DCT 信号和 Sin 信号均匀分布,说明来源方向上的车流量仍具有周期性变化的规律。

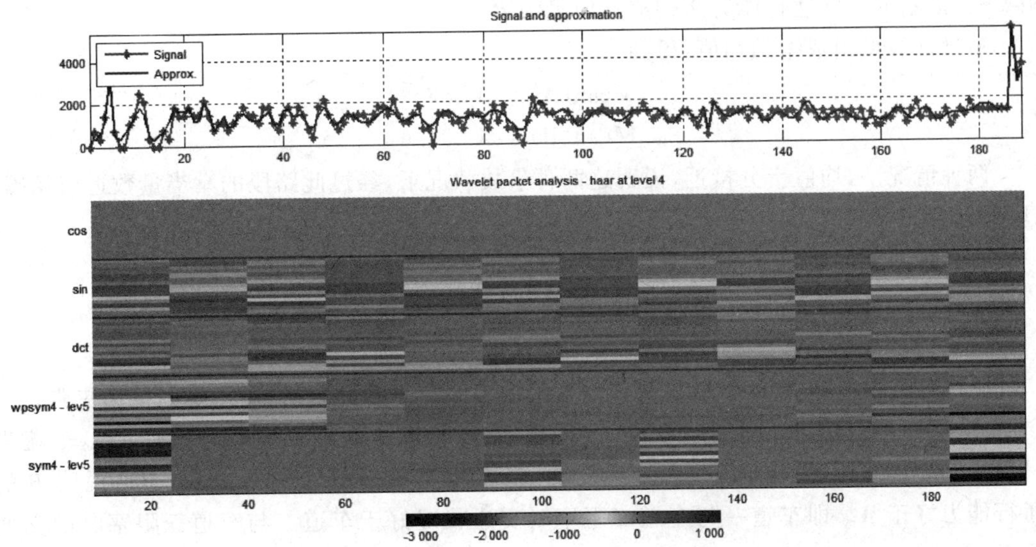

图 5-26 视频 2 中采样信号小波包分析图

因此,由图 5-27 可知,与问题一中相类似, DCT 子波和 Sin 子波呈现平稳的波动,表明上游方向输入车辆的数量呈现周期变化,但是 sym4-lev5 子波在阻塞时间内并不稳定,仍具有多次巨大的波动,交通流在阻塞时的变化比问题一中的情况明显,说明当同一横断面发生交通事故时,占据车道一和车道二的情况对实际交通能力的影响较小,也就是说,视频 2 中的情况(占据车道一和车道二),横断面处的实际通行能力更好。

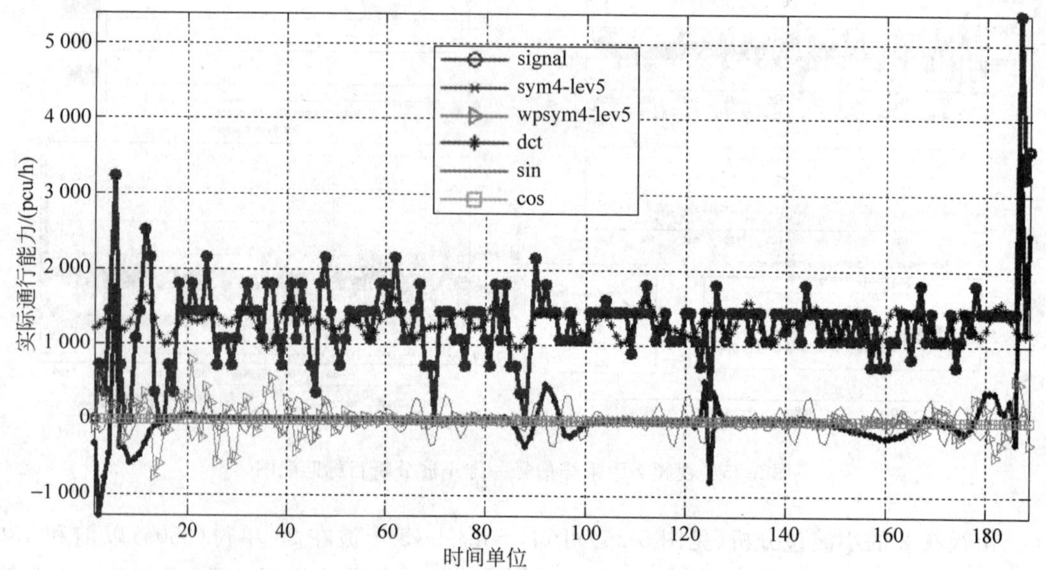

图 5-27 视频 2 中采样信号分解成分图

下面进行机理分析:

设车道三与车道二阻塞时,横断面实际通行能力所构成的向量为 $\boldsymbol{A}$; 车道三与车道二阻塞时,横断面实际通行能力所构成的向量为 $\boldsymbol{B}$。

通过计算两组数据的均值,得到

$$\mathrm{Mean}(\boldsymbol{A}) = 1\ 288$$
$$\mathrm{Mean}(\boldsymbol{B}) = 1\ 298.6$$

两种情况下,均值十分接近,说明这两种事故状况下,经过此路段的车当量数近似相等,具有可比性。

再计算两组数据的方差,得到

$$\mathrm{Var}(\boldsymbol{A}) = 495\ 750$$
$$\mathrm{Var}(\boldsymbol{B}) = 357\ 500$$

由计算结果可知,$\mathrm{Mean}(\boldsymbol{B}) > \mathrm{Mean}(\boldsymbol{A})$,说明车道一与车道二阻塞时通行能力更强。

此外,方差表示该路段阻塞程度,方差越大,表明该路段的通行状况变化明显,车流当量大小差异明显,说明阻塞阻塞程度更大。根据计算结果,$\mathrm{Var}(\boldsymbol{A}) > \mathrm{Var}(\boldsymbol{B})$,说明 $\boldsymbol{B}$ 的通行能力好于 $\boldsymbol{A}$。即车道一与车道二阻塞时交通状况好于车道二与车道三阻塞时的交通状况。

在两段视频中,我们选取事故发生到事故撤离这一阶段,统计出来自上游断面的车辆数与从小区路口驶入的车辆数的数量关系,如表 5-17 所示。

表 5-17　事故期间车辆数统计

	来自上游断面车辆		小区路口驶入车辆	
	小汽车	大客车	小汽车	大客车
事故发生-事故撤离	251	19	11	0

来自上游断面车辆标准车当量数 pcu＝251＋19×2＝289；

小区路口驶入车辆标准车当量数 pcu＝11。

由于从小区路口拐入事故区域的车辆会对正常行驶的车辆产生干扰，根据附件 3，该条道路上的车辆左转流量比例为 35％，直行流量比例为 44％，右转流量比例为 21％。由小区路口行驶到车道三的车辆必然影响到三条车道的正常通行，而行驶到车道一的车辆只会影响到车道一的正常通行，因此我们建立表征干扰强度的向量 $\boldsymbol{S}$，向量中第一个元素表征了小区路口驶入车辆对车道一的干扰强度。

$$\boldsymbol{S}=\begin{bmatrix}1\\0.79\\0.35\end{bmatrix}$$

表征来自上游断面车辆正常通行时，车辆来源分布向量 $\boldsymbol{T}$，向量中第一个元素表征了上游车辆在车道一的分布比例。

$$\boldsymbol{T}=\begin{bmatrix}0.21\\0.44\\0.35\end{bmatrix}$$

根据来自上游路口和小区路口的车辆的标准车当量数，赋予两向量相应的权值 $m_1=0.037$，$m_2=0.963$。

因此，车辆分布向量 $\boldsymbol{K}'=m_1\boldsymbol{S}+m_2\boldsymbol{T}$。计算得

$$\boldsymbol{K}'=\begin{bmatrix}0.239\,23\\0.452\,95\\0.35\end{bmatrix}$$

归一化得

$$\boldsymbol{K}=\begin{bmatrix}0.229\,5\\0.434\,6\\0.335\,9\end{bmatrix}$$

可知，车辆分布在车道二的概率最高，分布在车道三的概率其次，分布在车道一的概率最小。由该机理分析，与小波分析得出相同结论，即车道一与车道二阻塞时交通状况好于车道二与车道三阻塞时的交通状况。

3）问题三——基于交通流的排队长度模型

本模型中，在计算车流量时，所有车型均按照表 5-14 中的折算系数转化为标准当量数计算，排队长度也以标准当量数为计量标准。根据二流理论思想[2]，将运动车辆形成的交通流称为行驶交通流，停止车辆形成的交通流称为阻塞交通流。这样，交通流实际运行状态中

的过渡状态的不均匀交通流相当于行驶交通流与阻塞交通流的加权和，即任意交通流的实际运行状态可以用二流运行状态来描述。

根据之前分析，本题中的三车道路段可以近似看成单车道处理，这个车道只有单入口(小区路口和上游路口视为一个路口，即上游断面)以及一个单出口，根据流量守恒原理可知

$$N_0 + N_U(t) = N_D(t) + \Delta N(t) \tag{1}$$

式中，N_0 为初始时刻(即 $t=0$)上、下游断面间的车辆标准当量数；$N_U(t)$，$N_D(t)$分别为 t 时刻通过上、下游断面的车辆当量累计数；$\Delta N(t)$为 t 时刻上、下游断面间的车辆当量数。

根据二流理论，$\Delta N(t)$又可表示为

$$\Delta N(t) = k_j L_D(t) + k_m[L - L_D(t)] \tag{2}$$

式中，$L_D(t)$为 t 时刻上、下游断面间车辆当量排队长度；L 为上、下游断面间距离；k_m，k_j 分别为上、下游断面间交通流最佳密度和阻塞密度，由道路情况确定，本例中根据视频采集数据，取 $k_j=0.32$，$k_m=0.07$。

联立式(1)、式(2)解得

$$L_D(t) = \frac{[N_0 + N_U(t) - N_D(t) - k_m L]}{k_j - k_m} \tag{3}$$

式(3)即为单车道路段当量排队模型，简称 SEQL(Single-lane-link Equivalent Queue Length)模型[3]。

在式(3)中，令 $t=t_0$，则此刻排队长度为

$$L_D(t_0) = \frac{[N_0 + N_U(t_0) - N_D(t_0) - k_m L]}{k_j - k_m} \tag{4}$$

当 $t=t_0+\Delta t$，时排队长度为

$$L_D(t_0+\Delta t) = \frac{[N_0 + N_U(t_0+\Delta t) - N_D(t_0+\Delta t) - k_m L]}{k_j - k_m} \tag{5}$$

在 t_0 时刻，时间增量 Δt 引起的排队长度增量 $\Delta L_D(t_0)$为

$$\Delta L_D(t_0) = \frac{N_U(t_0+\Delta t) - N_U(t_0) - N_D(t_0+\Delta t) + N_D(t_0)}{k_j - k_m} \tag{6}$$

在 Δt 时间内上、下游车辆累计计数的增量分别为

$$Q_U(\Delta t) = N_U(t_0+\Delta t) - N_U(t_0) \tag{7}$$

$$Q_D(\Delta t) = N_D(t_0+\Delta t) - N_D(t_0) \tag{8}$$

式中，$Q_U(\Delta t)$、$Q_D(\Delta t)$分别为 Δt 时间内通过上、下游断面的车辆当量数。

将式(7)，式(8)代入式(6)中可以得到

$$\Delta L_D(t_0) = \frac{Q_U(\Delta t) - Q_D(\Delta t)}{k_j - k_m} \tag{9}$$

令 $t_0 \to 0$，对点 t_0 的排队长度增量与时间增量之比取极限，可得该点排队长度变化率，即

$$L'_D(t) = \frac{q_U(t) - q_D(t)}{k_j - k_m} \tag{10}$$

式中，$L'_D(t)$为排队长度的变化率；$q_U(t)$为上游界面车流量，即上游路段车流量；$q_D(t)$为下游界面车流量，即表征事故横断面实际通行能力。

由积分学知识可知，对 $L'_D(t)$的积分即为表示排队长度的增量

$$L_D(t) = L_0 + \int_0^t \frac{q_U(\tau) - q_D(\tau)}{k_j - k_m} \mathrm{d}\tau \tag{11}$$

在视频1中,设事故发生时 $t=0$,此时初始排队长度 $L_0=0$,则

$$L_D(t) = \int_0^t \frac{q_U(\tau) - q_D(\tau)}{k_j - k_m} \mathrm{d}\tau \tag{12}$$

至此,视频1中交通事故所影响的路段车辆排队长度 $L_D(t)$ 与事故横断面实际通行能力 $q_D(t)$、事故持续时间 t、路段上游车流量 $q_U(t)$ 间的关系已求出,即为式(12)。

为了验证式(12)的正确性,取事故发生后200～600s(16:45:50～16:52:10)的时间段内的数据进行验证。首先从视频1中提取出实际排队车辆数,将其除以 k_j-k_m 即为实际排队队长。再根据式(12)计算出估计排队队长,注意在 $t=200$s 时出示队长 L_0 为36m。

在用MATLAB估算时,应先将式(12)转化为差分形式

$$L_D(nT) = \sum_{i=0}^{n} \frac{q_U(nT) - q_D(nT)}{k_j - k_m} \tag{13}$$

式中 $T=10$s 为采样间隔,求解后将估计排队队长与实际排队队长在同一张图纸内作图,如图5-28所示。

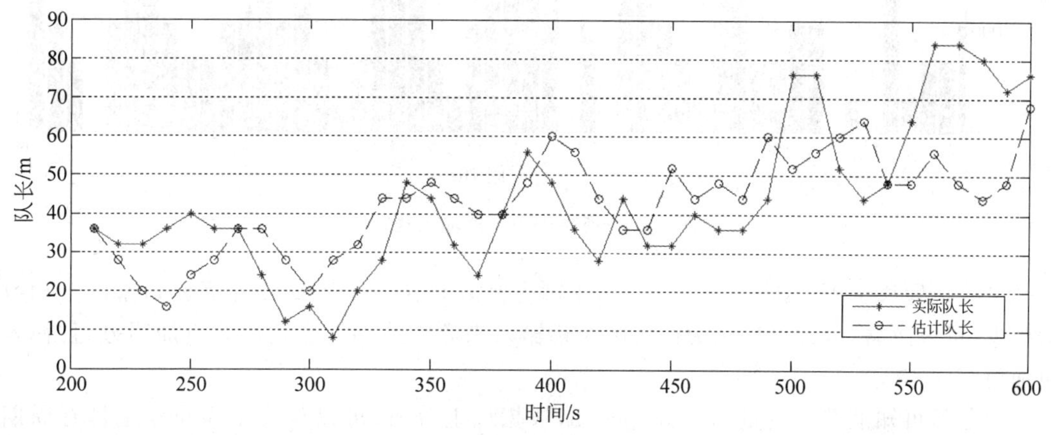

图5-28　估计排队队长与实际排队队长

可以看出,通过式(12)估计出来的排队队长与实际测得的排队队长非常接近,可以认为式(12)准确表达了交通事故所影响的路段车辆排队长度 $L_D(t)$ 与事故横断面实际通行能力 $q_D(t)$、事故持续时间 t、路段上游车流量 $q_U(t)$ 间的关系。

4) 问题四——Monte-Carlo模拟车辆排队

在本模型中,用概率论和排队论的方法,共同建立Monte-Carlo过程,模拟事故位置改变后的车辆排队过程。在概率论中认为,车辆到达和离去服从某种概率分布,车辆到达累计数与离去累计数之差为排队车辆数;在排队论中,将车辆通过事故地点的时间模拟为服务时间,把交通流在路段上等待通过看作车辆在排队系统中等待服务,即为排队,根据排队论得到排队系统中的排队车辆数。图5-29是排队过程的示意图。

图中虚线所包含的部分为排队系统。车辆在受到十字路口红绿灯的影响后,按照一定规律到达排队系统,每辆车需要花一定时间通过事故位置,之后离去。

该排队系统主要研究三个问题,车辆输入,车辆排队,车辆通过。

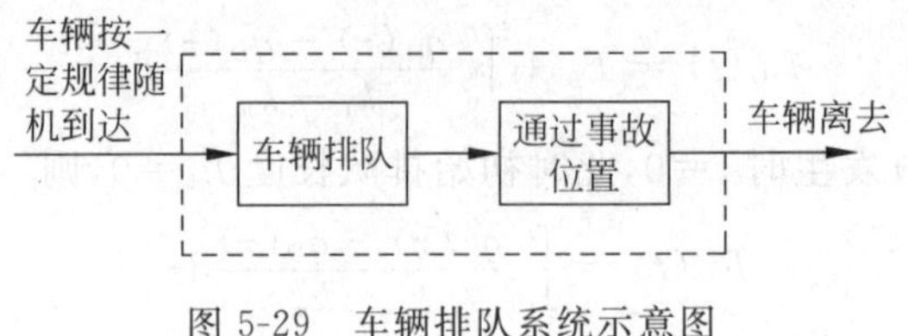

图 5-29 车辆排队系统示意图

① 车辆输入

由本文之前分析结果可知，车辆在到达排队系统之前由于受到十字路口红绿灯的影响，车辆大致按照周期为 60s，成批式的到达，如图 5-30 所示。

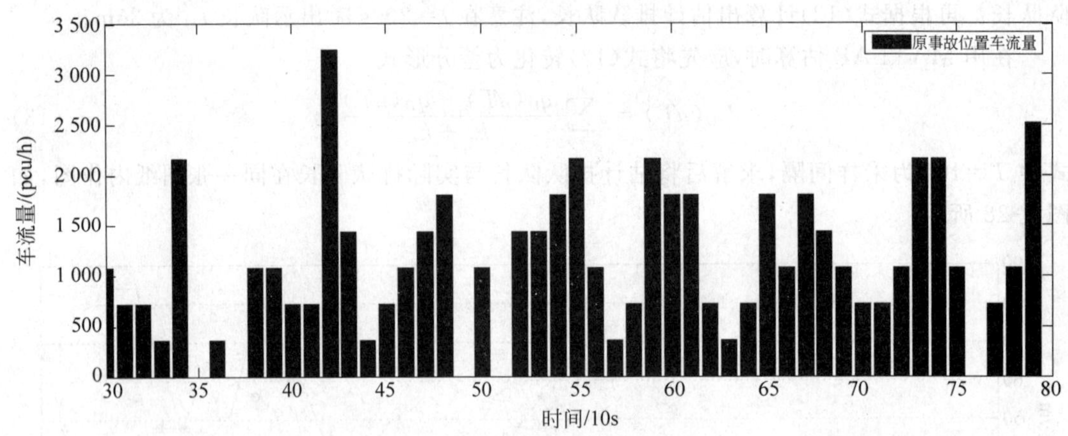

图 5-30 视频 1 中车辆输入规律

事故位置移至距上游路口 140m 后，车辆主要由上游路口而来，从小区路口来的车辆数量极少，可以忽略，因此可以认为此时的车辆输入来源的周期性会比原先更加明显，且输入更加稳定。

由题目可知上游车流量为 1 500pcu/h，根据以上分析，可以认为车辆同样是具有周期性，成批到达，且该规律会更加明显，所以在这里我们认为车辆以接近周期为 60s 的方波式规律到达。

为了方便处理，在本模型中，将车流单位由 pcu/h 改为 pcu/(10s)，因为 10s 是我们的采样周期 T。一个车流量周期 60s 内到达车辆当量数的期望值为

$$E(n) = (1\,500/3\,600) \times 60 = 25(\text{pcu})$$

其理想车辆输入规律如图 5-31 所示。

在一个为 60s 的周期内，前 30s 为红灯，车辆来源只位于十字路口右转相位，因为右转相位不受红灯限制，但是车辆数量较少，后 30s 为绿灯，车辆主要来自于十字路口直行通过车辆，由于之前红灯积累车辆，故此时车辆较多。

但实际情况并不会如此理想，车辆是否到来是一个随机过程，但由大数定律可知，多个周期后，其期望值将会收敛于 $E(n)$。为了模拟这个波动，我们在理想输入上加上一个随机因子 $\sigma \in [-1,1]$。

采用 Monte-Carlo 算法，按照以上规律随机产生车辆数量输入排队系统，模拟排队论中的输入过程。

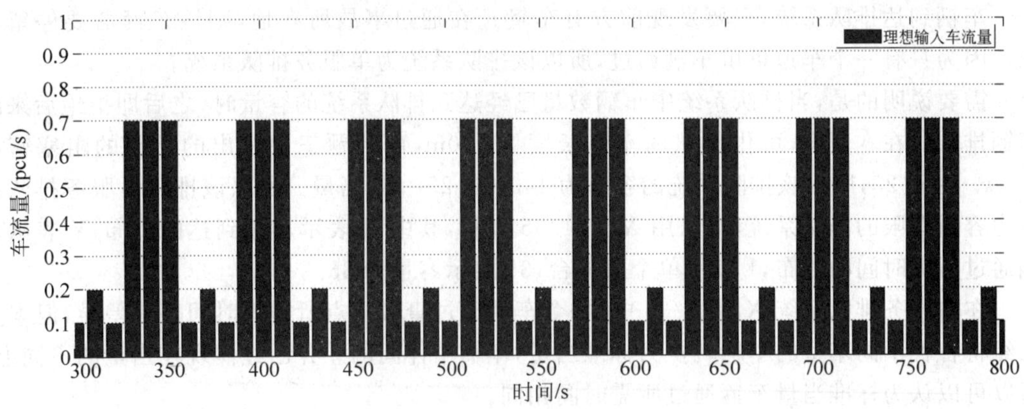

图 5-31　改变位置后理想状态下车辆输入规律

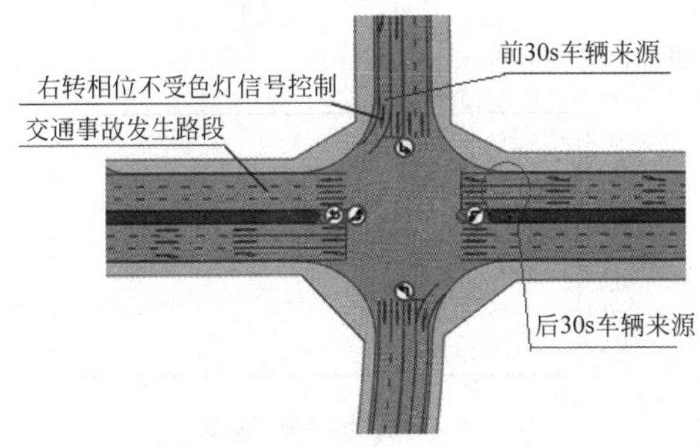

图 5-32　排队系统车辆输入示意图

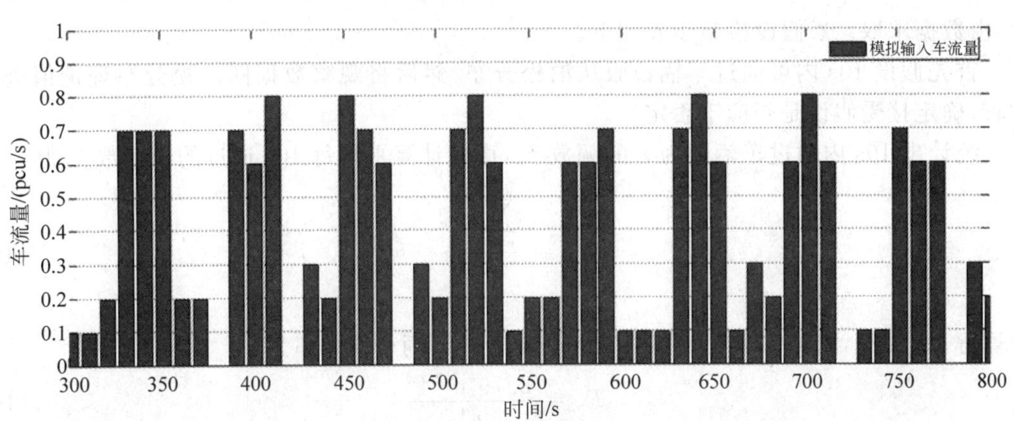

图 5-33　模拟车辆输入规律

② 排队与通过

车辆到达排队系统，只要发现前方有车辆正在通过事故所在地，则该车辆需要停留排队。因为只有一个车道可供车辆通过，所以该排队系统为单服务排队系统。

需要说明的是，当排队系统中车辆数量已经达到排队系统的容量时，之后即拒绝后来的车辆排队。在本例中，可供排队的车道长度为 140m，由问题三中求出的道路的阻塞密度 k_j-k_m 为 0.25，所以该排队系统的容量为 $140\times0.25=35$ 当量。所以该排队单服务排队系统为容量有限的排队系统，可以用 $X/Y/1/35$ 表示，其中 X 表示车辆到达的分布，Y 表示车辆通过所需时间的分布，1 表示单个服务台，35 表示容量为 35。

在单服务排队系统 $X/Y/1/35$ 中，每个车辆通过事故地点所需的时间略有差异，但本文已经将各种不同车型的车辆转换为标准当量，车辆个体间的差异已经体现在当量的不同上，所以可以认为标准当量车辆通过所需时间相同。

由之前数据分析，可以得出，事故发生处的平均通行车流量为 0.279pcu/s。结合车辆通过所需时间规律，猜想 10s 中内可通过的车数量 k 服从均值 $\lambda=2.79$ 的泊松分布。

$$P(X=k)=\frac{\mathrm{e}^{-\lambda}\lambda^k}{k!} \tag{14}$$

该泊松分布示意图如图 5-34 所示。

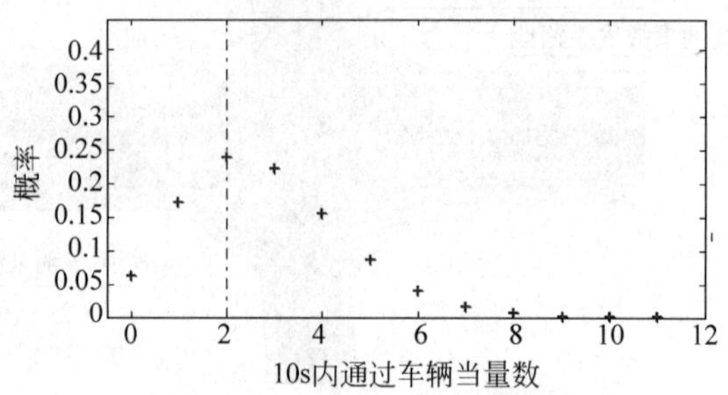

图 5-34　10s 内通过车辆当量数泊松分布示意图

使用χ^2假设检验来对其进行验证。式中泊松分布的 λ 代表 10s 内可通过车辆数的平均数，由数据求取。χ^2 假设检验步骤如下。

首先假设 10s 内可通过车辆数服从泊松分布，然后将观察数据同泊松分布理论值进行比较，确定接受假设是否应于否定。

统计出 10s 内通过车辆数为 n 的频数 f_n，由此计算平均每 10s 通过的车辆数 λ，得

$$\lambda=\frac{\sum_{n=0}^{4} nf_n}{\sum_{n=0}^{4} f_n} \tag{15}$$

计算得 $\lambda=2.79$，取 $\lambda=2.79$ 的泊松分布，10s 通过 n 辆车的概率为

$$P_n=\frac{2.79^n\mathrm{e}^{-2.79}}{n!} \tag{16}$$

理论上 10s 内通过 n 辆车的频数 $e_n=114P_n$。

计算χ^2的值，即 $\sum_{n=0}^{\infty}\frac{(f_n-e_n)^2}{e_n}$，$\chi^2$ 假设检验过程见表 5-18。

表 5-18　χ^2 假设检验过程

n	f_n	e_n	$(f_n-e_n)^2/e_n$
0	3	6.99	2.227
1	18	19.5	0.115
2	33	27.24	0.330
3	28	25.34	0.273
4	21	17.7	0.615
求和	114	96.77	3.56

表 5-18 中数据分成 5 个组，因估计了一个平均数，又令 $\sum f_n = \sum e_n$，故其自由度为 5−1−1=3。

取显著性水平 $\alpha=0.05$，由 χ^2 分布表查得 $\chi_6^2(0.05)=7.815$，因表 5-18 检验到的 χ^2 值为 3.56 小于 $\chi_6^2(0.05)$，故结论是不应该否定 10s 内可通过车辆数服从泊松分布的假设。

③ Monte-Carlo 模拟

运用 MATLAB 软件编程，按照之前的分布规律，计算机产生随机数模拟车辆到达时间和通过事故位置所需时间，并观察处于排队状态下的车辆数，其 Monte-Carlo 过程流程图如图 5-35 所示。

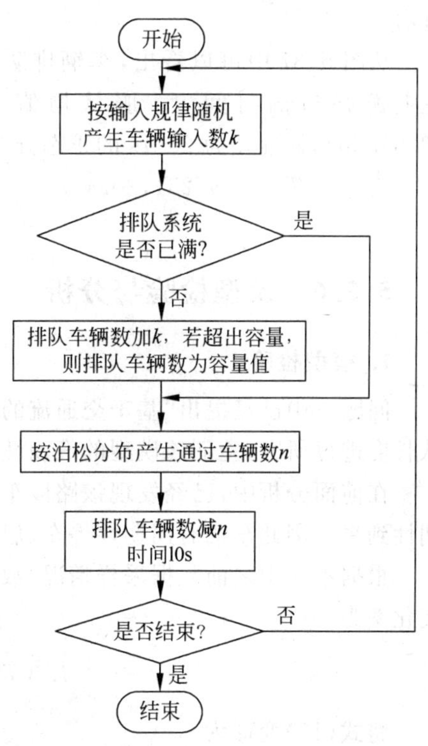

图 5-35　Monte-Carlo 过程流程图

经过 Monte-Carlo 过程模拟后，以 10s 为间隔提取处于排队状态的车辆当量数进行观察。车辆排队情况如图 5-36 所示。

由上图可知，整个排队过程处于周期为 60s 的波动中，这与十字路口红绿灯周期相同。处于排队车辆的当量数于时间约为 231s 处达到排队系统容量 35pcu。即于车祸发生后约 3.85min 后，车辆排队长度到达上游路口。之后基本稳定在 140m 处。

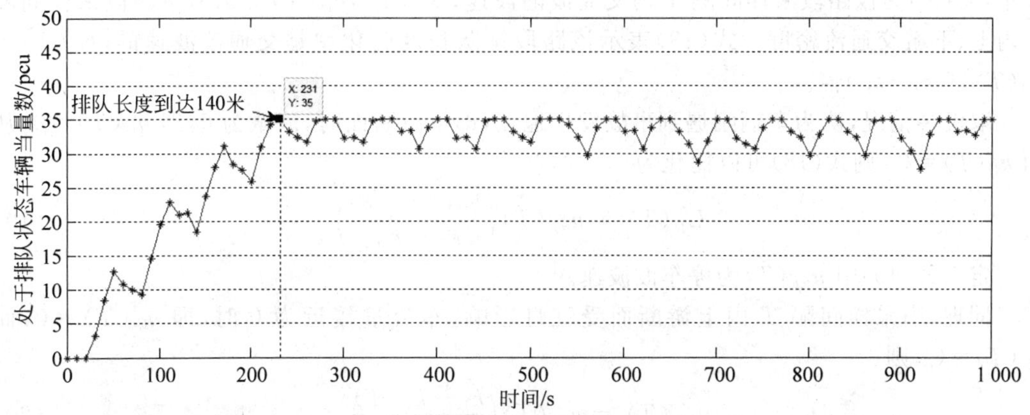

图 5-36　正在排队车辆当量图

但是本模型为随机过程模型，由于车辆输入和车辆通过都具有随机性，故车辆排队队长到达上游路口的时间也具有一定随机性。下面介绍如何找出车辆排队长度到达上游路口时间 T_D 的分布律。

首先将该 Monte-Carlo 过程运行足够多次，已得到足够多的样本。

将得到样本画出分布直方图，如图 5-37 所示。

从图 5-37 中可以看出，车辆排队长度到达上游路口的时间 T_D 服从均值为 231s (3.85min)，标准差为 20.4s 的正态分布。即

$$T_D \sim N(231, 20.4^2)$$

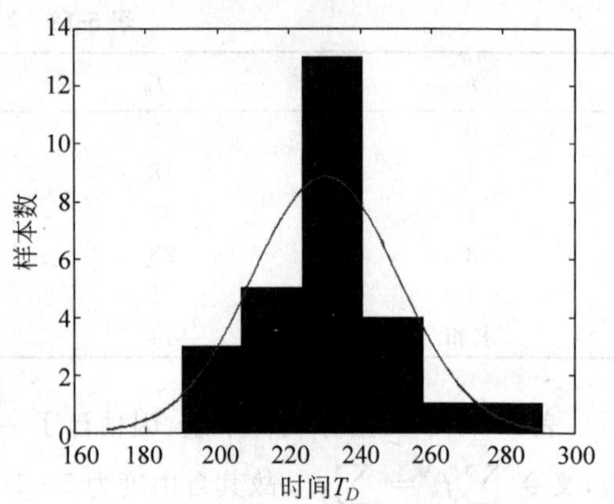

图 5-37 样本时间分布直方图

5.5.6 模型检验与分析

1. 模型检验

问题三中已经提出“基于交通流的排队长度模型”，下面就视频 1 中路段特点，对车辆排队长度进行研究，验证该模型的准确性。

在前面分析中，已经发现该路段车辆由于受十字路口红绿灯的影响，车辆为成批式，周期性到来。因此车辆有周期性停车、启动的特点。

根据本文中之前数据采样情况，数据采样间隔 $T=10$s，则得采样间隔 T 内的排队长度变化率为

$$L'_D(T) = \frac{q_U(T) - q_D(T)}{k_j - k_m} \tag{17}$$

将式(17)变形为

$$L'_D(T) = u_w(T)\left(\frac{k_U(T) - k_D(T)}{k_j - k_m}\right) \tag{18}$$

式中，$u_w(T)$为该路段采样间隔 T 内交通波的波速；$k_U(T)$，$k_D(T)$分别为该路段采样间隔 T 内上、下游交通流密度。式(18)表示该路段排队长度变化率是交通波波速的$[k_U(T)-k_D(T)]/(k_j-k_m)$倍。

取极端情况，认为车辆刚遇到事故发生地点，即下游断面时，流量为 0，即 $q_D(T)=0$，从而 $k_D(T)=k_j$，则式(18)可以简化为

$$L'_D(T) = u_{wp}(T)\left(\frac{k_U(T) - k_j}{k_j - k_m}\right) \tag{19}$$

定义式(19)中 $u_{wp}(T)$为停车波波速。

同理，当采样间隔 T 内上游断面受红灯影响，车流量接近为 0 时，即 $q_U(T)=0$，而 $k_U(T)=k_j$，则

$$L'_D(T) = u_{wt}(T)\left(\frac{k_j - k_D(T)}{k_j - k_m}\right) \tag{20}$$

定义式(20)中 $u_{wt}(T)$为启动波波速。

从视频 1 中可以明显观测到停车波和停止波，见图 5-38 和图 5-39。

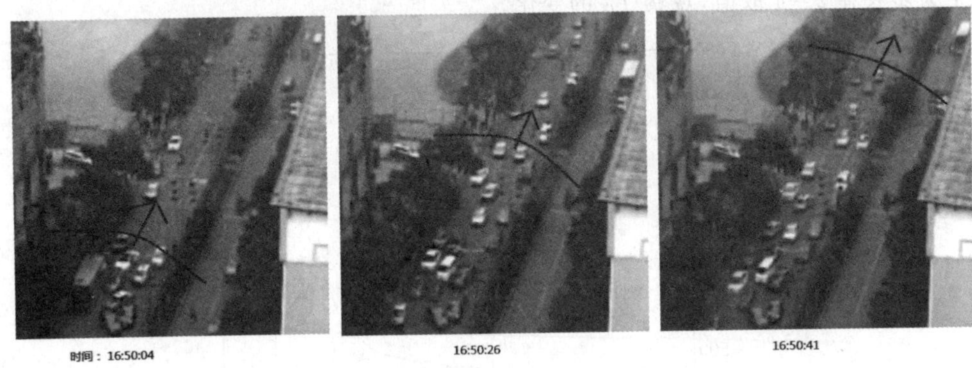

图 5-38 视频 1 中观测到的停车波

停车波表示刚进入排队的车辆停止时的位置。从图 5-38 中可以看出，在上游路口为绿灯，上游断面车流量剧增时，停车波以一定波速 $u_{wp}(T)$向上游路口移动。

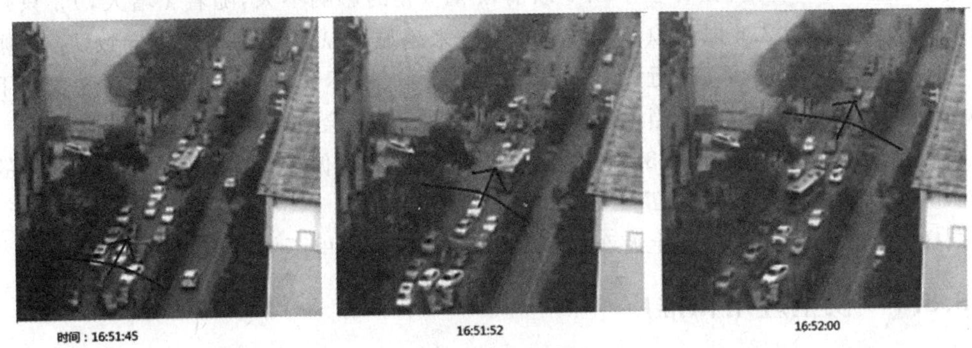

图 5-39 视频 1 中观测到的启动波

启动波表示车辆堵塞后，当前方可通过时，后方排队车辆中开始启动的车辆的位置。从图 5-39 中可以看出，第一排车辆先启动，后排车辆跟随相继启动，启动波以一定波速 $u_{wt}(T)$向上游移动。

当启动波波速 $u_{wp}(T)$大于停车波波速 $u_{wt}(T)$时，车辆排队开始消退，当启动波追上停车波时，排队解除。当前方十字路口为红灯时，即为此情况。

当启动波波速 $u_{wp}(T)$小于停车波波速 $u_{wt}(T)$时，启动波无法追上停止波，排队队长开始增加。当前方十字路口为绿灯时，即为此情况。

启动波与停车波的出现，在一定程度上验证了此排队长度模型的准确性。

2. 灵敏度分析

问题四中排队长度到达上游路口的时间主要受下游通行能力影响。为了求出影响程度，为正确决策提供依据，本节对该时间做灵敏度分析。

首先探究下游通行能力对排队长度到达上游路口时间的影响。在问题四的模型中，下游通行能力以 10s 内可通行车辆当量数为衡量标准,该当量数服从均值为 λ 的泊松分布,在解问题四时 $\lambda=2.79$。为了查看 λ 对排队长度到达上游路口时间 T_D 的影响,我们依次令 λ 以 0.1 为步长在 2～4 取值,观察 T_D 的变化。

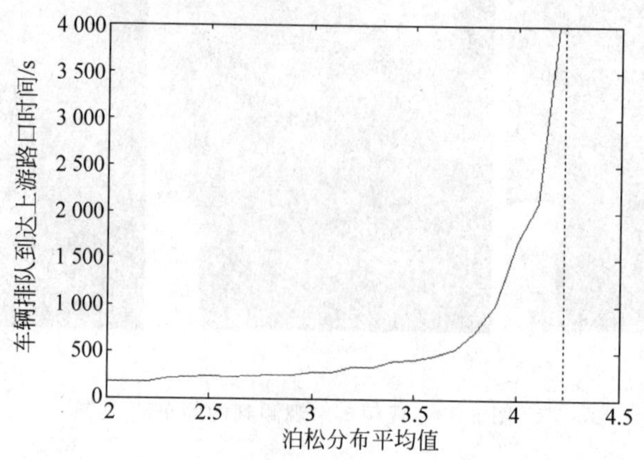

图 5-40　泊松分布均值 λ 对 T_D 的影响

由图 5-40 可以看出,在 λ 小于 3.6 以前,λ 对 T_D 的影响不大,随着 λ 增大,T_D 只是微小的上升。当 λ 大于 3.6 以后,λ 对 T_D 的影响越来越显著,λ 微小的增加将导致 T_D 大幅增长。当 λ 趋近与 4.2 时,T_D 接近无穷,可以认为车辆永远不会排到上游路口。这表明下游每 10s 的通行能力大于 4.2 个当量时,道路可正常通行,不会产生阻塞。

在问题四中 $\lambda=2.79$,小于 3.6,由于 λ 误差造成 T_D 的偏差极小,可以认为所求得的车辆排队队长到达上游路口时间 $T_D=231\text{s}$ 准确。

同样的方法可以用来探究上游车流量对 T_D 的影响,这里不做过多叙述。

5.5.7　模型应用和推广

问题一中运用小波分析对信号进行重构,在多种因素共存及噪声复杂的场合能够分解出不同性质的信息,推广后能够在二维、三维等区域进行小波分解与重构。该模型也可应用于大数据下,状态未知的音频处理,视频处理及侦破案件等相关领域中。

问题二中除建立小波分析模型与问题一进行比较外,建立了主干道车辆来源分布向量与路口车辆干扰强度向量的单一目标的层次分析模型,能够从机理的角度描述车辆的分布状况,便于在多目标,多因素的条件下进行分析,结合概率论能够在估算出复杂的交通流分配状况,推广后在经济,社会领域有很大的效益。

问题三中基于交通流的排队长度模型,可以用来描述单车道道路占道后给交通流带来的影响,稍加改变后,该模型也可用于复杂多车道占道后交通情况的预测。为交管部门正确决策提供依据。

问题四中用 Monte-Carlo 模拟排队系统的输入过程的方法可以用来模拟仿真现实中的排队状况。该排队模型不仅可用于车辆排队,增加"服务台"个数后,还可推广到银行、食堂等其他需要排队的场合,使其发挥更大的经济效益。

5.5.8 模型评价

1. 模型优点

本文中运用小波分析将图像难以描述的特征在时域上描述出来，相比于直观判断，该方法更具科学依据。除此之外，本文中的模型是基于概率论的模型，许多实际过程都为不可预知的随机过程，概率论模型很好地将该特点考虑在内。例如在给出问题四中车辆排队长度到达上游路口时间的解时，给出的是一个概率分布，而非确定值，这更符合实际。

2. 模型不足

模型三中给出的车辆排队长度与事故横断面实际通行能力、事故持续时间、路段上游车流量间的关系式(12)为积分关系式。对于积分关系式来说，模型的误差也会随积分过程不断累积，当事故持续时间较长时积累误差将会很大，模型将变得不准确，故该模型只能适用于短时估计。

5.5.9 参考文献

[1] 罗时春，路小波，李建明. 基于小波分析的交通事件自动检测算法[J]. 第三届中国智能交通年会论文集，2007.

[2] 姚荣涵，王殿海，曲昭伟. 基于二流理论的拥挤交通流当量排队长度模型[J]. 东南大学学报(自然科学版)，2007，37(3)：521-526.

[3] 姚荣涵，王殿海. 拥挤交通流当量排队长度变化率模型[J]. 交通运输工程学报，2009，9(2)：93-99.

[4] 姜启源，谢金星，叶俊. 数学模型[M]. 北京：高等教育出版社，2011.

[5] 韩中庚，数学建模方法及其应用[M]. 北京：高等教育出版社，2005.

[6] 卓金武，魏永生，秦健，等. MATLAB 在数学建模中的应用[M]. 北京：北京航空航天大学出版社，2011.

[7] 纪英，高超. 道路堵塞时排队长度和排队持续时间计算方法[J]. 交通信息与安全，2009.

[8] 陈诚，谭满春. 交通事故影响下事发路段交通流量变化分析[J]. 科学技术与工程，2011，11(28)：6904-6909.

[9] 贾晓敏. 城市道路通行能力影响因素研究[D]. 西安：长安大学，2009.

5.5.10 附录(略)

5.6 论文点评

这篇论文在数据提取、计算和结果的图形化呈现等方面非常出色。在根据视频提取数据过程中，论文注意到了视频有部分缺失，为此进行了合理的估计和补充，据此发现了车流量变化的多种特征。

在解决问题一时，文中采用小波分析方法来提取并分析事故横断面的车辆通行数据，表现出了较高的技术能力。对于问题二，论文提出了两种模型，一是通过小波变换分析事物发生期间的车流量波动情况，二是建立层次分析模型评估了车辆在不同车道的分布情况。论文在解决问题三时建立了二流理论，将运动车流视为行驶交通流，停滞车流视为阻塞交通流，将两个交通流合并起来建立了车辆排队模型。最后，论文又做了数值模拟和灵敏度分析。

这篇论文没有什么明显的缺点，文中前半部分所做的数据提取和小波分析处理非常有特点，后半部分所建立的模型也具有针对性。在最后计算问题四时，注意到了上游路口红绿灯的安排，考虑细致而周到。在论文写作方面，全文图表、文字的编排都非常规范，文中还注意到了参考文献的引用和标注，值得初学数学建模的同学学习。

第6章　碎纸片的拼接复原(2013 B)

6.1　碎纸片的拼接复原

破碎文件的拼接在司法物证复原、历史文献修复以及军事情报获取等领域都有着重要的应用。传统上,拼接复原工作需由人工完成,准确率较高,但效率很低。特别是当碎片数量巨大,人工拼接很难在短时间内完成任务。随着计算机技术的发展,人们试图开发碎纸片的自动拼接技术,以提高拼接复原效率。请讨论以下问题:

1. 对于给定的来自同一页印刷文字文件的碎纸机破碎纸片(仅纵切),建立碎纸片拼接复原模型和算法,并针对附件1、附件2给出的中、英文各一页文件的碎片数据进行拼接复原。如果复原过程需要人工干预,请写出干预方式及干预的时间节点。复原结果以图片形式及表格形式表达。

2. 对于碎纸机既纵切又横切的情形,请设计碎纸片拼接复原模型和算法,并针对附件3、附件4给出的中、英文各一页文件的碎片数据进行拼接复原。如果复原过程需要人工干预,请写出干预方式及干预的时间节点。复原结果表达要求同上。

3. 上述所给碎片数据均为单面打印文件,从现实情形出发,还可能有双面打印文件的碎纸片拼接复原问题需要解决。附件5给出的是一页英文印刷文字双面打印文件的碎片数据。请尝试设计相应的碎纸片拼接复原模型与算法,并就附件5的碎片数据给出拼接复原结果,结果表达要求同上。

数据文件说明

(1) 每一附件为同一页纸的碎片数据。

(2) 附件1、附件2为纵切碎片数据,每页纸被切为19条碎片。

(3) 附件3、附件4为纵横切碎片数据,每页纸被切为11×19个碎片。

(4) 附件5为纵横切碎片数据,每页纸被切为11×19个碎片,每个碎片有正反两面。该附件中每一碎片对应两个文件,共有2×11×19个文件,例如,第一个碎片的两面分别对应文件000a、000b。

结果表达格式说明

复原图片放入附录中,表格表达格式如下:

(1) 附件1、附件2的结果:将碎片序号按复原后顺序填入1×19的表格;

(2) 附件3、附件4的结果:将碎片序号按复原后顺序填入11×19的表格;

(3) 附件5的结果:将碎片序号按复原后顺序填入两个11×19的表格;

(4) 不能确定复原位置的碎片,可不填入上述表格,单独列表。

注:题目及数据附件都可以到全国大学生数学建模竞赛官方网站 http://www.mcm.edu.cn 下载。

6.2 问题分析与建模思路概述

2013 年 B 题"碎纸片拼接复原"与一般的碎纸复原问题不同,首先需要拼接复原的是纯文本的打印文件,而不是手写文件,其次碎纸片是有计算机生成的规则矩形,碎纸片没有毛边,并不是真正撕碎或者用碎纸机粉碎而成的,这样就大大降低了问题的难度。为了使学生能在三天内完成问题,题目分解成三个子问题:

问题一:仅考虑只有纵切情形的碎纸片;

问题二:碎纸片是由纵切与横切两种情形得到的;

问题三:双面打印文件的拼接复原。

首先是数据的读取,大多数计算机语言都可完成,比如 MATLAB 中的 imread 函数。读取数据后可以将数据做二值化处理,便于后面的计算。

对于问题一,比较常规的思路是基于相邻的两条两条碎纸片中前面纸片最右侧的列和后面纸片的最左侧的列灰度值比较接近,可以将问题转化为旅行商问题(TSP 问题),将碎纸片看做城市(19 个),定义碎纸片间的距离,用碎纸片 A 最右侧的列和碎纸片 B 最左侧的列之间的距离定义为 A 到 B 的距离,同样可以定义 B 到 A 的距离,形成一个非对称的距离矩阵。注意到最左侧纸片的左侧和最右侧制片的右侧为空白,这样就可以形成圈,问题转化为求解距离最小的 Hamilton 圈,即旅行商问题(TSP)模型。距离的定义有多种,如果没有二值化,可以使用绝对值距离、Euclid 距离、Chebyshev 距离等,二值化后的数据可以用 Hamming 距离和 Jaccard 距离。对于问题的求解,尽管旅行商问题是 NP 完全问题,但是本问题规模较小,还是比较容易得到问题的最优解的,可以选择任何一种 TSP 的求解算法编程求解,也可以选择软件求解,需要注意的是,要选择能处理非对称距离矩阵的方法或软件。问题一的拼接复原不需要人工干预。

对于问题二,既有纵切又有横切的情形,需要采用聚类的方法先找到每个碎纸片所在的行,这样每行就可以使用问题一的模型进行求解。注意到文本文件是黑白相间的,原属同一行的纸片黑白之间的间隔是可以对齐的,所以可以采用对矩阵的每一行求均值,将矩阵转化为向量,再类似前面的方法定义两个向量之间的距离进行聚类,聚类的方法可以采用常见的系统聚类法,如最短距离法、最长距离法、中间距离法、类平均法、重心法、离差平方和法(Ward 方法),其中离差平方和法效果最好。具体计算可以选择 MATLAB 工具箱中的聚类分析函数。因为原属同一行的文件黑白之间的间隔是相互对齐的,但是反过来相互对齐的可能并不属于同一行,所以聚类后需要根据计算结果作适当的人工干预。对中文文件由于各行的黑白间隔比较明显,一般处理结果比较满意,如果聚类时有个别行超过应有的碎片数量,别的行就会有相应的不足数量,则可以先对多余碎片的行先做问题一的 TSP 排序,根据计算结果可以很容易地人工选择出多余的碎片放入缺少的行中。如果聚类正确,每行用问题一的求解旅行商问题的方法排好序后,剩下的工作可以用手工拼接完成也可以借助于类似问题一的旅行商问题算法对所有的行排序,或者二者结合。对英文文件使用上述常规方法效果较差，这是因为中文是方块字，间隔明显，英文字母则不具备这一特征，为提高英文碎纸片的聚类的准确率，需要在聚类分析中结合英文字母的特征进行分析，例如选择英文的基线作为聚类的依据。图6-1给出了英文基线的说明。

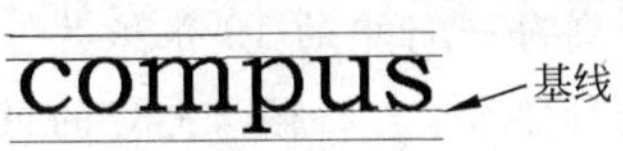

compus —基线

图6-1　英文基线示意图

也可以根据纸片左侧为空白的特点先找到最左侧的11块碎片，再根据基线的特征作聚类分析，将所有碎片分为11类。英文碎纸片的处理比中文复杂人工干预节点也较多，准确率也不如中文高。聚类后每行用问题一的求解旅行商问题的方法排好序后，重新借助于类似问题一的旅行商问题算法对所有的行排序，得到整个复原图，由于横切可能恰好在行与行的空白处，所以可能需要结合人工干预根据上下文意思得到最终排序结果。

问题三与问题二的差别就是每块碎纸片提供了双面信息。如果将一页的双面文件看成两页的单面文件，即209片碎纸变成418片，11横行的聚类改为22横行，这种处理方式的计算复杂度会按指数增长，人工干预的数量也随之增加，拼接复原率却会降低。所以更好的处理方法是在作聚类分析时将正反两面数据得到的矩阵相加，再按行求均值，同样是利用向量之间的距离定义两个碎纸片的距离，聚类算法不变。可以达到很高的聚类正确率，如问题再结合人工干预达到最后的复原结果。在每行求解旅行商问题时，将正反两面的一块碎纸片看成两块碎纸片，这样TSP中的19个点变成38个，其算法不变。再从中间断开，就形成一个横条的正反两面。经过完全类似的工作后可得到22个横条。对于这22个横条，只要按照文中上下文的意思就可以拼接成该文件的正反两面的复原图，也可以对22个横条先作TSP方法的计算机拼接，再根据上下文意思作手工拼接。

参考文献

薛毅.碎纸片拼接复原的数学方法[M].数学建模及其应用，2013，1(5-6)：9-13.

6.3　获奖论文——基于边缘灰度信息的碎纸片半自动拼接

作　　者：陈晓宇　袁思扬　张锦华

指导教师：李炳照

获奖情况：2013全国数学建模竞赛一等奖

摘要

破碎纸片的自动拼接一直是人们研究的重要课题，在司法物证复原、历史文献修复以及军事情报获取等领域都有着重要的应用。本文利用MATLAB通过对形状完全相同的黑白字符纸片灰度图进行二值化处理模拟人脑拼图思维模式进行了模型设计。

在问题一中，我们模拟人脑在拼图时优先找出边缘并利用各碎片边缘进行拼接的思路，通过确定左边缘纸片利用定义的各碎片边缘匹配度从左到右依次匹配，最后对附件1、附件2进行了完美的拼接。

在问题二中，由于数据密集度大量减少，因此难以继续采用第一问的模型进行匹配。对此，我们采取了先按行分组再纵向匹配的思路进行拼接。首先利用同一篇文档行距、字号以及同一行内行线位移的一致性，我们分别对中文和英文采用扫描汉字最下端和圈出一定范围内最多黑色像素点的方式进行行线标定，并记录下行线位移，然后利用行线位移进行分组得到每一行中的19张纸片。随后对算法进行了优化,合理设置权重将两种行线标定的方式进行整合,使之能以更好的效果同时对中英文进行分组,但分组不能完全正确,需要极少量人工干预。然后将分好的组分别利用问题一的模型进行组内匹配,匹配时若不能直接成功,则可以通过修改 r 值和加入去黑边程序实现完美的匹配。最后将得到的11行拼接好纸条根据行线位移进行拼接,取得了很好的效果。

问题三在问题二的基础上加入了正反面,对我们的分组造成了极大困难,利用问题二分组的优化算法也难以将其完全分组。对此,我们进行人工干预利用正反面之间的关系用Excel进行处理结合一定的近似度使每一对正反面都在同一组,分成了含有19,38,76张纸片的三种组。对19类分组直接利用问题一模型进行行内匹配并找出背面对应的组别。对38类分组,利用正反面关系改进问题一模型使之更精确匹配。对于76类分组,先选出4个左边缘再进行自由匹配,选出匹配最好的一行将76减少为38使之精确匹配。最后用类似问题二纵向匹配模型很好地拼接出了文档。

关键词: 碎纸拼接 边缘灰度信 息二值化

6.3.1 问题重述

破碎文件的拼接在司法物证复原、历史文献修复以及军事情报获取等领域都有着重要的应用。传统上,拼接复原工作需由人工完成,准确率较高,但效率很低。特别是当碎片数量巨大,人工拼接很难在短时间内完成任务。随着计算机技术的发展,人们试图开发碎纸片的自动拼接技术,以提高拼接复原效率。这里需要我们讨论以下问题:

(1) 对于给定的来自同一页印刷文字文件的碎纸机破碎纸片(仅纵切),如何建立碎纸片拼接复原模型和算法,并针对附件1、附件2给出的中、英文各一页文件的碎片数据进行拼接复原。如果复原过程需要人工干预,如何确定干预方式及干预的时间节点,并将复原结果以图片形式及表格形式表达。

(2) 对于碎纸机既纵切又横切的情形,如何设计碎纸片拼接复原模型和算法,并针对附件3、附件4给出的中、英文各一页文件的碎片数据进行拼接复原。如果复原过程需要人工干预,写出干预方式及干预的时间节点。复原结果表达要求同上。

(3) 上述所给碎片数据均为单面打印文件,从现实情形出发,还可能有双面打印文件的碎纸片拼接复原问题需要解决。附件5给出的是一页英文印刷文字双面打印文件的碎片数据。尝试设计相应的碎纸片拼接复原模型与算法,并就附件5的碎片数据给出拼接复原结果,结果表达要求同上。

数据文件说明

(1) 每一附件为同一页纸的碎片数据。

(2) 附件1、附件2为纵切碎片数据,每页纸被切为19条碎片。

(3) 附件3、附件4为纵横切碎片数据,每页纸被切为11×19个碎片。

(4) 附件5为纵横切碎片数据,每页纸被切为11×19个碎片,每个碎片有正反两面。该附件中每一碎片对应两个文件,共有2×11×19个文件,例如,第一个碎片的两面分别对应文件000a、000b。

6.3.2　问题分析

碎纸半自动拼接技术是图像处理与模式识别领域中一个重要应用。图像拼接技术的核心是图像的配准技术。最常用的是基于图像特征的方法：首先分别提取两幅图像中保持不变的特征点，然后将这两组特征点集进行匹配对应，生成一组对应特征对集，最后利用这组特征对之间的对应关系估计出全局变换参数。

对于形状相似的碎纸片拼接，部分学者根据了碎纸片内文字行特征、表格特征特点，以及碎纸片内文字行特征、表格线特征的获取方法，提出了基于碎片文字行特征或表格特征的碎片半自动拼接模型。文献[1]的模型只能确定文字方向和行距，而且人工干预成分过多。

本题要求对形状完全相同的黑白碎片进行拼接，因而上述模型并不完全适用，需要自行设计算法。

对于字符纸片的拼接复原，我们考虑了两种处理方式。一种是通过字符识别来实现，另一种是通过边缘信息的匹配来实现。对于第一种方式，我们考虑到，人能识别的字符是有限的，如果拼接纸片上的字符，人不能识别，也就很难让计算机识别，因此这种方式的应用范围是相对较小的，我们采取第二种方式。

对于问题一，由于给出的是 19 张 72×1980 的位图，单张碎片含有的信息量较大，我们决定直接进行对比拼接。在对图像进行二值化预处理之后，我们首先筛选出最左边的碎片，然后在一定容许误差范围内将已确定位置碎片的右边沿数据与未确定位置的碎片的左边沿数据进行逐一比对，从而确定碎片位置。

对于问题二，首先，由于给出的图片量较大，单张碎片含有信息量较小，不能直接采取与问题一相同的算法解决问题。对于这个问题，我们采取的大体框架是，先对碎片以字符行线为标准进行分组，即按照横向字符特征，将同一行的碎片分入一组；然后对组内再采取与问题一类似的方法进行排序以获得分组排序的结果；最后对行进行排序即可。其中，由于中英文体的不同特点，我们对两者采取了不同的分组方式。由于汉字字符高度较为统一规整，字符行较易识别，因此我们以 1×72 像素单元为搜索单位，对每张碎片进行搜索，获得了单张碎片逐行像素"有字符－无字符"的二值化信息，并基于此信息进行分组。对于英语，由于不同英文字母字符高度和位置差异较大，需要采取其他方式更精确的确定字符行位置。我们在图像二值化基础上，对单张碎片图像以一定规律进行区块内像素统计，进而确定字符行的位置，并基于此进行分组。为了能用同一种模型对英文和中文进行分组，我们采用了将两种思路结合的做法。

对于问题三，由附件 5 给出的图片和附件四图片相比除了数量并没有显著性差异，因此我们仍选择先分组再匹配的方式设计模型，由于存在图片的正反面关系，即组内匹配时可通过图片左右两边的信息进行匹配，信息量增多，利用问题二的模型可以得到比较精确的匹配结果。

6.3.3　符号说明

P：匹配度；

$\boldsymbol{I}_i$：纸片灰度二值化矩阵；

$\boldsymbol{QI}_i$：纸片左侧边缘 10 像素矩阵；

$\boldsymbol{Q}$：全白边缘 10 像素矩阵；

$\boldsymbol{I}_{\mathrm{LI}}, \boldsymbol{I}_{\mathrm{RI}}$：纸片左、右边缘矩阵；

W：比较灰度信息值的像素点总对数；

R：灰度信息值相等的像素点对数；

h_1：英文四线三格格间距；

h_2：英文行距；

r：灰度值二值化的标准；

T：不能正常匹配的连续像素点数；

U_{i1}, U_{i2}：第 i 张纸条正反两面的上边缘灰度信息；

D_{i1}, D_{i2}：第 i 张纸条正反两面的下边缘灰度信息；

u_{i1}, u_{i2}：第 i 张纸条正反两面最上一条行线距上边缘的距离；

d_{i1}, d_{i2}：第 i 张纸条正反两面最下一条行线距下边缘的距离；

A_i：A 面第 i 张纸片；

B_i：B 面第 i 张纸片。

6.3.4 模型假设

(1) 所有纸片形状相同；

(2) 同一附件所有纸片字符字号相同，行距相同；

(3) 同一行文字位置没有上下波动；

(4) 每一附件为同一页纸的碎片数据。

6.3.5 模型的建立与求解

1. 模型准备

1) 图像预处理

通过对问题进行分析，我们知道，拼接复原过程最终都要依靠图片边缘信息的匹配来实现，即相邻图片相邻边缘的灰度信息一致或高度接近。我们用 MATLAB 提取图片各像素点的灰度信息时发现，图片中很多像素点的灰度介于 0 和 255 之间，而且很多相邻像素的灰度并不一定相同，这给信息的匹配带来很多不便。如果灰度的取值范围很大，灰度不相同的相邻像素对就会增加，利用图片边缘灰度是否相等来判断是否相邻就不能很好的拼接图像。同时，灰度值取值范围大也使运算量增大。为了解决这一问题，我们对图像进行了二值化预处理，将各像素点按照设定的灰度阈值分为两类。

我们认为灰度在 255 以下的像素点包含信息是相对多的，因此取 r 为标准，即以 $255r$ 为界限，灰度在该值以上的点取其灰度信息值为 1，其他点取其灰度信息值为 0。这样把图像中的像素点分为两类，相邻像素点灰度信息值不同的情况就大大减少，在匹配时，运算量会大大减小。对 r 的具体值，在模型中，我们将作出说明。

2) 匹配度

前面已经提到拼接复原过程要依靠图片边缘信息的匹配来实现，但是相邻像素的灰度并不一定相同。尽管我们已经利用二值化处理减小了误差，图片边缘信息值也不会完全相同。因此，我们定义了匹配度 P。

设比较灰度信息值的像素点总对数为 W，其中灰度信息值相等的像素点对数为 R，记

$$P=\frac{R}{W}$$

2. 纵切碎纸片拼接复原模型

对于仅纵切的碎纸片，我们用 MATLAB 提取其各像素点的灰度值，再进行二值化处理，得到一个由 1 和 0 组成记录纸片信息的矩阵。由于仅纵切碎纸片的边缘信息量较大，可以直接利用纸片左右边缘信息的匹配来实现拼接复原。

1) 纵切复原模型的建立

通常情况下，我们在进行人工拼图时，先找到需要复原文档的边缘——左(右)边存在白边的纸片——再依次拼接余下部分的方式更容易将图片复原。利用这种思路，这里我们也采取这种方式。

某些纸片的准确位置虽然不在本行最左一列，纸片的左(右)仍然有一定的可能存在白边，但根据文字排布的关系可以发现白边宽度不会过大，基于这一点考虑，我们将选取边界的模型设计如下：如果某一图像的左边(右边)10 个像素列的灰度信息值都为 1，也就是图像转化为矩阵中前 10 列均为 1，说明图像左(右)侧有一较大的空白窄带，我们基本就可以确定这张纸片为整张纸片的左(右)边界。为了便于记录和说明，将其编号为①。

剩余部分的拼接利用二值化后的边界信息匹配来完成。将①的右边界灰度信息值与剩余未编号图像的灰度信息值逐一进行比较，得到一组匹配度 P_{1j}。但考虑到图像本身在边界上存在一定的误差，我们取匹配度 90%为标准，如果匹配度均达不到 90%，说明仅根据纸片边缘信息拼接不精准，需要进行人工干预，如果存在 90%以上的匹配度，则取最大匹配度对应的纸片置于①右侧。

基于以上分析，我们可以得到以下数学模型。

(1) 将所有纸片灰度二值化并放入矩阵 $\boldsymbol{I}_i$ 中(i 为图片编号)；

(2) 取出矩 I_i 中 1 到 10 列放入矩阵 $\boldsymbol{QI}_i$ 中，并设置全白同样大小的矩阵 $\boldsymbol{Q}$；

(3) 对差矩阵所有元素求和：$\sum(\boldsymbol{QI}_i-\boldsymbol{Q})$。若其等于 0 则将编号 i 纸片作为上述 ① 的边缘；

(4) 将 $\boldsymbol{I}_i$ 第一列取出作为左边缘矩阵 $\boldsymbol{I}_{\mathrm{LI}}$，将 $\boldsymbol{I}_i$ 最后一列取出作为右边缘矩阵 $\boldsymbol{I}_{\mathrm{RI}}$；

(5) 依次将已确定位置的最后一张纸片 $\boldsymbol{I}_{\mathrm{RI}}$ 和剩余所有图片 $\boldsymbol{I}_{\mathrm{LI}}$ 比较，按照匹配度公式得到匹配度 P_{ij}；

(6) 若匹配度均小于设定标准 90%，进行人工干预选取匹配纸片；若存在匹配度大于 90%，则取 $\max(P_{ij})$ 求得的 j 对应纸片作为待定纸片。

2) 问题一模型的求解

我们在用 MATLAB 提取附件 1 中 19 幅纸片的各像素点的灰度值，并进行二值化处理后发现，其中图 008 满足上述关系，因此确定此纸片为左边界，编号为①。同样，对附件 2 中的纸片进行处理，得到图 003 为左边界。

通过编程比较，附件 1 中图 014 的左边界与①(图 008)的右边界匹配度为 98%，据此认为两图片相邻，将图 014 编号为②。用同样的方法，得到附件 2 中图 006 与其左边界匹配成功。

重复利用以上方法，依次拼接剩余图片，得到很好的拼接效果。拼接复原结果如表 6-1

和表 6-2 所示(MATLAB 程序及复原图片见附录)。

表 6-1 附件 1 结果

008	014	012	015	003	010	002	016	001	004	005	009	013	018	011	007	017	000	006

表 6-2 附件 2 结果

003	006	002	007	015	018	011	000	005	001	009	013	010	008	012	014	017	016	004

3. 横纵切碎纸片拼接复原模型

对于既纵切又横切的情形,直接应用模型一的方法会产生一些问题。首先,碎纸片变小,其边缘的信息量也变小,单纯靠边缘的信息对比来匹配图片会产生较大的误差,并且随着碎片数的增加,计算量也大大增加,我们需要寻求更精细同时计算量相对较少的算法。

1)字符行线的确定

为了减小匹配误差和减少计算量,我们认为可以先根据中英文字符的排版特征,先将同一排的碎纸片分到同一组,再利用模型一的方法在组内进行拼接复原,最后同样利用模型一进行组间的排列拼接。这样在组内进行匹配时,由于匹配量减少,匹配误差也会相应减少,同时计算量也会降低。

中英文字符都是一行一行排列的,同一行的字符都基于同一条水平线,我们称之为行线。如果可以确定每一张碎纸片的行线位置,我们就可以将行线位置相同的碎纸片分到同一组。

由于中文和英文字符的结构特点不同,我们将它们分开讨论。

① 中文字符行线的确定

对于如何确定中文字符行线的位置,需要先分析中文字符的特征。中文字符的高度和大小位置基本统一规整,行线位置分明,相对英文字符更容易识别。每张中文字符纸片上的灰度信息的分布都大致如图 6-2 所示。图中阴影部分表示有字符的部分,空白部分表示行间距,标记 a、b、c、d 四线均可作为行线。我们以 1×72 像素单元为搜索单位,对每张碎片自上而下进行搜索,记录每一行像素点的灰度信息值之和。当某一行的灰度信息值之和为 72 时,说明这一行位于行间部分;当某一行的灰度信息值之和小于 72 时,说明这一行位于字符行部分。当灰度信息值之和由 72 变为小于 72 时,此位置为 a、c 线位置;当灰度信息值之和由小于 72 变为 72 时,此位置为 b、d 线位置。为了便于说明,我们定义中文字符的行线为文字下端行线,即图 6-2 中 b、d 线;定义最上端行线与上端边缘的距离为行线位移,用 u 表示。

用 MATLAB 编程,对每一张确定它的行线位置,我们选取纸片 028,标记出它的行线位置,结果如图 6-3 所示。

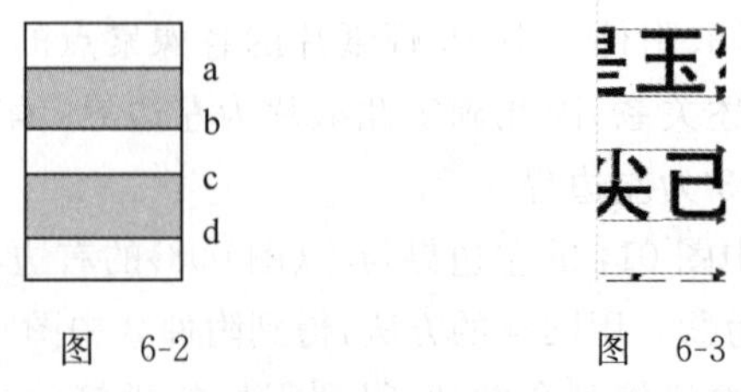

图 6-2　　图 6-3

② 英文字符行线的确定

英文字符不像中文字符那样整齐划一，高度、大小、位置都不尽相同。英文字母的标准格式为四线三格式。英文字母在四线三格中的位置可以分为以下几类：第一类字母，如 a、c、e 等，只在第二格中；第二类字母，如 g，y 等，占据第二、三格；第三类字母，如 b、d 以及所有大写英文字母，占据第一、二格；另有小写字母 f 占据三个格。

我们通过讨论认为，对于英文字符，不能像中文字符那样确定行线。由于截取位置不同，我们看到很多图片只有第一、三类英文字母，这样通过①中的方法确定的字符下端行线为四线三格的第三线。另也有一些图片中包含第二类英文字母或 f，这样的图片通过①中的方式确定的字符下端行线为四线三格的第四线。同样，确定上端行线时也会产生这样的问题。

我们分析英文字符的特点发现，每个英文字母都会占据第二格，而第一格和第三格中出现字符的频率相对较少。英文灰度信息分布大致如图 6-4 所示。其中灰色部分表示四线三格，空白部分表示行间距，灰色深浅表示该处灰度信息值为 0 的像素点的多少。我们以四线三格的第三线为行线，可以通过英文字符的这种分布特点来确定行线。同样，用 u 表示最上端行线与上端边缘的距离行线位移。

如果可以确定图中各线之间的距离，我们就可以用类似图 6-5 的形式来扫描纸片，记录下阴影部分包含像素点的灰度信息值之和最小的位置，就可以确定行线的位置。

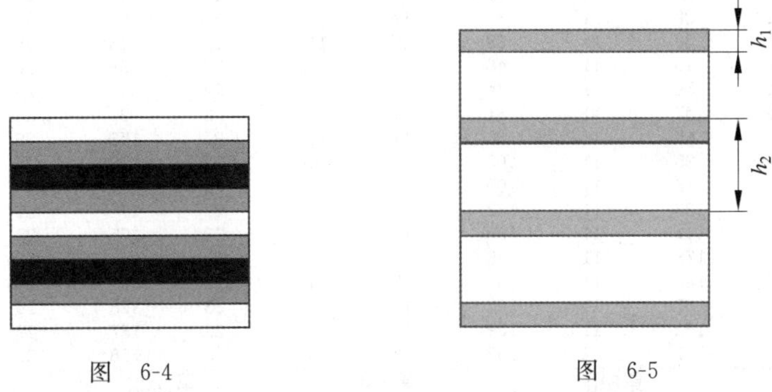

图　6-4　　　　图　6-5

我们需要知道图中 h_1 和 h_2 的值，即四线三格的格宽和英文的行距。对这一数值的测定可以采用①中的方法。我们选取附件 4 中的只有第一类英文字母的纸片，如纸片 156，利用①中的方法确定行线位置，很容易就确定了 h_1 和 h_2 的值(以像素为单位)，分别为 24 像素和 63 像素。

我们用形状类似图 6-5 的区块扫描纸片。宽度等于碎纸片的宽度，h_1 等于四线三格的格宽，h_2 等于英文行距。通过扫描我们知道，碎纸片的纵向为 180 个像素。由于 $180>63\times3-24$，也就是说同一张碎纸片中有可能出现四个第二格，所以我们用四个第二格的区块进行扫描。当扫描到所计算的区块(阴影部分)内的像素点灰度信息值之和最小时，就是，区块边线与四线三格的第二、三线重合的时候。记录下这个位置的行线位移，也就得到了行线的位置。

③ 行线确定模型优化

在对中文和英文字符用不同方式确定行线之后，我们发现，因为两种字符并不是完全不同的，可以将两种方法稍做改进后结合来确定行线，更能减小误差。

用①中的方法确定行线时，我们发现行线处的灰度信息值往往是比较小的，将灰度信息值之和最小的位置的灰度信息和记为 s_1，用②中的方法确定行线时，所计算的区块内的像素点灰度信息值之和最小位置的灰度信息值之和记为 s_2。将两者加权来确定行线的最终位置。记加权和为 s，权重分别为 α 和 $1-\alpha$，即

$$s = \alpha s_1 + (1-\alpha)s_2$$

使得 s 最小的位置为最终行线的位置。

由于中英文有不同的特点，我们通过调整 α 来适应中英文的特征。我们认为 s_1 对行线位置的影响相对较小，并且在英文字符的行线确定中所占比重应该比中文小。所以在确定中文字符行线时，α 取 0.3，在确定英文字符行线时取 0.2。

2）碎纸片的分组

通过前面的方式，我们得到了每一张碎纸片的行线位移。由于存在误差，我们取一个像素为误差范围，将行线位置之差不大于 2 个像素的碎纸片分到同一组。最终将附件 3 和附件 4 的 209 张碎纸片分别分为 11 组，其中附件 3 分组结果如表 6-3 所示(每列为一组)。

表 6-3　附件三分组结果

第1组		第2组		第3组		第4组		第5组		第6组	
图片编号	行线位移	图片编号	行线位移	图片编号	行线位移	图片编号	行线位移	图片编号	行线位移	图片编号	行线位移
37	4	143	10	8	17	43	22	196	27	6	34
44	4	190	10	9	17	47	22	0	28	19	34
59	4	2	11	24	17	58	22	32	28	52	34
92	4	11	11	25	17	90	22	45	28	61	34
98	4	22	11	35	17	94	22	53	28	69	34
104	4	28	11	38	17	112	22	56	28	72	34
111	4	49	11	46	17	121	22	68	28	96	34
180	4	54	11	74	17	124	22	70	28	131	34
5	5	57	11	81	17	127	22	93	28	177	34
10	5	65	11	88	17	136	22	153	28	20	35
29	5	95	11	103	17	144	22	158	28	36	35
48	5	118	11	105	17	149	22	166	28	63	35
55	5	129	11	122	17	164	22	174	28	67	35
64	5	141	11	130	17	183	22	175	28	78	35
171	5	178	11	148	17	34	23	208	28	79	35
172	5	186	11	161	17	42	23	7	29	99	35
201	5	188	11	167	17	77	23	126	29	116	35
206	5	192	11	189	17	84	23	137	29	162	35
		91	12	193	17	97	23	138	29	163	35

第7组		第8组		第9组		第10组		第11组	
图片编号	行线位移	图片编号	行线位移	图片编号	行线位移	图片编号	行线位移	图片编号	行线位移
165	40	21	47	4	54	179	60	12	66
27	41	150	47	40	54	1	61	31	66
60	41	13	48	113	54	18	61	128	66
80	41	16	48	123	54	23	61	134	66
85	41	66	48	140	54	26	61	169	66
132	41	109	48	146	54	41	61	3	67
133	41	110	48	155	54	50	61	14	67
152	41	125	48	194	54	62	61	39	67
198	41	145	48	207	54	76	61	51	67
200	41	157	48	102	55	86	61	73	67
205	41	173	48	108	55	87	61	75	67
15	42	187	48	114	55	100	61	82	67
17	42	197	48	117	55	120	61	107	67
33	42	106	49	154	55	142	61	115	67
71	42	139	49	185	55	147	61	135	67
83	42	181	49	89	56	168	61	159	67
156	42	182	49	101	56	191	61	160	67
170	42	184	49	119	56	195	61	176	67
202	42	204	49	151	56	30	64	199	67
								203	67

附件 3、附件 4 中给出的是 11×19 的碎纸片，我们按行分组，理论上应该有 11 组，每组 19 张图片。但由上表我们看到，实际分组的结果与理论并不完全相符。这是由于分组是通过确定行线位置和匹配行线位置进行的，而确定行线位置和匹配行线位置时都存在误差。为了消除这种误差带来的影响，我们在分组结束后，采取人工干预。

以附件 3 为例，通过观察分组结果，我们发现，第二～十组都是 19 张纸片，而且满足分组的要求，即行线位移基本一致。只有第一组和第十一组分别为 18 张和 20 张。我们通过人眼分辨，发现第十一组的纸片 075 的行线位移与其他纸片略有不同，应该不属于该组，同时其行线与第一组的纸片行线大致相同，我们将它移至第一组。经验证，075 分别与第一组中的 037 和 055 左右相匹配，证明这样的分组调整是正确的。对于附件 4 采取同样的方法进行分组和人工干预。MATLAB 程序见附录。这样，我们将纸片分为 11 组，每组 19 张。

3）分组后碎纸片的拼接复原

利用模型一的方法对分组后的碎纸片进行组内和组间的匹配拼接。匹配过程中，我们发现，由于纸片边缘信息过少，拼接并没有达到预期效果。我们分别采取了不同的方式进行拼接。

① 组内拼接

组内匹配时我们发现很多问题，并对这些问题提出解决方案：

a. 由于纸片分割的随机性，一些字符在笔画边缘处被分开，导致本来应该匹配的两张纸片对应边缘的灰度信息并不匹配。例如，如图 6-6 和图 6-7 所示，纸片 046 和纸片 161 的“迎”字有一笔被从边缘断开，致使在同一区间，纸片 046 右侧边缘灰度信息值为 0，纸片 161 左侧灰度信息值为 1，两张图片的匹配度大大降低，因而在搜索匹配时，计算机无法找到与之相邻的图片或找到其他图片，出现错误。

为解决这一问题，我们采取两种方式。第一种为人工干预，第二种为对模型的改进。

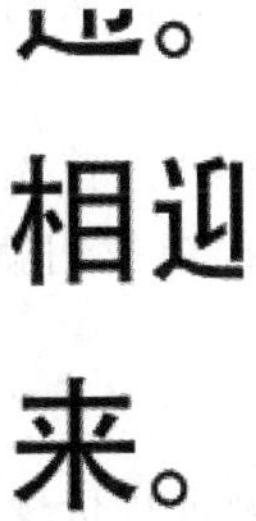

图 6-6　附件 3 046

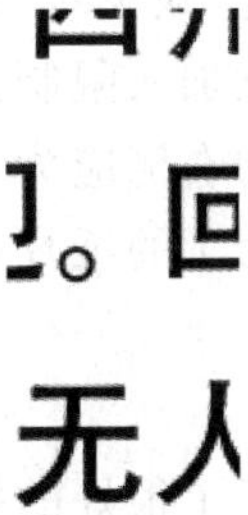

图 6-7　附件 3 161

（Ⅰ）调整二值化的标准 r。对于一些上述情形，可以通过调整二值化的标准来消除。通过分析各点灰度值我们发现，笔画边缘的灰度通常大于笔画中央，调整二值化标准，可以将一些处于边缘像素点的灰度信息值由 0 变为 1。

这种方式只能解决一部分上述情况，而且对于不同组纸片需要不断调整 r 值来达到最佳的匹配效果。同时这种方式也会带来新的问题，如调整之前可以匹配的，调整后反而不能匹配。因此，我们同时采取了下面的处理方式。

（Ⅱ）对图片边缘进行处理。先对图片边缘的灰度信息进行统计，选择出连续的灰度信息值为 0 的像素点数大于某个值 T 的区间。先对这些区间能否很好的匹配做出判断。如果不能，说明出现了上述情形。我们将不能匹配的区间的灰度信息值设为 1，这样就取消了两侧灰度信息的差异，可以匹配。在上面的例子中，通过这种方式我们同样可以使 046 右侧不能匹配的区间灰度信息值调整为 1，使两张图片可以匹配。

对于 T 值的选取，由于英文字符相对中文字符较小，对中文字符我们选取 10，对英文字符选取 5。

b. 由于纸片信息量少，纸片边缘信息的相似度也增加。一些纸片的边缘的信息是非常相似甚至完全相同的，这导致计算机在搜索匹配时，会找到两张甚至更多的匹配对象。例如图 6-8 中的纸片 087 和纸片 140 左侧边界、纸片 125 和纸片 193 的右侧边界信息分别完全一致，在搜索匹配时，纸片 125 和纸片 193 都分别能和两张图都完整匹配，出现匹配混乱。

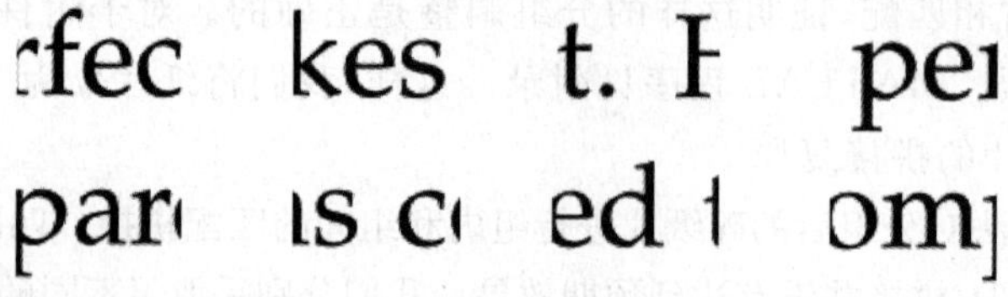

附件 4 193　　附件 4 125　　附件 4 087　　附件 4 140

图 6-8

我们对这种情况进行分析，认为这种情况需要通过对前后语句或单词的识别来确定相邻关系。而单纯利用计算机很难识别这类情况，又由于这种情况出现较少，我们采取人工干预的方式，进行拼接复原。

由于人的认知范围有限，存在一些更复杂的情况，人也无法识别。这种情况我们暂不处理，在组间拼接后再进行调整。

c. 在拼接过程中还出现了最后一行张右侧不是空白边的情况，显然是不合实际的。出现这一问题的原因是，缺少对最后一张纸片右侧信息的限制。我们从问题原因入手，对最后一张纸片的右侧信息加入限制。

最后一张纸片的右侧应为空白边。我们对每一组进行拼接时，首先搜索出右侧 10 个像素列灰度信息值都为 1 的纸片，确定其为右边界。在搜索过程中我们就可以把该纸片排除在外，不再搜索。

② 组间拼接

在每一组都进行了很好的拼接后，对组间用问题一的模型进行拼接时，我们也发现了问题：信息量小。例如附件 3 中的 11 组中，分别有 6 组的上边缘和下边缘的全部像素点灰度信息值都是 1。对于这些组直接利用问题一的模型，显然是行不通的。

我们考虑到，如果人工进行组间拼接，我们拼接复原的依据，除了灰度信息的匹配，还应该考虑到行距的一致性。因此，我们也以此为依据建立组间拼接的模型。

在 1)中我们已经确定了每张纸片的行线位置。只要在拼接时保证行线间的距离等于行距，就拼接成功。记每组纸片的最上一条行线距上边缘的距离为 u_j 像素，最下一条行线距下边缘的距离为 d_j 像素，行距为 d 像素，则如果两组之间应该满足关系：

$$|d_m + u_n - d| \leqslant 1$$

说明第 m 组在第 n 组上面。

为了保证正确性，我们采用灰度信息匹配和行距一致双重限制进行拼接，得到很好的拼接效果。拼接结果如表 6-4 和表 6-5 所示(图像见附录)。

表 6-4　附件 3 拼接顺序

49	54	65	143	186	2	57	192	178	118	190	95	11	22	129	28	91	188	141
61	19	78	67	69	99	162	96	131	79	63	116	163	72	6	177	20	52	36
168	100	76	62	142	30	41	23	147	191	50	179	120	86	195	26	1	87	18
38	148	46	161	24	35	81	189	122	103	130	193	88	167	25	8	9	105	74
71	156	83	132	200	17	80	33	202	198	15	133	170	205	85	152	165	27	60
14	128	3	159	82	199	135	12	73	160	203	169	134	39	31	51	107	115	176
94	34	84	183	90	47	121	42	124	144	77	112	149	97	136	164	127	58	43
125	13	182	109	197	16	184	110	187	66	106	150	21	173	157	181	204	139	145
29	64	111	201	5	92	180	48	37	75	55	44	206	10	104	98	172	171	59
7	208	138	158	126	68	175	45	174	0	137	53	56	93	153	70	166	32	196
89	146	102	154	114	40	151	207	155	140	185	108	117	4	101	113	194	119	123

表 6-5　附件 4 拼接顺序

191	75	11	154	190	184	2	104	180	64	106	4	149	32	204	65	39	67	147
201	148	170	196	198	94	113	164	78	103	91	80	101	26	100	6	17	28	146
86	51	107	29	40	158	186	98	24	117	150	5	59	58	92	30	37	46	127
171	42	66	205	10	157	74	145	83	134	55	18	56	35	16	9	183	152	44
159	139	1	129	63	138	153	53	38	123	120	175	85	50	160	187	97	203	31
20	41	108	116	136	73	36	207	135	15	76	43	199	45	173	79	161	179	143
208	21	7	49	61	119	33	142	168	62	169	54	192	133	118	189	162	197	112
70	84	60	14	68	174	137	195	8	47	172	156	96	23	99	122	90	185	109
132	181	95	69	167	163	166	188	111	144	206	3	130	34	13	110	25	27	178
19	194	93	141	88	121	126	105	155	114	176	182	151	22	57	202	71	165	82
81	77	128	200	131	52	125	140	193	87	89	48	72	12	177	124	0	102	115

4. 正反面横纵切碎纸片拼接复原模型

问题二的模型可以直接应用于问题三。同时，问题三有自己的特殊性，即有正反面。这虽然使问题更加复杂，但也增加了纸片边缘的信息，可以使模型更加精确。

1）正反面碎纸片分组

由于我们无法区分碎纸片的正反面，我们将它们做统一分组。分组方法如前所述。理论上讲，分到 P 组的纸片的另一面应该都在 Q 组里，因为一般来讲，纸片正反两面的行距相同，所有碎纸片正反两面的行线之差也应该相同。实际分组结果部分满足这种关系，但也有接近不满足，这是因为存在有很多相似行列分布的正反纸片。

此处仅用边缘扫描的模型已经不能对组内在进行细分了，考虑到可以利用字符识别技术进行分组，但单张纸片数据量过小，几乎没有算法可以完整地识别出纸片上的英文字符，因此，必须在分完组采用人工干预的方式。

由于完整文档的一行被分成了 19 列，因此我们采用的人工干预的办法是，首先将分组结果进行配对处理，即利用 Excel 软件将正反面放在一组，然后将不能区分出的纸片按照行线位移的大小进行近似分组，即将行线位移差不多的放在一组中，如此刚好能够把所有的数据分进包含 19、38、76（均为 19 的倍数）张纸片的数据的组里，这样可以使问题大大简化。这种操作是具有普适性的，因为我们对行线位置以及行线位移的计算模型十分精确。

2）组内拼接

对于只含有 19 张纸片数据的分组，可以直接利用模型二的行内分组模型进行行内拼接，并可以经过 19 张拼接完成的纸片找出其对应背面的纸片编号，如此，便可以一次确定下原文档的一行。

对于含有 38 张纸片的分组，由于前面利用 Excel 进行了正反面的配对，因此 38 张纸片的组合中事实上只有一行的正反面数据。为了合理放入一行正反的共计 38 张纸片数据，我们将一组内分为两层去匹配，分别记为 A、B 层。由于第一面的第 1 张与第二面的第 19 张相对应，第一面的第 2 张与第二面的第 18 张相对应……所以两面都匹配才可以确定拼接。我们通过原来的方法搜索到两侧的纸片，记 A 层中选出的最左侧的纸片为 A_1，则 A_1 背面为 B 层最右侧的纸片，记为 B_{19}。在 A 层搜索下一张 A_2 时，不仅要求它的左侧灰度信息与的

A_1 右侧灰度信息匹配,同时要求它在B层对应的另一面的右侧灰度信息与 B_{19} 的左侧灰度信息匹配,即它在B层对应的另一面应该是 B_{18}.这样拼接得到的结果比单面拼接时更为精确。MATLAB程序见附录。

对于含有76张纸片数据的分组,已经不能简单地通过确定两端的纸片再根据图片正反进行拼接了。但是再利用分组模型试图对现有组进行细分的方法也行不通,因此,我们选择了只选定一个边缘纸片数据进行组内匹配,先排好一行的方式将76减少至38。具体模型是,首先利用模型一的方法找到四张左边缘的纸片,然后依次选取一张按照模型一行内匹配的算法进行相对大范围的检索匹配,如此至少可以有一张左边缘纸片完全被拼接为一行,这样,即可以根据正反面关系确定其背面的另一行,从76张中剔除后,即可利用38张组设计的模型,对剩余的38张纸片进行拼接了。

基于以上模型,对每一组内的纸片进行拼接,并加以适当人工干预,可以得到共计11片纸条(正反记作一片)。

3) 组间拼接

组间拼接,即将得到的纸条进行拼接时,我们还面临不能区分正反面的问题。通过讨论,我们采取两种方式处理这一问题。

(1) 依旧对其进行统一处理,将每张纸条的两面都看作一张纸片,利用前述的单面拼接的方法进行拼接。当然,由于每张纸片都出现了两次,而在实际拼接时,一张纸条的两面不能同时在单面出现。所以每拼接一张纸条,在下一次搜索时,应该跳过这张纸条的两面。

(2) 我们可以将纸条两面的信息组合起来。每面上边缘的灰度信息、下边缘的灰度信息和最上一条行线信息、最下一条行线信息组成一个向量,于是每张纸条得到两个向量,由于不能确定正反面,我们把两个向量按照不同次序连接起来,获得两个新的向量,分别记为

$$\boldsymbol{a}_{i1} = [U_{i1}, D_{i1}, u_{i1}, d_{i1}, U_{i2}, D_{i2}, u_{i2}, d_{i2}], \quad \boldsymbol{a}_{i2} = [U_{i2}, D_{i2}, u_{i2}, d_{i2}, U_{i1}, D_{i1}, u_{i1}, d_{i1}]$$

其中 U_{i1} 和 U_{i2} 分别表示两面的上边缘灰度信息,D_{i1} 和 D_{i2} 分别表示两面的下边缘灰度信息,u_{i1} 和 u_{i2} 分别表示两面最上一条行线据上边缘的距离,d_{i1} 和 d_{i2} 分别表示两面最下一条行线距下边缘的距离。

当且仅当两个向量满足下列关系时,两张图片相邻。

$$U_{m2} = D_{n2} \quad 或 \quad U_{m2} = D_{n1}$$

$$u_{m2} + d_{n2} = d \quad 或 \quad u_{m2} + d_{n1} = d$$

此时,第 m 张图在第 n 张图下面。正反可以根据序号(1,2)确定。

最终拼接结果如表6-6所示(复原图见附录)。

表 6-6 附件 5 拼接顺序

136	256	229	164	81	189	238	18	317	275	319	174	183	359	364	349	334	111	78
214	361	356	60	268	223	288	353	120	231	124	401	25	253	387	76	245	10	298
143	200	86	187	131	56	347	254	137	61	94	307	330	247	239	42	84	362	186
9	354	82	414	15	310	118	129	271	261	71	33	328	160	304	51	257	342	23
299	203	162	211	139	70	250	170	151	1	166	115	65	400	37	389	149	316	88
222	233	266	351	417	64	102	17	221	28	154	406	367	267	416	116	179	184	323
244	368	73	193	372	339	21	411	53	177	16	19	92	190	259	410	240	171	355
381	331	182	249	336	397	68	8	117	376	75	63	276	255	377	366	337	404	165
314	204	350	135	236	80	0	394	385	126	74	241	278	213	286	148	85	7	3
292	39	306	384	72	302	132	296	198	181	243	365	206	173	194	169	370	11	199
54	196	321	312	55	100	106	300	49	26	322	343	313	215	332	318	96	252	308
287	320	125	140	155	150	392	383	110	66	108	227	29	398	290	373	20	47	345
89	219	36	285	178	44	234	192	333	22	329	144	79	14	59	269	147	152	5
395	153	293	251	30	38	121	98	303	270	346	45	138	265	340	396	295	409	352
232	133	48	260	95	369	119	242	280	52	62	338	327	101	224	205	291	145	218
297	107	358	180	246	191	274	324	375	210	360	379	41	279	348	2	371	412	90
114	393	388	325	207	58	158	197	363	237	12	226	311	273	208	142	57	24	13
146	380	31	201	50	399	301	228	225	386	262	202	230	130	163	402	282	159	35
374	195	128	157	168	46	67	272	284	167	326	217	277	188	127	40	391	122	172
212	216	294	357	77	4	69	32	283	335	176	185	209	289	27	344	141	413	105
408	220	161	378	403	382	415	156	34	390	407	87	341	93	281	175	97	248	83
99	43	305	109	123	6	104	134	113	235	258	91	315	309	264	103	112	405	263

6.3.6　模型优化

在6.3.5节中，根据不同的问题我们设计了不同的模型来解决，在设计模型过程中，我们发现每一问的解决策略都可以基于前一问的模型来设计，例如问题二的组内匹配模型，可以根据问题一的横向匹配模型来设计，再例如问题三的组内、组间匹配模型，也可以依据问题二的匹配模型设计。因此，基于对问题一、问题二、问题三的研究。我们综合设计出一个可以根据输入碎纸片信息半自动拼接的模型。

首先按照前几问模型中对数据进行预处理的方法将纸片的灰度图二值化为二值矩阵。然后根据纸片量和纸片排布规则判断模型的模式选择方案。

(1) 输入的纸片为附件1、附件2所示的纵切样式，则直接进入模型一进行行内匹配即可。

(2) 输入的纸片为附件3、附件4所示的横纵切样式，则先进入模型二的按行分组，再进入模型一的行内匹配，得到横切样式纸片，再利用模型二的列内匹配得到完整文档。

(3) 输入的纸片为附件5所示的双面横纵切样式，则先进入模型二的按行分组，若分组理想则直接进入模型一的行内匹配，分组不理想则进入模型三的大范围行匹配，得到正反混杂的横切样式纸片，再利用模型二的列内匹配得到完整文档。

(4) 输入的纸片若为上述三种附件混杂的情况。则先根据大小区分出附件1、附件2进入上述1模型，然后根据是否正反都有字符区分附件3、附件4/附件5分别进入相应模型即可得到完整文档。

以上四种情况的组合即为我们提出的优化模型，相对于问题中的三种分立模型，本模型适用范围更广，使用难度更低，只需要输入纸片灰度图矩阵然后在适当节点给以人工干预即可达到理想效果。

6.3.7　模型评价与改进

1. 模型评价

1) 模型优点

(1) 模拟人脑拼接纸片的过程设计模型，可行性较高，拼接效率高，只用少量的人工干预即对附件给出的图片做出了很好的拼接复原。

(2) 针对每个问题的不同特点，采用不同的模型。对问题一，由于边缘信息量较大，采用直接拼接的方式，简便省时；对问题二，由于边缘信息量小，采用先分组再进行组内组件匹配的方式，能够减小误差，使拼接有序；对问题三，在模型二的基础上，利用正反面信息的匹配，使模型更加精确。

(3) 具体问题具体分析。针对拼接过程中出现的问题，从原因进行分析，并提出多种解决方案。

2) 模型缺点

(1) 没有实现纸片拼接的全自动，加入了人工干预；

(2) 只能对本题中的形状标准且相同的纸片进行拼接，不能应用于任意形状纸片的拼接；

(3) 利用边缘信息的匹配进行拼接，不能通过对字符进行识别来进行匹配。

2. 模型改进

针对模型不能用于任意形状纸片拼接的缺点,由于此类研究成果已有很多,可以结合相关研究,加入对形状信息,进行匹配。

针对模型不能对字符进行识别的缺点,我们认为,可以用神经网络算法改进来进行识别。但通过字符识别拼接纸片也有一定局限性,最好的方式是将两种方法进行结合。

6.3.8 参考文献

罗智中.基于文字特征的文档碎纸片半自动拼接[J].计算机工程与应用,2012,48(5):207-230.

6.3.9 附录(略)

6.4 论文点评

本文首先利用MATLAB对字符纸片灰度图进行二值化处理。在问题一中,通过确定左边缘纸片利用定义的各碎片边缘匹配度从左到右依次匹配,对附件1、附件2进行了拼接。在问题二中,采取了先按行分组再纵向匹配的思路进行拼接。分别对中文和英文采用扫描汉字最下端和圈出一定范围内最多黑色像素点的方式进行行线标定,并记录下行线位移,然后利用行线位移进行分组得到每一行中的19张纸片。随后对算法进行了优化,合理设置权重将两种行线标定的方式进行整合,使之能以更好的效果同时对中英文进行分组,但分组不能完全正确,需要极少量人工干预。然后将分好的组分别利用问题一的模型进行组内匹配。最后将得到的11行拼接好纸条根据行线位移进行拼接,取得了很好的效果。问题三在问题二的基础上加入了正反面,本文结合人工干预利用正反面之间的关系分成了含有19,38,76张纸片的三种组。对19类分组直接利用问题一模型进行行内匹配并找出背面对应的组别。对38类分组,利用正反面关系改进问题一模型使之更精确匹配。对于76类分组,先选出4个左边缘再进行自由匹配,选出匹配最好的一行将76减少为38使之精确匹配。最后用类似问题二纵向匹配模型很好地拼接出了文档。本文的数学模型和相应的算法及软件解决了题目要求的问题,方法非常灵活,叙述清楚,计算结果合理,是一篇很好的数学建模论文。

本文的主要问题是在对问题一的19个纸片进行拼接时所使用的算法思路过于简单,就是直接搜索,导致计算量会较大,对于纸片数量不多的情况没有问题,但是若纸片数量较多,算法计算时间可能较长,这是本文算法的缺点。

第 7 章　嫦娥三号软着陆轨道设计与控制策略(2014 A)

7.1　嫦娥三号软着陆轨道设计与控制策略

嫦娥三号于 2013 年 12 月 2 日 1 时 30 分成功发射,12 月 6 日抵达月球轨道。嫦娥三号在着陆准备轨道上的运行质量为 2.4t,其安装在下部的主减速发动机能够产生 1 500～7 500N 的可调节推力,其比冲(即单位质量的推进剂产生的推力)为 2 940m/s,可以满足调整速度的控制要求。在四周安装有姿态调整发动机,在给定主减速发动机的推力方向后,能够自动通过多个发动机的脉冲组合实现各种姿态的调整控制。嫦娥三号的预定着陆点为 19.51W, 44.12N,海拔为－2 641m(见附件 1)。

嫦娥三号在高速飞行的情况下,要保证准确地在月球预定区域内实现软着陆,关键问题是着陆轨道与控制策略的设计。其着陆轨道设计的基本要求:着陆准备轨道为近月点 15km,远月点 100km 的椭圆形轨道;着陆轨道为从近月点至着陆点,其软着陆过程共分为 6 个阶段(见附件 2),要求满足每个阶段在关键点所处的状态;尽量减少软着陆过程的燃料消耗。

根据上述的基本要求,请你们建立数学模型解决下面的问题:

(1) 确定着陆准备轨道近月点和远月点的位置,以及嫦娥三号相应速度的大小与方向。

(2) 确定嫦娥三号的着陆轨道和在 6 个阶段的最优控制策略。

(3) 对于你们设计的着陆轨道和控制策略做相应的误差分析和敏感性分析。

附件 1:问题 A 的背景与参考资料

1. 中新网 12 月 12 日电(记者　姚培硕)

根据计划,嫦娥三号将在北京时间 12 月 14 日在月球表面实施软着陆。嫦娥三号如何实现软着陆以及能否成功成为外界关注焦点。目前,全球仅有美国、苏联成功实施了13 次无人月球表面软着陆。

北京时间 12 月 10 日晚,嫦娥三号已经成功降轨进入预定的月面着陆准备轨道,这是嫦娥三号"落月"前最后一次轨道调整。在实施软着陆之前,嫦娥三号还将在这条近月点高度约 15km、远月点高度约 100km 的椭圆轨道上继续飞行。其间,将稳定飞行姿态,对着陆敏感器、着陆数据等再次确认,并对软着陆的起始高度、速度、时间点做最后准备。

"发射、近月制动、变轨和月面降落比较起来,后者更为关键。这对我们来说是一个全新的,也是一个最重要的考验。"中国探月工程总设计师吴伟仁表示。

嫦娥三号着陆地点选在较为平坦的虹湾区。但由于月球地形的不确定性，最终"落月"地点的选择仍存在一定难度。据悉，嫦娥三号将在近月点 15km 处以抛物线下降，相对速度从 1.7km/s 逐渐降为零。整个过程大概需要十几分钟的时间。探测器系统副总指挥谭梅将其称为"黑色 750s"。

由于月球上没有大气，嫦娥三号无法依靠降落伞着陆，只能靠变推力发动机，才能完成中途修正、近月制动、动力下降、悬停段等软着陆任务。据了解，嫦娥三号主发动机是目前中国航天器上最大推力的发动机，能够产生从 1 500～7 500N 的可调节推力，进而对嫦娥三号实现精准控制。

在整个"落月"过程中，"动力下降"被业内形容为最惊心动魄的环节。在这个阶段，嫦娥三号要完全依靠自主导航控制，完成降低高度、确定着陆点、实施软着陆等一系列关键动作，人工干预的可能性几乎为零。"在这个时间段内测控都跟不上了，判断然后上去执行根本来不及，只能事先把程序都设定好。"谭梅表示。

在距月面 100m 处时，嫦娥三号要进行短暂的悬停，扫描月面地形，避开障碍物，寻找着陆点。"如果下面有个大坑，需要挪个地方，它就会自己平移，等照相机告诉它地面平了，才会降落"，中国绕月探测工程首任首席科学家、中国科学院院士欧阳自远介绍。

之后，嫦娥三号在反推火箭的作用下继续慢慢下降，直到离月面 4m 高时再度悬停。此时，关掉反冲发动机，探测器自由下落。由于探测器具备着陆缓冲机构，几个腿都有弹性，落地时不至于摔坏。

安全降落以后，嫦娥三号将打开太阳能电池板接收能量，携带的仪器经过测试、调试后开始工作。随后，"玉兔号"月球车将驶离着陆器，在月面进行 3 个月的科学勘测，着陆器则在着陆地点进行原地探测。这将是中国航天器首次在地外天体的软着陆和巡视勘探，同时也是 1976 年后人类探测器首次的落月探测。

(http://www.chinanews.com/mil/2013/12-12/5608941.shtml)

2. 嫦娥三号近月轨道示意图(图 7-1)(曲振东编制)

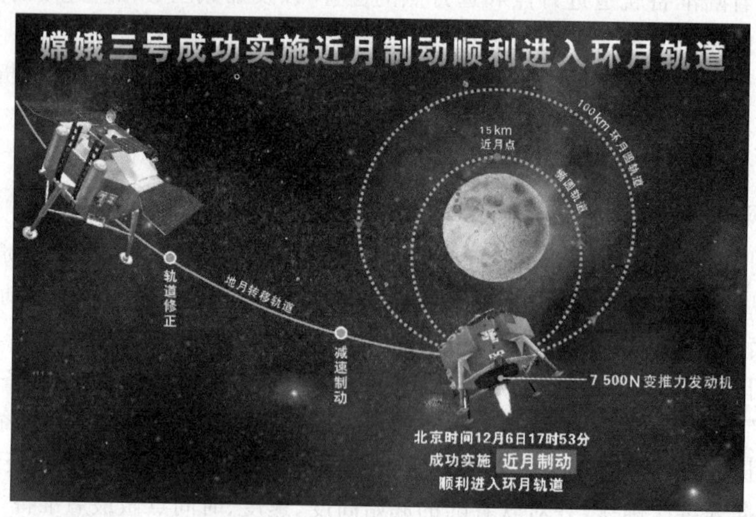

图 7-1 嫦娥三号近月轨道示意图

(http://news.xinhuanet.com/photo/2013-12/02/c_125789895.htm)

3. 嫦娥三号着陆区域和着陆点示意图(图 7-2)

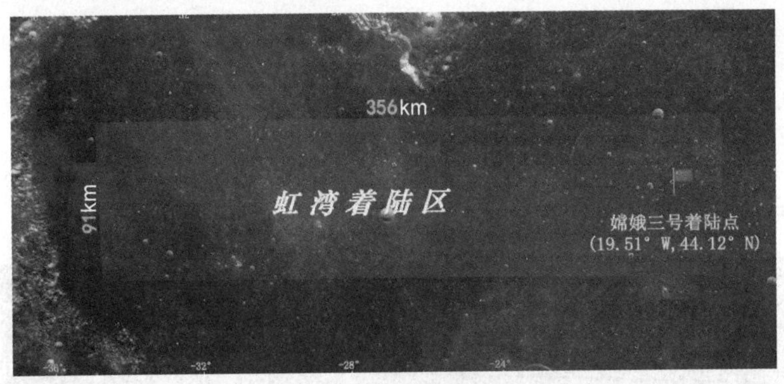

图 7-2　嫦娥三号着陆区域和着陆点示意图

(http://blog.guandian.cn/?p=83491)

4. 主发动机和姿态调整发动机的分布图

嫦娥三号安装有大推力主减速发动机一台,位于正下方。小型姿态调整发动机 16 台,分布在相对前、后、左、右四个侧面,如图 7-3 是一个侧面的分布情况。

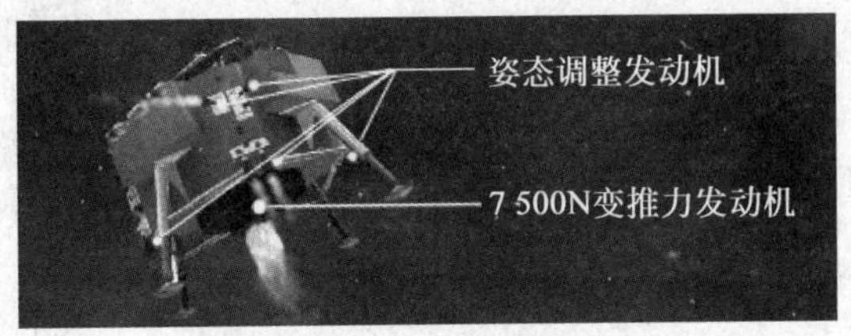

图 7-3　嫦娥三号主减速发动机与姿态调整发动机的分布图

5. 关于比冲

比冲或比冲量是对一个推进系统的燃烧效率的描述。比冲的定义为:火箭发动机单位质量推进剂产生的冲量,或单位流量的推进剂产生的推力。比冲的单位为 m/s,并满足下列关系式:

$$F_{\text{thrust}} = v_e \dot{m}$$

其中 F_{thrust}是发动机的推力,单位是 N;v_e 是以 m/s 为单位的比冲;$\dot{m}$是单位时间燃料消耗的千克数。

6. 关于月球参数

月球的平均半径、赤道的平均半径和极区半径分别为 1 737.013km、1 737.646km 和 1 735.843km,月球的形状扁率为 1/963.725 6,月球质量是 $7.347\ 7\times10^{22}$ kg。月球与地球距离最远(远地点):406 610km,最近(近地点):356 330km,平均距离为 384 400km。

NASA 月球勘测轨道飞行器使用的月面海拔零点,是月球的平均半径所在的高度。所以嫦娥三号着陆点的海拔为−2 640m,即该点到月球中心的距离要比月球的平均半径少 2 640m。

参考文献

[1] 维基百科.轨道根数[OL].[2014.1.17].http://en.wikipedia.org/wiki/Orbital_elements.

[2] 维基百科.比冲[OL].[2014.1.17].http://en.wikipedia.org/wiki/Specific_impulse.

附件 2:嫦娥三号软着陆过程的六个阶段及其状态要求

1. 嫦娥三号软着陆过程示意图(图 7-4)

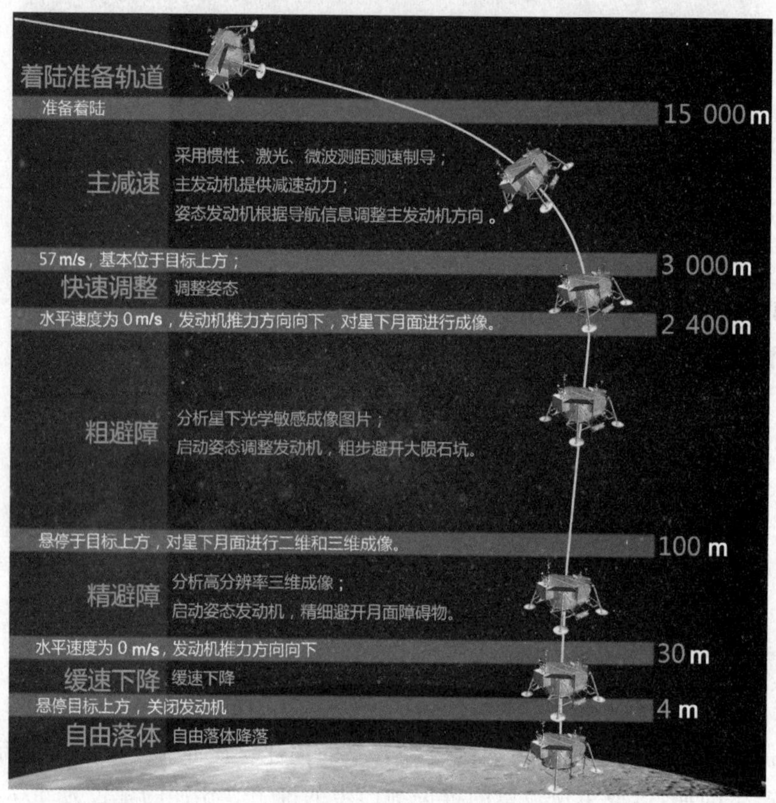

图 7-4 嫦娥三号软着陆过程示意图

2. 嫦娥三号软着陆过程分为 6 个阶段的要求

(1) 着陆准备轨道:着陆准备轨道的近月点是 15km,远月点是 100km。近月点在月心坐标系的位置和软着陆轨道形态共同决定了着陆点的位置。

(2) 主减速段:主减速段的区间是距离月面 15～3km。该阶段的主要是减速,实现到距离月面 3km 处嫦娥三号的速度降到 57m/s。

(3) 快速调整段:快速调整段的主要是调整探测器姿态,需要从距离月面 3～2.4km 处将水平速度减为 0m/s,即使主减速发动机的推力竖直向下,之后进入粗避障阶段。

(4) 粗避障段:粗避障段的范围是距离月面 2.4km～100m 区间,其主要是要求避开大的陨石坑,实现在设计着陆点上方 100m 处悬停,并初步确定落月地点。

嫦娥三号在距离月面 2.4km 处对正下方月面 2 300m×2 300m 的范围进行拍照,获得数字高程如图 7-5 所示(相关数据文件见附件 3),并且嫦娥三号在月面的垂直投影位于预定着陆区域的中心位置。

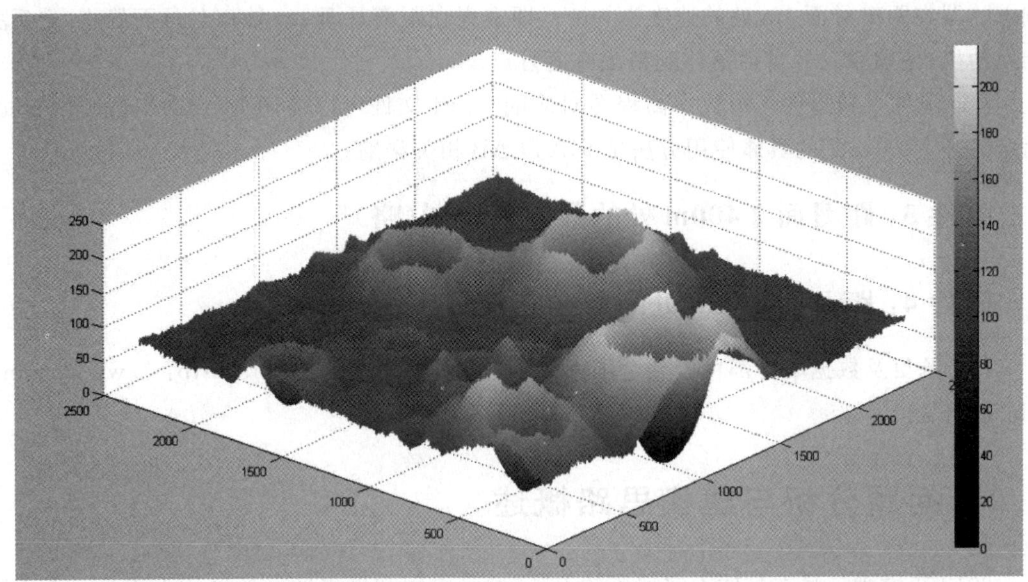

图 7-5　距月面 2 400m 处的数字高程图

该高程图的水平分辨率是 1m/像素,其数值的单位是 1m。例如数字高程图中第 1 行第 1 列的数值是 102,则表示着陆区域最左上角的高程是 102m。

(5) 精避障段:精细避障段的区间是距离月面 100～30m。要求嫦娥三号悬停在距离月面 100m 处,对着陆点附近区域 100m 范围内拍摄图像,并获得三维数字高程图。分析三维数字高程图,避开较大的陨石坑,确定最佳着陆地点,实现在着陆点上方 30m 处水平方向速度为 0m/s。图 7-6 是在距离月面 100m 处悬停拍摄到的数字高程图(相关数据文件见附件 4)。

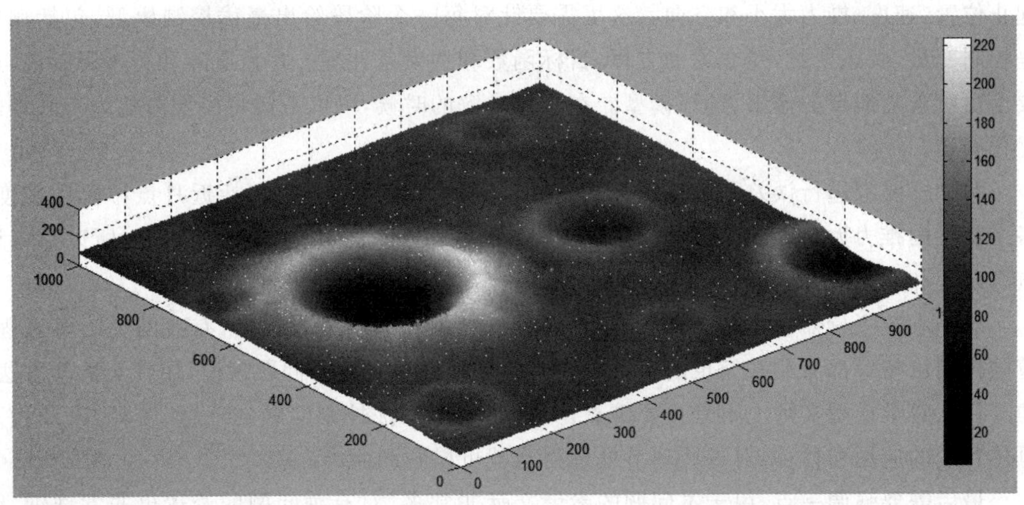

图 7-6　距离月面 100m 处的数字高程图

该数字高程的水平分辨率为 0.1m/像素，高度数值的单位是 0.1m。

(6) 缓速下降阶段：缓速下降阶段的区间是距离月面 30～4m。该阶段的主要任务控制着陆器在距离月面 4m 处的速度为 0m/s，即实现在距离月面 4m 处相对月面静止，之后关闭发动机，使嫦娥三号自由落体到精确有落月点。

注：附件 3 和附件 4 中数字高程图对应的 *.tif 文件可以使用 MATLAB 的“imread”命令打开，“imread”的具体使用方法见 MATLAB 相关帮助。

附件 3：距月面 2 400m 处的数字高程图(略)

附件 4：距月面 100m 处的数字高程图(略)

注：题目及数据附件都可以到全国大学生数学建模竞赛官方网站 http：//www.mcm.edu.cn 下载。

7.2 问题分析与建模思路概述

2013 年嫦娥三号在月球上实现了软着陆，这是中国和世界航天领域的大事件。在着陆过程中，嫦娥三号需要多次调整姿态、速度，从而在尽可能节约燃料的基础上落地，所以属于涉及二体运动和受力分析的最优控制问题，其核心在于建立合理的坐标系和嫦娥三号的运动轨迹方程。在此基础上，按照着陆的 6 个阶段给出最优控制策略。

问题一要求确定嫦娥三号在环月轨道上近月点与远月点的相对位置和速度，这里首先需要建立合理的坐标系，然后考虑嫦娥三号在太空中的受力情况，建立起运动轨道的数学模型，在此基础上求出近月点和远月点。

问题二明确要求给出 6 个阶段的控制策略，所以每一个阶段都应该给出明确回答，包括起止位置、速度、推力大小和方向。这里需要针对每一个阶段给出最优控制模型，包括哪些是控制变量、状态变量，建立运动方程、目标函数和约束条件等。在粗避障和精避障阶段，还要给出对着陆地点的搜索、选择模型。在具体求解的时候，可以考虑将模型简化为有限维的优化问题。

问题三要求进行误差和敏感度分析，在前两问中给出的结果，包括近月点位置和速度、各个阶段的推力大小和方向、对模型的简化计算等，都有可能造成一定的误差，所以都应该进行误差和敏感度分析。

对于人造飞行器在月球上软着陆的问题上，可供查阅的文献很多，有关的动力学方程、着陆控制策略等都有非常充足的资料可以借鉴。所以对于这个问题来说，用什么数学方法、建立什么数学模型实际上不是主要难点，关键在于对最优控制问题的理解、解释，以及代入具体背景的应用和计算，对这些环节处理得当就可以脱颖而出。

最后需要强调一点，由于本问题的参考文献非常多，对有关问题的论述也非常详细，因此引用参考文献中的模型和理论不可避免，这就需要参赛队在撰写论文时特别注意规范地引用且标注文献出处，否则会被视为抄袭。

7.3 获奖论文——嫦娥三号软着陆轨道设计与控制策略建模

作　　者：刘鹤　肖磊　张浩

指导教师：熊春光

获奖情况：2014 全国数学建模竞赛二等奖

摘要

在进行无人月球表面勘探或载人登月任务时，都需要使着陆器实现月球表面软着陆，以保证仪器设备以及航天员的安全。由于月球表面没有大气，着陆器的速度必须完全由制动发动机抵消，所以我们研究的问题是在尽量减少软着陆过程的燃料消耗的前提下，给出嫦娥三号软着陆轨道设计与控制策略。

在问题一中，我们将环月轨道假设成椭圆模型，利用开普勒第二定律与能量守恒定律相结合，得到近月点速度与远月点速度表达式，代入所给数据计算得出近月点速度为 1 692.2m/s，远月点速度为 1 653.4m/s，方向均沿轨道切线方向。对于近月点与远月点的位置，我们运用问题二中的结论，并采用经纬度的表示方式得出近月点的坐标为(19.51°W，28.88°N)；远月点坐标为(160.49°E，28.88°S)。

在问题二中，由于主减速阶段和快速调整阶段对于软着陆轨道的精确性要求较高，并且需要很精确的控制需求，因此我们对这两个阶段单独建模。对于垂直阶段采用软着陆垂直段的动力学模型，建立平面坐标系。在粗避障阶段，对光学图像采用边缘检测和特征点提取跟踪算法，实时监测跟踪并预测较大的陨石坑，同时对飞行器的水平姿态进行调整，从而避开较大的陨石坑。我们得出探月器从距月面 15km 下降到 3km 所用时间为 $t=423.780\,8$s，水平位移为 $x=462.153\,5$km，并画出了运动过程中的图像。

在问题三中，我们对所建立的模型，设计的着陆轨道和控制策略做相应的误差分析和敏感性分析以保证模型的严谨性和可推广性。

关键词：有约束非线性规划问题　拟牛顿法　广义乘子法　最优化问题　软着陆轨道设计

7.3.1 问题重述

月球是研究地球、地月系和太阳系的起源与演化的关键对象，月球还具有可供人类开发和利用的独特资源，也是人类向外层空间发展的理想基地和前哨站。人类已经实现了在月球表面着陆，并成功地取回月面土壤岩石样本。这些探测研究活动，都依赖于先进的着陆技术。月球探测器能否在月球表面成功实施软着陆是进行月球探测工程的关键，更是进行航天员登月、建立月球基地必不可少的一个环节。

嫦娥三号是中国国家航天局嫦娥工程第二阶段的登月探测器，包括着陆器和月球车。它携带中国的第一艘月球车，并实现中国首次月面软着陆。

月球软着陆，是指月球着陆器经地月转移到达月球附近后，在制动系统的作用下以很小的速度近乎垂直地降落到月面上，以保证试验设备的完好。

我们需要研究的是嫦娥三号软着陆轨道设计与控制策略问题，其着陆轨道设计的基本要求为：着陆准备轨道为近月点 15km，远月点 100km 的椭圆形轨道；着陆轨道为从近月点至着陆点，其软着陆过程分为 6 个阶段，尽量减少软着陆过程的燃料消耗。

在问题一中，我们需要确定着陆准备轨道近月点和远月点的位置(即经纬度)，以及嫦娥三号在近月点和远月点处的速度。

在问题二中，由于月球表面没有大气，着陆器的速度必须完全由制动发动机抵消，所以，减少燃料消耗是增加有效载荷的关键。所以我们需要确定嫦娥三号的着陆轨道和在 6 个阶段的最优控制策略。

在问题三中，我们需要对于所建立的模型，设计的着陆轨道和控制策略做相应的误差分析和敏感性分析以保证模型的严谨性和可推广性。

7.3.2 问题分析

在问题一中，我们需要确定着陆准备轨道近月点和远月点的位置，以及嫦娥三号在近月点和远月点处的速度。求近月点和远月点的速度时，我们将嫦娥三号的环月轨道假设成一个椭圆模型，并以椭圆模型的中心为原点建立直角坐标系，月球的质心则位于椭圆的一个焦点上，这时可以将开普勒第二定律与机械能守恒定律结合起来，得到近月点速度与远月点速度的表达式，代入数值后即可得到结果。

对于近月点与远月点的位置，我们可以运用问题二中的结论，采用经纬度的表示方式。在问题二中，我们通过建立适当的动力学模型，并用 MATLAB 仿真，最终能够得到飞船切向速度的变化曲线，将其对时间积分即可求出探月器所经过的横向距离，横向距离与月球经线长度的比值再乘以 360°，即可得到探月器所经过的角度，通过查阅资料可知，月球上纬度的确定方法与地球相同，而且探月器软着陆过程是从低纬到高纬，与着陆点处在同一经度上，因此只需在着陆点纬度的基础上减去探月器所经过的角度即可得到近月点的经纬度坐标。已知近月点与远月点关于月球求心，通过对称公式即可得到远月点的经纬度。

在问题二中，嫦娥三号软着陆问题是一类终端时间自由的最优控制问题，以往大多采用间接方法中的 Pontryagin 最大值原理(PMP)，将泛函优化问题转化为两端边值问题来求解，遇到的主要问题是敏感性和稳定性较差；而采用直接法往往计算量大，计算的结果精确度偏低。因此，结合嫦娥三号软着陆 6 个阶段各自的特点，我们决定将这 6 个阶段分为两个主要的阶段分开建模。

主减速阶段和快速调整阶段对于软着陆轨道的精确性要求较高，并且需要很精确的控制需求，因此对这两个阶段单独建模，通过积分变换，将嫦娥三号软着陆过程中满足的轨道方程转换为终端积分变量固定的最优控制问题，并通过离散化优化变量，将问题进而转化为有约束非线性规划问题(NLP)。在问题求解阶段，采用拟牛顿法结合广义乘子法，得出最优化的软着陆轨道。

在快速调整至自由落体阶段，由于对轨道的精确控制要求降低，因而对于垂直阶段才去单独建模，并采用软着陆垂直段的动力学模型，建立平面坐标系。由于飞行器软着陆垂直阶段涉及飞行器的平移控制，因此需要建立两套平面坐标系，其中一个坐标系用于飞行器的水平移动控制，另一个用于垂直下降控制。在粗避障阶段，对光学图像采用边缘检测和特征点提取跟踪算法，实时监测跟踪并预测较大的陨石坑，同时对飞行器的水平姿态进行调整，从而避开较大的陨石坑。在精避障阶段，结合三维成像，进一步跟踪预测月球表面的陨石坑和障碍物。

在垂直下降控制上，采用变推力制动方式，保证飞行器能够缓慢下降，飞行器主要经历匀加速、匀减速、悬停、匀加速、匀减速、关闭发动机、自由落体几个阶段，由于匀速运动相对容易控制，过程容易把握，从而减少发动机的开关控制带来的冲击影响。由于垂直下降阶段时间段，对燃料的消耗较少，这也满足模型建立的要求。

在问题三中，误差一种来源于实际环境中的各种不确定性因素，如太阳、地球摄动对研究的着陆器-月球系统的影响，此时系统并不能看成简单的二体系统，而且月球形状的扁率也会对模型的误差产生影响；另一种来源于模型自身的误差，由于模型求解过程中采用了近似方法，产生一定的近似误差。

7.3.3　模型合理假设

(1) 忽略动力学模型中的大气阻力项；

(2) 由于从 15km 左右的轨道高度软着陆到非常接近月球表面的时间比较短，一般在几百秒的范围内，所以诸如月球引力非球项摄动、地球、太阳引力摄动等影响因素可忽略不计；

(3) 忽略月球自转，拟采用均匀球体模型；

(4) 主要以燃料最优为设计指标，接近段距离月面比较近，且经姿态调整后垂直下降，拟采用平面月球模型；

(5) 忽略测量、推力误差以及环境干扰等影响；

(6) 忽略动力下降段末段的不共面影响，将动力下降段近似为在同一个平面内飞行。

7.3.4　模型的建立与求解

1. 问题一的模型

1) 模型建立

根据开普勒定律，我们知道，太阳系中某行星绕太阳公转的轨道为一个椭圆，太阳位于其中的一个焦点 F 上，椭圆的半长轴为 a，半短轴为 b，焦距为 $2c$。

类似地，由于从 15km 左右的轨道高度软着陆到非常接近月球表面的时间比较短，一般在几百秒的范围内，所以诸如月球引力非球项摄动、地球、太阳引力摄动等影响因素可忽略不计。

同时，我们忽略月球自转，拟采用均匀球体模型。

我们建立如下模型：嫦娥三号绕月球公转的轨道为一个椭圆，月球位于其中的一个焦点 F 上，且 F 恰为月球的球心。椭圆的半长轴为 a，半短轴为 b，焦距为 $2c$，月球质量为 M，嫦娥三号质量为 m，简化模型如图 7-7 所示。

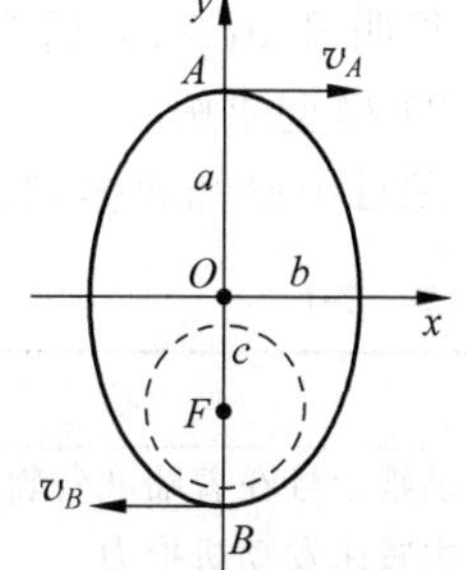

图 7-7　环月轨道简化模型

我们采用能量守恒的方法，近月点为 A，远月点为 B，v_A，v_B 分别表示经这两点的速度，速度沿轨迹的切线方向。

可知 v_A 和 v_B 的方向均与椭圆的长轴垂直，且 A，B 两点距月球的距离分别为

$$L_A = a - c$$

$$L_B = a + c$$

在 A,B 两点分别取极短的相等时间 Δt,则行星与太阳连线在这两段时间内扫过的面积分别为

$$\Delta S_A = \frac{1}{2} v_A \cdot \Delta t \cdot L_A$$

$$\Delta S_B = \frac{1}{2} v_B \cdot \Delta t \cdot L_B$$

根据开普勒第二定律,行星和恒星的连线在相等的时间内扫过相等的面积,故有

$$\Delta S_A = \Delta S_B$$

代入得

$$v_B = \frac{a-c}{a+c} v_A$$

行星运动的总机械能等于其动能和引力势能之和,故当行星分别经过 A,B 两点时的机械能为

$$E_A = \frac{1}{2} m v_A^2 + \left(-\frac{GMm}{L_A}\right) = \frac{1}{2} m v_A^2 - \frac{GMm}{a-c}$$

$$E_B = \frac{1}{2} m v_B^2 + \left(-\frac{GMm}{L_B}\right) = \frac{1}{2} m v_B^2 - \frac{GMm}{a+c}$$

由于行星在运动过程中只受万有引力作用,所以遵循机械能守恒定律,故有

$$E_A = E_B$$

上述式子联立解得

$$v_A = \sqrt{\frac{(a+c)GM}{(a-c)a}}$$

$$v_B = \sqrt{\frac{(a-c)GM}{(a+c)a}}$$

经分母有理化并结合椭圆中

$$a^2 = b^2 + c^2$$

可得

$$v_A = \frac{b}{a-c} \cdot \sqrt{\frac{GM}{a}}$$

$$v_B = \frac{b}{a+c} \cdot \sqrt{\frac{GM}{a}}$$

很明显 $v_A > v_B$,符合我们对近月点远月点速度大小关系的认知。

2) 模型求解

题目中已知数据如表 7-1 所示。

表 7-1

项　　目	数　　值
嫦娥三号在着陆准备轨道上的运行质量	2.4t
主减速发动机推力	1 500～7 500N
比冲	2 940m/s
着陆点	19.51W、44.12N、海拔－2 641m

续表

项 目	数 值
近月点高度	15km
远月点高度	100km
月球质量	$7.347\,7\times10^{22}$ kg
月球平均半径	1 737.013km
引力常量	6.67×10^{-11} N·m²/kg²

近月点高度为 15km,即

$$a-c=15+1\,737.013(\text{km})$$

远月点高度为 100km,即

$$a+c=100+1\,737.013(\text{km})$$

根据椭圆中

$$a^2=b^2+c^2$$

解得

$$a=1\,794.513\text{km},\quad c=42.5\text{km},\quad b=1\,794.01\text{km}$$

故

$$\begin{aligned}v_A&=\frac{b}{a-c}\cdot\sqrt{\frac{GM}{a}}\\&=\frac{1\,794.01}{1\,794.513-42.5}\sqrt{\frac{6.67\times10^{-11}\times7.347\,7\times10^{22}}{1\,794\,513}}\\&=1\,692.2(\text{m/s})\end{aligned}$$

同理

$$\begin{aligned}v_B&=\frac{b}{a+c}\cdot\sqrt{\frac{GM}{a}}\\&=\frac{1\,794.01}{1\,794.513+42.5}\sqrt{\frac{6.67\times10^{-11}\times7.347\,7\times10^{22}}{1\,794\,513}}\\&=1\,653.4(\text{m/s})\end{aligned}$$

故近月点速度为 1 692.2m/s 远月点速度为 1 653.4m/s,方向均沿轨道切线方向。

接下来求解近月点与远月点的位置,根据问题二中所得出的探月器水平位移距离 $x=462.153\,5$km,可知探月器所偏转过的角度为

$$\theta=\frac{x}{R\cdot2\pi}\cdot360^\circ=\frac{462.153\,5}{1\,737\cdot2\pi}\cdot360^\circ=15.244\,3^\circ$$

所以近月点的纬度为

$$44.12^\circ\text{N}-15.244\,3^\circ\text{N}=28.88^\circ\text{N}$$

因此近月点的坐标为(19.51°W,28.88°N)。

根据球坐标和对称性,远月点的坐标为(160.49°E,28.88°S)。

综上所述,近月点的坐标为(19.51°W,28.88°N),远月点坐标为(160.49°E,28.88°S),探月器在近月点的速度为 1 692.2m/s,在远月点的速度为 1 653.4m/s,方向均沿轨道切线方向。

由此可见,嫦娥三号环绕月球的近月点速度与远月点速度十分接近,这是因为月球是一个非常接近球体的椭圆形体,其形状扁率为 1/963.725 6,所以嫦娥三号的环绕轨道也十分接近圆形。

2. 问题二的模型

结合嫦娥三号软着陆 6 个阶段各自的特点,我们决定将这 6 个阶段分为两个主要的阶段分开建模。过程简化图如图 7-8 所示。

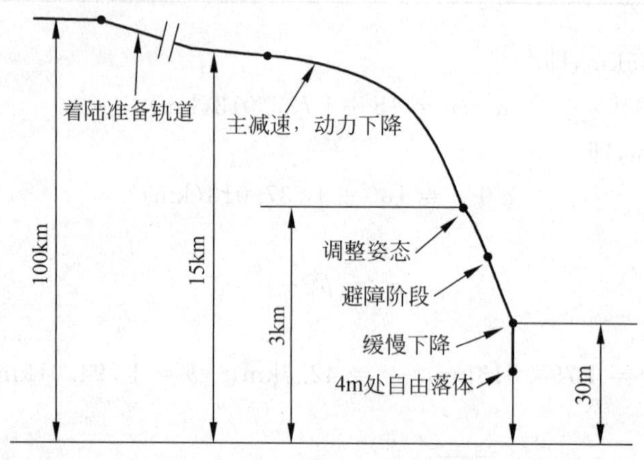

图 7-8 嫦娥三号软着陆过程示意图

主减速阶段和快速调整阶段对于软着陆轨道的精确性要求较高,并且需要很精确的控制需求,因此对这两个阶段单独建模,通过积分变换,将嫦娥三号软着陆过程中满足的轨道方程转换为终端积分变量固定的最优控制问题,并通过离散化优化变量,将问题进而转化为有约束非线性规划问题(NLP)。在问题求解阶段,采用拟牛顿法结合广义乘子法,得出最优化的软着陆轨道。

1）第一阶段模型

① 符号说明

项　目	符　号
着陆器距月心的距离	r
着陆器在 r 方向上的速度	v
着陆器环绕月球表面的航程角	θ
航程角的角速度	ω
着陆器的质量	m
月球引力常数	g
制动推力器的比冲	I_{sp}
推力器与当地水平面的夹角	φ
制动推力器的推力	F

② 模型建立

嫦娥三号的软着陆方案是,首先进入一个约 100km 高度的环月停泊圆轨道,然后经过霍曼转移进入一个 100km×15km 的椭圆轨道；当下降到 15km 高度的近月点时，主减速发动机点火，开始软着陆。

忽略月球自转、日月引力摄动等影响，在惯性坐标系中，以月心为原点列探月器的质心方程组为

$$\begin{cases}\dot{r}=v\\ \dot{v}=\dfrac{F}{m}\sin\psi-\dfrac{g}{r^2}+r\omega^2\\ \dot{\theta}=\omega\\ \dot{\omega}=-\dfrac{(F/m)\cos\psi+2v\omega}{r}\\ \dot{m}=-\dfrac{F}{I_{\text{sp}}}\end{cases}$$

最优软着陆轨道设计即是寻找最优条件

$$F^*(t)=F(t),\quad \psi^*(t)=\psi(t)$$

使得

$$J=-\int_{t_0}^{t_f}\dot{m}\mathrm{d}t=m(0)-m(t_f)$$

取最小值，并满足条件：

$$(\text{初始条件})\begin{cases}v(t_0)=1.672\text{km/s}\\ r(t_0)-R_0=15\text{km}\end{cases}$$

$$(\text{终端约束条件})\begin{cases}v(t_f)=57\text{m/s}\\ r(t_f)-R_0=3\text{km}\end{cases}$$

月球的最优软着陆问题是一类终端时间自由型切受终端约束的最优控制问题，对于该问题，我们选择状态量 ω 作为积分变量。这样只要推力方向角在 $-90^\circ\sim90^\circ$ 范围内，ω 的单调性就会有保证，且变化也较为均匀。此时引入 $\omega'=-\omega$，则

$$\frac{\mathrm{d}\omega'}{\mathrm{d}t}=-\frac{\mathrm{d}\omega}{\mathrm{d}t}=\frac{(F/m)\cos\psi+2v\omega}{r}$$

同时将质心方程组两边除以$\dfrac{\mathrm{d}\omega'}{\mathrm{d}t}$，转化后的方程组为

$$\begin{cases}\dfrac{\mathrm{d}r}{\mathrm{d}\omega'}=\dfrac{v}{f\omega'}\\ \dfrac{\mathrm{d}v}{\mathrm{d}\omega'}=\dfrac{(F/m)\sin\psi-g/r^2+r\omega^2}{f\omega'}\\ \dfrac{\mathrm{d}\theta}{\mathrm{d}\omega'}=\dfrac{\omega}{f\omega'}\\ \dfrac{\mathrm{d}\omega}{\mathrm{d}\omega'}=-1\\ \dfrac{\mathrm{d}m}{\mathrm{d}\omega'}=-\dfrac{F}{I_{\text{sp}}}\cdot\dfrac{1}{f\omega'}\end{cases}$$

式中

$$f\omega' = \frac{\mathrm{d}\omega'}{\mathrm{d}t} = \frac{(F/m)\cos\psi + 2v\omega}{r}$$

为了得到状态量随时间的变化,需要增加微分方程

$$\frac{\mathrm{d}t}{\mathrm{d}\omega'} = \frac{1}{\mathrm{d}\omega'/\mathrm{d}t} = \frac{1}{((F/m)\cos\psi + 2v\omega)/r}$$

将该微分方程与转化后的方程组进行组合,变换后的目标函数为

$$J = -\int_{\omega_0'}^{\omega_r'} \left(\frac{\mathrm{d}\dot{m}}{\mathrm{d}\omega'}\right)\mathrm{d}\omega' = m(\omega_0') - m(\omega_r')$$

变换的约束条件为

$$(\text{初始条件})\begin{cases} v(\omega_0') = 1.672\text{km/s} \\ r(\omega_0') - R_0 = 15\text{km} \end{cases}$$

$$(\text{终端约束条件})\begin{cases} v(\omega_f') = 57\text{m/s} \\ r(\omega_f') - R_0 = 3\text{km} \end{cases}$$

至此,原来的终端积分变量不确定型最优问题转化为终端积分变量固定型最优问题。转化后该问题更适合优化数值算法求解;另一方面约束条件也更容易满足,收敛速度更快,并且转换过程也较为简单。

接下来我们将最优控制问题转化为非线性规划问题,从优化变量得出目标函数和约束条件时,需要借助数值积分,在这里采用四阶预测-校正方法,其精度与四阶 Runge-Kutta 方法不相上下,但是计算量只有后者的一半,可以用于快速优化。

为保证优化精度,转化方法采用精度较高的直接离散化方法。

直接离散化方法将整个最优控制过程根据积分变量分成若干个段,段的端点成为节点;选择节点处的控制变量作为优化参数,通过插值得到整个最优控制过程的控制变量;根据这些控制变量积分状态方程形成目标函数和约束条件得到数学规划问题,具体如下:

a. 将整个飞行过程分为 N 段,形成个节点 $\omega_i'(i=0,1,2,\cdots,N)$,取 ω_i'时刻的控制量 φ_i 为优化变量,共有 $N+1$ 个变量;

b. 整个飞行过程的控制量可以通过在各个节点处线性插值得到,即

$$\psi_i(\omega') = \psi_i + \frac{\psi_{i+1} - \psi_i}{\omega'_{i+1} - \omega'_i}(\omega' - \omega_i'), \quad \omega_i' \leqslant \omega' \leqslant \omega'_{i+1}, \quad i = 0,1,2,\cdots,N-1$$

c. 采用 Admas 预测-校正方法,从 ω_0'到 ω_f'积分状态方程,最终得到目标函数和约束条件。

经过上述处理,月球最优软着路问题即可转化为非线性规划问题。

求解有约束非线性规划问题时,理论上比较好的方法是古典拉格朗日乘子法。该方法通过引入乘子项处理约束条件,然后求解无约束最优化问题。但对于少复杂的实际问题,确定出合适的乘子比较困难。因此我们采用广义乘子法,广义乘子法则是把罚函数外点法与古典拉格朗日乘子法相结合,在罚因子适当大的情况下,借助于调节乘子逐次逼近原非线性规划问题的最优解。

广义乘子法中,具有等式约束的非线性规划问题的标准形式为

$$\begin{aligned} &\min f(\boldsymbol{x}) \\ &\text{s.t.}\ \ h_j(\boldsymbol{x}) = 0, \quad j = 1,2,\cdots,l \end{aligned}$$

式中,$f,h_j(j=0,1,2,\cdots,l)$为二次连续可微函数,$\boldsymbol{x}$ 为 n 维待优化参数向量,定义增广拉格

朗日函数

$$\phi(\boldsymbol{x},\lambda,\sigma)=f(\boldsymbol{x})-\boldsymbol{\lambda}^{\mathrm{T}}\boldsymbol{h}(\boldsymbol{x})+\frac{\sigma}{2}\boldsymbol{h}^{\mathrm{T}}(\boldsymbol{x})\boldsymbol{h}(\boldsymbol{x})$$

式中

$$\boldsymbol{\lambda}=(\lambda_1,\lambda_2,\cdots,\lambda_l)^{\mathrm{T}},\quad \boldsymbol{h}=(h_1(x),h_2(x),\cdots,h_l(x))^{\mathrm{T}}$$

采用广义乘子法的计算步骤如下：

a. 给定初始点 $\boldsymbol{x}^{(0)}$，乘子向量初始估计$\boldsymbol{\lambda}^{(1)}$，初始罚因子 σ，允许误差 $\varepsilon>0$，参数 $\alpha>1$，$\beta\in(0,1)$，置 $k=1$。

b. 以 $\boldsymbol{x}^{(k-1)}$ 为初始点，解无约束最优化问题

$$\min\ \phi(\boldsymbol{x},\boldsymbol{\lambda},\sigma)$$

得到解 $\boldsymbol{x}^{(k)}$。

c. 若$\|h(\boldsymbol{x}^{(k)})\|<\varepsilon$，停止计算，得到点 $\boldsymbol{x}^{(k)}$；否则，继续执行下面步骤。

d. 若

$$\left\|\frac{\boldsymbol{h}(\boldsymbol{x}^{(k)})}{\boldsymbol{h}(\boldsymbol{x}^{(k-1)})}\right\|\geqslant\boldsymbol{\beta}$$

置 $\sigma=\alpha\sigma$，转步骤 e；否则直接进行步骤 e。

e. 采用下式修正乘子

$$\lambda_j^{(k+1)}=\lambda_j^{(k)}-\sigma h_j(\boldsymbol{x}^{(k)}),\quad j=1,2,\cdots,l$$

置 $k=k+1$，转步骤 b。

对于步骤 b 中的无约束最优化问题采用拟牛顿法。拟牛顿法是无约束最优化方法中最有效的一类算法，以 DFP 算法和 BFGS 算法最著名，后者比前者计算量稍大，但不易出现病态问题。故采用 BFGS 算法。

BFGS 算法的基本思想是，在 $\boldsymbol{x}_{k+1}$ 处按以下方法产生一个对称正定矩阵：

$$\boldsymbol{H}_{k+1}^{\mathrm{BFGS}}=\boldsymbol{H}_k+\left(\frac{1+\boldsymbol{q}^{(k)\mathrm{T}}\boldsymbol{H}_k\boldsymbol{q}^{(k)}}{\boldsymbol{p}^{(k)\mathrm{T}}\boldsymbol{q}^{(k)}}\right)\frac{\boldsymbol{p}^{(k)}\boldsymbol{p}^{(k)\mathrm{T}}}{\boldsymbol{p}^{(k)\mathrm{T}}\boldsymbol{q}^{(k)}}-\frac{\boldsymbol{p}^{(k)}\boldsymbol{q}^{(k)\mathrm{T}}\boldsymbol{H}_k+\boldsymbol{H}_k\boldsymbol{q}^{(k)}\boldsymbol{p}^{(k)\mathrm{T}}}{\boldsymbol{p}^{(k)\mathrm{T}}\boldsymbol{q}^{(k)}}$$

式中

$$\boldsymbol{p}^{(k)}=\boldsymbol{x}^{(k+1)}-\boldsymbol{x}^{(k)};\quad \boldsymbol{q}^{(k)}=\boldsymbol{g}_{k+1}-\boldsymbol{g}_k;\quad \boldsymbol{g}_{k+1}=\nabla\boldsymbol{f}(\boldsymbol{x}^{(k+1)})$$

可以通过有限差分得出 $\boldsymbol{x}^{(k+1)}$ 和 $\boldsymbol{x}^{(k)}$ 为两个迭代点。以

$$\boldsymbol{d}^{(k+1)}=-\boldsymbol{H}_{k+1}^{\mathrm{BFGS}}\boldsymbol{g}_{k+1}$$

为 $\boldsymbol{x}^{(k+1)}$ 的搜索方向。

③ 模型求解

初始时刻的飞行器质量 $m_0=2\,400$kg，发动机比冲 $I_{\mathrm{sp}}=2\,940$m/s，假设可供选择的发动机推力调节范围为 1 500～7 500N，飞行器轨道高度 $h=15$km，切向速度为 $v_0=1\,692.2$m/s，法向速度为 0。末端时刻，飞行器到达距月球表面 3km 处，$r_f=1\,753$km，切向速度近似为 0，法向速度为 57m/s。飞行过程分为 $N=30$ 段，控制量初值 $\varphi_i=0(i=1,2,\cdots,N)$，积分步长为 3.86×10^{-6}s，其他参数数值分别为$\boldsymbol{\lambda}^{(1)}=[10,10]^{\mathrm{T}}$，$\sigma=20$，$\alpha=2$，$\beta=0.5$。

利用计算机仿真求解我们得出探月器从距月面 15km 下降到 3km 所用时间为 $t=423.780\,8$s。通过对下降过程中探鱼器的横向速度对时间积分，可得水平位移为 $x=462.153\,5$km。该数据可用于计算第一问中的近月点与远月点坐标。

运动过程中的图像如图 7-9～图 7-11 所示。

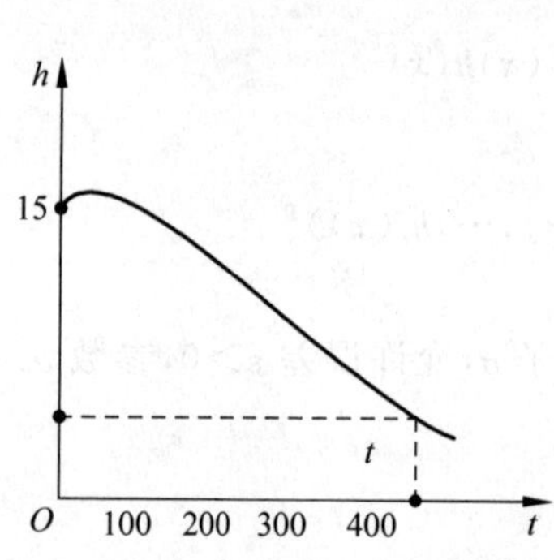

图 7-9 着陆器下降高度曲线

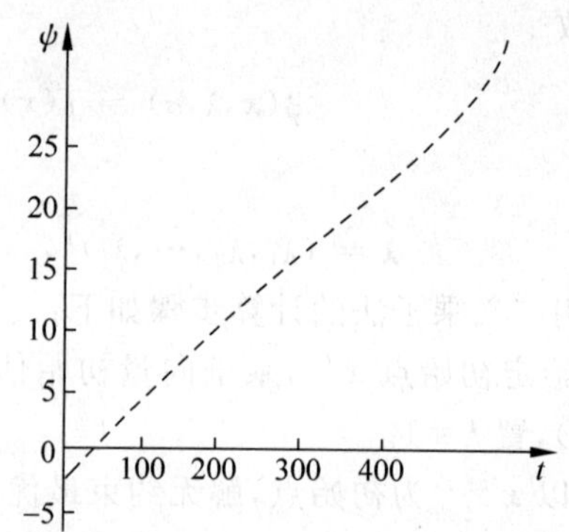

图 7-10 着陆器推力方向与切向方向夹角的曲线

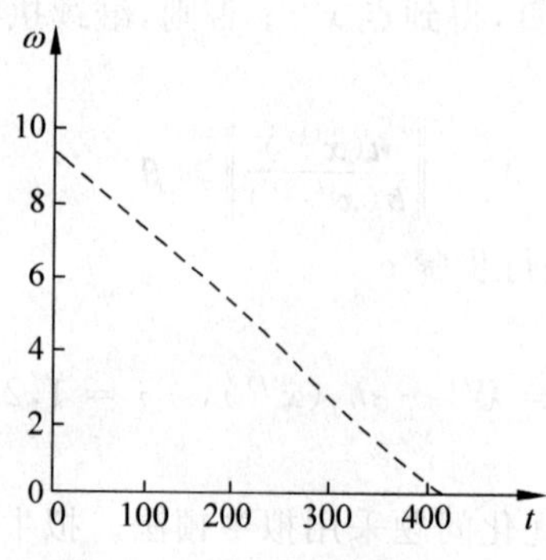

图 7-11 着陆器角速度变化曲线

2）第二阶段模型

① 符号说明

项 目	符 号
下降过程匀加速的合加速度/(N/kg)	a_1
下降过程匀减速的合加速度/(N/kg)	a_2
下降过程匀加速过程主发动机推力产生的加速度/(N/kg)	a_{1m}
下降过程匀减速过程主发动机推力产生的加速度/(N/kg)	a_{2m}
下降过程匀加速的时间/s	t_1
下降过程匀减速的时间/s	t_2
月球表面近似重力加速度/(N/kg)	g
着陆器匀变速阶段下降高度/m	h
制动推力器的比冲/(m/s)	v_e
着陆器匀变速阶段消耗的燃料质量/kg	∇m
燃料消耗的速度/(kg/s)	$\nabla \dot{m}$
发动机的推力/N	F_{thrust}

② 模型建立

我们假设第二阶段垂直下降时，着陆器总质量近似不变。

在软着陆的粗避障阶段开始，飞行器主发动机只在垂直方向上产生推力，姿态调整发动机只在水平方向上产生水平方向的推力，因此可以将复杂的三维问题转化成两个二维问题，分别建模，从而减少计算的复杂度。

在垂直方向上，着陆飞行器距离月面很近，可以近似认为月球产生的重力加速度近似为恒定值，理想情况下，着陆器在竖直方向垂直下降，进而可以将此二维问题简化为一维动力学模型，并采用基本动力学中的牛顿运动定律求解。

因为要求得垂直阶段的最小燃料消耗，并满足每个阶段关键点所处的状态，因此将这个阶段匀变速运动所消耗的燃料质量和推力值建立联系，其函数关系如下：

$$\begin{cases} a_1 = g - a_{1m} \\ a_2 = a_{2m} - g \end{cases}$$

$$\begin{cases} a_1 t_1 - a_2 t_2 = 0 \\ \dfrac{1}{2} a_1 t_1^2 + \dfrac{1}{2} a_2 t_2^2 = h \end{cases}$$

通过分析上述函数关系可得：垂直下降阶段所消耗的燃料质量与匀加速和匀减速所需要的总时间有关，因此采用匀加速阶段关闭主发动机，在匀减速阶段打开主发动机，并且以最大推力开机，这样将总时间减少到最小(图 7-12、图 7-13)。

$$\begin{aligned} \Delta m &= \Delta \dot{m} t = \frac{F_{\text{thrust}}}{v_e} \cdot t \\ &= \frac{m a_1 t_1 + m a_2 t_2}{v_e} \\ &= \frac{m}{v_e}[(g - a_1) t_1 + (a_2 + g) t_2] \\ &= \frac{m}{v_e}[(t_1 + t_2) g + (a_2 t_2 - a_1 t_1)] \\ &= \frac{m}{v_e}[(t_1 + t_2) g] \end{aligned}$$

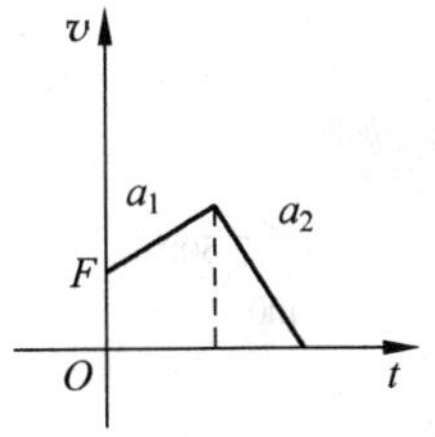

图 7-12　着陆器角速度变化曲线

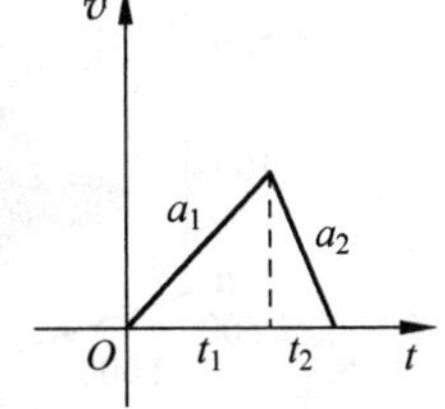

图 7-13　着陆器角速度变化曲线

结合运动过程满足的方程，可以求解出匀变速运动所需要的时间。通过验证，可知这样可以保证在着陆器下降到距离月球表面 30m 前，即开始缓速下降。

在水平方向上，着陆器必须在有限的时间内，根据光学成像和高分辨率的二维和三维成像来选择合适的着陆点。其间要求着陆器能够自主识别并避开障碍，才能实现安全定点着陆。

在进行着陆目标选取时，首先根据光学成像采用边缘检测识别、灰度识别，避开深的撞击坑和较大的斜坡，此时着陆器的姿态和水平移动的方向可以根据着陆器的惯性导航系统进行精确控制。在精细避障阶段，结合着陆器机载雷达和二维与三维成像，采用多种识别算法，进一步避开石块小的斜坡等障碍，保证着陆器平稳安全着陆。

③ 模型求解

基于上述模型分析，对快速调整阶段建立运动学方程如下：

$$v_0 t_1 + \frac{1}{2} g t_1^2 + \frac{1}{2}\left(\frac{F_{\text{thrust}}}{m} - g\right) t_2^2 = 3\,000 - 100$$

$$v_0 + g t_1 - \left(\frac{F_{\text{thrust}}}{m} - g\right) t_2 = 0$$

代入数值可得，快速调整阶段和粗避障阶段所用时间为 $t=t_1+t_2=97.37\text{s}$，并满足 100m 时悬停在近似着陆点的正上方。

在精避障阶段和缓速下降阶段，也可以建立类似的动力学方程：

$$\frac{1}{2} g t_1^2 + \frac{1}{2}\left(\frac{F_{\text{thrust}}}{m} - g\right) t_2^2 = 100 - 4$$

$$g t_1 - \left(\frac{F_{\text{thrust}}}{m} - g\right) t_2 = 0$$

代入数值，可以求出此阶段所用时间为 $t=t_1+t_2=16.53\text{s}$，并且经过验证，可以满足在缓速下降阶段的条件。

由模型可知，基于上述的控制方法，可以实现软着陆中避障阶段燃料消耗最少的目的，并且控制中是匀变速运动，方便控制，精确度高。

图 7-14～图 7-16 是用 MATLAB 处理的光学成像和三维图像，对于着陆器避障算法有一定的帮助，具体避障算法，但由于时间有限，精力有限，在此无法做具体分析。

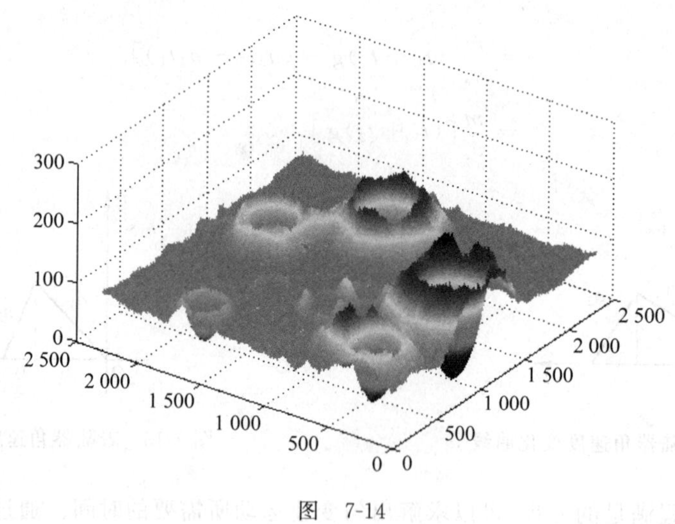

图 7-14

3. 问题三的解答

为了研究本文方法的敏感性，我们使个别参数在允许范围内随机取值，经过仿真计算后，最终所得到的结果都能够收敛，并且用本文的快速优化方法计算量都很小，耗时较少。这说明，本文采用的模型具有很强的鲁棒性，敏感性很好。

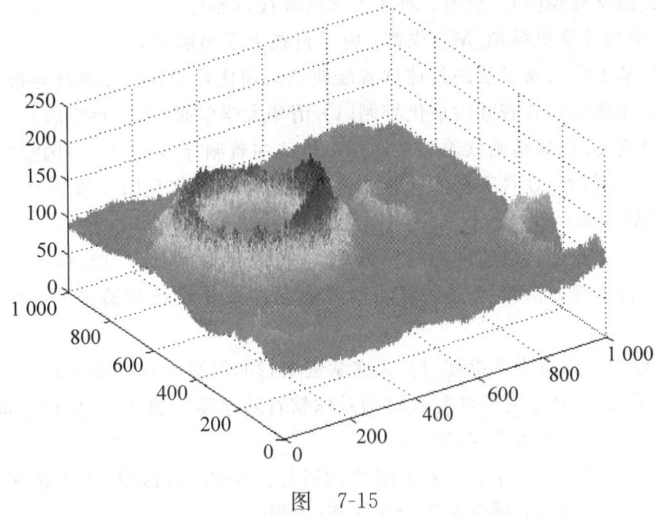

图 7-15

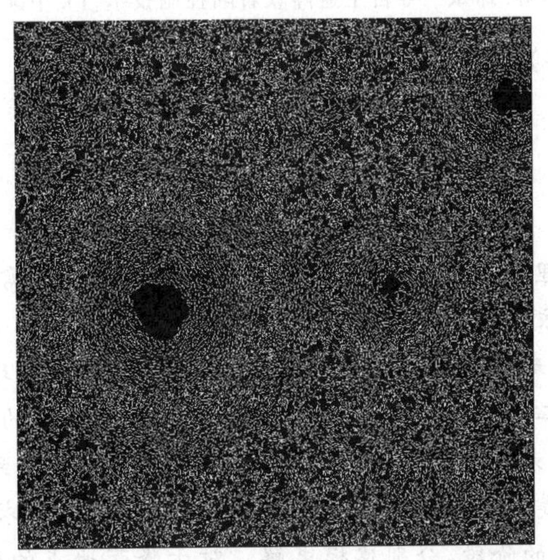

图 7-16 使用 MATLAB 对成像进行边缘检测得到的图像

7.3.5 模型评价与推广

广义乘子法作为一种直接法,可以对最优控制问题进行快速求解。其得到的数值结果具有较高的精度,对初始控制量不敏感。同遗传算法等其他直接法相比,可以节省大量的计算时间,可用于快速优化。

根据仿真结果,可以看出这套控制方案不仅能够控制探月器实现软着陆的既定目标,而且还能够将探月器的着陆轨道进行优化,实现燃料的最节省利用,在理论上能够胜任在外太空环境下的登月任务,该方案的快速性、稳定性、持续性等都能够满足航天工作者所需要的要求,具有一定的实际价值和应用前景。

7.3.6 参考文献

[1] 姜启源. 数学模型[M]. 北京：高等教育出版社,2002.

[2] 杨启帆,方道元.数学建模[M].杭州：浙江大学出版社,2001.
[3] 江裕钊.数学模型与计算机模拟[M].成都：电子科技大学出版社,1989.
[4] 赵吉松,谷良贤.基于广义乘子法的月球软着陆轨道快速优化设计[J].科技导报,2008,26(20).
[5] 徐敏,李俊峰.月球探测器软着陆的最优控制[J].清华大学学报(自然科学版),2001,41(8)：87-89.
[6] 梁栋,刘良栋,何英姿.月球精确软着陆最优标称轨迹在轨制导方法[J].中国空间科学技术,2011,12.
[7] 王劼,李俊峰,崔乃刚,等.登月飞行器软着陆轨道的遗传算法优化[J].清华大学学报(自然科学版),2003,43(8)：1056-1059.
[8] 王建伟,李兴.近日点和远日点速度的两种典型解法[J].物理教师,2013,34(6)：58.
[9] 杨建中,曾福明,满剑锋,等.嫦娥三号着陆器着陆缓冲系统设计与验证[J].中国科学：技术科学,2014,44(5)：440-449.
[10] 刘林,王歆.月球卫星轨道力学综述[J].天文学进展,2003,21(4)：281-288.
[11] 李骥,毛晓艳,王大轶.基于光学匹配跟踪的月球软着陆避障算法[C]//中国空间科学学会空间探测专业委员会第二十一届学术会议,2008.
[12] 阮晓钢,魏若岩,朱晓庆,等.小天体软着陆中的特征点提取与跟踪算法研究[C]//中国宇航学会深空探测技术专业委员会第九届学术年会论文集(上册),2012.
[13] 张洪华,梁俊,黄翔宇,等.嫦娥三号自主避障软着陆控制技术[J].中国科学：技术科学,2004,6.

7.3.7 附录(略)

7.4 论文点评

这篇论文建立了合理的动力学方程,并注意到了6个阶段都需要给出最优控制策略,对这些环节的模型和建模依据也有比较充分的解释和说明。

对于问题一,论文将环月轨道假设为椭圆曲线,基于传统的物理学模型给出了近月点和远月点的速度。在问题二中,论文给出了描述嫦娥三号着陆轨迹的动力学方程组,并在此基础上建立了目标函数、约束条件明确的最优控制模型,求解时注意到了将无穷维的泛函优化为问题转化为离散的非线性规划问题。为提高精度,论文在具体求解时将6个阶段分为主减速、快速调整两个主要的阶段,分别建模求解。对于降落地点的选择,文中缺少良好的模型描述和方法介绍。论文对于问题三没有展开讨论。

这篇论文的优点是对动力学方程和最优控制问题的阐述、解释比较到位,有关的计算结果也比较准确。当然缺点也是明显的,比如对着陆区域的图像处理、着陆点的选择、误差和敏感度分析没有展开讨论。从论文前半部分的情况来看,参赛队员的基础知识、分析能力和计算能力是比较强的,之所以后半部分处理不够好,可能是在轨道运算、动力学方程和最优控制问题的理解、计算上花费了太多时间。如果参赛队在队员分工、时间进度的把握上做得更好一些,应该会得到更好的竞赛成绩。

7.5 获奖论文——嫦娥三号软着陆轨道设计与控制策略

作　　者：王泽晖　孟鑫　王肃晨
指导教师：熊春光
获奖情况：2014 全国数学建模竞赛二等奖

摘要

嫦娥三号成功登月，标志着我国成为继苏联、美国之后第三个实现月球软着陆的国家。嫦娥三号要保证准确地在月球预定区域内实现软着陆，关键问题是着陆轨道与控制策略的设计。本文基于遗传算法，结合相关的天体物理知识建立数学模型。分析了嫦娥三号椭圆轨道近、远月点的速度和位置，确定了着陆轨道以及着陆过程中的最优控制策略。

在问题一中，首先结合万有引力定律以及曲率的定义，得到椭圆轨道近月点、远月点的速度，利用后文得到的着陆轨迹中嫦娥三号径向、切向速度变化曲线，由预着陆点反推出近月点、远月点的位置。

在问题二中，准备阶段和主减速阶段可以看作是一个约束性非线性规划问题，利用遗传算法寻求该问题的最优解，求解出消耗燃料最小的着陆轨道；在快速调整阶段，建立开关制动模型，解出最优制动开关时间点；在粗、细避障阶段通过预处理得到图像的灰度矩阵，同时建立二维灰熵模型，用核函数对灰度差异进行分析，再次结合遗传算法进行判断处理。缓速下降阶段利用连续变推力制动方式，最终得到最优着陆轨道。

在问题三中，针对模型的不确定因素，使用敏感性分析得出近月点的选择对于最优控制策略的确定有着较大的影响，通过模型的误差分析得出该模型虽然存在一定的误差，但是可以满足燃料低消耗、着陆轨道高效控制的要求。

最后，我们对模型进行了评价，指出了模型的优势和不足，提出了一些模型的改进的意见，使得问题得到更加合理的解答。

关键词：遗传算法　约束性非线性规划　灰色理论　二维灰熵模型

7.5.1　问题重述

嫦娥三号于2013年12月2日1时30分成功发射，12月6日抵达月球轨道。嫦娥三号在着陆准备轨道上的运行质量为2.4t，其安装在下部的主减速发动机能够产生1 500～7 500N的可调节推力，其比冲为2 940m/s，可以满足调整速度的控制要求。在四周安装有姿态调整发动机，在给定主减速发动机的推力方向后，能够自动通过多个发动机的脉冲组合实现各种姿态的调整控制。嫦娥三号的预定着陆点为19.51W，44.12N。

嫦娥三号在高速飞行的情况下，要保证准确地在月球预定区域内实现软着陆，关键问题是着陆轨道与控制策略的设计。其着陆轨道设计的基本要求：着陆准备轨道为近月点15km，远月点100km的椭圆形轨道；着陆轨道为从近月点至着陆点，其软着陆过程共分为6个阶段，要求满足每个阶段在关键点所处的状态；尽量减少软着陆过程的燃料消耗。

根据上述的基本要求，请你们建立数学模型解决下面的问题：

(1) 确定着陆准备轨道近月点和远月点的位置，以及嫦娥三号相应速度的大小与方向。

(2) 确定嫦娥三号的着陆轨道和在6个阶段的最优控制策略。

(3) 对于你们设计的着陆轨道和控制策略做相应的误差分析和敏感性分析。

7.5.2　问题分析

在问题一中，由于绕月的椭圆轨道的某一个焦点一定是月球球心，因此近月点、远月点位于该椭圆轨道的长轴的两端，根据万有引力定律、向心力公式以及曲率半径的定义可以求解出嫦娥三号位于近月点、远月点时的速度。椭圆轨道近月点的位置与嫦娥三号着陆点的位置有关，在本文中，将利用问题二中求出的嫦娥三号着陆轨迹曲线反推出近月点的位置，并根据近月点的位置求出远月点的位置。

在问题二中，卫星运行至 15km 左右高度的近月点时，从着陆准备轨道进入主减速阶段。主发动机提供减速动力，主要衰减飞行器的切向速度，同时克服由月球引力引起的径向速度，卫星的绝大多数燃料消耗在该阶段。该阶段即为月球软着陆轨迹优化问题。建立嫦娥三号卫星的动力学模型，假设减速过程中，主发动机提供的推力大小不变，将常推力软着陆轨道离散化，将轨道优化问题归结为约束性非线性规划问题，利用遗传算法得到最优轨道。而在快速调整阶段，距离月面较近，经姿态调整后接近垂直下降，因为采用简化的平面月球模型。着重分析卫星在竖直方向上的最优控制策略，将快速调整阶段和粗避障阶段竖直运动纳为一个部分分析，建立开关制导模型，求解最优开关时间。在粗避障段和细避障段利用 MATLAB 对两张图像进行归一化处理，得到图像的灰度矩阵，同时建立二维灰熵模型，对矩阵的子图进行划分、变换。用核函数对灰度差异进行分析，对于每一个与其周围点组成区域的像素点，使用螺旋查找的方式从图像中心开始遍历，同时结合遗传算法进行判断处理，得到最优落点。缓慢下降阶段，为了提高着陆安全稳定性，避免发动机开关带来的冲击，故采用连续变推力方式，最后自由落体，落至目标点，至此完成整个轨道的优化和控制策略的选择。

在问题三中，选取近月点的位置 R、嫦娥三号的速度改变控制 V、速度方向改变 F、避障段精度 W 四个因素作为影响轨道最优控制即燃料消耗 M 的不确定因素，得出影响最优化轨道的最大因素。而误差分析则是对每一阶段出现的误差进行对比，得到相对值，从而确定模型的准确程度。

7.5.3 模型假设与符号说明

1. 模型假设

(1) 假设太阳、地球等其他天体对嫦娥三号的运行不构成任何影响；

(2) 假设月球质量分布均匀，圆形轨道上嫦娥三号受到的万有引力始终不变；

(3) 假设天气等自然因素对探测器没有影响；

(4) 不考虑姿态调整过程中燃料的消耗；

(5) 不考虑图像中落地点地质问题，即地表层是否可以承受探测车的重量。

2. 符号说明

符 号	说 明
M	月球质量
r_0	月球半径
G	万有引力常数
μ	月心引力常数
v_e	比冲
$\dot{m}$	单位时间燃料消耗的千克数
r	卫星矢径

续表

符　号	说　明
v	卫星径向速度
θ	卫星极角
ω	卫星角速度
F	卫星主发动机推力
m	卫星质量
ψ	主发动机推力方向角

7.5.4　模型的建立

1. 近月点与远月点

根据嫦娥三号的着陆准备轨道的相关数据，可以计算近月点、远月点的速度。

在近月点，由万有引力定律可以得到

$$\frac{GMm}{r_{近}^2}=\frac{mv_{近}^2}{R} \tag{1}$$

$$\frac{GMm}{r_{远}^2}=\frac{mv_{远}^2}{R} \tag{2}$$

式(1)中，左边的 r 表示近月点到月球球心的距离，$r_{近}=1\,752\text{km}$，而等式右边是向心力，R 代表的是近月点的曲率半径。

由于着陆准备轨道为椭圆轨道，可将此椭圆方程设为一般式，即

$$\frac{x^2}{a^2}+\frac{y^2}{b^2}=1$$

由曲率半径公式 $R=\left|\frac{(x'^2+y'^2)^{\frac{3}{2}}}{y''x'-x''y'}\right|$ 以及椭圆参数方程 $x=a\cos\theta, y=b\sin\theta$，可以得到

$$R=\frac{(a^2\sin^2\theta+b^2\cos^2\theta)^{\frac{3}{2}}}{ab}$$

在近月点取 $\theta=0$，在远月点取 $\theta=\pi$，则可以计算得到在近月点、远月点的曲率半径均为 $R=\frac{a^2}{b}$。

根据已知条件，月球半径为 $R_0=1\,737\text{km}$，万有引力常数 $G=6.672\times10^{-11}\text{N}\cdot\text{m}^2/\text{kg}^2$，月球质量 $M=7.347\,7\times10^{22}\text{kg}$，代入式(1)，可计算出近月点嫦娥三号的速度

$$v_{近}=1\,692.21\text{m/s}$$

根据式(2)或者开普勒第三定律 $r_{近}\,v_{近}=r_{远}\,v_{远}$，可以得到远月点嫦娥三号的速度

$$v_{远}=1\,613.91\text{m/s}$$

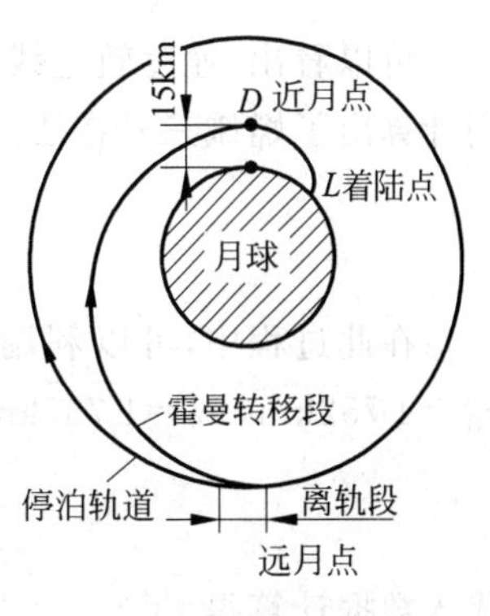

图 7-17　轨道变化

嫦娥三号软着陆过程是由三个部分组成的，如图 7-17 所示。第一个部分是嫦娥三号位于距离月球 100km 的环月轨道匀速圆周运动，这个轨道也叫停泊轨道。第二个部分是嫦娥三

号在某一时刻制动，偏离原来的轨道，进入近月点 15km，远月点 100km 的椭圆转移轨道，这个轨道也叫霍曼转移轨道，嫦娥三号制动时的位置成为远月点。第三个部分，嫦娥三号行驶至椭圆转移轨道的近月点时，再次制动，使其偏离椭圆转移轨道，减速直至嫦娥三号成功在月球上软着陆。

嫦娥三号在近月点、远月点的速度方向都与椭圆转移轨道相切，并指向探测器的前进方向。

由于椭圆转移轨道的任意性，我们很难确定近月点、远月点的具体位置，因此，我们考虑利用已知的软着陆的预定着陆点(19.51W，44.12N)反推出近月点的位置，再利用近月点求出远月点的位置。

在这里，我们利用了后文的一些数据，在后文的模型中，根据软着陆过程的最小燃料消耗得到了的嫦娥三号减速过程中的最优着陆轨迹。我们将先用这两个图求解近月点位置。

在嫦娥三号制动飞行过程中，嫦娥三号距离月面相对较高，且嫦娥三号走过的月面距离比较长，此时，不能将月球视为一个平面，在这一过程中，应该将月球视为球体，如图 7-18 所示。

图 7-19 和图 7-20 中显示的是嫦娥三号在制动阶段的径向和切向的速度随时间变化的规律。

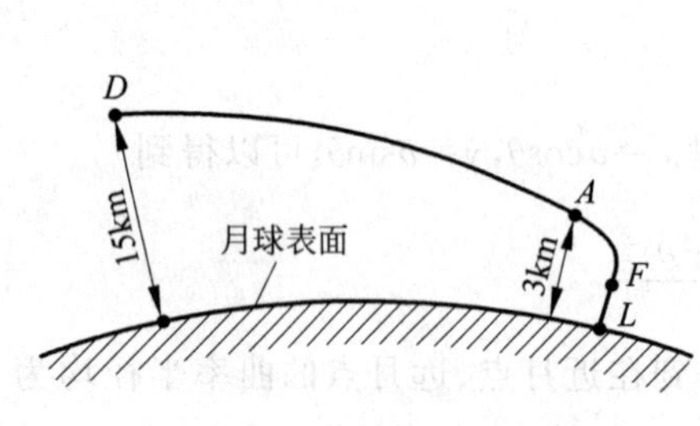

图 7-18 月球表面制动示意图

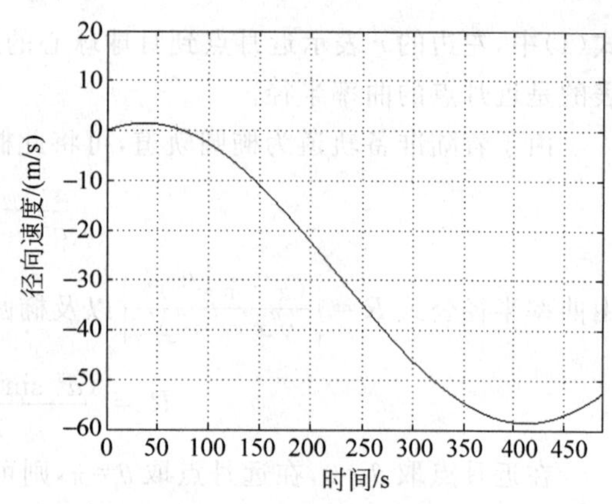

图 7-19 径向速度变化曲线

可以看出，速度轨迹线下包围的面积就是嫦娥三号在此方向上的路程。通过格点法，我们计算出了嫦娥三号在法向和径向上运行的距离，分别是

$$s_{切} = 465.3\text{km}$$

$$s_{径} = 18.5\text{km}$$

在此过程中，可以利用图 7-21 中的三角形计算嫦娥三号在制动过程中偏转的角度，$r_{近} = 1\,752\text{km}$，$r_0 = 1\,737\text{km}$，由余弦定理可得

$$\cos\theta = \frac{r_{近}^2 + r_0^2 - s_{切}^2}{2r_{近}\ r_0}$$

代入数据计算得

$$\theta = 15.32°$$

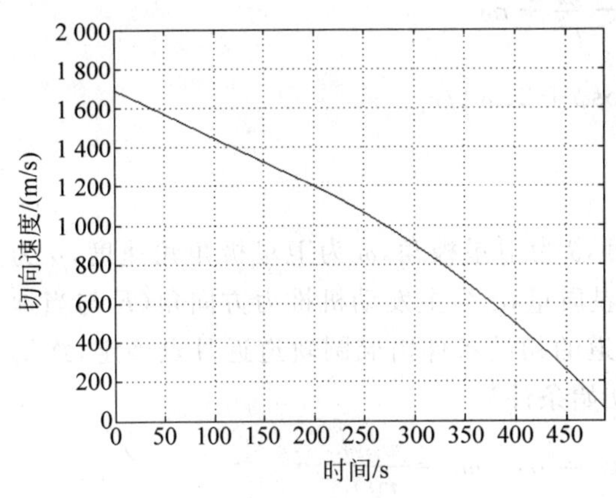

图 7-20 切向速度变化曲线

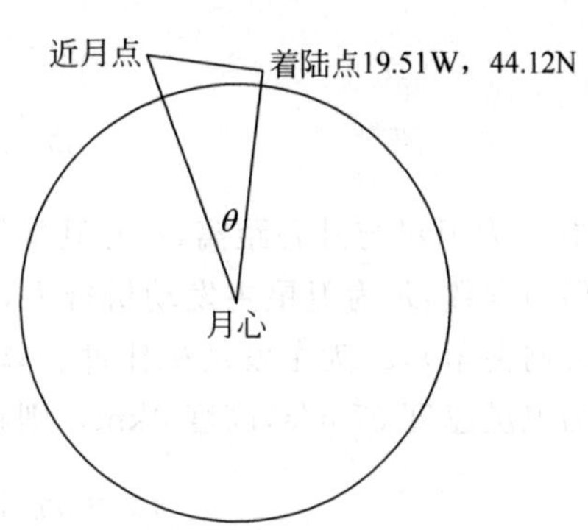

图 7-21 嫦娥三号距离示意图

由着陆点的位置，可推得近月点纬度约为 28.80N。同理可算出嫦娥三号法向偏转角度

$$\theta' = 0.36°$$

近月点经度约为 19.15W。

因此近月点的位置可表示为 19.15W，28.80N，距月球表面 15km。

近月点与远月点在椭圆长轴的两侧，椭圆轨道与停泊轨道位于同一经线圈内，因此远月点经度为 160.85E，从近月点到远月点嫦娥三号偏转了180°，因此远月点纬度为 28.80S。

综上：近月点 19.15W，28.80N 距月球表面 15km，$v_{近} = 1692.21\text{m/s}$；

远月点 160.85E，28.80S 距月球表面 100km，$v_{远} = 1613.91\text{m/s}$。

2. 着陆轨道

1）主减速段

这一阶段主要目的是快速降低卫星相对于月面速度。为达到最优的减速效果，主发动机应持续工作在最大推力 7 500N 工作状态，同时通过姿态控制完成制动力方向的改变。主减速段中，卫星距离月面相对较远，并且卫星走过的月面距离较长，此时将月球视为平面建立模型将存在较大误差。因此，将月球视为球体建立模型更为准确。如图 7-22 所示，其中 O 为月球质心，x 轴方向为由月心指向卫星的初始位置，y 轴方向为初始位置卫星的方向。

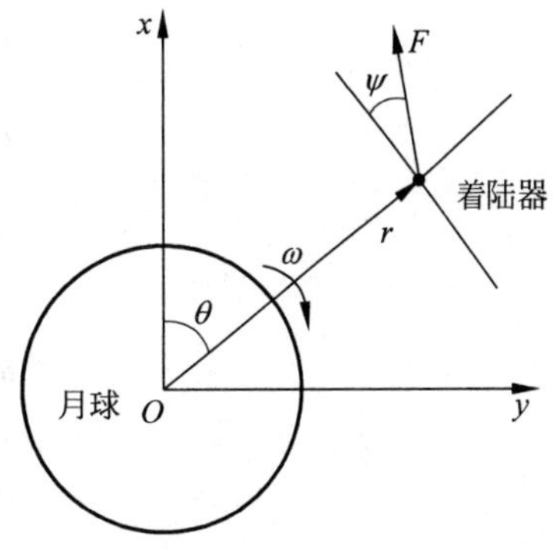

图 7-22 月球球坐标系

(1) 动力学方程

在几百秒的时间内，卫星从 15km 高度降至 3km 高度，时间短，月球引力非球形，日月引力摄动、月球自转等影响因素均可忽略不计。由于月球表面附近没有大气，所以卫星的动力学模型中无须考虑大气阻力项。这一过程的动力学方程如下：

$$\dot{r} = v$$

$$\dot{\theta} = \omega$$

$$\dot{v}=\frac{F}{m}\sin\psi-\frac{\mu}{r^2}+r\omega^2$$

$$\dot{\omega}=-\left(\frac{F}{m}\cos\psi+2v\omega\right)/r$$

$$\dot{m}=-\frac{F}{v_e}$$

式中,r 为卫星与月心距离,v 为卫星径向速度,θ 为卫星极角,ω 为卫星极角角速度,μ 为月心引力常数,F 为卫星主发动机推力,m 为卫星质量,ψ 为主发动机推力方向角(F 与当地水平方向夹角),v_e 为主发动机比冲。软着陆轨道的初始条件由椭圆轨道近月点确定,终端条件为卫星速度 57m/s,高度 3km。则相应的初始条件为

$$r_0=r_L+h_0,\quad v_0=0,\quad \omega_0=\frac{v_{近}}{r_{近}}$$

终端约束条件为

$$r_f=r_L+h_f,\quad \sqrt{v^2+(\omega_f r_f)^2}=5.7\text{m/s}$$

式中,r_L 为月球半径,h_0、h_f 分别为初始、终端轨道高度,ω_0、ω_f 分别为初始终端轨道角速度。

月球软着陆的最优轨道即在满足上述初始条件和终端约束的前提下,调整推力的方向,实现燃料最优软着陆,即要求下述指标数值最小:

$$J=\int_0^{t_f}\dot{m}\mathrm{d}t$$

(2) 归一化

在轨道优化中,由于各状态变量的量级相差较大,寻优过程中可能会导致有效位数损失。归一化处理可以解决该问题,提高精度。对轨道的优化也要求优化变量尽可能地保持在相同的量级,故作以下处理:

$$\bar{r}=\frac{r}{r_{\text{ref}}},\quad r_{\text{ref}}=r_0$$

$$\bar{\theta}=\theta$$

$$\bar{v}=\frac{v}{v_{\text{ref}}},\quad v_{\text{ref}}=\sqrt{\frac{\mu}{r_{\text{ref}}}}$$

$$\bar{\omega}=\omega\sqrt{\frac{r_{\text{ref}}^3}{\mu}}$$

$$\bar{v}_e=v_e\sqrt{\frac{r_{\text{ref}}}{\mu}}$$

$$\bar{F}=\frac{F}{F_{\text{ref}}},\quad F_{\text{ref}}=m_{\text{ref}}\frac{v_{\text{ref}}^2}{r_{\text{ref}}}$$

$$\bar{t}=\frac{t}{t_{\text{ref}}},\quad t_{\text{ref}}=\frac{r_{\text{ref}}}{v_{\text{ref}}}$$

$$\bar{m}=\frac{m}{m_{\text{ref}}},\quad m_{\text{ref}}=m_0$$

卫星动力学方程改写

$$\dot{\bar{r}}=\bar{v}$$

$$\dot{\theta} = \bar{\omega}$$

$$\dot{\bar{v}} = \frac{\bar{F}}{m}\sin\psi - \frac{\mu}{\bar{r}^2} + \bar{r}\bar{\omega}^2$$

$$\dot{\bar{\omega}} = -\left(\frac{\bar{F}}{\bar{m}}\cos\psi + 2\,\bar{v}\bar{\omega}\right)\Big/\bar{r}$$

$$\dot{m} = -\frac{\bar{F}}{\bar{v}_e}$$

相应的初始条件和终止条件变为

$$\bar{r}_0 = 1, \quad \bar{v}_0 = 0, \quad \bar{\omega}_0 = \omega_0\sqrt{r_0{}^3/\mu}$$

$$\bar{r}_f = r_L/r_0, \quad \sqrt{\bar{v}^2 + \bar{r}^2\bar{\omega}^2} = 5.7\sqrt{r_{\text{ref}}/\mu}$$

则燃料消耗的指标为

$$J = \int_0^{\bar{t}_f} \dot{m}\,\mathrm{d}\,\bar{t}$$

(3) 参数化方法

因为月球软着陆的轨道优化搜索空间是泛函空间,不能直接用优化算法处理,必须将控制变量参数化。参数化方法的精度直接影响最优轨道的好坏。本文采用改进的函数逼近法,首先将轨道离散化,在各小段的节点设定待优化的参数,然后利用优化出来的参数进行多项式拟合,得到整个轨道。如图 7-23 所示,将软着陆轨道离散化,分割成 n 个小段。卫星完成主减速段,速度减到 57m/s 时的终止时间为 t_f,n 个小段则有 $n+1$ 个节点,卫星到达每个节点的时刻为

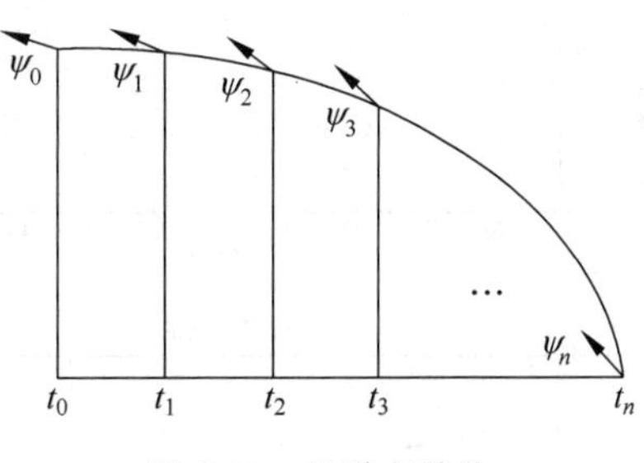

图 7-23 轨道离散化

$$t_i = t_0 + i(t_f - t_0)/n, \quad i = 0,1,\cdots,n$$

上述 $n+1$ 个节点处设定推力方向角,与 t_f 一起作为待优化参数。

假设卫星主发动机的推力方向角可以表示为一个多项式

$$\psi(t) = \lambda_0 + \lambda_1 t + \lambda_2 t^2 + \lambda_3 t^3$$

将节点推力方向角与对应的节点时刻对上述多项式进行拟合,可以得到整个轨道的推力方向角,拟合可得到图像。

遗传算法(GA)的局部搜索能力较差,容易陷入局部最优解,但把握搜索过程总体的能力较强;模拟退火法(SAA)具有较强的局部搜索能力,但对整体搜索空间的状况了解不多,ASAGA 是将 SAA 与 GA 结合,取长补短的优化算法。将 ASAGA 应用到月球软着陆的轨道优化中,具体步骤如下:

① 设置初始参数,包括种群规模 M,最大遗传代数 $T_{\max}$,退火初始温度 T_0,温度下降系数 K,最小新解接收次数 $N_{\min}$,最大内循环次数 $C_{\max}$,轨道离散参数 n。随机产生初始种群。

② 计算种群中个体的适应度值,记录最优个体。

③ 对遗传操作后的子代个体计算适应度值,选择优秀个体,进行如下模拟退火操作。

④ 删除子代种群中的任意一个个体,并替换成步骤②记录的最优个体。

⑤ 如果当前遗传代数 $T<T_{max}$，则进行降温，$T=T+1$，并返回步骤②，否则结束整个优化过程。

已知发动机推力为常值 $F=7\,500\text{N}$，月球引力常数 $\mu=4\,902.75\text{km}^3/\text{s}^2$，比冲 $v_e=2\,940\text{m/s}$，卫星的初始条件 $r_0=1\,753.013\text{km}$，$v_0=0$，$m_0=2.4\text{t}$，终端条件 $r_f=1\,740\text{km}$。令轨道离散化参数 $n=9$。ASAGA 的其他参数设定为 $M=20$，$T_{max}=300$，$T_0=10\,000$，$K=0.97$，$N_{min}=10$，$C_{max}=10$，$n_0=2$，$R_{max}=10$。

由于 GA 于 SAA 都是随机优化算法，故 ASAGA 也具有随机性，每次结果不尽相同。多次进行模拟计算，均可得到较好的结果。其结果如图 7-24 所示。

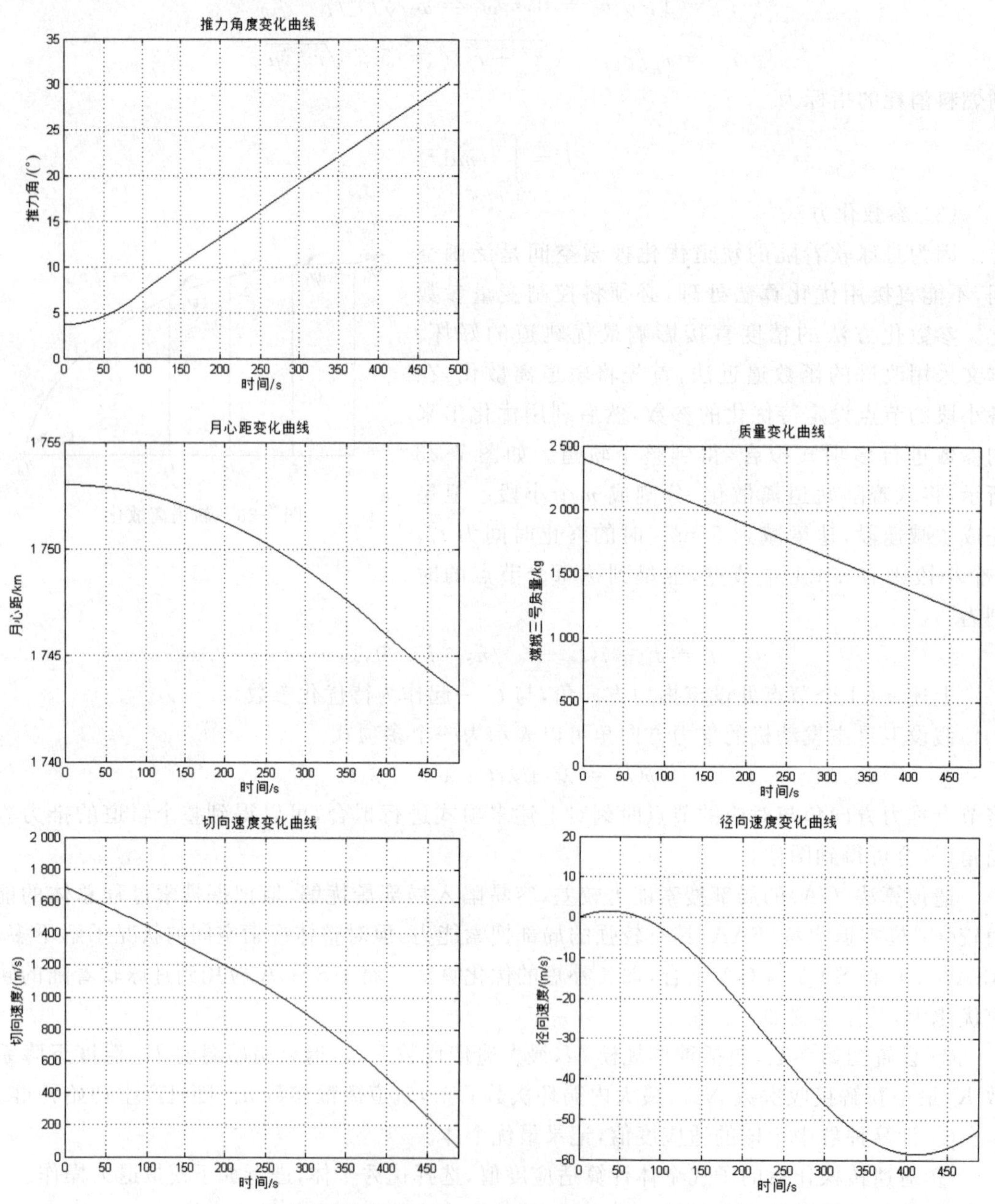

图 7-24 变化曲线

2）快速调整段

快速调整段的目的是在 2 400～3 000m 的距离内快速调整姿态，使水平速度为 0，卫星竖直向下，便于卫星在粗避障阶段对月球表面进行成像。

上述主减速段建立的模型得到的结果，显示卫星在距离月面 3km 处，其速度为 57m/s，径向速度为 52.712 8m/s，切向速度为 21.665 9m/s。卫星通过前后左右 4 个方向共有 16 台小型姿态调整发动机可迅速调整好姿态，在水平速度较小情况下，对卫星质量的影响忽略。该阶段依旧主要考虑主发动机对卫星在竖直方向上的运动轨迹的影响。

由于粗避障阶段，卫星的避障是通过 4 个水平方向的发动机，来改变水平方向上的运动。因此可以将水平方向，竖直方向分开分析。将粗避障与快速调整段的竖直方向运动纳为一个部分进行分析，可以增加约束条件，找到更优解。

该部分，卫星距离月球高度 3km～100m，距离月面较近，并且上一过程得到的结果来看，卫星速度慢，主发动机与月球表面角度大，接近竖直状态，因此，此部分可将月球视为平面，建立月球平面直角坐标系，如图 7-25 所示。

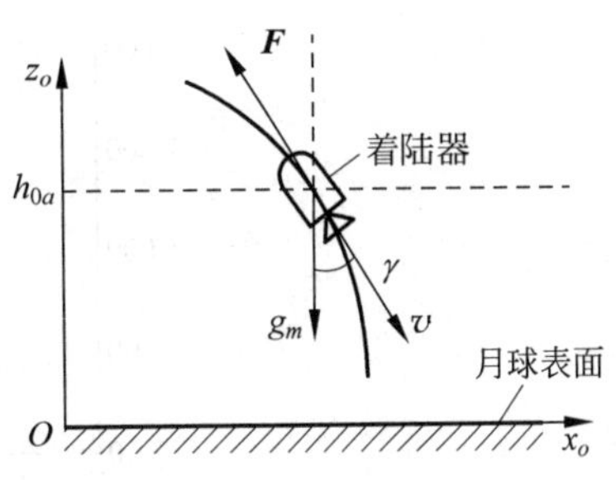

图 7-25　月球平面直角坐标系

在图 7-25 中，月球平面直角坐标系，原点 O 为卫星当速度为 57m/s 时（即完成主减速时）在月球表面的投影，x 轴、z 轴所在平面为下降轨道纵向平面，γ 为下降速度 v 与水平方向的夹角，称为下降角。假设主发动机的推力 F 为常值推力，在该坐标系下对卫星受力分析，沿两个坐标轴方向有如下动力学方程，并讨论快速调整段的最优开关制导律：

$$
\begin{aligned}
\dot{h} &= -v\cos\gamma \\
\dot{v} &= -(F/m)\cdot u + g_m\cos\gamma \\
\dot{\gamma} &= -(g_m\sin\gamma)/v \\
\dot{m} &= -c\cdot u
\end{aligned}
\tag{3}
$$

其中常数 c 为燃料秒消耗量，u 为制动力的开关量。

由主减速的得到的推力角 ψ 图像，可以合理假设卫星在快速调整段接近竖直下降，不妨令 $\cos\gamma\approx 1,\sin\gamma\approx\gamma$。利用此结果可将式(3)简化。

假设在软着陆过程中开关最多切换一次，其工作状态有 4 种：①全开；②全关；③先开后关；④先关后开。由于受到月球引力的影响，②③必然不能满足到到达目标上方 100m 时悬停，方式①软着陆起始点即为开机点，燃料消耗大。通常方式④是最优着陆方式，即卫星先关闭发动机节省燃料做无制动下降，然后打开发动机完成软着陆。将开关量 u 表示为

$$
u = \begin{cases} 0, & t\in[0,t] \\ 1, & t\in[t,t_f] \end{cases}
$$

分别对自由落体和制动下降两个过程联立求解，同时考虑到该过程历时很短，故质量近似不变，$F/[m_{0a}-c(t_{fa}-\bar{t})]\approx F/m_{0a}=a_{Fa}$，最终得到关于切换时间的二次方程：

$$\bar{t}^2+\frac{2v_{0a}}{g_m}\bar{t}-\frac{2(a_{Fa}-g_m)(h_{0a}-h_{fa})-(v_{0a}-v_{fa})^2}{a_{Fa}-g_m}=0$$

其中下标 0 和 f 分别表示接近段初始和终端状态，下标 a 表示接近段，h,v 分别表示接近段下降高度和速度。上式给出制动推力的切换时间，亦可由切换时间 $\bar{t}$ 间接得到切换高度 $\bar{h}$。由主减速段的数据可得 $\bar{t}=26.379\text{s}$。具体高度和速度变化情况见图 7-26 和图 7-27。

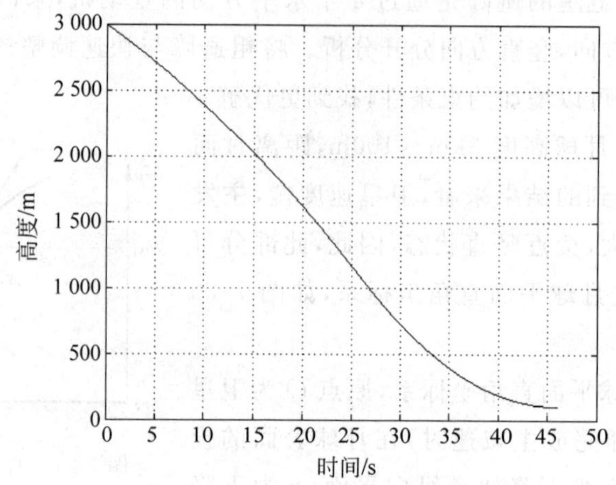

图 7-26 高度变化曲线

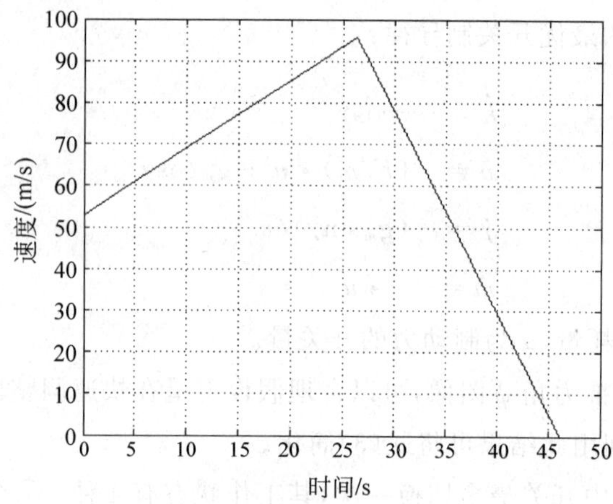

图 7-27 速度变化曲线

3）粗避障段

本文在确定嫦娥三号着陆器初始位置时，根据数字高程图，使用序列影像抽帧、小波分析、特征匹配、灰色理论、遗传算法，并通过 MATLAB 分析处理图像点，最终得出具体方位。

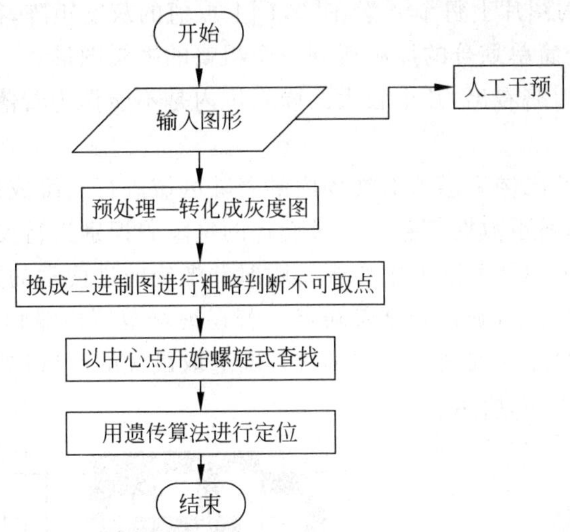

(1) 图片预处理

采用 MATLAB 读取图片,将结果绘制成三维立体图(见图 7-28),可以对大致地形分布有一定的了解,可以进行人工干预排除一些范围,简化算法。

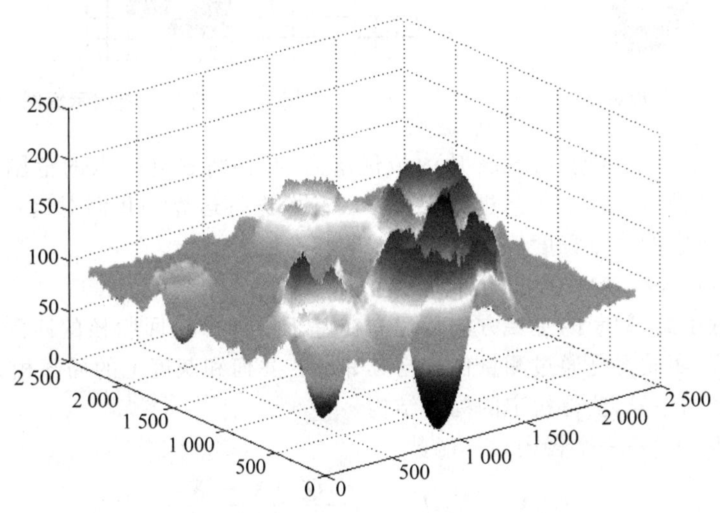

图 7-28 附件 3:三维立体图

在嫦娥三号着陆器下降过程中,随着着陆器高度的降低,降落相机获取的下降影像数据的空间分辨率也在不断提高,影像尺度变化最为明显,一种可靠的特征选择机制对特征匹配是非常重要的,我们使用 SIFT 方法进行特征匹配。

月球撞击坑内斜度一般为 25°～50°,平均 35°,坑外一般为 3°～8°,平均 5°。撞击坑图像特征可归纳为:①在太阳照射的阳面将出现亮区域;②在未照到的阴面将出现阴影区域;③暗区域的外边缘呈现圆弧。

为了下一步处理,下面进行灰值化和归一化处理,采用方差及残差拟合一定单元区域的平均坡面,根据平均坡面计算该区域的平均坡度,根据平均坡度估算该区域内每个单元格的障碍高度，将结果转化为图片上每个元素在[0,1]上取值的灰度矩阵，得到一个 2 300×2 300 灰度值的图像。按照先简单划分的原则得到一个粗略的平缓图形。

从图 7-29 中可以粗略看出，几个较大的陨石坑内是不能作为着落点的，可以排除。

(2) 螺旋式查找

在悬停状态下，三维成像敏感器对视场内的着陆区域进行三维成像，获取着陆器相对月面着陆区域的高分辨率斜距数据信息。通过设计的精障碍识别进行安全着陆区选取。

安全着陆区选取，采用从着陆器中心开始顺时针螺旋前进搜索的方法，直到找到符合安全着陆要求的着陆区域为止，确定安全着陆点。若在视场范围内难以找到完全满足要求得安全着陆区域，则根据坡度和安全半径的加权判断选取最优的区域作为安全着陆区，确定安全着陆点，示例图如图 7-30 所示。

图 7-29 预处理灰度图

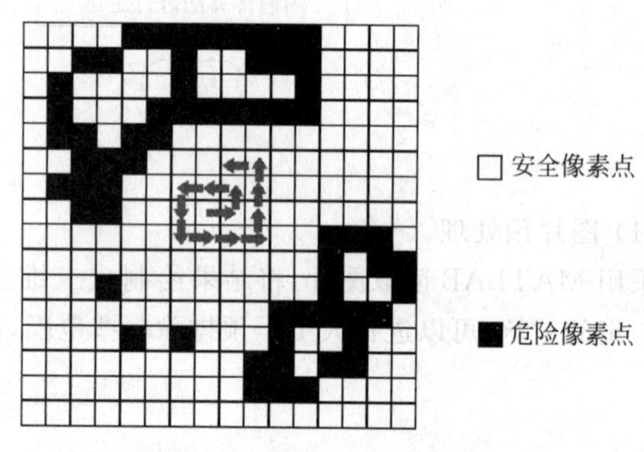

图 7-30 螺旋式查找示意图

以图片中心点预定落点，寻找图片内最优落点，我们将最优落点的范围设定成边长为 10m 的正方形，按照顺时针螺旋前进的便利方法开始进行运算。我们对这一矩阵内 100 个点进行处理，得到它的稳定程度值作为该区域的状态值。

(3) 建立判断函数、构建灰度矩阵

在循环过程中的，判断的主要方法是建立在基于局部可控回归核的匹配算法的基础上的。该计算过程，实质上是通过测量像素与其邻域在几何和灰度上的局部相关性，通过梯度估计来分析灰度的差异，获得稳定的局部结构。

而局部核 $K(\cdot)$是一个径向对称函数：

$$K(\boldsymbol{X}_i-\boldsymbol{X},\boldsymbol{Q}_i)=\frac{K(\boldsymbol{Q}_i^{-1}(\boldsymbol{X}_i-\boldsymbol{X}))}{\det(\boldsymbol{Q}_i)}$$

其中 $i=1,2,\cdots,P^2$，$\boldsymbol{X}_i=(x_i,y_i)^{\mathrm{T}}$ 是像素的平面坐标，P^2 是局部窗口像素数，可控矩阵$\boldsymbol{Q}_i=q\boldsymbol{H}_i^{-\frac{1}{2}}\in\mathbf{R}^{2\times2}$，$q$ 是光滑系数，矩阵 $\boldsymbol{H}_i$ 是一个协方差矩阵，是由以像素 $\boldsymbol{X}$ 为中心的局部分析窗口中的水平、竖直两个方向的梯度向量构成。可控矩阵 $\boldsymbol{Q}_i$ 通过对局部图像的几何结构进行编码，进而改变局部核的形状和尺寸。根据可控矩阵的定义，局部可控核可表示为

$$K(\boldsymbol{X}_i-\boldsymbol{X},\boldsymbol{Q}_i)=\frac{\sqrt{\det(\boldsymbol{H}_i)}}{2\pi q^2}\exp\left\{-\frac{(\boldsymbol{X}_i-\boldsymbol{X})^{\mathrm{T}}\boldsymbol{H}_i(\boldsymbol{X}_i-\boldsymbol{X})}{2q^2}\right\}$$

采用上式中的核函数对归一化处理的模板图像和目标图像进行处理，进行判断坡度是否满足降落的要求。

设目标图像为$\boldsymbol{Y}\in\mathbf{R}^{M\times N}$，模板图像为$\boldsymbol{A}\in\mathbf{R}^{M\times N}$，其中 $M\geqslant m,N\geqslant n$。撞击坑提取的主

要任务就是从图像 $\boldsymbol{Y}$ 中找到与模板 A 最为相近的图斑。首先通过计算局部可控核函数得到提取的图斑中心像素与邻域像素间的相关性。局部可控核 $K(\boldsymbol{X}_i-\boldsymbol{X},\boldsymbol{Q}_i)$ 是关于 $\boldsymbol{X}_i$ 和 $\boldsymbol{Q}_i$ 的函数，因此，对于图像中的第 j 块图斑，$K^j(\boldsymbol{X}_i-\boldsymbol{X},\boldsymbol{Q}_i)$ 的归一化计算过程如下：

$$\begin{cases}\overline{K_A^j}(\boldsymbol{X}_i-\boldsymbol{X})=\dfrac{K_A^j(\boldsymbol{X}_i-\boldsymbol{X},\boldsymbol{Q}_i)}{\sum\limits_{i=1}^{P^2}K_A^j(\boldsymbol{X}_i-\boldsymbol{X},\boldsymbol{Q}_i)}\\ i=1,2,\cdots,P^2,j=1,2,\cdots,mn\\ \overline{K_Y^j}(\boldsymbol{X}_i-\boldsymbol{X})=\dfrac{K_Y^j(\boldsymbol{X}_i-\boldsymbol{X},\boldsymbol{Q}_i)}{\sum\limits_{i=1}^{P^2}K_Y^j(\boldsymbol{X}_i-\boldsymbol{X},\boldsymbol{Q}_i)}\\ i=1,2,\cdots,P^2,j=1,2,\cdots,M\times N\end{cases}$$

在提取了特征后，就可以通过比较特征间的相关性，确定其对应关系。本文采用余弦相似度作为特征的相关性测度，其表示为两个归一化向量间的关系函数：

$$\rho(\boldsymbol{F}_A,\boldsymbol{F}_{\boldsymbol{Y}_i})=\operatorname{tr}\left(\frac{\boldsymbol{F}_A^{\mathrm{T}}\boldsymbol{F}_{\boldsymbol{Y}_i}}{\|\boldsymbol{F}_A\|_F\|\boldsymbol{F}_{\boldsymbol{Y}_i}\|_F}\right)\in[-1,1]$$

余弦相似度矩阵不仅仅是余弦相似度向量的集合，其同时兼顾了强度和方向两个方面的相关性，而且克服了传统欧氏距离不稳定的缺点。第 i 个目标图斑的计算过程可以表示为

$$\begin{aligned}\rho_i=\rho(\boldsymbol{F}_A,\boldsymbol{F}_{\boldsymbol{Y}_i})&=\sum_{l=1}^{mn}\frac{(\boldsymbol{f}_A^l)^{\mathrm{T}}f_{\boldsymbol{Y}_i}}{\|\boldsymbol{F}_A\|_F\|\boldsymbol{F}_{\boldsymbol{Y}_i}\|_F}\\&=\sum_{l=1,j=1}^{mn,d}\frac{\boldsymbol{f}_A^{(l,j)}\boldsymbol{f}_{\boldsymbol{Y}_i}^{(l,j)}}{\sqrt{\sum\limits_{l=1,j=1}^{mn,d}|\boldsymbol{f}_A^{(l,j)}|^2}\sqrt{\sum\limits_{l=1,j=1}^{mn,d}|\boldsymbol{f}_{\boldsymbol{Y}_i}^{(l,j)}|^2}}\end{aligned}$$

其中 $\boldsymbol{f}_A^{(l,j)},\boldsymbol{f}_{\boldsymbol{Y}_i}^{(l,j)}$ 分别是向量 $\boldsymbol{f}_A^l$ 和 $\boldsymbol{f}_{\boldsymbol{Y}_i}^l$ 的第 j 个元素。目标图像中的所有图斑都将按照上式进行计算，并建立相关性强弱的分布图，即表明目标图像中的图斑与模板图像的相似程度 $f(\rho_i)=\dfrac{\rho_i^2}{1-\rho_i^2}\in[0,+\infty)$，通过在目标图像中搜索相关性强的对应区域，就可以得到该点与周围点所组成区域的相关性。

从图 7-31 可以看到，白色的点就是归一化处理后比较适合的点，但是具体使用那一片区域作为着落点还需要对所有点进行遍历。

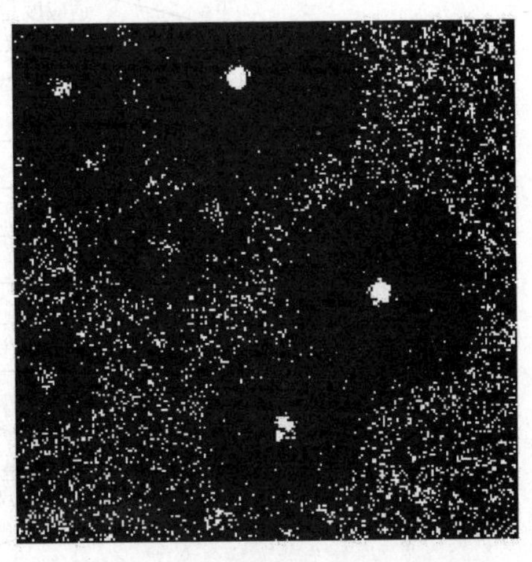

图 7-31 归一化处理灰度示意图

(4) 模型求解

我们用图像阈值分割技术对图像进行处理，利用图像中选点目标落点与其他地点灰度特性上的差异，同时结合遗传算法，利用各数据点灰度值方差最小作为评判标准，同时考虑残差以及落点与图中心的距离对优化的影响，进行 MATLAB 模拟编程，将上一步骤得到的安全像素点进行处理，得到最佳落点的范围。

① 二维灰熵模型的建立

二维最大条件熵模型是在空域中提取灰度图像和梯度图像的，当图像含有噪声时，必然导致同质区域减少而梯度信息增加，因此，该模型不具有抗噪能力。我们利用小波变换构建基于概貌-梯度共生矩阵的二维最大条件灰熵模型，其原因在于小波域中的概貌子图包含灰度特征的主要信息，对噪声不敏感，不足之处是丢失图像的部分细节，而高级高频子图则含有图像的细节和边缘信息，弥补了概貌子图的缺陷。

对待图像进行小波分解，根据灰色理论，只明确取值范围而不知其确切数值的数称为灰数，因此 s 和 t 是灰数，则基于小波变换的二维灰熵定义为

$$\begin{aligned} H_{\text{grey}}(s,t) &= \frac{1}{2}(H(E \mid O) + H(E \mid B)) \\ &= \frac{1}{2}\left[\left(-\sum_{t=0}^{s}\sum_{j=t+1}^{L'-1} p_{ij}^{B}\log_2 p_{ij}^{B}\right) + \left(-\sum_{i=t+1}^{L-1} p_{ij}^{C}\log_2 p_{ij}^{C}\right)\right] \end{aligned}$$

上式中使得灰熵 $H_{\text{grey}}(s,t)$ 最大的 s 值即是分割效果最好的最佳阀值，故图像分割的关键是实现灰数 s 的白化，传统的灰数白化过程计算量较大。

② 遗传算法引入

GA 是模拟自然界中优胜劣汰和遗传选择的生物净化过程，是一种随机搜索与全局优化算法，具有简单、快速且稳定性好的特点(具体过程见下面框图)。为加速灰数的白化过程，我们加入了遗传算法，将图像看作一个二维矩阵，图像阈值分割就是在阈值灰度空间中找出合适的灰度值，作为阈值分割图像。因此，利用 GA 在图像灰度空间中高效、并行搜索最优解，得到最佳阈值。

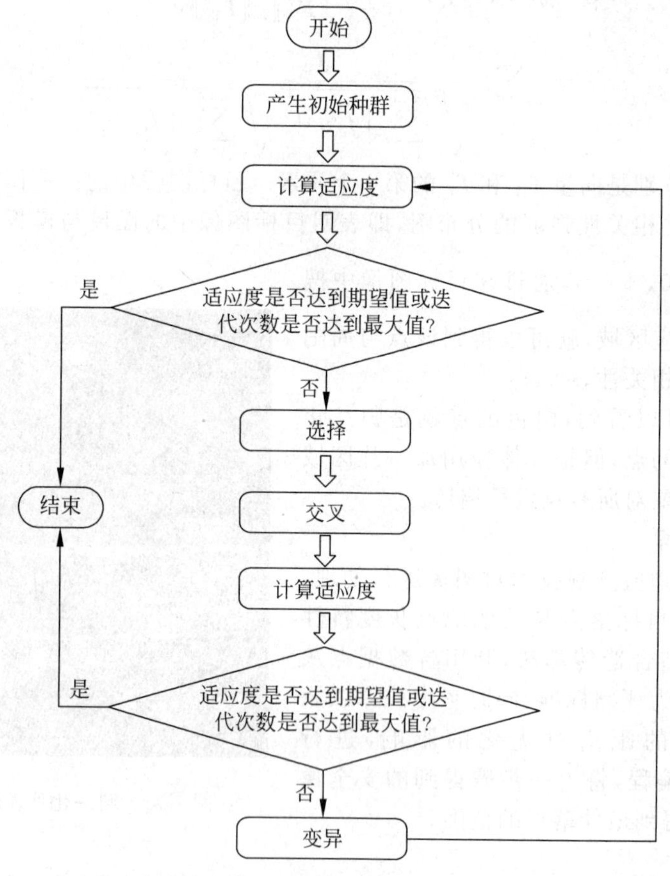

我们利用之前的判断匹配算法、同时结合遗传算法对图像进行了进一步处理，建立了一个新的 2 300×2 300 的矩阵，其中每个数据点存放的是以该点为中心，$100m^2$ 内的区域像素点的离散程度，其值越大说明该地越不平缓。为了方便进一步观察，我们将其转换为二进制图像，如图 7-32 所示，其中白色区域是比较合理的落点，利用该模型可以得出最优的解。

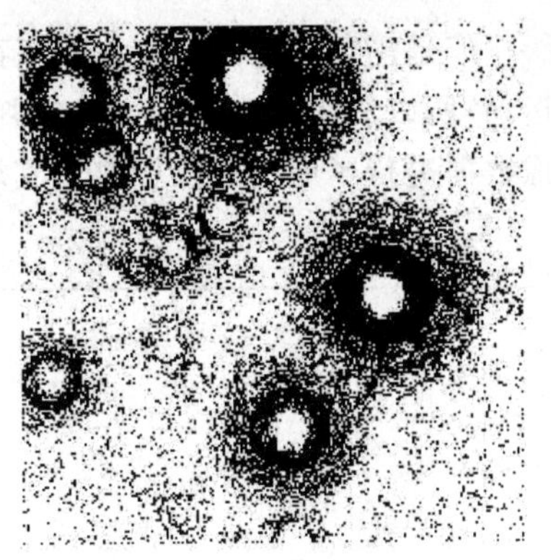

图 7-32　二进制匹配图像

MATLAB 的输出为一个 10m×10m 的正方形，我们将该范围的原图像素点提取出来，如表 7-2 所示。

表　7-2

92	92	92	92	93	93	92	92	90	90
92	92	92	93	93	93	92	92	90	90
93	93	93	93	93	93	92	91	90	90
93	93	93	93	93	92	92	91	90	90
93	94	94	94	93	92	92	90	90	91
93	93	93	93	93	92	91	91	91	92
92	92	92	93	93	92	92	91	92	92
91	92	92	92	92	92	92	92	93	93
91	91	91	92	92	93	93	94	94	94
92	91	91	92	92	93	94	94	95	94

可以观察到像素点基本平整，满足粗避障的要求。我们将该区域进行放大，可以得到其地况的立体图形，如图 7-33 所示。

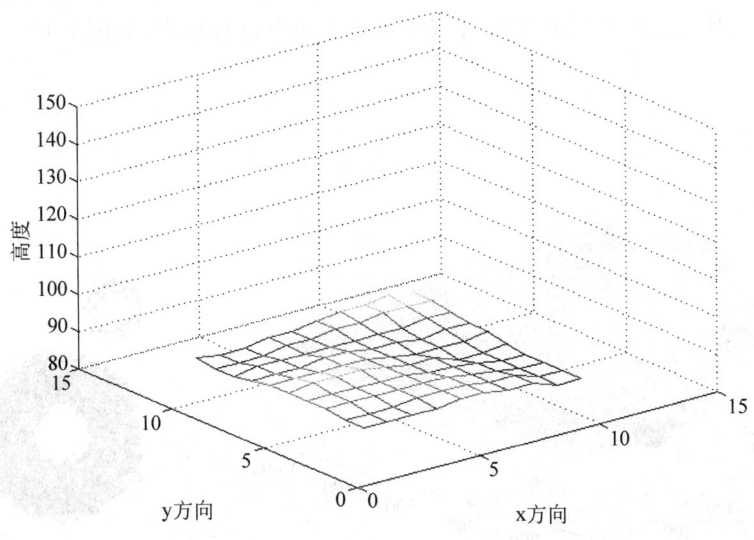

图 7-33　粗避障段最优落点地貌放大图

但是需要注意的是：由于陨石坑中的地势最为平坦，但又由于其位置不方便进行研究运动，所以利用算法中的边界值判定排除掉这个点，表 7-3 中将整个图像中最平坦的地势图像数据进行了展示，可以看出，其坡度范围变化确实小，但是不能作为参考点。

表 7-3

0	1	1	1	1	1	1	1	2	2
1	1	1	1	1	1	1	1	2	2
1	1	1	1	1	1	1	1	2	2
1	1	1	1	1	1	1	1	2	2
1	1	1	1	1	1	1	2	2	2
1	1	1	1	1	1	2	2	2	2
1	1	1	1	1	2	2	2	2	2
1	1	1	1	2	2	2	2	2	2
1	1	1	2	2	2	2	2	2	2
1	1	2	2	2	2	2	2	2	2

启动姿态发动机，粗避开大的陨石坑，进入落点区域的正上方。

4）精避障段

利用同样的算法和程序，对图 7-2 进行处理，注意的是，分割图像的概貌图像及梯度图像进行了归一化处理，使它们的灰度级在一定的控制范围内，以此求取最佳阈值，因此，算法要求原始分割图像的灰度范围适中。

首先得到原始图形的立体图像，对其较大障碍物进行分析定位，见图 7-34。

我们同样适用遗传算法，将图像看作一个二维矩阵，图像阀值分割就是在阀值灰度空间中找出合适的灰度值，作为阀值分割图像，利用 GA 在图像灰度空间中高效、并行搜索最优解，得到最佳阀值。我们利用标准值 Eps 对图像像素进行处理得到化简后的二进制图像，之后利用方差、残差、距离、燃料等综合权重对最优落点进行处理，见图 7-19。

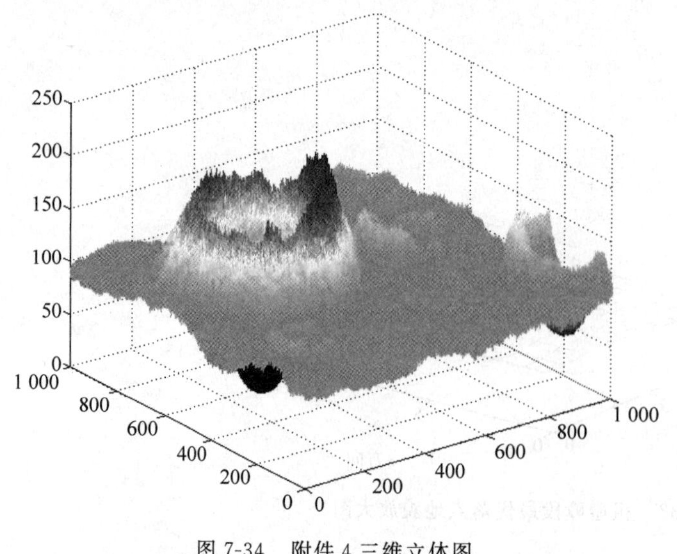

图 7-34　附件 4 三维立体图

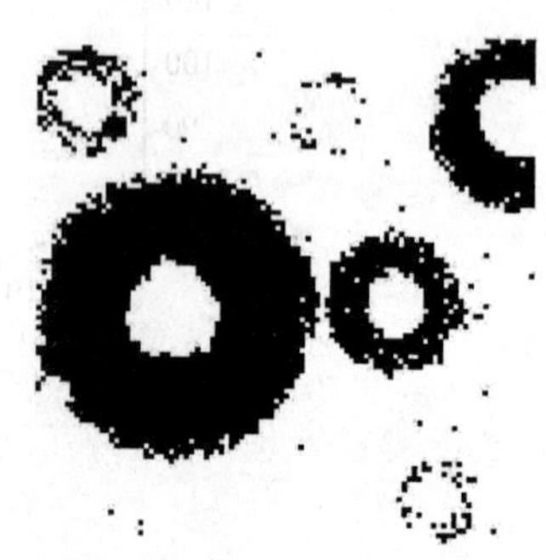

图 7-35　归一化灰度图

其中白色区域是比较合理的落点，利用该模型可以得出最优的解。

MATLAB 的输出为一个 10m×10m 的正方形，我们将该范围的原图像素点提取出来，如表 7-4 所示。

表 7-4

91	93	97	96	89	97	85	90	91	90
87	99	96	97	97	93	83	93	91	90
89	94	87	84	87	86	96	98	91	87
97	92	90	91	91	96	87	85	92	91
85	91	89	87	91	88	94	87	99	94
94	91	92	91	96	86	87	88	83	90
93	84	96	91	91	95	89	91	92	93
91	88	86	99	87	90	84	87	91	85
91	92	91	91	90	89	93	89	90	90
86	88	95	88	92	89	85	88	91	91

可以观察到像素点基本平整，满足粗避障的要求。我们将该区域进行放大，可以得到其地况的立体图形，见图 7-36。

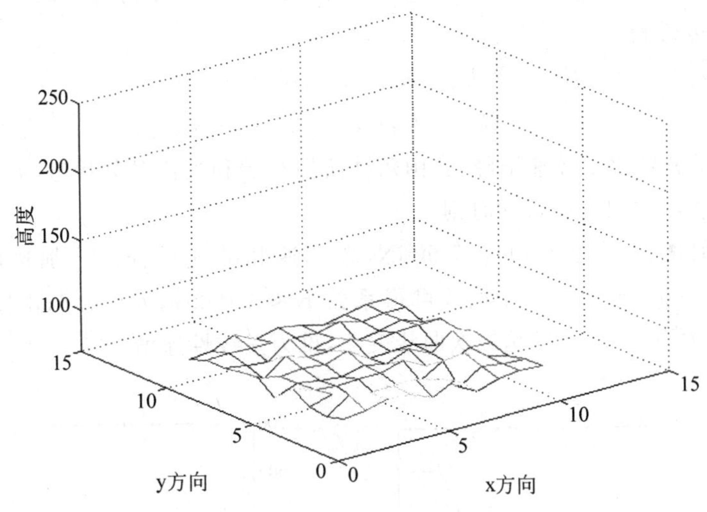

图 7-36 精避障段最优落点地貌放大图

5）缓速下降阶段

精避障之后，卫星距离月球表面 30m，下降速度与当地水平面垂直。该段采用简单的垂直着陆方式。如图 7-37 所示，卫星依次经过悬停，匀加速，匀减速和悬停，自由落体运动。对于推力 F 为常值的情况，需采用发动机先关后开的着陆方式，只需计算开关切换高度即可，与快速调整阶段粗避障阶段的模型相同。但该阶段距离月球表面仅 30m，考虑着陆安全性，应保证卫星平稳下降，应避免发动机开关带来的冲击。因此采用连续变推力制动方式。

图 7-37 给出的制导律是分段式的，即将推力按照加减速的需要分成若干级别；下面把若干推力级别等效为一段连续的推力过程。假设等效推力加速度线性变化，其加速和减速

过程等效推力示意图如图 7-38 所示。

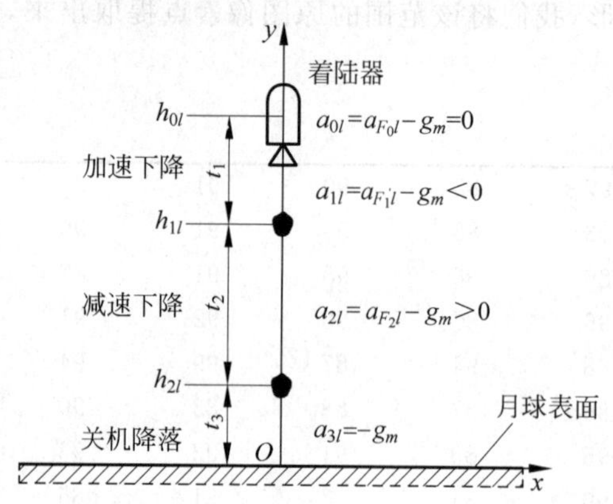

图 7-37 缓速下降过程示意图

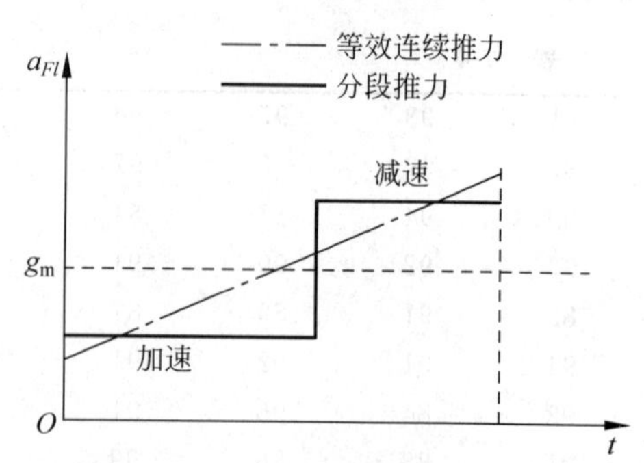

图 7-38 等效连续推力示意图

假设高度 h、加速度 a 和速度 v 取向上为正，则不妨假设线性推力加速度 $a_{Fl}=Kt+(a_0+g_m)$，其中 K 表示等效推力加速度的斜率，$K>0$ 表示推力逐渐增大，$K<0$ 表示推力逐渐减小；a_0 表示等效推力加速度相对于月球重力加速度 g_m 的初始偏移量，$a_0>0$ 表示初始推力加速度大于 g_m。对上式进行两次积分，同时结合关闭发动机时的条件 $v(t_{fl})=v_{\text{off}}$，$h(t_{fl})=h_{\text{off}}$，即可得到

$$K = 12(h_{0l}-h_{\text{off}})/t_{fl}^3 + 6(v_0+v_{\text{off}})/t_{fl}^2$$
$$a_0 = 6(h_{\text{off}}-h_{0l})/t_{fl}^2 - 2(2v_0+v_{\text{off}})/t_{fl}$$

这里下标 0 和 f 分别表示缓速下降、自由落体阶段初始和关机时刻状态，下标 l 表示这两个阶段，下标 off 表示关闭发动机的时刻。

变推力的取值范围为 1 500～7 500N，取加速和减速过程的合加速度分别为 $a_{1l}=-0.25\text{m/s}^2$，$a_{2l}=0.5\text{m/s}^2$。由上两式可得系数 $K\approx0.052\,7$，$a_0=0.5$，由图 7-39、图 7-40 看出，连续变推力下，下降速度呈二次曲线变化，推力呈线性递增。

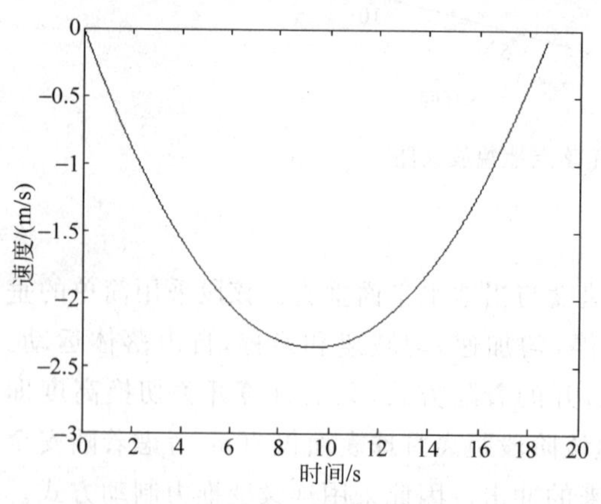

图 7-39 连续推力控制下的速度图

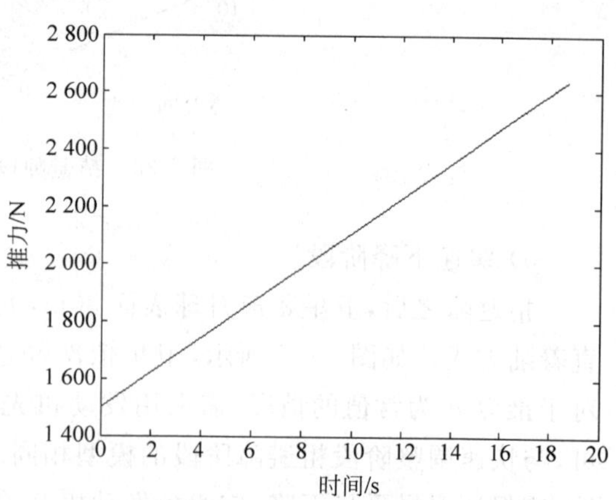

图 7-40 连续推力图

6）自由落体运动

卫星悬浮于目标上方4m处，做自由落体运动。

$$h = \frac{v^2}{2g_m}$$

式中，h 为卫星距月球表面高度，v 为卫星落地月球表面的速度。可以解得 $v=3.61\text{m/s}$。如此可知，该速度在安全速度范围内，不会对飞船、卫星等设备产生破坏。该软着陆结合理想。

3. 误差分析与敏感性分析

1）误差分析

嫦娥三号探测器在近月空间中飞行距离较长，由于力学模型和测控误差等的影响，在实际运行中，探测器与预定轨道之间会存在一定的偏差。

在我们建立的模型中，存在一些不可避免的误差，如月球自转产生的误差、月球非球形引力摄动等带来的误差等。

(1) 月球自转误差

在我们的模型中，由于在制动过程中时间很短，只有不到500s，而月球自转角速度仅为 $2.6617\times10^{-6}\text{rad/s}$，所以忽略月球自转带来的影响，没有考虑侧向运动，假设登月器一直在一个固定的铅垂面内运动。如若考虑月球的自转，则需要在三维空间中力学模型多列入一组月球自转方程。

(2) 月球非球形引力摄动

月球卫星运动时的主要摄动源就是月球的非球形引力摄动，对于低轨卫星，月球非球形引力摄动的摄动量级为 $O(10^{-4})$，远远超过地球引力摄动、太阳引力摄动等。尽管月球表面没有大气，无须考虑大气耗散因素的影响，但在月球非球形引力摄动作用下，轨道的偏心率 e 会有变化，而由此带来的影响就是轨道寿命的长短。

2）敏感性分析

(1) 确定敏感性分析指标

我们选取近月点的位置 R、嫦娥三号的速度改变控制 V、速度方向改变 F、避障段精度 W 四个因素作为影响轨道最优控制即燃料消耗 M 的不确定因素。

(2) 计算该方案的目标值(正常状况下的值)

我们以燃料的消耗情况来间接反映轨道的优化程度，根据题意可得，卫星初始质量2400kg，按照我们建立的数学模型，卫星以最优轨道进行下降所需要消耗的燃料质量为1249kg。由于这个所消耗燃料与速度改变、方向改变没有直接的关系代换，所以我们均换算成权重进行敏感度分析(表7-5)。

表7-5　敏感性分析基础数据

项目	近月点位置/km	速度控制/(m/s)	方向改变	避障段精度/%
数据	1753	57	80	80

(3) 选取不确定因素

设定不确定性因素的变化程度：选取变化因素的±5%、±10%。

(4) 计算不确定因素变动时对分析指标的影响程度

① 计算敏感度系数,敏感度系数是反映燃料消耗情况对因素敏感程度的指标。敏感度系数越高,敏感程度越高。计算公式为

$$E=\frac{\Delta M}{\Delta X}$$

式中,E 为燃料消耗量 M 对因素 X 的敏感度系数;ΔX 为不确定因素 X 的变化率(%);ΔM 为不确定因素 X 变化时,燃料消耗量 M 的变化率(%)。

敏感性因素与分析指标已经给定,我们选取±5%、±10%作为不确定因素的变化程度,接下来计算不同变化率下燃料的消耗量,结果如表 7-6、表 7-7 所示。

表 7-6 不确定因素变化后的取值

变化程度	近月点位置/km	速度控制/(m/s)	方向改变	避障段精度/%
−10%	1 577.7	51.3	72	72
−5%	1 665.35	54.15	76	76
5%	1 840.65	59.85	84	84
10%	1 928.3	62.7	88	88

表 7-7 不确定因素变化后 NPV 的值

	NPV				
变化率	−10%	−5%	0	5%	10%
燃料使用量	899	873	849	878	912

当近月点位置改变−10%时,有

$$\Delta M=\frac{899-849}{849}=5.9\%$$

$$E=\frac{\Delta M}{\Delta X}=\frac{5.9\%}{10\%}=0.59$$

其余几种情况类似算法可以得出。

② 临界点是指项目允许不确定因素向不利方向变化的极限点。

③ 绘制敏感度分析图,在敏感度分析图中,与横坐标相交角度最大的曲线对应的因素就是最敏感的因素。

(5) 找出敏感因素,进行分析和采取措施,以提高技术方案的风险能力。

我们还可以在图中作出分析指标的临界曲线。对于净现值指标而言,横坐标为临界曲线(NPV=0),对于燃料消耗量为 Y 值作出的水平线为基准收益率曲线(临界曲线)。各因素的变化曲线与临界曲线的交点就是其临界变化率。

在图 7-41 中可以看出,相比于其他三个因素,近月点的选择对最后优化有着较大的影响,所以我们在建立模型中将其作为第一步,也查阅了很多资料和公式,计算出了我们认为最合理的位置。通过敏感性分析,我们的模型有了进一步的完善,得出的着陆轨道也符合减小着陆过程燃料消耗、控制最优策略的要求。

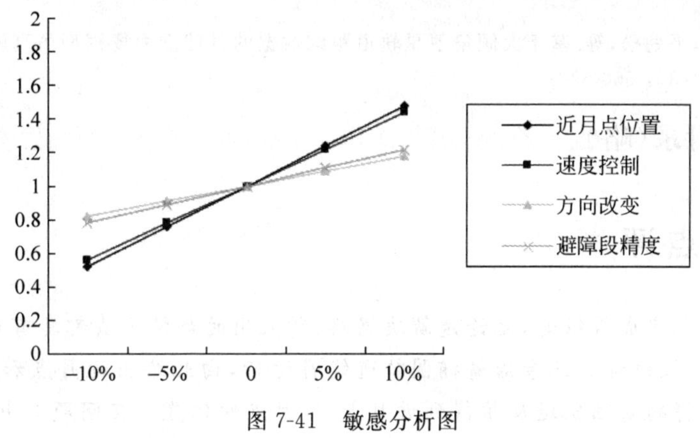

图 7-41　敏感分析图

7.5.5　模型的评价

1. 模型优点

(1) 问题二中运用遗传算法对着陆轨道进行最优化处理。遗传算法是一种模仿自然界的选择与遗传的机理的算法。它对初值依赖性较小,具有较好的鲁棒性。遗传算法使用概率机制进行迭代,具有随机性,可以增强结果的可信度。

(2) 在处理图像中使用了灰色理论、遗传算法、归一化处理,提高了对图像区域点的判断选取,提高了精确度,减少了人工难以判断的区域。

2. 模型不足

(1) 遗传算法在编程实现时比较复杂,同时交叉率、变异率等参数的选择主要依靠经验,因此,找到最佳的轨道需要经过反复的实验。因为遗传算法比较复杂,本模型在处理问题时速度不是特别快。

(2) 程序性较强,对 MATLAB 软件运用技巧要高,由于算法问题,在短时间内不能解出结果,需要时间。

3. 模型改进

本模型中对于遗传算法的应用还是有些生疏,特别是程序中较为冗长的循环,增加了程序的运行时间,我们可以考虑结合一些更优化的算法来改进遗传算法,提高程序的效率。

7.5.6　参考文献

[1]　卓金武,等. MATLAB 在数学建模中的应用[M]. 北京：北京航空航天大学出版社,2012.

[2]　王洪洲,李学文,董岩,李炳照. 数学建模方法进阶[M]. 北京：清华大学出版社,2013.

[3]　王劼,李俊峰,崔乃刚,等. 登月飞行器软着陆轨道的遗传算法优化[J]. 清华大学学报(自然科学版),2003,43(8)：1056-1059.

[4]　单永正,段广仁,张烽,等. 月球精确定点软着陆轨道设计及初始点选取[J]. 宇航学报,2009,30(6)：2099-2104.

[5]　刘林,王歆. 月球卫星轨道力学综述[J]. 天文学进展,2003,21(4)：281-288.

[6]　魏士俨,张建利,彭松,等. 虹湾地区月面撞击坑自动提取[J]. 计算机仿真,2013,30(8)：74-77.

[7]　陈俊勇,宁津生,章传银,等. 在嫦娥一号探月工程中求定月球重力场[J]. 地球物理学报,2005,48(2)：

275-281.
[8] 李斐,鄢建国,平劲松,等.基于大倾角卫星轨道跟踪数据的月球重力场模型仿真解算[J].地球物理学报,2011,54(3):666-672.

7.5.7 附录(略)

7.6 论文点评

本论文整体上完成得很好,无论是解决思路、所采用的数学方法都具有针对性。

在问题一中,假设嫦娥三号沿着椭圆轨道绕月运行,由此给出近月点和远月点的速度,又基于问题二求得的着陆轨迹反推得到近月点、远月点的位置。在问题二中,论文建立了嫦娥三号的动力学模型,假设减速过程中主发动机推力不变,将软着陆过程离散化,建立了有约束条件的非线性优化模型,并利用遗传算法给出了优化后的轨道。在快速调整阶段,文中主要分析垂直方向上的最优控制策略,优化对象为发动机的最优开关时间。在粗避障、细避障阶段,文中将图像转化为灰度矩阵进行分析,以螺旋方式搜索最优落点。在问题三中,论文通过敏感性分析发现近月点的选择影响较大。

这篇论文每一个环节都解决得不错,对数学模型的解释、算法的说明等方面都比较到位,一些细节也考虑得很周到。在最优控制问题的求解方面,应该尝试遗传算法之外的算法,效果可能会更好一些。文中另一个比较突出的问题是,虽然在文末罗列了参考文献,但在正文中并未明确注明何处引用、引用了哪些文献,使得论文显得不够规范。

第 8 章　创意平板折叠桌(2014 B)

8.1　创意平板折叠桌

某公司生产一种可折叠的桌子,桌面呈圆形,桌腿随着铰链的活动可以平摊成一张平板(如图 8-1 和图 8-2 所示)。桌腿由若干根木条组成,分成两组,每组各用一根钢筋将木条连接,钢筋两端分别固定在桌腿各组最外侧的两根木条上,并且沿木条有空槽以保证滑动的自由度(见图 8-3)。桌子外形由直纹曲面构成,造型美观。附件视频展示了折叠桌的动态变化过程。

图　8-1

试建立数学模型讨论下列问题:

(1) 给定长方形平板尺寸为 120cm×50cm×3cm,每根木条宽 2.5cm,连接桌腿木条的钢筋固定在桌腿最外侧木条的中心位置,折叠后桌子的高度为 53cm。试建立模型描述此折叠桌的动态变化过程,在此基础上给出此折叠桌的设计加工参数(例如,桌腿木条开槽的长度等)和桌脚边缘线(图 8-4 中下边缘曲线)的数学描述。

图　8-2

图　8-3

图　8-4

(2) 折叠桌的设计应做到产品稳固性好、加工方便、用材最少。对于任意给定的折叠桌高度和圆形桌面直径的设计要求，讨论长方形平板材料和折叠桌的最优设计加工参数，例如，平板尺寸、钢筋位置、开槽长度等。对于桌高 70cm，桌面直径 80cm 的情形，确定最优设计加工参数。

(3) 公司计划开发一种折叠桌设计软件，根据客户任意设定的折叠桌高度、桌面边缘线的形状大小和桌脚边缘线的大致形状，给出所需平板材料的形状尺寸和切实可行的最优设计加工参数，使得生产的折叠桌尽可能接近客户所期望的形状。你们团队的任务是帮助给出这一软件设计的数学模型，并根据所建立的模型给出几个你们自己设计的创意平板折叠桌。要求给出相应的设计加工参数，画出至少 8 张动态变化过程的示意图。

附件：视频(略)。

注：题目及数据附件都可以到全国大学生数学建模竞赛官方网站 http://www.mcm.edu.cn 下载。

8.2 问题分析与建模思路概述

这个题目属于计算几何的范畴，也是计算机图形学的基本内容，问题比较容易理解，但是解决起来却不太容易，选择这一赛题的参赛队较少，原因可能是相关的资料极度匮乏，同学们没有现成的模型可以借鉴，从而产生了畏难情绪。目前数学建模竞赛存在一个较为普遍的现象，同学们拿到赛题后，首先在网上查询相关资料，找到相关模型后，套用到当前的问题上，这种做法有一定的合理性，也相对容易，但是切忌生吞活剥、不求甚解甚至照抄的情况，引用现有的模型要符合条件，保证正确性和合理性。此外，除了这种引用现有模型解决问题的方法，同学们也应努力培养自己建模的能力，即使没有参考文献可供借鉴，也应根据自己学过的数学知识，建立属于自己的数学模型来解决问题，而这才是学习数学模型、参加数学建模竞赛的根本目的。这个题目就是这样一个需要发挥主观能动性建立数学模型的问题。

这是一个典型的计算几何问题，题目要求考虑对这种用木条生产的创意折叠桌进行分析，给出最优设计参数，并对客户任意指定的桌面和桌脚边缘曲线，给出设计方案，使折叠桌尽可能满足给定的形状。本题的一般解决思路是首先建立空间直角坐标系，给出桌腿构成的直纹曲面方程，在此基础上得到开槽长度的计算公式和桌脚边缘线方程，以原材料长度最短和总开槽长度最短为目标函数，采用桌脚距离大于桌面宽度为稳定性约束条件，并考虑木条开槽下界不超出桌腿、两侧桌腿不相碰和中间桌腿不着地等几个约束条件，建立多目标规划模型，求得最优加工参数。基于平板材料上客户任意给定的桌面边缘线和桌脚边缘线，建立总平方误差达到最小的数学模型。

建模和求解时还需要注意以下问题：一是建立模型不仅仅是为了解决一个具体问题，而是希望解决一类问题。这个赛题的问题一给出了具体尺寸，有人建模把这些数值直接写在模型中，这样模型就不具有通用性了，如果数据发生改变，修改模型会非常麻烦，正确的做法是将所有尺寸用变量表示建立通用的数学模型，计算时将数据代入。还有一点是建立优化模型不仅要考虑目标函数，还要考虑到约束条件中的几何可行性。

参考文献

[1] 蔡志杰.创意折叠桌的设计[J].数学建模及其应用,2015,4(1):66-74.
[2] 程双泽,李君昌,陈凌勤.创意平板桌的设计加工[J].工程数学学报,2014,31(增刊1):110-126.

8.3 获奖论文——关于一种新型折叠桌外形的数模分析

作　　者:陈汉　张锁麒　冯琳
指导教师:孙华飞
获奖情况:2014全国数学建模竞赛二等奖

摘要

简约本是一种风格但更加是一种潮流,而折叠是阐释简约的一种独特方式。时下消费者越来越注重强调自我、追求个性,传统的产品设计形式已不能满足年轻人的需求。以某公司设计的平板折叠桌为原型,根据题目提出的三个问题,本文运用空间几何分析、非线性约束优化等方法,并借助多种软件建模解决这三个问题。

对问题一,以木板下表面中心为原点建立空间直角坐标系,将木条简化为直线,得出木条运动轨迹方程。对于不同折叠状态下桌面与地面的高度不同,以高度为自变量描述桌脚边缘位置,得出桌脚边缘线方程。当木条转动到最终位置时,用桌面边缘线方程,简化桌脚边缘线方程,得出结果。

对问题二,优化问题。根据文中假设知,需要优化设计的参数只有木板的长度以及钢筋所在位置,并且木条条数确定。认定制造折叠桌的木条的宽度厚度不变,则总条数可由给定的桌面直径确定。用木条长度 $2a$ 表征使用材料作为目标,用最长的槽长度 L 表征加工难易程度作为另一个目标,用钢筋的位置来衡量桌板的稳定性作为约束条件。然后用LINGO进行优化求解。最后对于给出的桌面直径和折叠高度,代入模型进行计算,得到了设计参数的最优解。

对问题三,在问题一与问题二的基础上,提出了一系列假设,并通过改变了桌面边缘曲线方程建立了设计软件的数学模型。利用这些结果设计了两款特别的折叠桌,并给出了全部的设计加工参数。

关键词:折叠桌　空间几何　NLP　LINGO　Inventor　MATLAB

8.3.1 模型的假设及符号约定

1. 模型假设

(1) 木条简化为一条直线——底面最短边的中垂线;

(2) 假设桌面直径为长方形平板的宽;

(3) 假设木条简化成的直线经过桌面底面所在的圆;

(4) 假设每条木条紧密贴合;

(5) 忽略在转动过程中,由于角度偏转,钢筋所在位置相对木条所简化的直线的偏移量;

(6) 假设木条的横截面尺寸一定,即高为3cm,宽为2.5cm;

(7) 任意给定的直径根据木条横截面尺寸进行调整。

2. 符号约定与说明

符号名称	符号的意义
k	桌面边缘点方向坐标
t	桌面边缘点方向坐标
h	桌面距离地面高度
l	桌底面距离地面高度
L	开槽长度
L_z	桌面每根木条的长度

8.3.2 问题的重述与分析

问题一中给出了平板的尺寸、每根木条宽度、钢筋位置及折叠后的高度。为了达到运用数学语言表达折叠桌动态变化过程的目的,应当找到特殊点,以该点为原点建立直角坐标系。用桌面边缘点表示桌角边缘点。

对于问题二,题目给出了折叠桌设计上需要达到,稳固性好、加工方便和用材最少。因此尽量建立一个二元优化的模型,方便求解。

问题三为扩大折叠桌的形状种类,可以运用前两问的模型,改变模型参数,建立新的折叠桌模型参数来求解。

8.3.3 问题一的分析与求解

1. 问题分析

对于给定的立体实物,为了描述其动态过程,我们往往找出其影响运动的特征点,而忽略具体外观形状。例如在物理学中为了描述物体的运动,往往忽略物体的形状,将物体简化为"质点"。故为了求解问题一中折叠桌的动态变化过程及加工参数,根据假设我们忽略外形,直接研究影响运动的点。

由假设(1),将木条简化成直线后,可通过建立空间直角坐标系,对问题进行求解。

由假设(2)、(3)、(4)可以确定所用木条数目以及桌面上每一条木条的长度。由假设(5),可以将木条转动时所绕的旋转轴平移到与木条所简化成的直线重合。由于桌子有两条对称轴,故可考虑桌子一侧的情况。

2. 模型建立

建立如图 8-5 的坐标系:以桌面圆心为原点,长方形平板长轴方向为 x 轴,短轴方向为 y 轴,桌面指向桌底方向为 z 轴,建立空间右手直角坐标系。

由于桌子有两条对称轴,故可考虑桌子在第一象限的情况,下文同。由题意知,一共要用 20 根木条。

设桌面边缘上的点分别为$(k,t,0)$,其中 $k=1.25+2.5m, m=0,1,2,\cdots,9, t=\sqrt{25^2-k^2}$,设桌脚边缘上的点分别为$(x,y,z)$。

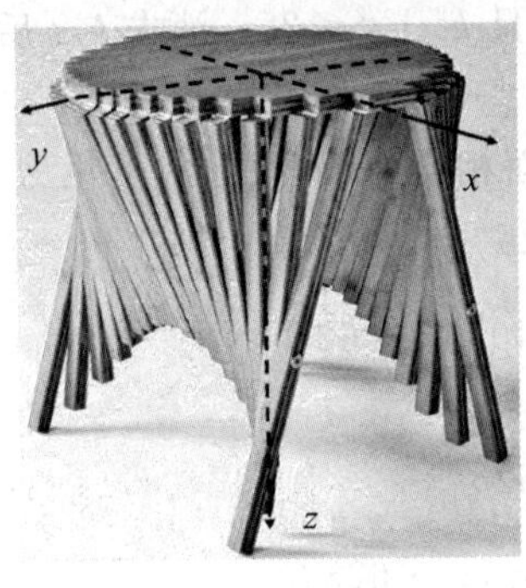

图 8-5 坐标系

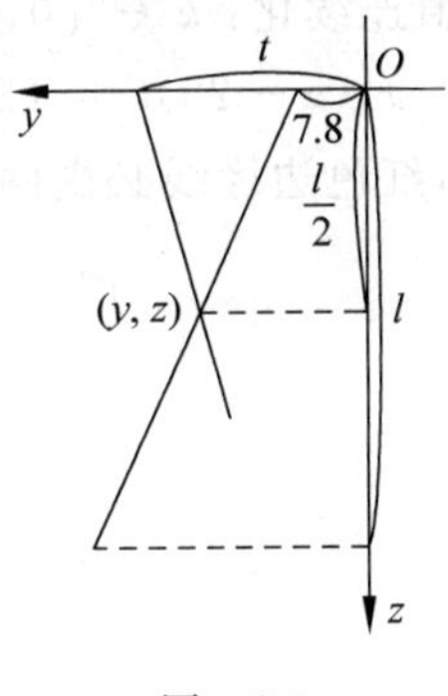

图 8-6

1）动态变化过程

如图 8-6 所示，当桌面高为 $h=l+3$ 时，有

$$\begin{cases} x = k \\ y = t - \dfrac{t-7.8-\dfrac{\sqrt{52.2^2-l^2}}{2}}{\sqrt{t^2-(15.6+\sqrt{52.2^2-l^2})t+7.8^2+26.1^2+7.8\times\sqrt{52.2^2-l^2}}}(60-t) \\ z = \dfrac{\dfrac{l}{2}}{\sqrt{t^2-(15.6+\sqrt{52.2^2-l^2})t+7.8^2+26.1^2+7.8\times\sqrt{52.2^2-l^2}}}(60-t) \end{cases}$$

其中

$$k = 1.25+2.5m,\quad m=0,1,2,\cdots,9,\quad t=\sqrt{25^2-k^2}, l\in[0,50]$$

即求得在折叠动态过程中桌脚边缘的运动轨迹。

2）参数

(1) 开槽长度

动态过程开始时，每根木条钢筋所处的位置分别为(k,33.9,0)；动态过程结束时，每根木条钢筋所处的位置分别为(k,15.3,25)。开槽长度为

$$L = \sqrt{t^2-30.6t+859.0}+t-33.9$$

其中

$$k = 1.25+2.5m,\quad m=0,1,2,\cdots,9,\quad t=\sqrt{25^2-k^2}$$

(2) 平板折叠后桌面每根木条长度

桌面每根木条的长度分别为 $L_z=2t$，其中

$$k = 1.25+2.5m,\quad m=0,1,2,\cdots,9,\quad t=\sqrt{25^2-k^2}$$

(3) 桌脚边缘线数学表达

当平板完全折叠成形，即 $l=50$ 时，有

$$\begin{cases} x = k \\ y = t - \dfrac{t-15.3}{\sqrt{t^2-30.6t+859.0}}(60-t) \\ z = \dfrac{25}{\sqrt{t^2-30.6t+859.0}}(60-t) \end{cases}$$

将离散的 k、t 值连续化：$k\in[0,25]$，$t\in[0,25]$，且 $k^2+t^2=25^2$，消去 k，t 后，得

$$x^2(z-25)^2=(25y+9.7z-625)(-25y+40.3z-625)$$

由题设知，红色边缘线必由两张二次以上的曲面相交而成，故上式可化为

$$\begin{cases}x^2=25y+9.7z-625\\(z-25)^2=-25y+40.3z-625\end{cases}\tag{1}$$

或

$$\begin{cases}x^2=25y+9.7z-625\\(z-25)^2=25y+9.7z-625\end{cases}\tag{2}$$

易知 $z>25$，用 MATLAB 对上面两式画图，知式(2)不成立。所以边缘线的数学表达式为式(1)，见图 8-7 和图 8-8。

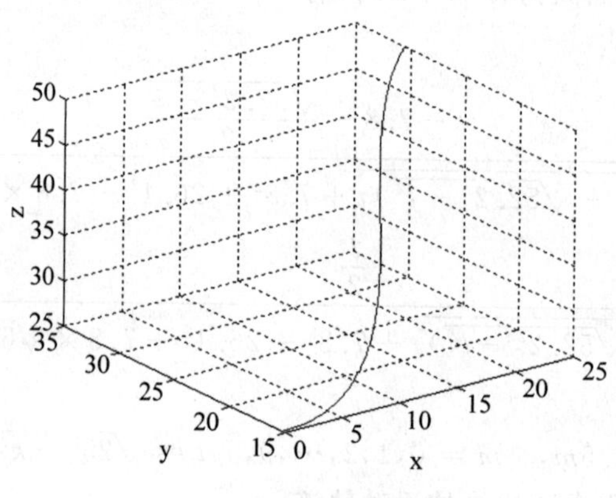

图 8-7　式(1)边缘线

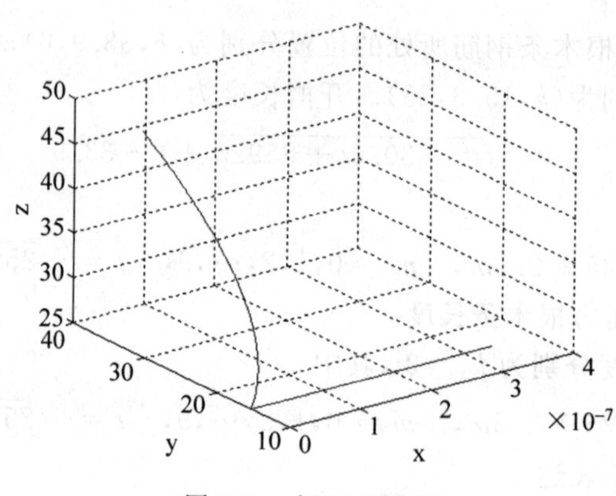

图 8-8　式(2)边缘线

3. 检验假设

平板折叠后，所有可折叠的木条中与 xOy 平面夹角最小的是 $\alpha=60.7°$。

对假设(5)，偏移量最大为 $\varepsilon=\dfrac{1.25}{\tan\alpha}=0.7$，与最短的可折叠的木条 $f_{\min}=35.0$ 的比为

$\frac{\varepsilon}{f_{\min}}=0.02$,可忽略不计,即假设(5)成立。

8.3.4 问题二的分析与求解

1. 问题分析

由假设(6)、(7),需要优化设计的参数只有木板的长度以及钢筋所在位置;并且所需木条条数确定。

由于木板直径的不确定性,木条条数的奇偶性未知,本文只考虑条数为偶数时的情况,奇数的情况可同理进行建模。

1) 稳固性方案1(二力杆分析)

由假设(1)、(5)可知平板折叠后,在可折叠的木条中,除去四根支撑的木条,其余皆可简化为二力杆,而二力杆受力方向沿杆向,如图8-9所示。

为使桌子较为稳固,可使力分布较为均匀,即使指向 y 轴正方向与负方向的力的个数近似相等。

2) 稳固性方案2

由于桌子的有效支撑面积取决于桌腿连接件和地面的摩擦系数(摩擦力越大桌子可以撑开的面积越大),所以我们从另一个角度衡量这个折叠桌的稳定性能。

如图8-10所示,在一半的桌面上,所有桌腿的支撑点可以看作在同一个半圆周上,由于桌面上的一般受力情形为桌面上放置物品带来的竖直向下的压力,这时可以简化为这一侧所有支撑点处受到的压力是大致相同的(考虑到桌面上受力点是随机的,因此这样假设是具有合理性的)。在受力的投影图中可以看到,桌腿之间的钢筋相当于一个转动轴,如果所有支持力带来的转动效果在这个方向上是互相抵消的,则可以看成这个角度展开的桌子是稳定的。

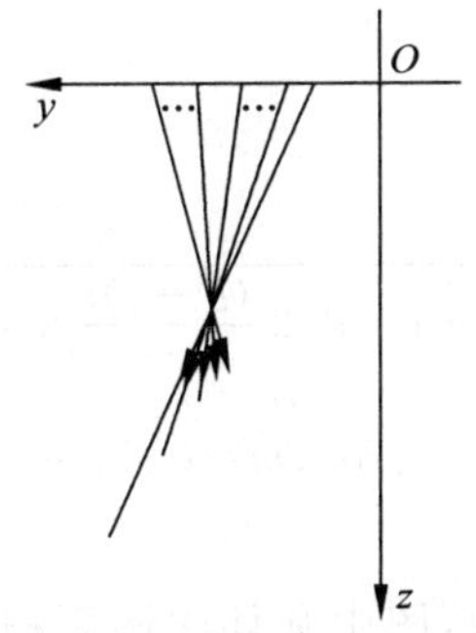

图8-9 二力杆受力侧面视图

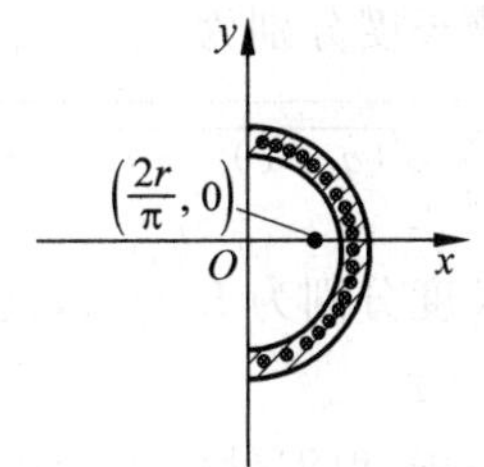

图8-10 形心

2. 模型建立

建立空间直角坐标系同问题一。设木板长度为 $2a$,折叠前钢筋距离木板中轴线距离为 b,现给定圆形桌面直径 $d=2r$,折叠桌高度为 $H=l+3$,对此折叠桌进行最优化设计,则木条条数为 $2s=\frac{d}{2.5}$。

设桌面边缘上的点分别为 $(k,t,0)$,其中 $k=1.25+2.5m$, $m=0,1,2,\cdots,s-1$,

$t=\sqrt{r^2-k^2}$。

设桌脚边缘上的点分别为(x,y,z)，令$c=\sqrt{2.5r-1.25^2}$，动态过程开始时，每根木条钢筋所处的位置分别为

$$\left(k,\frac{b-c}{a-c}\sqrt{(a-c)^2-l^2}+c,\frac{b-c}{a-c}l\right)$$

其中$k=1.25+2.5m,m=0,1,\cdots,s-1,t=\sqrt{r^2-k^2}$。

1）稳固性方案1

由前文问题分析，为使桌子较为稳固，可使力分布较为均匀，即使指向y轴正方向与负方向的力的个数近似相等。故使折叠后，每根木条钢筋所处的位置的y坐标值为$\frac{\sqrt{3}}{2}$。

优化目标：使平板长度最短，即求$\alpha_{\min}$。

约束：槽处于可折叠木条内部，钢筋位置(见图8-11)，满足桌子高度。

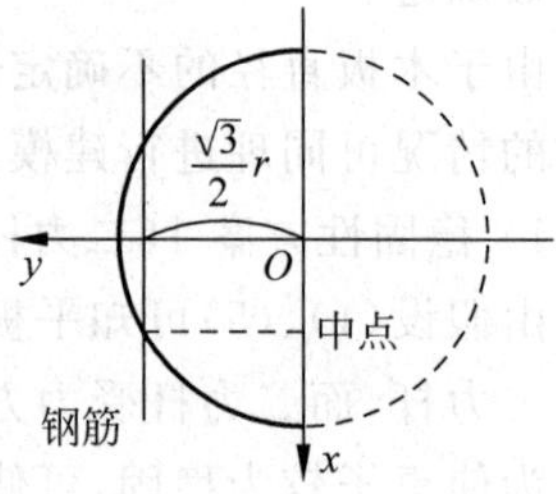

图8-11　钢筋位置示意图1

模型的数学表达为

$$\min \alpha$$

$$\text{s.t.}\begin{cases}b>r\\a>c+l\\\frac{b-c}{a-c}\sqrt{(a-c)^2-l^2}+c=\frac{\sqrt{3}}{2}r\\\sqrt{r^2-2\left(\frac{b-c}{a-c}\sqrt{(a-c)^2-l^2}+c\right)r+c^2+(b-c)^2+2\frac{b-c}{a-c}\sqrt{(a-c)^2-l^2}}<a-r\end{cases}$$

只需对上述模型进行最优化求解，得出a,b的值，可得最优设计加工参数：

平板尺寸为$2a\times d\times 3$，木条宽2.5；

折叠前钢筋距离木板中轴线距离为b；

每根木条开槽长度分别为

$$L=\sqrt{t^2-2\left(\frac{b-c}{a-c}\sqrt{(a-c)^2-l^2}+c\right)t+c^2+(b-c)^2+2\frac{(b-c)c}{a-c}\sqrt{(a-c)^2-l^2}}+t-b$$

桌面每根木条的长度分别为$L_z=2t$，其中$k=1.25+2.5m,m=0,1,\cdots,s-1,t=\sqrt{r^2-k^2}$。

2）稳固性方案2

由前文问题分析，根据材料力学中的相关知识，图中圆环阴影面积对y轴的静矩可以表示为

$$S_y=2\int_{r_1}^{r_2}\mathrm{d}r\int_0^{\frac{\pi}{2}}r^2\cos\theta\mathrm{d}\theta=\frac{4(r_1^2+r_1r_2+r_2^2)}{3\pi(r_1+r_2)}$$

则该圆环的形心坐标为$\left(\frac{2r}{\pi},0\right)$。于是，我们认为在完全展开时，桌腿内钢筋位于距桌板中心线$\frac{2r}{\pi}$处是较为稳定的(桌板在钢筋所在轴线处的旋转是比较可控的)。

根据上一种情况的优化方法，同理代入这一距离进行优化，可以得出有一定差别的

结果。

到底哪一种衡量平衡性的方式更加合理？由于缺乏必要的数据以及作者专业知识有限，尚无法给出答案，这里只是提出较为合理的一种设想，还需要进行实物的力学实验才可以真正进行验证。

故使折叠后，每根木条钢筋所处的位置的 y 坐标值为$\frac{2r}{\pi}$。

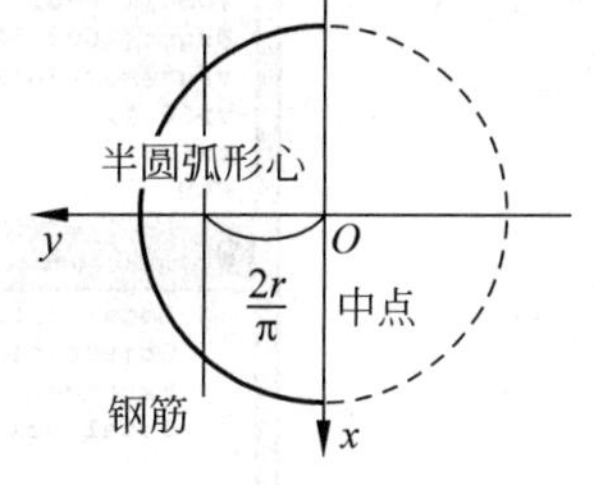

图 8-12 钢筋位置示意图 2

优化目标：使平板长度最短，即 $\alpha_{\min}$。

约束：槽处于可折叠木条内部，钢筋位置(见图 8-12)满足桌子高度。

模型的数学表达为

$$\min \alpha$$

$$\text{s.t.}\begin{cases} b > r \\ a > c + l \\ \dfrac{b-c}{a-c}\sqrt{(a-c)^2 - l^2} + c = \dfrac{\sqrt{3}}{2}r \\ \sqrt{r^2 - 2\left(\dfrac{b-c}{a-c}\sqrt{(a-c)^2-l^2}+c\right)r + c^2 + (b-c)^2 + 2\dfrac{b-c}{a-c}\sqrt{(a-c)^2-l^2}} < a - r \end{cases}$$

只需对上述模型进行最优化求解，得出 a,b 的值，可得最优设计加工参数：

平板尺寸为 $2a\times d\times 3$ 木条宽 2.5；

折叠前钢筋距离木板中轴线距离为 b；

每根木条开槽长度分别为

$$L = \sqrt{t^2 - 2\left(\frac{b-c}{a-c}\sqrt{(a-c)^2-l^2}+c\right)t + c^2 + (b-c)^2 + 2\frac{(b-c)c}{a-c}\sqrt{(a-c)^2-l^2}} + t - b$$

桌面每根木条的长度分别为 $L_z=2t$，其中

$$k = 1.25 + 2.5m,\quad m = 0,1,2,\cdots,s-1,\quad t = \sqrt{r^2-k^2}$$

3. 模型求解

对于圆形桌面直径 $d=80$，即 $r=40$，折叠桌高度为 $H=70$，即 $l=67$ 时，用 LINGO 对此折叠桌进行优化。

为了方便运算，令 $u=a-c$，$v=b-c$。

1) 稳固性方案 1

优化模型为

$$\min u$$

$$\text{s.t.}\begin{cases} v > 30.1 \\ u > 67 \\ \dfrac{u}{v}\sqrt{u^2 - 4\,489} - 24.7 = 0 \\ \sqrt{1\,600 - 60.2\dfrac{u}{v}\sqrt{u^2-4\,489} + v^2 - 693.99} - u + 30.1 < 0 \end{cases}$$

求得结果见图 8-13。

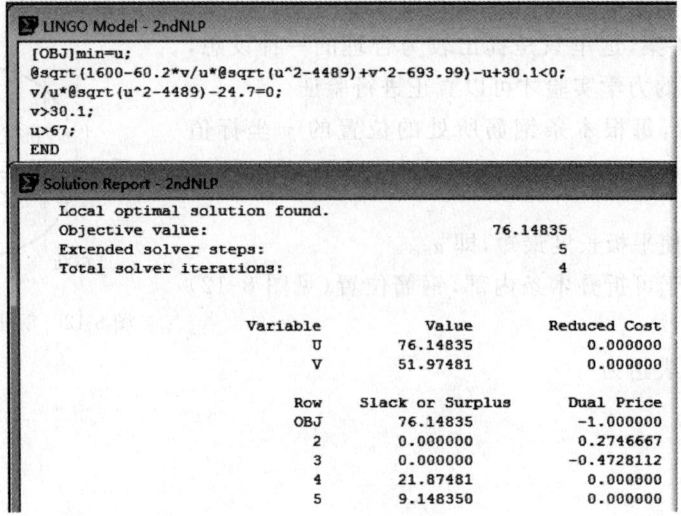

```
LINGO Model - 2ndNLP
[OBJ]min=u;
@sqrt(1600-60.2*v/u*@sqrt(u^2-4489)+v^2-693.99)-u+30.1<0;
v/u*@sqrt(u^2-4489)-24.7=0;
v>30.1;
u>67;
END

Solution Report - 2ndNLP
   Local optimal solution found.
   Objective value:                              76.14835
   Extended solver steps:                               5
   Total solver iterations:                             4

                    Variable           Value        Reduced Cost
                           U        76.14835            0.000000
                           V        51.97481            0.000000

                         Row    Slack or Surplus      Dual Price
                         OBJ        76.14835           -1.000000
                           2        0.000000           0.2746667
                           3        0.000000          -0.4728112
                           4        21.87481            0.000000
                           5        9.148350            0.000000
```

图 8-13　2ndNLP 解法 1

即当 $u=76.1,v=52.0$ 时，$u_{\min}=76.1$。此时，木板长度为 $2a=172$，折叠前钢筋距离木板中轴线距离为 $b=61.9$。

最优设计加工参数：

平板尺寸为 172×80×3，木条宽 2.5；

折叠前钢筋距离木板中轴线距离为 61.9；

每根木条开槽长度分别为 $L=\sqrt{t^2-69.1t+3\,290.2}+t-61.9$；

桌面每根木条的长度分别为 $L_z=2t$，其中

$$k=1.25+2.5m,\quad m=0,1,2,\cdots,s-1,\quad t=\sqrt{r^2-k^2}$$

2）稳固性方案 2

优化模型为

$$\min u$$

$$\text{s.t.}\begin{cases}v>30.1\\u>67\\\dfrac{u}{v}\sqrt{u^2-4\,489}-15.6=0\\\sqrt{1\,600-60.2\dfrac{u}{v}\sqrt{u^2-4\,489}+v^2-693.99}-u+30.1<0\end{cases}$$

求得结果见图 8-14。

即当 $u=72.1,v=42.4$ 时，$u_{\min}=72.1$。此时，木板长度为 $2a=164$，折叠前钢筋距离木板中轴线距离为 $b=52.3$。

最优设计加工参数：

平板尺寸为 164×80×3，木条宽 2.5；

折叠前钢筋距离木板中轴线距离为 52.3；

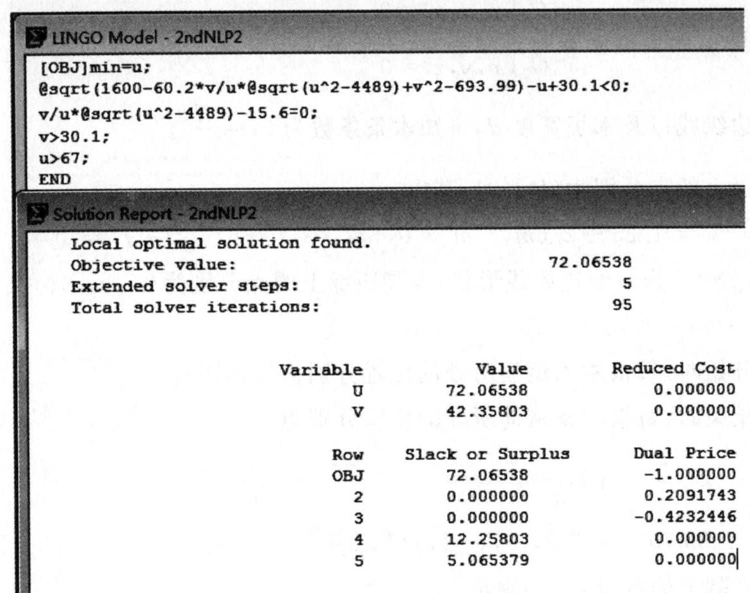

```
[OBJ]min=u;
@sqrt(1600-60.2*v/u*@sqrt(u^2-4489)+v^2-693.99)-u+30.1<0;
v/u*@sqrt(u^2-4489)-15.6=0;
v>30.1;
u>67;
END
```

```
Local optimal solution found.
Objective value:                          72.06538
Extended solver steps:                           5
Total solver iterations:                        95

          Variable           Value        Reduced Cost
                 U        72.06538            0.000000
                 V        42.35803            0.000000

               Row    Slack or Surplus      Dual Price
               OBJ        72.06538           -1.000000
                 2        0.000000            0.2091743
                 3        0.000000           -0.4232446
                 4        12.25803            0.000000
                 5        5.065379            0.000000
```

图 8-14　2ndNLP 解法 2

每根木条开槽长度分别为 $L=\sqrt{t^2-51.1t+2\,205.9}+t-52.3$；

桌面每根木条的长度分别为 $L_z=2t$，其中

$$k=1.25+2.5m,\quad m=0,1,2,\cdots,s-1,\quad t=\sqrt{r^2-k^2}$$

8.3.5　问题三的分析与求解

1. 问题分析

平板折叠桌的折叠形式与传统的折叠结构形式不同。传统的折叠形式是，产品在应用时展开，不用时折叠，而平板折叠桌反其道而行，创意新颖。平板折叠桌在展开时以平板的形式展现，外观简单，结构清晰，故应以此状态为基准单元进行设计。该模型软件应满足用户对桌面形状、大小、桌面高度的要求。在问题一、问题二模型基础上，改变 t 与 k 之间的关系，可以得到不同形状的桌面和桌角边缘线，以满足用户要求。

我们提出了进一步假设：

(1) 只在平板一对平行边上加工桌腿；

(2) 为了保证稳定性和便捷性，要使最终着地的桌腿是最长的且位于最外侧；

(3) 为了让桌子能够平稳地放在水平地面上，桌面边缘线需有对称性；

(4) 关于桌子腿数的奇偶性问题，按照问题二中的方法解决，即只考虑条数为偶数时的情况，奇数的情况可同理进行建模。

根据以上这些假设我们可以给出所需模型软件的设计流程。

2. 模型建立

建立空间直角坐标系同问题一。设木板长度为 $2a$，折叠前钢筋距离木板中轴线距离为

b,设客户给定的桌脚边缘线为$\begin{cases}G_1(x,y,z)=0\\G_2(x,y,z)=0\end{cases}$。

给定桌面边缘线以及木板宽度 d,可知木条条数为 $2s=\dfrac{d}{2.5}$。

设桌面边缘上的点分别为$(k,t,0)$,其中

$$k=1.25+2.5m,\quad m=0,1,2,\cdots,s-1,\quad f(k,t)=0$$

假设 $f(x,y)=0$ 为桌面边缘线形状,桌脚边缘上的点分别为(x,y,z)。又假设 $c>0$,且满足 $f(k,c)=0,k=2.5s-1.25$。

动态过程开始时,每根木条钢筋所处的位置分别为$(k,b,0)$;

动态过程结束时,每根木条钢筋所处的位置分别为

$$\left(k,\frac{b-c}{a-c}\sqrt{(a-c)^2-l^2}+c,\frac{b-c}{a-c}l\right)$$

其中 $k=1.25+2.5m,m=0,1,2,\cdots,s-1,f(k,t)=0$。

每根木条桌脚上的点(x,y,z)满足

$$\begin{cases}x=k\\[2ex] y=t-\dfrac{\left(t-\dfrac{b-c}{a-c}\sqrt{(a-c)^2-l^2}+c\right)(a-t)}{\sqrt{t^2-2\left(\dfrac{b-c}{a-c}\sqrt{(a-c)^2-l^2}+c\right)t+c^2+(b-c)^2+2\dfrac{(b-c)c}{a-c}\sqrt{(a-c)^2-l^2}}}\\[2ex] z=\dfrac{\dfrac{b-c}{a-c}l(a-t)}{\sqrt{t^2-2\left(\dfrac{b-c}{a-c}\sqrt{(a-c)^2-l^2}+c\right)t+c^2+(b-c)^2+2\dfrac{(b-c)c}{a-c}\sqrt{(a-c)^2-l^2}}}\end{cases}$$

其中 $k=1.25+2.5m,m=0,1,2,\cdots,s-1,f(k,t)=0$。

对上式消去 k,t,可得桌脚边缘线为$\begin{cases}H_1(x,y,z)=0\\H_2(x,y,z)=0\end{cases}$。

取 $x=k,k=1.25+2.5m,m=0,1,2,\cdots,s-1$,可分别得曲线$\begin{cases}G_1(x,y,z)=0\\G_2(x,y,z)=0\end{cases}$和曲线$\begin{cases}H_1(x,y,z)=0\\H_2(x,y,z)=0\end{cases}$上的一个点,记这两点间距离为 i_m。另记 $j_m=a-t$,其中 $k=1.25+2.5m$,$m=0,1,2,\cdots,s-1,f(k,t)=0$。

定义差别度为 $\sum\limits_{m=0}^{s-1}\left(\dfrac{i_m}{j_m}\right)^2$。

优化目标:使平板长度最短,$a_{\min}$。

约束:槽处于可折叠木条内部,桌脚边缘线尽量与客户给出的吻合,差别度 $\sum\limits_{m=0}^{s-1}\left(\dfrac{i_m}{j_m}\right)^2<\dfrac{0.1}{2}$,满足桌子高度。

模型的数学表达为

$$\min a$$

$$\text{s.t.}\begin{cases} b > r \\ a > c + l \\ \sum_{m=0}^{s-1}\left(\frac{i_m}{j_m}\right)^2 < \frac{0.1}{2} \\ \sqrt{r^2 - 2\left(\frac{b-c}{a-c}\sqrt{(a-c)^2 - l^2} + c\right)r + c^2 + (b-c)^2 + 2\frac{(b-c)c}{a-c}\sqrt{(a-c)^2 - l^2}} < a - r \end{cases}$$

只需对上述模型进行最优化求解，得出 a,b 的值，可得最优设计加工参数：

平板尺寸为 $2a\times d\times 3$，木条宽 2.5；

折叠前钢筋距离木板中轴线距离为 b；

每根木条开槽长度分别为

$$L = \sqrt{t^2 - 2\left(\frac{b-c}{a-c}\sqrt{(a-c)^2 - l^2} + c\right)t + c^2 + (b-c)^2 + 2\frac{(b-c)c}{a-c}\sqrt{(a-c)^2 - l^2}} + t - b$$

桌面每根木条的长度分别为 $L_z = 2t$，其中

$$k = 1.25 + 2.5m,\quad m = 0,1,2,\cdots,s-1,\quad f(k,t) = 0$$

3. 成果举例

在 Inventor 中进行模拟。桌面侧端虚拟的边界线由木条最短边中点连接而成，如图 8-15 所示。

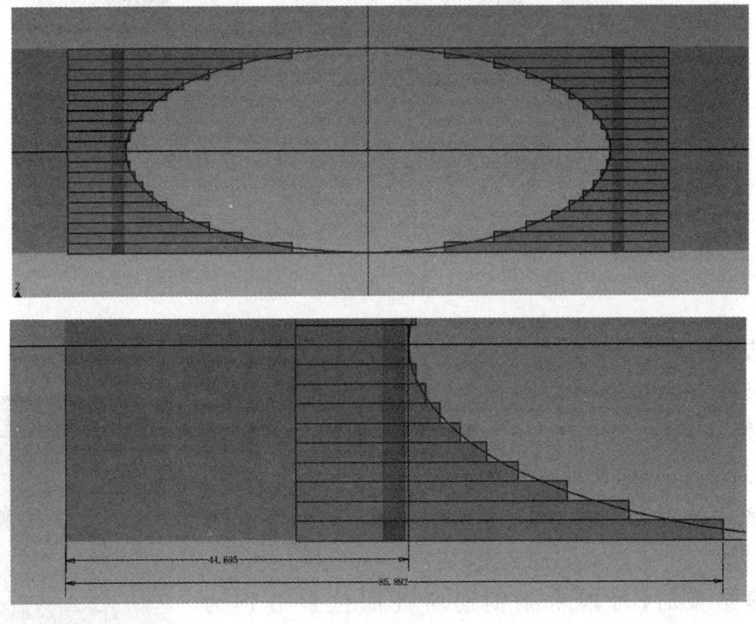

图 8-15

1) 椭圆形桌参数

板长：210cm，椭圆长径：120cm，椭圆短径：50cm，最长杆长度：85.892cm，最短杆长度：44.695cm，钢筋口开在最长杆中部开槽长度表示如下。

动态过程开始时，每根木条钢筋所处的位置分别为$(k,58.1,0)$；

动态过程结束时，每根木条钢筋所处的位置分别为$(k,41.6,33.6)$；

开槽长度为$L=\sqrt{t^2-26.6t+878.0}+t-33.9$，其中

$$k=1.25+2.5m,\quad m=0,1,2,\cdots,9,\quad t=\sqrt{60^2-144k^2}$$

动态过程具体描述见图 8-16。

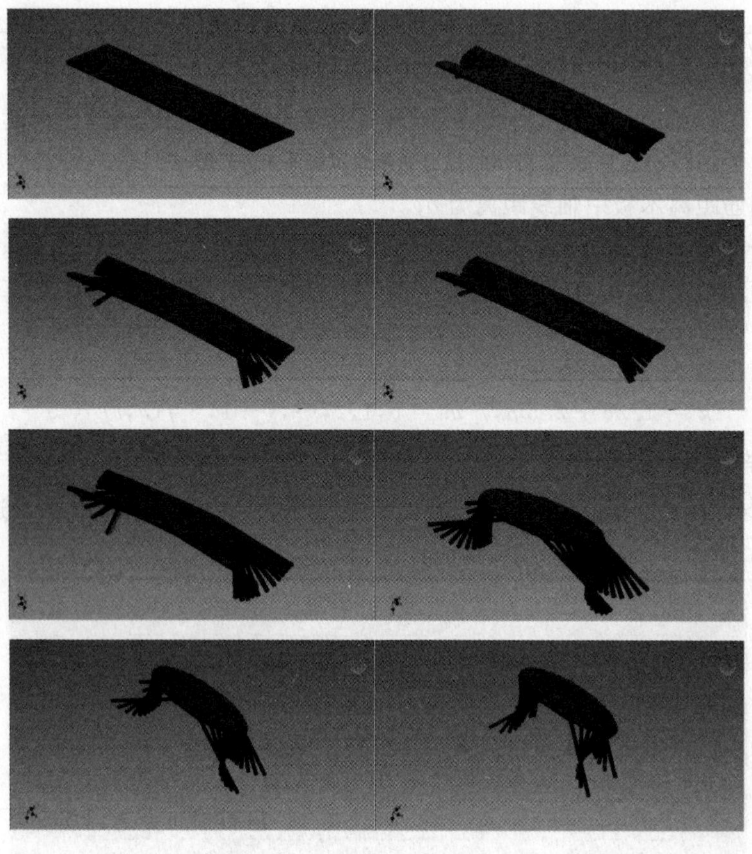

图 8-16

2）正六边形桌参数

板长：64cm，正六边形内切圆直径：50cm，最长杆长度：24.278cm，最短杆长度：18.505cm(图 8-17)，钢筋口开距最长杆底部：14.25cm，开槽长度表示如下。

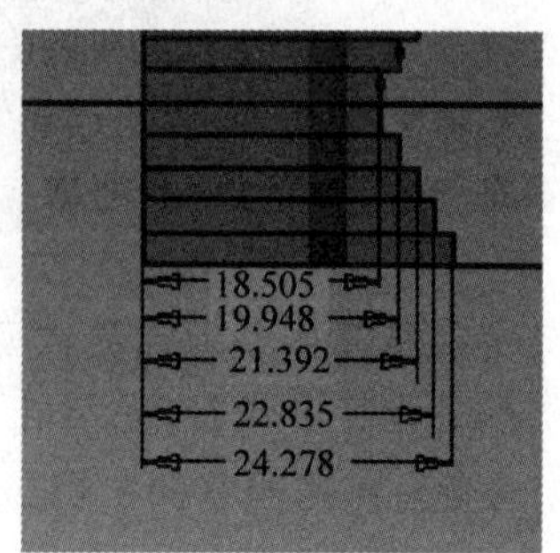

图 8-17

动态过程开始时，每根木条钢筋所处的位置分别为$(k,17.8,0)$；

动态过程结束时，每根木条钢筋所处的位置分别为$(k,11.6,15.2)$；

开槽长度为$L=\sqrt{t^2-26.6t+878.0}+t-33.9$，其中

$$k=1.25+2.5m,\quad m=0,1,2,\cdots,9,\quad t=\sqrt{60^2-144k^2}$$

动态过程具体描述见图 8-18。

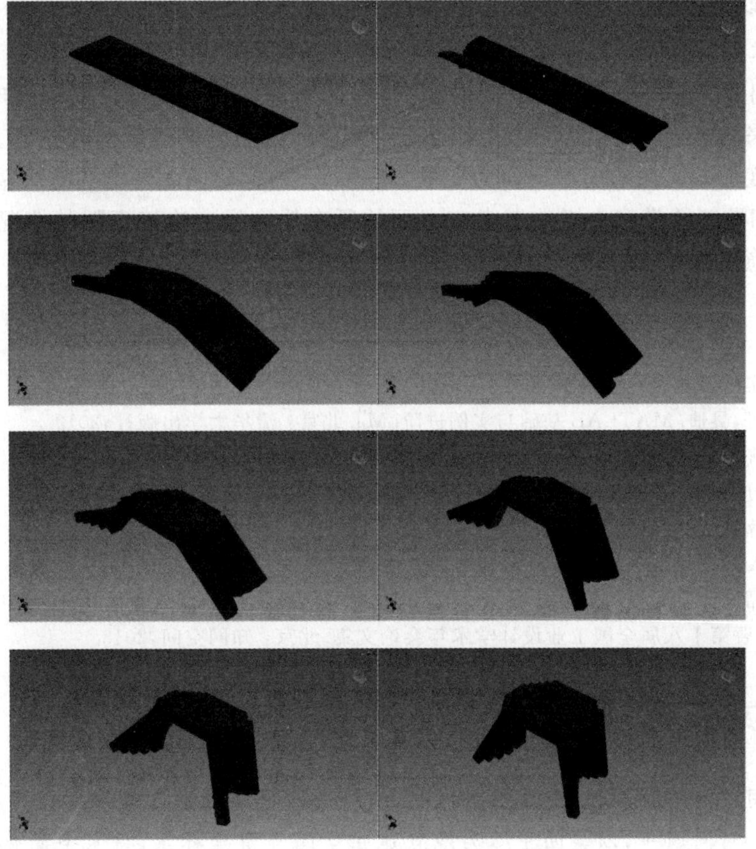

图 8-18

8.3.6 模型评价与改进

1. 模型优缺点

1）优点

(1) 将实物简化成直线方便建立直角坐标系；

(2) 建立的直角坐标系可以清楚地用数学语言表达桌面边缘曲线；

(3) 规定了板宽、板高和板厚，避免三元以上的优化问题；

(4) 成功注意到了板长和板槽之间的约束条件，降低了优化的难度；

(5) 通过 MATLAB 作图注意到优化时产生了两组最优解，直接观测出其中一组解无效；

(6) 熟练运用多种软件，如 LINGO，MATLAB，Inventor 等。

2）缺点

(1) 经过简化后的模型不够精确，忽略了桌板的厚度；

(2) 优化时对于产品稳固性的定义不够准确，导致存在与实际情况偏差较大的可能性；

(3) 问题三中的模型无法设计更复杂的桌面形状。

2. 模型改进方向

(1) 将木条简化为过其立体轴心的直线,而不是底面中心线。

(2) 在问题二的模型中,更加全面地考虑实际情况。比如在定义稳定性时要考虑地面摩擦力所带来的影响,桌面受压时带来的压杆稳定问题和材料挠度的限制等。把材料的厚度和桌腿宽度加入优化的模型中作为变量,求解四元的优化问题可能会有更精确的结果。

(3) 在问题三的模型中增加考虑在桌面的所有轮廓线上连接桌腿的情况,并且也要保证桌面的平稳摆放和较好的实用性。

8.3.7 参考文献

[1] 韩中庚.实用运筹学——模型、方法与计算[M].北京:清华大学出版社,2007.
[2] 陈刚,于丹,吴迪.MATLAB基础与实例进阶[M].北京:清华大学出版社,2012.
[3] 吕林根,许子道.解析几何[M].4版.北京:高等教育出版社,2006.
[4] 同济大学应用数学系.高等代数与解析几何[M].北京:高等教育出版社,2005.
[5] 谢金星,薛毅.优化建模 LINDO/LINGO 软件[M].北京:清华大学出版社,2005.
[6] 胡仁喜.Autodesk Inventor 2014 基础培训教程[M].北京:电子工业出版社,2014.
[7] 钟媛.产品设计中折叠结构的分析及价值[C]//中国机械工程学会工业设计分会.2013 国际工业设计研讨会暨第十八届全国工业设计学术年会论文集.北京:知网空间,2013.

8.4 论文点评

本文运用空间解析几何、非线性约束优化等方法,并借助多种软件建模解决了题目要求的三个问题。对问题一,以桌面中心为原点建立空间直角坐标系,将木条简化为直线,得出木条运动轨迹方程。对于不同折叠状态下桌面与地面的高度不同,以高度为自变量描述桌脚边缘位置,得出桌脚边缘线方程。当木条转动到最终位置时,用桌面边缘线方程,简化桌脚边缘线方程,得出结果。对问题二,分析得出需要优化设计的参数是木板的长度以及钢筋所在位置,用木条长度表征使用材料作为一个目标,用最长的槽长度表征加工难易程度作为另一个目标,用钢筋的位置来衡量桌板的稳定性作为约束条件。然后用 LINGO 进行优化求解。最后对于给出的桌面直径和折叠高度,代入模型进行计算,得到了设计参数的最优解。对问题三,在问题一与问题二的基础上,通过改变桌面边缘曲线方程建立了设计软件的数学模型。利用这些结果设计了两款特别的折叠桌,并给出了全部的设计加工参数。

这篇论文的优点是对相关的背景知识分析解释比较清楚,模型建立及求解都做得不错,论文撰写格式也比较规范,是一篇不错的数学建模论文。

论文存在的主要问题是有些细节处理得不是很好,比如对问题一、问题二的建模直接用题目中的具体数据,这样的模型不具有通用性,如果改变数据那么模型的改动很麻烦,应该设为变量,推导出通用的数学模型。还有问题的计算过程不需要把程序的计算过程截图放入论文中,只要说清楚所用软件和计算结果就行了。

第9章　太阳影子定位(2015 A)

9.1　太阳影子定位

如何确定视频的拍摄地点和拍摄日期是视频数据分析的重要方面，太阳影子定位技术就是通过分析视频中物体的太阳影子变化，确定视频拍摄的地点和日期的一种方法。

(1) 建立影子长度变化的数学模型，分析影子长度关于各个参数的变化规律，并应用你们建立的模型画出 2015 年 10 月 22 日北京时间 9：00—15：00 之间天安门广场(北纬 39°54′26″，东经 116°23′29″)3m 高的直杆的太阳影子长度的变化曲线。

(2) 根据某固定直杆在水平地面上的太阳影子顶点坐标数据，建立数学模型确定直杆所处的地点。将你们的模型应用于附件 1 的影子顶点坐标数据，给出若干个可能的地点。

(3) 根据某固定直杆在水平地面上的太阳影子顶点坐标数据，建立数学模型确定直杆所处的地点和日期。将你们的模型分别应用于附件 2 和附件 3 的影子顶点坐标数据，给出若干个可能的地点与日期。

(4) 附件 4 为一根直杆在太阳下的影子变化的视频，并且已通过某种方式估计出直杆的高度为 2m。请建立确定视频拍摄地点的数学模型，并应用你们的模型给出若干个可能的拍摄地点。

如果拍摄日期未知，你能否根据视频确定出拍摄地点与日期？

附件 1：影子顶点坐标数据

说明：坐标系以直杆底端为原点，水平地面为 xy 平面。直杆垂直于地面。测量日期：2015 年 4 月 18 日。

北京时间	x 坐标/m	y 坐标/m
14：42	1.036 5	0.497 3
14：45	1.069 9	0.502 9
14：48	1.103 8	0.508 5
14：51	1.138 3	0.514 2
14：54	1.173 2	0.519 8
14：57	1.208 7	0.525 5
15：00	1.244 8	0.531 1
15：03	1.281 5	0.536 8
15：06	1.318 9	0.542 6

续表

北京时间	x 坐标/m	y 坐标/m
15：09	1.356 8	0.548 3
15：12	1.395 5	0.554 1
15：15	1.434 9	0.559 8
15：18	1.475 1	0.565 7
15：21	1.516	0.571 5
15：24	1.557 7	0.577 4
15：27	1.600 3	0.583 3
15：30	1.643 8	0.589 2
15：33	1.688 2	0.595 2
15：36	1.733 7	0.601 3
15：39	1.780 1	0.607 4
15：42	1.827 7	0.613 5

附件 2：影子顶点坐标数据

说明：坐标系以直杆底端为原点，水平地面为 xy 平面。直杆垂直于地面。

北京时间	x 坐标/m	y 坐标/m
12：41	−1.235 2	0.173
12：44	−1.208 1	0.189
12：47	−1.181 3	0.204 8
12：50	−1.154 6	0.220 3
12：53	−1.128 1	0.235 6
12：56	−1.101 8	0.250 5
12：59	−1.075 6	0.265 3
13：02	−1.049 6	0.279 8
13：05	−1.023 7	0.294
13：08	−0.998	0.308
13：11	−0.972 4	0.321 8
13：14	−0.947	0.335 4
13：17	−0.921 7	0.348 8
13：20	−0.896 5	0.361 9
13：23	−0.871 4	0.374 8
13：26	−0.846 4	0.387 6
13：29	−0.821 5	0.400 1
13：32	−0.796 7	0.412 4
13：35	−0.771 9	0.424 6
13：38	−0.747 3	0.436 6
13：41	−0.722 7	0.448 4

附件 3：影子顶点坐标数据

说明：坐标系以直杆底端为原点，水平地面为 xy 平面。直杆垂直于地面。

北京时间	x 坐标/m	y 坐标/m
13：09	1.163 7	3.336
13：12	1.221 2	3.329 9
13：15	1.279 1	3.324 2
13：18	1.337 3	3.318 8
13：21	1.396	3.313 7
13：24	1.455 2	3.309 1
13：27	1.514 8	3.304 8
13：30	1.575	3.300 7
13：33	1.635 7	3.297 1
13：36	1.697	3.293 7
13：39	1.758 9	3.290 7
13：42	1.821 5	3.288 1
13：45	1.884 8	3.285 9
13：48	1.948 8	3.284
13：51	2.013 6	3.282 4
13：54	2.079 2	3.281 3
13：57	2.145 7	3.280 5
14：00	2.213 1	3.280 1
14：03	2.281 5	3.280 1
14：06	2.350 8	3.280 4
14：09	2.421 3	3.281 2

附件 4：视频(略)

注：题目及数据附件都可以到全国大学生数学建模竞赛官方网站 http：//www.mcm.edu.cn 下载。

9.2　问题分析与建模思路概述

1. 试题类型分析

本题要求根据视频中物体的太阳影子，建立数学模型确定视频拍摄地点和日期。主要考查学生关于空间几何问题的建模能力以及非线性优化问题的求解能力，对求解精度具有一定的要求。从竞赛类型上来说，2015 年全国赛的 A 题主要涉及天文学方面的知识，需要同学们拿到题目后迅速地掌握天文学中太阳影子相关的高度角、赤纬角、时角，太阳时等多个概念和关系，并且尽快地找到准确的参考文献。这类问题的一个主要特点就是前几问数学模型的方法有限，而且问题最后基本上都有一个大概确定的解答与答案，而最后一问则开放性较大，具有很大的发挥余地。

2. 题目要求及思路概述

问题一要求在已知视频拍摄时间及地点的条件下求影子的数学模型，并分析长度关于日期、时间、经纬度等参数的变化规律。有较多的参考文献给出这一问题的模型，若直接采用文献中的模型，需指明出处。需要注意影子长度的图形关于 12：00 是不对称的，左高右低。

问题二要求在已知物体影子顶点真实坐标及拍摄日期与北京时间的条件下，根据问题一得到的影子长度变化模型，反解出纬度及当地时间，根据当地时间和北京时间之间的关系确定经度。附件1的位置大概在(109.5°E,18.3°N)，当然这个位置并不是确定的，所得到结果在某个范围内都认为是准确的，关键需要合理应用所给的数据。

问题三要求与在拍摄日期未知的情况下反解出所给数据的位置和时间，与问题二相比反演难度有所增加，在本题目的运算过程中若同时利用所给数据的长度和角度信息，则效果会更好。由于日期相近的影子长度和角度变化较小，导致该问题的近似解较多。可以将日期、经纬度一定范围内的结果都认为是近似正确的。附件2的位置是(79.75°E,39.52°N)，日期是7月20日；附件3的位置是(110.25°E,29.39°N)，日期是1月20日。

问题四更进一步要求建立影子顶点大地坐标与视频坐标之间的关系，然后反演模型中的参数。由于反演参数的增加，以及视频数据提取时产生的误差，导致模型求解精度下降、确定拍摄地点的难度增加。在建立模型时，应建立实际物体的坐标系与视频坐标系之间的关系，然后通过拟合数据反演参数。若简单地认为视频中影子长度与实际影子长度成比例，从而把此问题转化为问题三，则得到的结果是不准确的。随着题目难度及计算过程误差的增大，本题目结果的误差也随之增大，但是最关键的还在于所采用的数学模型和所采用的方法，附件4的可能位置在(112.945°E,28.23°N)附近。

总的来说，本年度的竞赛题目即涉及很多专业知识(天文学、计算机视频数据分析)，也涉及了基本数学知识(几何、优化、方程)，求解的思路和方法应该来说还是比较充足的，也有利于大家水平的发挥。从考察大家应用数学知识解决实际问题的能力来看是一道不错的题目。

9.3 获奖论文——基于非线性拟合的视频影长定位分析

作　　者：胡世宇　王硕丰　张玲瑶

指导教师：熊春光

获奖情况：2015 全国数学建模竞赛一等奖

摘要

作为现代社会信息记录和传递的重要途径，视频因可从多角度、多途径、全方位展示各类信息而得到越来越广泛的应用。其中，从视频中准确搜集有效长度信息，结合太阳影长定位技术，通过特定模型进行数值化计算后还原出拍摄时间、地点，是视频数据分析的重要应用。

本文采用数学化处理手段，首先以太阳高度角这一概念为媒介确立投影长度和观测时间、地点等参数之间的对应关系；并在实际测量出的散点实验数据基础上结合投影参数方程，通过非线性拟合确立出各个参数取值，回代还原出拍摄日期、地点等信息。最后将视频转化为单帧图像并截取有效投影区域进行处理，在二值化图像基础上遍历灰度矩阵搜寻出投影顶点，利用像素和实际长度的比例关系在误差修正后计算出实际投影长度，拟合参数、回代求解出可行的拍摄日期、拍摄地点组合。

第一步，构建影长参数模型，确立出投影长度受测量地纬度、赤纬角、时角、杆长四个因素影响，以上因素均直接或间接取决于测量时间、测量地点。在控制变量基础上分析各参数变化引起的影长变化情况，以问题一中10月22日直杆投影测量为例，绘图分析其影长从9时的7.34m随时间变化先减小后增大；且最小值为12：11的3.663m。

第二步，确立非线性拟合模型，将散点实验数据和投影参数方程相拟合，利用最小二乘法，将拟合问题转化为无约束非线性规划，采用下降法进行最优解的循环降值搜寻，其中采用Newton公式和Gauss-Newton法确定迭代的方向；得出最优解后回代即可确定所需参数信息。附件1测量地经度为108°40′04″E，纬度为19°16′46″N(海南)，杆长2m。附件2测量地经度为79°45′16″E，纬度为39°55′31″N(新疆)，杆长为2m，测量日期为5月26日和7月21日。附件3测量地经度为110°14′23″E，纬度为32°53′15″N(湖北)，杆长为3m，测量日期为2月7日和11月8日。

第三步，完善动态影长定位模型，将原始视频以1min为时间间隔单位截取40帧，并提取出840×40的矩形投影区域，在灰度图转化和增强对比度基础上该区域进行二值化；消除背景噪点影响后采用遍历搜索方式确定投影顶点像素位置，计算出投影像素长度并结合直杆实际长度得出像素和实际长度的比例关系；最后在考虑视角偏差等因素影响后进行误差修正，得出投影实际长度，并拟合回代出视频拍摄时间、拍摄地点等信息。其中，附件4视频在2015年7月13日拍摄于40°36′57″N，111°14′26″E(内蒙古呼和浩特)；若日期未知，则有多组参数组合可采用，其中最优解为2015年6月23日在40°55′42″N，110°8′37″E(内蒙古包头)拍摄。

最后，本文对计算过程中产生的误差进行分析，并对前文每种拟合曲线的可信度采用标准化残差法进行计算，各曲线的拟合可信度均在85%以上，较好符合实际测量数据。另外，重点对问题四图像读取产生的误差进行分析，并转化为实际地图上给出误差区域范围。最后进行综合评价，对模型的优缺点进行分析，增强模型的实用性。

本文通过对利用视频的太阳影长定位技术进行完整建模分析，从影长参数模型构建到测量数据和曲线的拟合，以及最后应用时的视频数据提取，完整地展现出模型理论原理和执行流程，精确有效，切实可行。

关键词：太阳高度角　非线性拟合　最小二乘法　图像信息提取　投影计算

9.3.1 问题重述

作为现代社会信息记录和传递的重要途径，视频因可从多角度、多途径、全方位展示各类信息而得到越来越广泛的应用。通过一系列技术手段对视频进行处理，提取出有关信息并加以应用，更凸显出视频作为信息传递媒介的地位。其中，在一段视频中通过细节分析确定拍摄时间、地点，是视频数据分析的重要应用。

在多种现行的确定视频拍摄时间地点信息的方式中，利用视频中太阳投影与时间的变化关系进行分析的太阳影子定位技术是一种常用的方法。

为解决通过视频分析确定拍摄地点、拍摄时间这一问题，通过采用直杆这一最简单的测量标杆进行实验，利用对其太阳投影变化的分析，将问题分为三个部分进行讨论求解：

第一部分：确立太阳影长参数。首先分析出太阳影长的影响参数，构建计算公式。然后确定公式中各个参数的计算方法，将参数和测量时间、地点进行一一对应，探求其内在联系。同时可以在给定的一组测量时间、地点信息条件下，绘制出相应的影长随时间变化曲线。

第二部分：数据拟合。在实际应用中，直接可以记录的数据是测量时间和影子长度，其保存形式为一组组的散点，故应建立模型通过对于散点的拟合反推出测量时间、地点的信息，实现初步应用。

第三部分：视频数据提取。对于一段给定的视频，通过对关键帧图像的提取，在一定步骤的图像处理基础上，采用像素点和实际长度的比例关系求解出相应的影长，根据数据拟合的处理方法进行进一步计算，从而最终求解出相应的测量时间、测量地点，实现完整的视频定位流程。

9.3.2 问题分析

1. 确立太阳影长参数

通过分析，太阳影长和直杆长度通过太阳高度角这一概念进行联系。而太阳高度角又同时由测量地经纬度、测量日期、测量时间等因素确定。

考虑以太阳高度角为媒介，将一组完整的客观测量事件(测量地经纬度、测量时间、测量日期、杆长)和实验中求得的数据(影子实际长度)进行一一对应，并构建以影响参数为自变量，影长为因变量的非线性函数，见图 9-1。

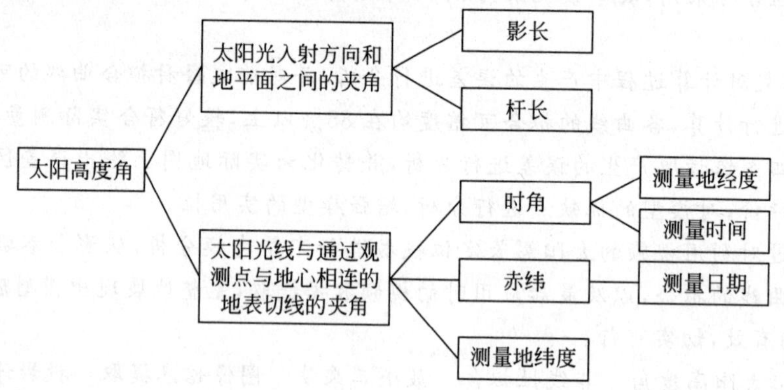

图 9-1 各因素之间的关系

因对于同一测量事件，经纬度、日期、杆长等因素一旦确定即不再改变，故可以采用固定变量法对函数进行分析，依次探究各个参数的改变对于影长变化的影响。

2. 数据拟合

因太阳影长公式和大部分参数的关系均为非线性，且实际测量数据为影长和对应测量时刻点，即为一个个散点组合，故考虑利用曲线拟合的方式进行相应参数推导，结合影长参数模型中各参数计算方法，求解出所需的信息。

在曲线拟合的过程中，利用最小二乘法，将拟合问题转化为无约束非线性规划问题，并采用下降法进行最优解的循环降值搜寻，并采用 Newton 公式和 Gauss-Newton 法确定迭代的方向，最终得出最优解向量中各值即为参数取值，见图 9-2。

3. 视频数据提取

将连续的动态视频画面截取成静态单帧图片，在适当图像处理基础上利用比例关系进

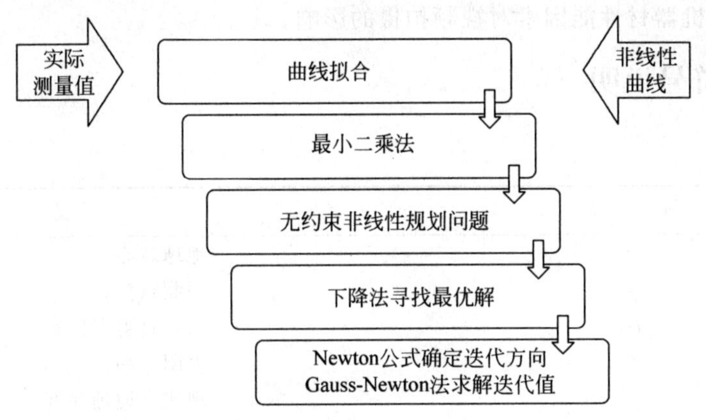

图 9-2 非线性拟合流程

行计算求解,并考虑空间视角误差和读数偏差带来的影响进行误差修正,从而得到实际影长。结合视频拍摄的时间,构架影长和拍摄时间的对应关系,利用数据拟合得出测量日期和测量地点等信息,实现利用视频进行定位。

其中,在图像处理时选取有效的投影区域,采用灰度图转化、二值化处理等方式去除背景噪点影响,使投影图线清晰化,便于进行影长顶点精确搜索,从而得到较为准确的投影长度,方便回代拟合处理,见图 9-3。

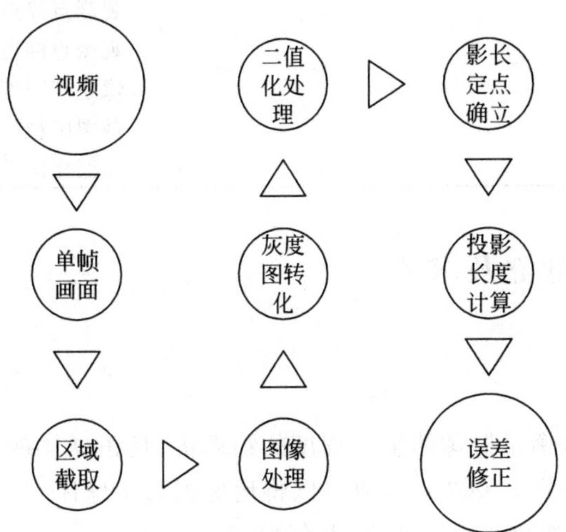

图 9-3 视频数据提取流程

9.3.3 基本假设

(1) 忽略地球扁率的影响,将其视为正球体。

(2) 将太阳光视为平行光。

(3) 在某一特定日期下进行影长分析时,忽略地球绕日公转的影响。

(4) 忽略测量地海拔的影响。

(5) 忽略测量地地面坡度影响,认为均在水平地面上参与测量。

(6) 忽略相机器材性能因素对视频拍摄的影响。

9.3.4 符号说明

符　　号	含　　义
O	地球球心
A	观测点位置
B	太阳直射点位置
δ	太阳赤纬
ψ	观测点地理纬度
H	太阳高度角
t	时角
L	直杆长度
S	投影长度
n	当年日因子
Γ	日角
λ	黄经度
T_0	北京时间
T_H	观测点地方时
L_T	观测点经度
L_A	观测点纬度
G	像素点灰度值
T	截图区域二值化阈值
M	二值化图像灰度矩阵

9.3.5 模型的建立及求解

1. 影长参数模型

1) 太阳高度角计算

在几何学中,扁率是衡量椭球体扁平程度的物理量,且正球体的扁率为 0。在近 1 亿年中,地球的扁率恒定保持在 0.003 5[1],故可以将地球视为正球体。

地球绕日轨道为椭圆形,日地距离保持在 14 710 万～15 210 万千米之间[2],故可以将太阳光视为平行光。

基于以上两点假设,首先计算太阳高度角如下。

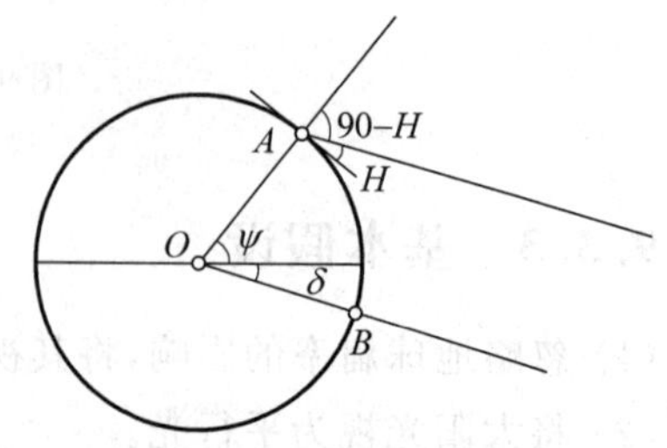

图 9-4　太阳直射点和观测点二维关系图

图 9-4 中,O 为地球球心,A 为观测点(直杆固定点),B 为太阳直射点,δ 为太阳赤纬,ψ 为观测点地理纬度,H 为太阳高度角。

结合曲面三角的余弦公式(图 9-5):

$$\cos a = \cos b \cos c + \sin b \sin c \cos A \qquad (1)$$

将太阳直射点和观测点的位置关系恢复到三维球体空间进行分析(图 9-6)。

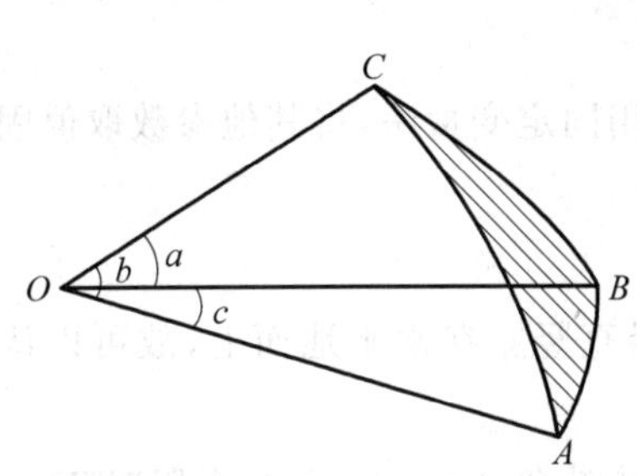

图 9-5 曲面三角形的余弦公式

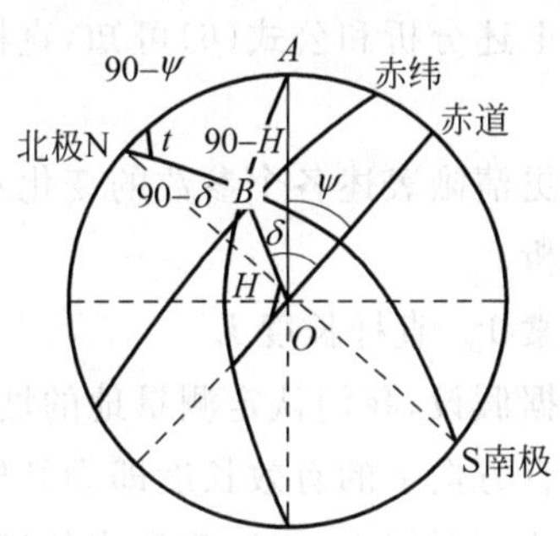

图 9-6 太阳直射点和观测点三维关系图

各角度取值分析如下：

表 9-1 各弧线段取值分析

角度	值	原 因 分 析
$\angle AON$	$90-\psi$	因 A 为观测点，故 OA 所在平面和赤道平面的夹角 ψ 即为其纬度，故 $\angle AON=90-\psi$
$\angle AOB$	$90-H$	因为 B 为直射点，A 为观测点，由太阳直射点和观测点关系可知 $\angle AOB=90-H$
$\angle NOB$	$90-\delta$	因为 B 为直射点，故 OB 所在平面和赤道平面的夹角 δ 即为赤纬角，故 $\angle NOB=90-\delta$

定义 t 为时角，其含义为地球的赤经和恒星时的差值，也即为过观测点 A 的经线和过直射点 B 的经线经度之差。

在球面三角形 ABN 中，应用曲面三角的余弦公式，可得

$$\cos(90-H)=\cos(90-\delta)\cos(90-\varphi)+\sin(90-\delta)\sin(90-\varphi)\cos t \tag{2}$$

化简可得

$$\sin H=\sin\delta\sin\varphi+\cos\delta\cos\varphi\cos t \tag{3}$$

2）影长计算

对于地球上的观测点，太阳高度角有两重含义：

一是指太阳光线与通过观测点与地心相连的地表切线的夹角；二是指太阳光入射方向和地平面之间的夹角。

设一长为 L 的直杆垂直立于地表，其投影长为 S，则由上述定义可知(图 9-7)

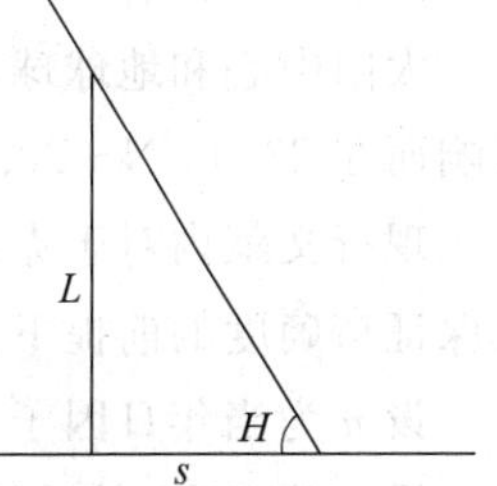

图 9-7 太阳高度角与直杆投影关系图

$$\tan H=\frac{L}{S} \tag{4}$$

联立方程(3)、(4)，解得

$$H=\arcsin(\sin\delta\sin\varphi+\cos\delta\cos\varphi\cos t) \tag{5}$$

$$S=\frac{L}{\tan[\arcsin(\sin\delta\sin\varphi+\cos\delta\cos\varphi\cos t)]} \tag{6}$$

3）参数分析

由上述分析和公式(6)可知，直杆投影影长受直杆长度 L、赤纬 δ、测量地纬度 ψ、时角 t 决定。

为更清晰表述各个参数的变化对影长的影响，采用固定变量法，将其他参数取值固定后进行分析。

因素 1　直杆长度 L

根据假设，我们认定测量地的坡度为零，且直杆铅直竖立在水平地面上，故可以认定直杆在竖直方向上的有效长度即为其杆长 L。

在北京时间 12：00，观测点纬度 $\varphi=39°54'26''$N，赤纬角 $\delta=-10.77°$，太阳时角 $t=0°$ 的参数取值下，影长随杆长的变化曲线如图 9-8 所示。

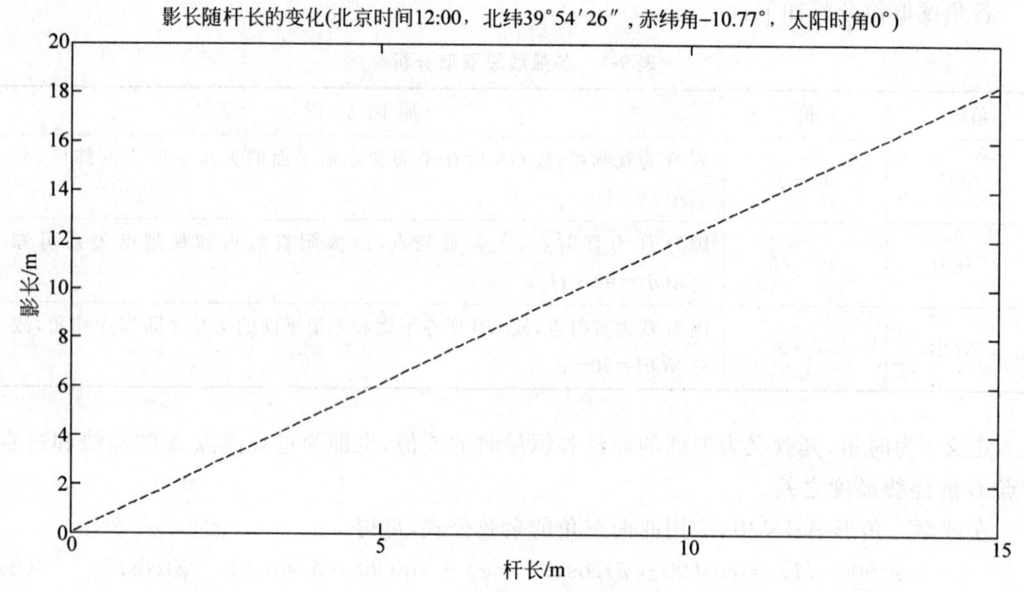

图 9-8　影长随杆长的变化图像

由图可知：当杆长 L 从 0 起逐渐增大时，影长 S 与其成正比例递增的关系，比例系数由其他参量的取值决定。

因素 2　赤纬

太阳中心和地球球心的连线与赤道平面的夹角即为赤纬角，其值受地球公转等因素的影响而在 23.45°N～23.45°S 的范围内进行周期变化[3]。

现行文献内对于赤纬的计算方法种类繁多，赤纬的精确程度也直接影响影长计算值。在保证精确度的前提下为方便计算，采用 Spencer 于 1971 年提出的赤纬算法进行计算[4]。

设 n 为当年日因子，即测量日期与当年 1 月 1 日之间的天数间隔。

设 Γ 为日角，其计算公式为

$$\Gamma=\frac{2\pi(n-1)}{365} \tag{7}$$

则赤纬 δ 的计算公式为

$$\delta = 0.00698 - 0.399912\cos\Gamma + 0.070257\sin\Gamma - 0.006758\cos(2\Gamma) + 0.000907\sin(2\Gamma) - 0.002697\cos(3\Gamma) + 0.00148\sin(3\Gamma) \quad (8)$$

根据公式(8)，当 n 在区间[0,365]之间变化时，赤纬角的变化情况如图 9-9 所示。

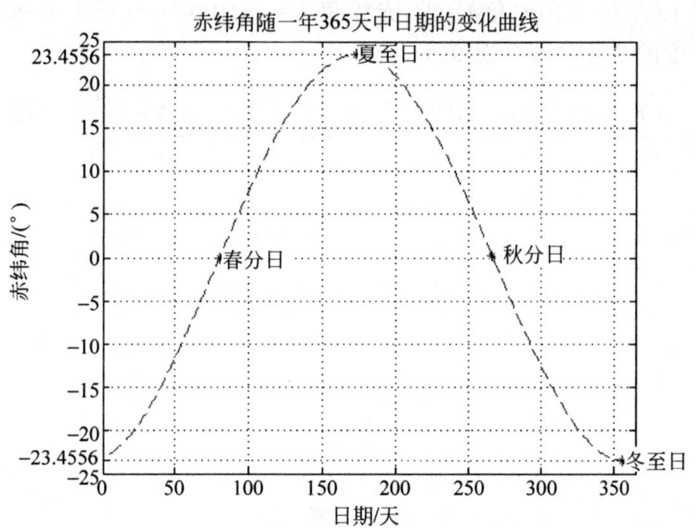

图 9-9 赤纬角随日因子 n 的变化曲线

在北京时间 12：00，观测点纬度 $\varphi=39°54'26''$N，太阳时角 $t=0°$，杆长 $L=3$m 的参数取值下，影长随赤纬角的变化曲线如图 9-10 所示。

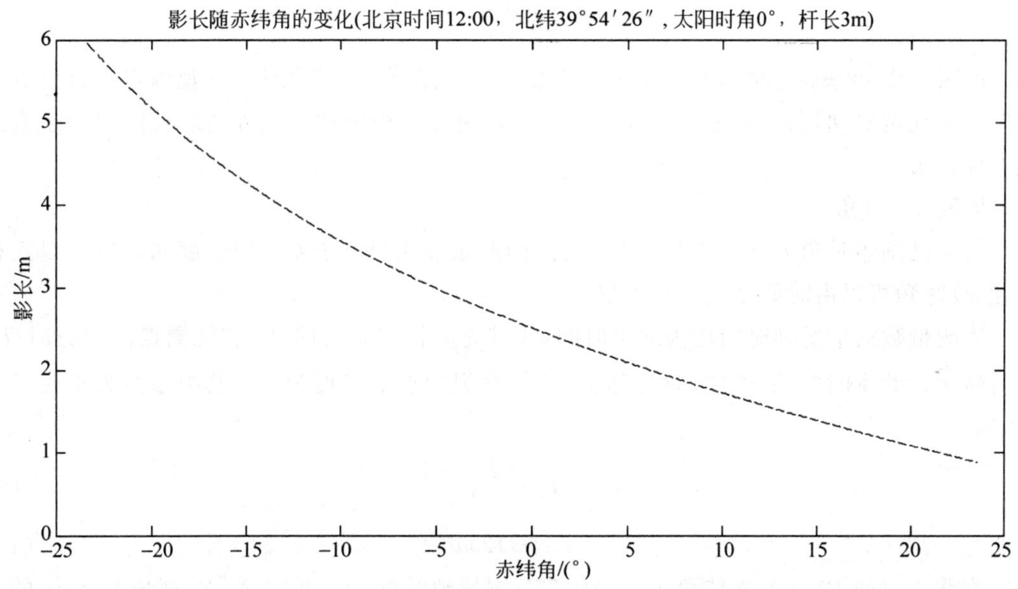

图 9-10 影长随赤纬角的变化图像

由图 9-10 可知，当赤纬角在从南回归线向北回归线变化时，纬度 $\varphi=39°54'26''$N、太阳时角 $t=0°$的观测地与直射点之间的纬度差逐渐减小，故所测的影长也逐渐递减。

因素 3　测量地纬度 φ

纬度是指测量地与地球球心的连线和地球赤道面所成的线面角，北纬取正，南纬取负，且其值大小范围为[0,90]。

在北京时间 12：00，太阳时角 $t=0°$，赤纬角 $\delta=-10.77°$，杆长 $L=3\text{m}$ 的参数取值下，影长随观测点纬度的变化曲线如图 9-11 所示。

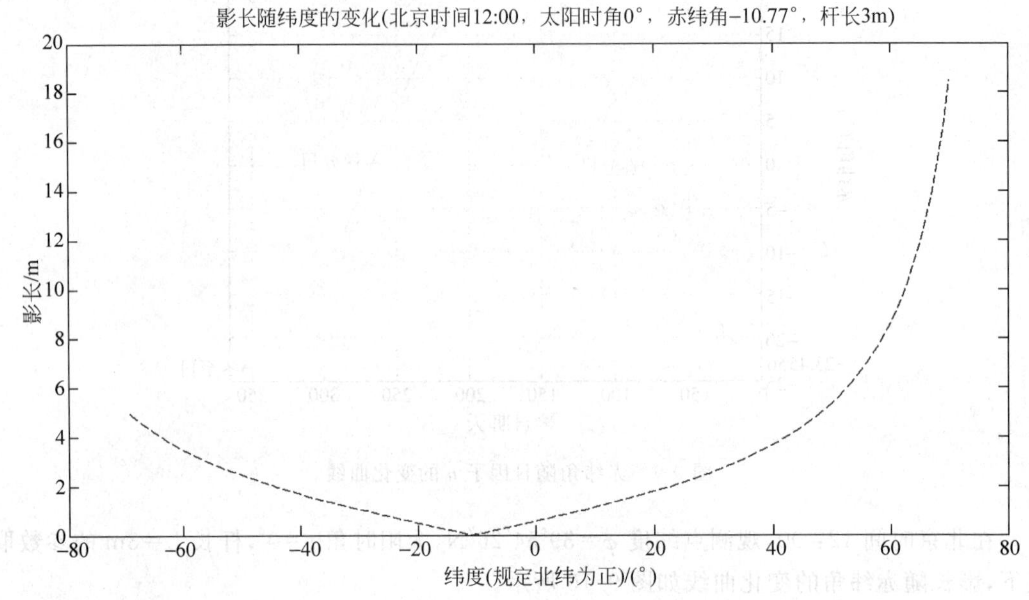

图 9-11　影长随测量地纬度的变化图像

由图 9-11 可知，当测量点纬度和赤纬重合时，太阳直射，影长为 0。观测点自直射点起纬度向南北两侧递增时，影长也逐渐增加；且在南北两极极地圈之外的影长曲线关于直射点对称分布。

因素 4　时角 t

前文已阐述时角 t 为过观测点和直射点的两条经线经度之差。因经度和时区可以互相转化，故时角可以由时间之差进行衡量。

因测量数据中所列时间均为北京时间，故首先应将北京时间 T_0 和观测点的地方时 T_H 进行转化。北京时间为 120°E 地区地方时[5]，设观测点的经度为 L_T，其中东经为正西经为负，则

$$T_H = T_0 + \frac{L_T - 120°}{15°} \tag{9}$$

$$t = (T_H - 12) \times 15 \tag{10}$$

在北京时间 12：00，赤纬角 $\delta=-10.77°$，测量地纬度 $\varphi=39°54'26''\text{N}$，杆长 $L=3\text{m}$ 的参数取值下，影长随时角的变化曲线如图 9-12 所示。

由图可知，当太阳时角为 0°时，地方时位于正午 12：00，此时测量地与直射点的距离最短，故影长最小。当太阳时角在 −90°～90°变化时，影长先逐渐减小再逐渐递增，并且关于太阳时角为 0°的时刻对称分布。

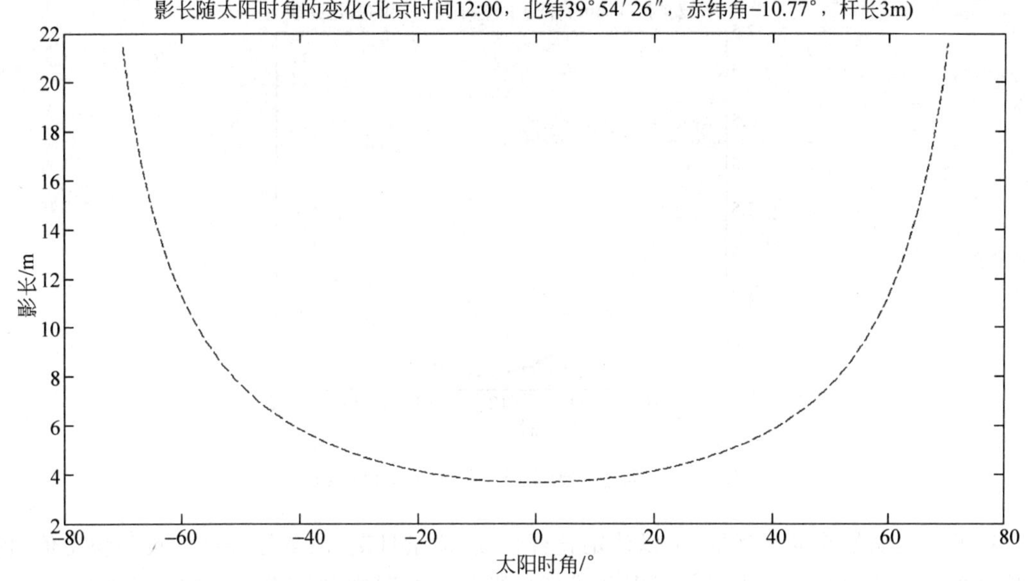

图 9-12 影长随时角的变化图像

4）模型求解

根据 5.1.3 节的参数分析，对于问题一中天安门直杆各个参数值计算如下：

将表 9-2 中各个参数数值代入公式(6)，绘制出北京时间 9 时至 15 时天安门广场 3m 直杆影长变化曲线如图 9-13 所示。

表 9-2 参数取值

参数名称	参数值
观测点经度 L_T	$L_T=116°23'29''$E
观测点纬度 L_A	$L_A=39°54'26''$N
直杆长度 L	$L=3$m
测量地纬度 ψ	$\varphi=L_A=39°54'26''$N
日因子 n	$n=294$
赤纬 δ	$\delta=10.77°$S
北京时间 T_0	$T_0=9\sim15$
时角 t	$t=-48.6084°\sim41.3916°$

因在对时角的分析中已经指出，北京时间为 120°E 地区地方时而非北京当地地方时，故图 9-13 中影长最低点的位置并非正午 12 时，而是稍滞后一部分时间。在 9～15 时，影子长度先减小后增大，最大值出现在 9 时，为 7.34m；最小值出现在 12：11，为 3.663m。变化曲线关于 12：11 对称。

2. 非线性拟合模型

1）模型分析

由影长参数模型可知，影子长度 S 要由直杆长度 L、赤纬 δ、测量地纬度 ψ、时角 t 决定，且五者之间的关系由公式(6)进行约束。

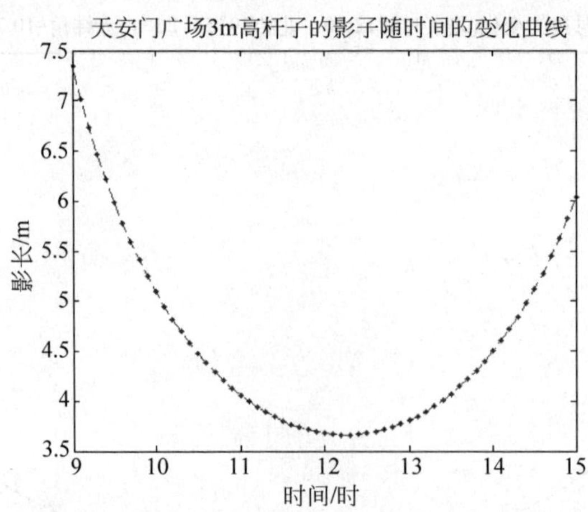

图 9-13　问题一天安门直杆影长变化曲线

对于一次完整的定点测量，可以认定直杆长度、测量日期、测量地经纬度均为恒定值，仅在时间变化下记录影长的改变。根据公式(6)，影长仅与时角值有关，公式中其他变量均可视为恒定参数的组合。如若知晓多个时间点下定点测量的影长数据，即可根据影长和时角一一对应关系回归拟合出其他参数值，从而反推出测量地点、测量时间等信息。

2）模型建立

由上述分析可知，问题已经转化为对二维数据进行曲线拟合求解参数，现采用最小二乘法[6]构建下述拟合模型。

(1) 建立最小二乘拟合模型

对于一组数据$(x_i, y_i)(i=1,2,\cdots,n)$，用其来拟合已知函数，其中$\boldsymbol{a}$为待定系数，使得$\sum_{i=1}^{n} \mid f(\boldsymbol{a}, x_i) - y_i \mid^2$最小，且$f$对于$\boldsymbol{a}$的某些分量是非线性函数。

为衡量拟合的准确程度，记误差

$$r_i(\boldsymbol{a}) = f(\boldsymbol{a}, x_i) - y_i, \quad \boldsymbol{r}(\boldsymbol{a}) = (r_1(\boldsymbol{a}), \cdots, r_n(\boldsymbol{a}))^{\mathrm{T}} \tag{11}$$

于是拟合问题转化为如下的优化模型：

$$\min_{\boldsymbol{a}} R, \quad \text{s.t. } R = \frac{1}{2}\boldsymbol{r}^{\mathrm{T}}(\boldsymbol{a})\boldsymbol{r}(\boldsymbol{a}) = \frac{1}{2}\sum_{i=1}^{n} \mid f(\boldsymbol{a}, x_i) - y_i \mid^2 \tag{12}$$

上述模型转化为求解无约束非线性规划问题。

(2) 无约束非线性问题转化

$$\min_{x} f(\boldsymbol{x}), \quad \boldsymbol{x} = (x_1, x_2, \cdots, x_n)^{\mathrm{T}} \in \mathbf{R}^n \tag{13}$$

记$f(\boldsymbol{x})$的梯度为

$$\nabla f(\boldsymbol{x}) = (f_{x_1}, f_{x_2}, \cdots, f_{x_n})^{\mathrm{T}} \tag{14}$$

其中$f_{x_i} = \dfrac{\partial f}{\partial x_i}(i=1,2,\cdots,n)$为偏导数。

记$f(\boldsymbol{x})$的 Hessian 矩阵为

$$\boldsymbol{H} = \nabla^2 f = (f_{x_i} f_{x_j}) \tag{15}$$

$$f_{x_i} f_{x_j} = \frac{\partial^2 f}{\partial x_i \partial x_j}, \quad i,j = 1,2,\cdots,n \tag{16}$$

对于上述多元函数，$\boldsymbol{x}=\boldsymbol{x}^*$ 为最优解的充分必要条件为

$$\nabla f(\boldsymbol{x}^*) = 0, \nabla^2 f(\boldsymbol{x}^*) \text{ 正定} \tag{17}$$

根据上述的充分必要条件，理论上为寻求最优解需要求解方程组 $\nabla f(\boldsymbol{x})=\mathbf{0}$。

(3) 下降法寻找最优解

对于在 n 维空间里的一点 $x^{(k)}$，在确定一个搜索方向和搜索步长的情况下，使函数在下一点的函数值 $f(\boldsymbol{x})$ 下降，从而达到寻找出最优解的目的。

下降法的步骤如下：

第一步，选取一个初始解 $\boldsymbol{x}^0$；

第二步，确定一个在 n 维空间 $\mathbf{R}^n$ 内的下一步搜索方向 $\boldsymbol{d}^k$；

第三步，根据上述方向 $\boldsymbol{d}^k$ 确定搜索步长 $b^k \in \mathbf{R}$，且需要满足以下条件：

$$\begin{cases} \boldsymbol{x}^{k+1} = \boldsymbol{x}^k + b^k \boldsymbol{d}^k \\ f(\boldsymbol{x}^{k+1}) < f(\boldsymbol{x}^k) \end{cases} \tag{18}$$

第四步，判断 $\boldsymbol{x}^{k+1}$ 是否符合迭代终止原则，若符合则输出最优解 $\boldsymbol{x}^* = \boldsymbol{x}^{k+1}$；否则重新执行第二步和第三步。

(4) Newton 迭代公式确定 Newton 方向 $\boldsymbol{d}^k$

对于多变量非线性方程组，利用 Newton 迭代公式可以方便给出其解。

方程组形式如下：

$$\begin{cases} \boldsymbol{F}(\boldsymbol{x}) = (f_1(\boldsymbol{x}), f_2(\boldsymbol{x}), \cdots, f_n(\boldsymbol{x}))^{\mathrm{T}} \\ \boldsymbol{x} = (x_1, x_2, \cdots, x_n)^{\mathrm{T}} \\ \boldsymbol{F}(\boldsymbol{x}) = \mathbf{0} \end{cases} \tag{19}$$

设 $\boldsymbol{x}^{(k)} = (x_1^{(k)}, x_2^{(k)}, \cdots, x_n^{(k)})^{\mathrm{T}}$ 是方程组(18)的第 k 步近似解，现对 $\boldsymbol{x}^{(k)}$ 进行 Taylor 展开，并将线性化后的 $\boldsymbol{x}$ 替换为 $\boldsymbol{x}^{(k+1)}$，其展开形式为

$$f_i(\boldsymbol{x}^{(k+1)}) = f_i(\boldsymbol{x}^{(k)}) + \frac{\partial f_i(\boldsymbol{x}^{(k)})}{\partial x_1}(\boldsymbol{x}_1^{(k+1)} - \boldsymbol{x}_1^{(k)}) + \cdots + \frac{\partial f_i(\boldsymbol{x}^{(k)})}{\partial x_n}(\boldsymbol{x}_n^{(k+1)} - \boldsymbol{x}_n^{(k)})$$

$$i = 1,2,\cdots,n \tag{20}$$

记 $\boldsymbol{F}(\boldsymbol{x})$ 的 Jacobi 矩阵为

$$\boldsymbol{F}'(\boldsymbol{x}) = \begin{bmatrix} \frac{\partial f_1}{\partial x_1} & \frac{\partial f_1}{\partial x_2} & \cdots & \frac{\partial f_1}{\partial x_n} \\ \frac{\partial f_2}{\partial x_1} & \frac{\partial f_2}{\partial x_2} & \cdots & \frac{\partial f_2}{\partial x_n} \\ \vdots & \vdots & & \vdots \\ \frac{\partial f_n}{\partial x_1} & \frac{\partial f_n}{\partial x_2} & \cdots & \frac{\partial f_n}{\partial x_n} \end{bmatrix} \tag{21}$$

则可以将式(19)改写为

$$\boldsymbol{F}(\boldsymbol{x}^{(k+1)}) = \boldsymbol{F}(\boldsymbol{x}^{(k)}) + \boldsymbol{F}'(\boldsymbol{x}^{(k)})(\boldsymbol{x}^{(k+1)} - \boldsymbol{x}^{(k)}) \tag{22}$$

在 $\boldsymbol{F}'(\boldsymbol{x}^{(k)})$ 可逆的前提下，可以由式(21)求解出式(19)的 Newton 迭代公式：

$$\boldsymbol{x}^{(k+1)} = \boldsymbol{x}^{(k)} - [\boldsymbol{F}'(\boldsymbol{x}^{(k)})]^{-1} \boldsymbol{F}(\boldsymbol{x}^{(k)}) \tag{23}$$

对于求解无约束非线性问题中必要条件方程组$\nabla f(\boldsymbol{x})=\boldsymbol{0}$,将$\nabla f(\boldsymbol{x})$视为式(22)中的$\boldsymbol{F}(\boldsymbol{x})$,则式(22)变为

$$\boldsymbol{x}^{(k+1)} = \boldsymbol{x}^{(k)} - [\nabla^2 f(\boldsymbol{x}^{(k)})]^{-1} \nabla f(\boldsymbol{x}^{(k)}) \tag{24}$$

此时搜索步长$b^k=1$,搜索方向为Newton方向$\boldsymbol{d}^k$:

$$\boldsymbol{d}^k = -[\nabla^2 f(\boldsymbol{x}^{(k)})]^{-1} \nabla f(\boldsymbol{x}^{(k)}) \tag{25}$$

因为当Hessian矩阵$\boldsymbol{H}=\nabla^2 f$正定时才满足最优解的条件,所以$\boldsymbol{d}^k$满足

$$\nabla^2 f(\boldsymbol{x}^{(k)})\boldsymbol{d}^k = -\nabla f(\boldsymbol{x}^{(k)}) \tag{26}$$

(5) Gauss-Newton法求解$\boldsymbol{d}^k$

对于第一步式(11)的误差$\boldsymbol{r}(\boldsymbol{a})$,记其Jacobi矩阵为

$$\boldsymbol{J}(\boldsymbol{a}) = \left(\frac{\partial r_i}{\partial a_i}\right)_{n\times m} \tag{27}$$

则

$$\nabla R = \boldsymbol{J}^{\mathrm{T}}(\boldsymbol{a})\boldsymbol{r}(\boldsymbol{a}) \tag{28}$$

$$\nabla^2 R = \boldsymbol{J}^{\mathrm{T}}(\boldsymbol{a})\boldsymbol{J}(\boldsymbol{a}) + \boldsymbol{S} \tag{29}$$

$$S = \sum_{i=1}^{n} r_i(\boldsymbol{a}) \nabla^2 r_i(\boldsymbol{a}) \tag{30}$$

利用Gauss-Newton法,参照线性方程解法将S忽略后,将式(28)、式(29)代入式(26),$\boldsymbol{d}^k$可以由以下公式解出:

$$\boldsymbol{J}^{\mathrm{T}}(\boldsymbol{a}^k)\boldsymbol{J}(\boldsymbol{a}^k)\boldsymbol{d}^k = -\boldsymbol{J}^{\mathrm{T}}(\boldsymbol{a}^k)\boldsymbol{r}(\boldsymbol{a}^k) \tag{31}$$

此时可以将解代回第三步的下降法,确立无约束非线性问题的最优解,最后将问题回归到第一步最小二乘法拟合模型中,得到各个参数的最优解组合。

3) 模型求解

因为附件1、附件2、附件3所给数值均为影子长度的横纵坐标值,故先以直杆底端为原点O,水平地面为xy平面建立坐标系如图9-14所示。其中,影长S和每一时刻下横纵坐标的关系为

$$S = (X_0^2 + Y_0^2)^{\frac{1}{2}} \tag{32}$$

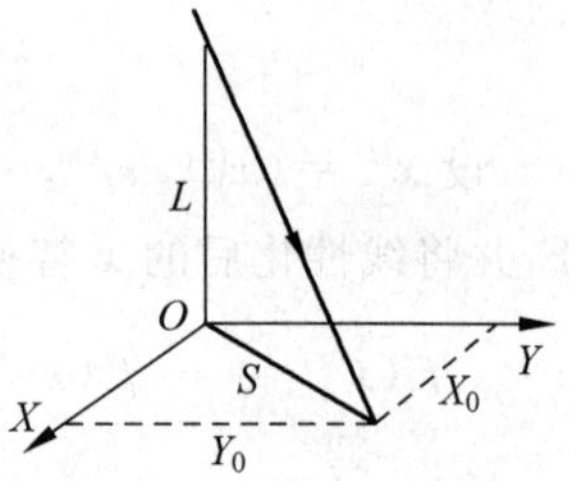

图9-14 测量时所用坐标系

附件1:已知日期、时间、影长

由公式(32)计算各个时刻影子长度值如表9-3所示。

表9-3 附件1:各个测量时刻下影子长度值

北京时间 T_0	x坐标/m	y坐标/m	影长 S/m
14:42	1.036 5	0.497 3	1.149 626
14:45	1.069 9	0.502 9	1.182 199
14:48	1.103 8	0.508 5	1.215 297
14:51	1.138 3	0.514 2	1.249 051
14:54	1.173 2	0.519 8	1.283 195
14:57	1.208 7	0.525 5	1.317 993
15:00	1.244 8	0.531 1	1.353 364
15:03	1.281 5	0.536 8	1.389 387

续表

北京时间 T_0	x 坐标/m	y 坐标/m	影长 S/m
15：06	1.318 9	0.542 6	1.426 153
15：09	1.356 8	0.548 3	1.463 4
15：12	1.395 5	0.554 1	1.501 482
15：15	1.434 9	0.559 8	1.540 232
15：18	1.475 1	0.565 7	1.579 853
15：21	1.516	0.571 5	1.620 145
15：24	1.557 7	0.577 4	1.661 271
15：27	1.600 3	0.583 3	1.703 291
15：30	1.643 8	0.589 2	1.746 206
15：33	1.688 2	0.595 2	1.790 051
15：36	1.733 7	0.601 3	1.835 014
15：39	1.780 1	0.607 4	1.880 875
15：42	1.827 7	0.613 5	1.927 918

由题目已知条件,测量日期为 2015 年 4 月 18 日,测量时间为北京时间 14:42—15:42,结合表 9-3 各个时刻下影长数据代入影长参数模型的公式(6),并且利用非线性拟合模型,计算出测量地点的经度、纬度和杆长,结果如下：

测量地经度 108°40′04″E；测量地纬度 19°16′46″N；杆长 2.035 6m。

经过经纬定位后,该测量点位于海南省西部沿海地区,其地理位置如图 9-15 所示。

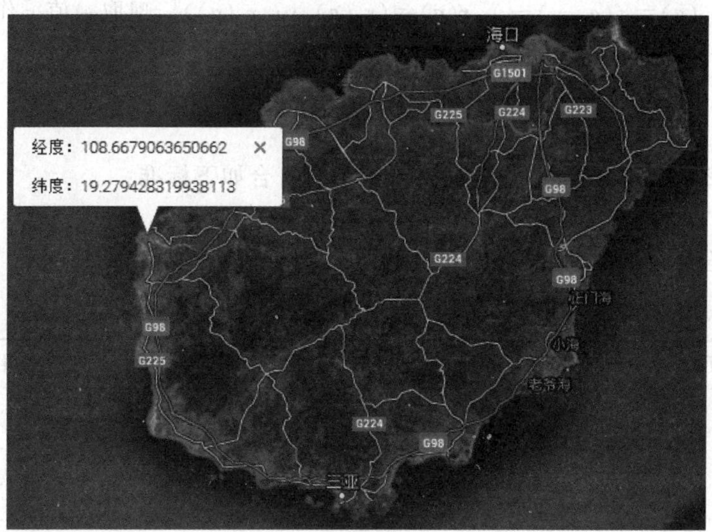

图 9-15　附件 1 测地点地理位置

代入此组参数结果,得到的曲线和原始散点拟合程度如图 9-16 所示,基本符合要求。

附件 2：已知时间、影长

由题目已知条件,仅有测量时刻和影子长度的数据给定,要求拟合出测量地点经纬度、杆长、测量日期等条件。

利用公式(32)计算出各个时刻下影子的长度得到表 9-4,然后在拟合过程中利用测量

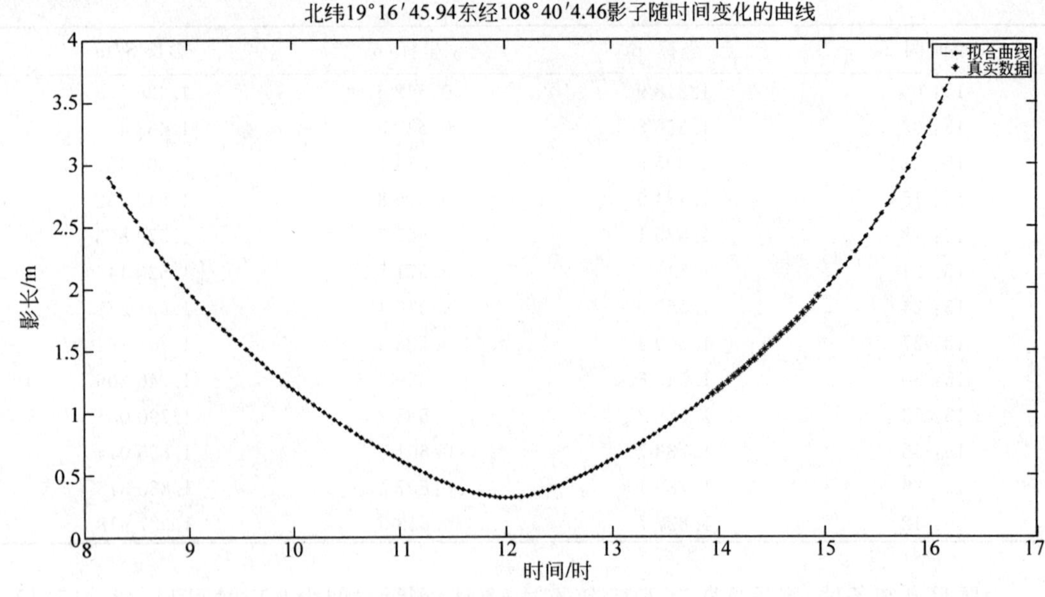

图 9-16 附件 1：参数拟合图

时间和影长的组合，计算出测量地经度、纬度、杆长和日期。

因为此时已知条件极少，组合情况较多，故相较于附件 1 在利用非线性拟合模型求解的过程中，增加对误差范围的标定，从而在较小误差范围内得到多组可行的参数组合。

定义误差 $r_i(\boldsymbol{a})=f(\boldsymbol{a},x_i)-y_i$，$\boldsymbol{r}(\boldsymbol{a})=(r_1(\boldsymbol{a}),\cdots,r_n(\boldsymbol{a}))^{\mathrm{T}}$，现取一值 r 作为一组解的误差衡量标准，其计算如下：

$$r=\frac{1}{n}\left\{\sum_{i=1}^{n}\mid f(\boldsymbol{a},x_i)-y_i\mid^2\right\}^{\frac{1}{2}}\quad(i=1,2,\cdots,n)\tag{33}$$

对于附件 2 的数据，当运行出的一种参数组合符合如下标准：

$$r<7\times10^{-6}\tag{34}$$

认定该参数组合所绘制的曲线较好拟合原始数据，为一可能取值，见表 9-4。

表 9-4 附件 2：各个测量时刻下影子长度值

北京时间 T_0	x 坐标/m	y 坐标/m	影长 S/m
12：41	−1.235 2	0.173	1.247 256
12：44	−1.208 1	0.189	1.222 795
12：47	−1.181 3	0.204 8	1.198 921
12：50	−1.154 6	0.220 3	1.175 429
12：53	−1.128 1	0.235 6	1.152 44
12：56	−1.101 8	0.250 5	1.129 917
12：59	−1.075 6	0.265 3	1.107 835
13：02	−1.049 6	0.279 8	1.086 254
13：05	−1.023 7	0.294	1.065 081
13：08	−0.998	0.308	1.044 446
13：11	−0.972 4	0.321 8	1.024 264

续表

北京时间 T_0	x坐标/m	y坐标/m	影长 S/m
13：14	−0.947	0.335 4	1.004 64
13：17	−0.921 7	0.348 8	0.985 491
13：20	−0.896 5	0.361 9	0.966 79
13：23	−0.871 4	0.374 8	0.948 585
13：26	−0.846 4	0.387 6	0.930 928
13：29	−0.821 5	0.400 1	0.913 752
13：32	−0.796 7	0.412 4	0.897 109
13：35	−0.771 9	0.424 6	0.880 974
13：38	−0.747 3	0.436 6	0.865 492
13：41	−0.722 7	0.448 4	0.850 504

附件 2 中数据利用模型计算出的位置、日期、杆长以及误差组合如表 9-5 所示。

表 9-5　附件 2：误差范围内可能参数组合及最优解

经度(东经)				纬度(北纬)				杆长	日期	误差
弧度表示	度分秒表示			弧度表示	度分秒表示					
	度	分	秒		度	分	秒			
1.388 725	79	34	5.075 701	0.686 992	39	21	42.229 65	1.971 574	141	6.97E-06
1.389 586	79	37	2.635 933	0.689 559	39	30	31.690 24	1.979 629	142	6.60E-06
1.390 415	79	39	53.592 49	0.692 055	39	39	6.525 583	1.987 482	143	6.35E-06
1.391 212	79	42	38.051 63	0.694 479	39	47	26.530 23	1.995 13	144	6.21E-06
1.391 978	79	45	16.113 71	0.696 83	39	55	31.504 59	2.002 568	145	6.18E-06
1.392 714	79	47	47.873 39	0.699 107	40	3	21.255 06	2.009 792	146	6.25E-06
1.393 42	79	50	13.420 15	0.701 31	40	10	55.594	2.016 797	147	6.42E-06
1.394 096	79	52	32.838 73	0.703 437	40	18	14.339 77	2.023 58	148	6.65E-06
1.394 742	79	54	46.208 54	0.705 488	40	25	17.316 93	2.030 136	149	6.94E-06
1.394 787	79	54	55.432 41	0.705 63	40	25	46.688 81	2.030 592	197	6.97E-06
1.394 145	79	52	43.094 09	0.703 594	40	18	46.750 54	2.024 082	198	6.67E-06
1.393 475	79	50	24.793 73	0.701 483	40	11	31.255 9	2.017 348	199	6.43E-06
1.392 775	79	48	0.456 648	0.699 297	40	4	0.386 781	2.010 395	200	6.27E-06
1.392 046	79	45	30.003 63	0.697 038	39	56	14.330 9	2.003 226	201	6.18E-06
1.391 286	79	42	53.350 73	0.694 705	39	48	13.281 76	1.995 846	202	6.20E-06
1.390 496	79	40	10.408 9	0.692 302	39	39	57.438 52	1.988 26	203	6.33E-06
1.389 675	79	37	21.083 85	0.689 827	39	31	27.005 99	1.980 472	204	6.57E-06
1.388 823	79	34	25.275 63	0.687 283	39	22	42.194 52	1.972 485	205	6.92E-06

对于附件 2，共有 18 组可能的组合可以较好拟合原始数据，结果如表 9-5 所示。18 组结果基本围绕两个最优解(黄色标注)分布，故可以认定这两组最优解即为满足附件 2 数据的结果。

观察两组最优解，其经纬度、杆长近似相等，唯有日期有较大差别，故可以认为两组解为同一观测点采用同一直杆在不同日期下所测的结果。测量地经度 79°45′16″E，纬度 39°55′31″N，杆长为 2m。测量日期分别为 5 月 26 日和 7 月 21 日，基本关于夏至对称分布，结果符合前面的参数分析。

经过经纬定位后，该测量点位于新疆地区西北部，其地理位置如图 9-17 所示。

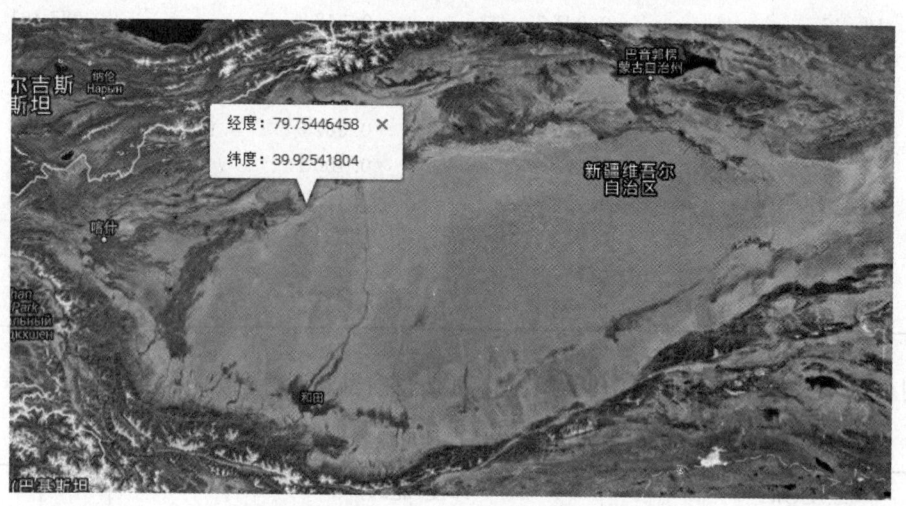

图 9-17 附件 2：观测地点地理位置

代入此组参数结果，得到的曲线和原始散点拟合程度如图 9-18 所示，符合要求。

附件 3：已知时间、影长

附件 3 和附件 2 条件数目相同，求解的目标相同，仅在误差衡量标准 r 的取值范围上略作区分：

$$r < 10^{-5} \tag{35}$$

认定该参数组合所绘制的曲线较好拟合原始数据，为一可能取值，见表 9-6。

表 9-6 附件 3：各个测量时刻下影子长度值

北京时间 T_0	x 坐标/m	y 坐标/m	影长 S/m
13：09	1.163 7	3.336	3.533 142
13：12	1.221 2	3.329 9	3.546 768
13：15	1.279 1	3.324 2	3.561 798
13：18	1.337 3	3.318 8	3.578 101
13：21	1.396	3.313 7	3.595 751
13：24	1.455 2	3.309 1	3.614 934
13：27	1.514 8	3.304 8	3.635 426
13：30	1.575	3.300 7	3.657 218
13：33	1.635 7	3.297 1	3.680 541
13：36	1.697	3.293 7	3.705 168
13：39	1.758 9	3.290 7	3.731 278
13：42	1.821 5	3.288 1	3.758 918
13：45	1.884 8	3.285 9	3.788 088
13：48	1.948 8	3.284	3.818 701
13：51	2.013 6	3.282 4	3.850 81

续表

北京时间 T_0	x 坐标/m	y 坐标/m	影长 S/m
13：54	2.079 2	3.281 3	3.884 585
13：57	2.145 7	3.280 5	3.919 912
14：00	2.213 1	3.280 1	3.956 876
14：03	2.281 5	3.280 1	3.995 535
14：06	2.350 8	3.280 4	4.035 751
14：09	2.421 3	3.281 2	4.077 863

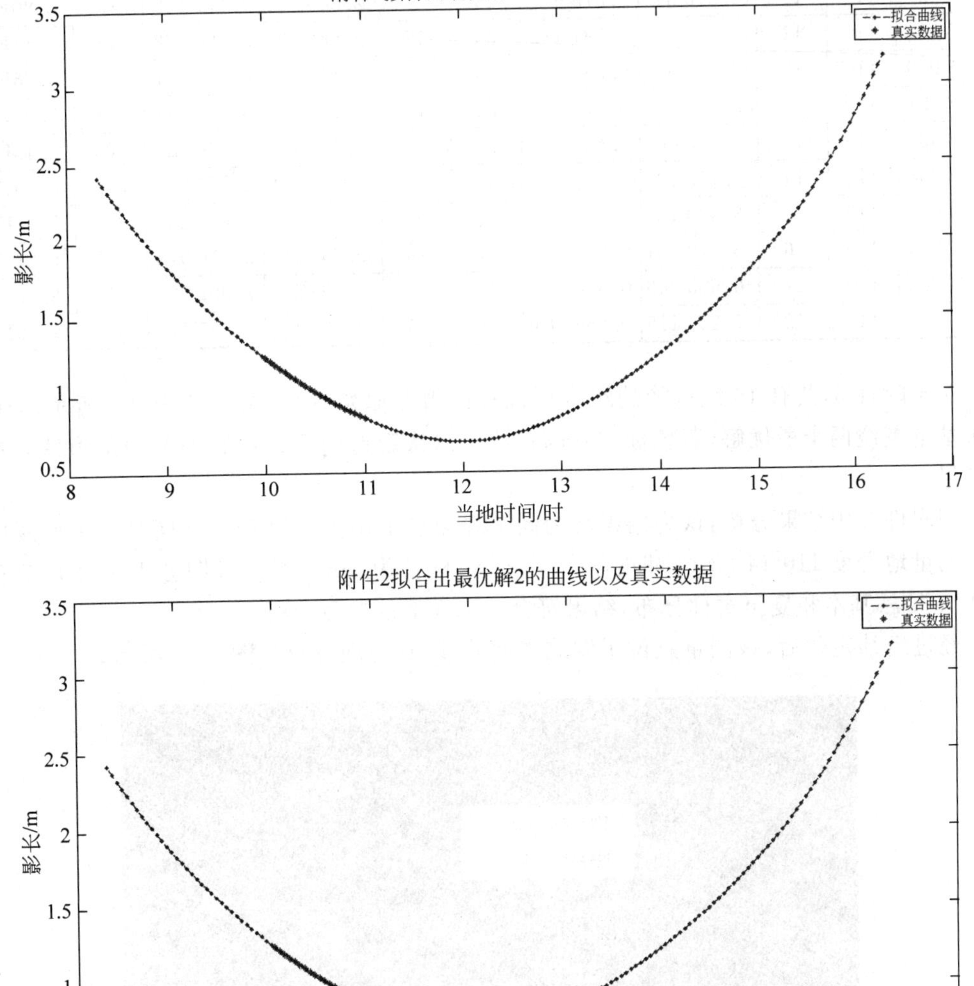

图 9-18　附件 2：两种日期下参数拟合图

附件 3 中数据利用模型计算出的位置、日期、杆长以及误差组合如表 9-7 所示。

表 9-7　附件 3：误差范围内可能参数组合及最优解

经度(东经)				纬度(北纬)				杆长	日期	误差
弧度表示	度分秒表示			弧度表示	度分秒表示					
	度	分	秒		度	分	秒			
1.925 248	110	18	30.864 99	0.565 248	32	23	10.802 11	2.968 244	33	9.81E-06
1.924 953	110	17	30.138 82	0.567 351	32	30	24.606 11	2.986 045	34	9.03E-06
1.924 655	110	16	28.606 44	0.569 51	32	37	49.946 92	3.004 123	35	8.44E-06
1.924 353	110	15	26.309 83	0.571 725	32	45	26.645	3.022 476	36	8.10E-06
1.924 048	110	14	23.288 41	0.573 993	32	53	14.503 05	3.041 1	37	8.04E-06
1.923 739	110	13	19.579 43	0.576 314	33	1	13.309 28	3.059 993	38	8.28E-06
1.923 427	110	12	15.218 34	0.578 687	33	9	22.840 24	3.079 153	39	8.80E-06
1.923 112	110	11	10.239	0.581 112	33	17	42.863 12	3.098 578	40	9.57E-06
1.923 008	110	10	48.915 68	0.581 913	33	20	28.191 18	3.104 971	307	9.86E-06
1.923 321	110	11	53.449 36	0.579 496	33	12	9.714 206	3.085 651	308	9.03E-06
1.923 631	110	12	57.400 06	0.577 129	33	4	1.352 102	3.066 587	309	8.43E-06
1.923 938	110	14	0.735 038	0.574 811	32	56	3.338 696	3.047 781	310	8.09E-06
1.924 242	110	15	3.420 138	0.572 545	32	48	15.9	3.029 233	311	8.04E-06
1.924 543	110	16	5.419 501	0.570 331	32	40	39.251 99	3.010 948	312	8.28E-06
1.924 84	110	17	6.695 243	0.568 171	32	33	13.598 07	2.992 927	313	8.78E-06
1.925 133	110	18	7.207 115	0.566 064	32	25	59.126 13	2.975 174	314	9.49E-06

对于附件 3，共有 16 组可能的组合可以较好拟合原始数据，结果如表 9-6 所示。16 组结果基本围绕两个最优解(黄色标注)分布，故可以认定这两组最优解即为满足附件 3 数据的结果。

同附件 2 中结果分析，认为两组解为同一观测点采用同一直杆在不同日期下所测的结果。测量地经度 110°14′23″E，纬度 32°53′15″N，杆长为 3m。测量日期分别为 2 月 7 日和 11 月 8 日。基本和夏至对称分布，结果符合 5.1.3 节的参数分析。

经过经纬定位后，该测量点位于湖北省西北部，其地理位置如图 9-19 所示。

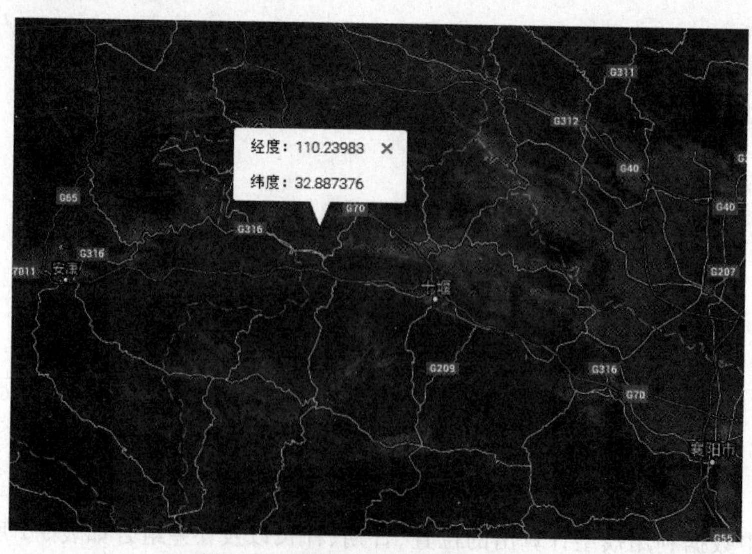

图 9-19　附件 3：观测点地理位置

代入此组参数结果,得到的曲线和原始散点拟合程度如图 9-20 所示,符合要求。

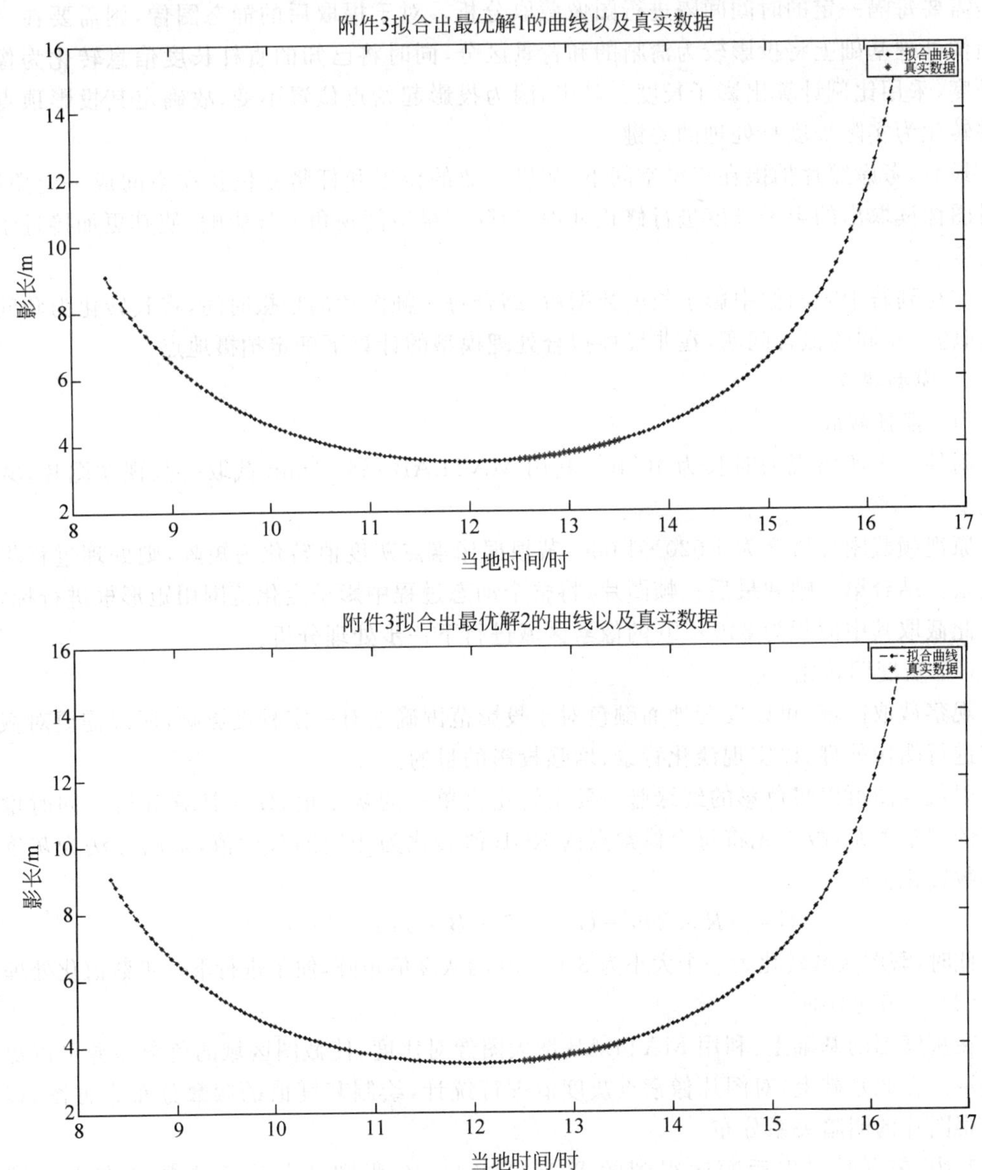

图 9-20 附件 3:两种日期下参数拟合图

3. 动态影长定位模型

1) 模型分析

由影长参数模型和非线性拟合模型,可以在杆长、影长、测量地经纬度坐标、测量日期、测量时刻的组合下由其中部分量之间的关系计算出其余量,实现根据直杆投影变化求解出其实际地理位置的目的。

在实际生活应用当中,每隔若干分钟去精确测量直杆影子变化并且一一记录是不现实的,更多的情况下是采用摄像机对待测直杆投影变化进行视频录制,而其中关键则是如何根据录制的视频提取出有效信息,以代入影长参数模型和非线性拟合模型进行精确定位计算。

由于影长变化速度非常缓慢，对于连续拍摄的视频，无须对每一帧图像进行信息提取，而是需要每隔一定的时间间隔进行图像截取分析。对于提取后的静态图像，则需要在一定的图像处理基础上将投影较为清晰的和背景区分，同时将已知的直杆长度信息转化为像素点长度，采用比例计算出影子长度。其中，因为投影起始点位置不变，故确定其投影顶点位置并转化为实际长度是处理的关键。

最后，考虑照片拍摄在三维空间下，相机摆放的位置和杆竖立位置在空间成一定角度，应对图像读取出的影子长度进行修正处理，消除三维空间视角差异影响，使其更加接近于实际长度。

在得到若干帧图像中影子长度数据后，结合每一帧图片的拍摄时间，将其转化为和问题二、问题三相同的拟合问题，在非线性拟合处理模型的计算下确定拍摄地点。

2）模型建立

(1) 视频截取

附件 4 中所给视频时长为 40′40″，利用 MATLAB 每隔 1min 截取一张视频图片，共计 40 张。

原视频截图分辨率为 1 920×1 080，若根据像素点灰度值转化为矩阵，则处理过程将过于复杂。结合第一帧和最后一帧图片，将整个动态过程中影子变化范围用矩形框进行标定，并由此截取其中面积为 840×40 的像素区域进行下一步处理分析。

(2) 灰度图转化

观察截取区域，可以发现地面颜色对于投影范围确立有一定程度影响，所以需要对截图区域进行图像处理，以实现淡化背景、增强投影的目的。

因灰度图可以将色彩的红绿蓝三要素转化为单一的灰度值，便于计算分析的同时增强图像的明暗关系，故首先将每个像素点的 RGB 值转化为相应的灰度值，采用方法为灰度值的整数转化公式：

$$G = (R \times 299 + G \times 587 + B \times 114 + 500)/1\,000 \tag{36}$$

此时，截图区域转化为一个大小为 840×40 的灰度值矩阵，便于进行下一步数值化处理。

(3) 二值化处理

在灰度图的基础上，利用 MATLAB 增大图像对比度，使截图区域的色彩差异可以更清晰显示。在此基础上，对图片像素点灰度值进行统计，绘制灰度值的频数分布直方图，以清晰观察图片的明暗关系分布。

其中，依据时间先后顺序得到的第 10、20、30、40 张图片灰度值频数分布直方图如图 9-21 所示。

因为在灰度图中，0 代表黑色，255 代表白色，结合以上频数分布直方图的统计数据可以发现大部分像素点灰度值接近白色，小部分接近黑色，分布在中间灰度的点极少。

为进一步突出像素点的明暗对比关系，结合频数分布直方图结果，定义阈值 T 的取值范围为[175,215]，对图像进行二值化处理。

对于该区域内的像素点灰度值 G 二值化，结果 G' 为

$$G' = \begin{cases} 0, & G \in T \\ 255, & G \notin T \end{cases} \tag{37}$$

第 10、20、30、40 张图片在截取后进行灰度图转化和二值化对比结果如图 9-22 所示。

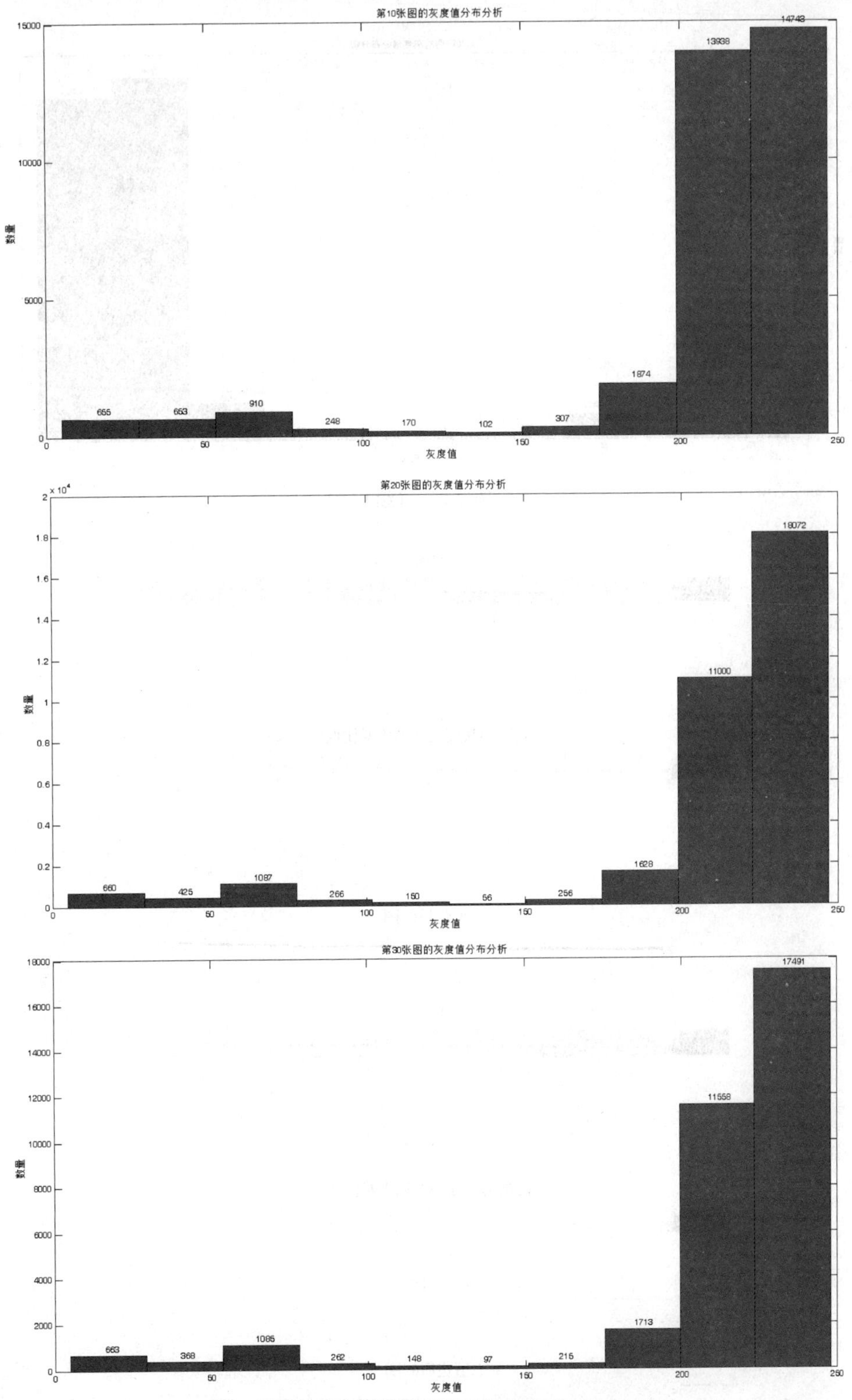

图 9-21 第 10、20、30、40 张图片灰度值频数分布直方图

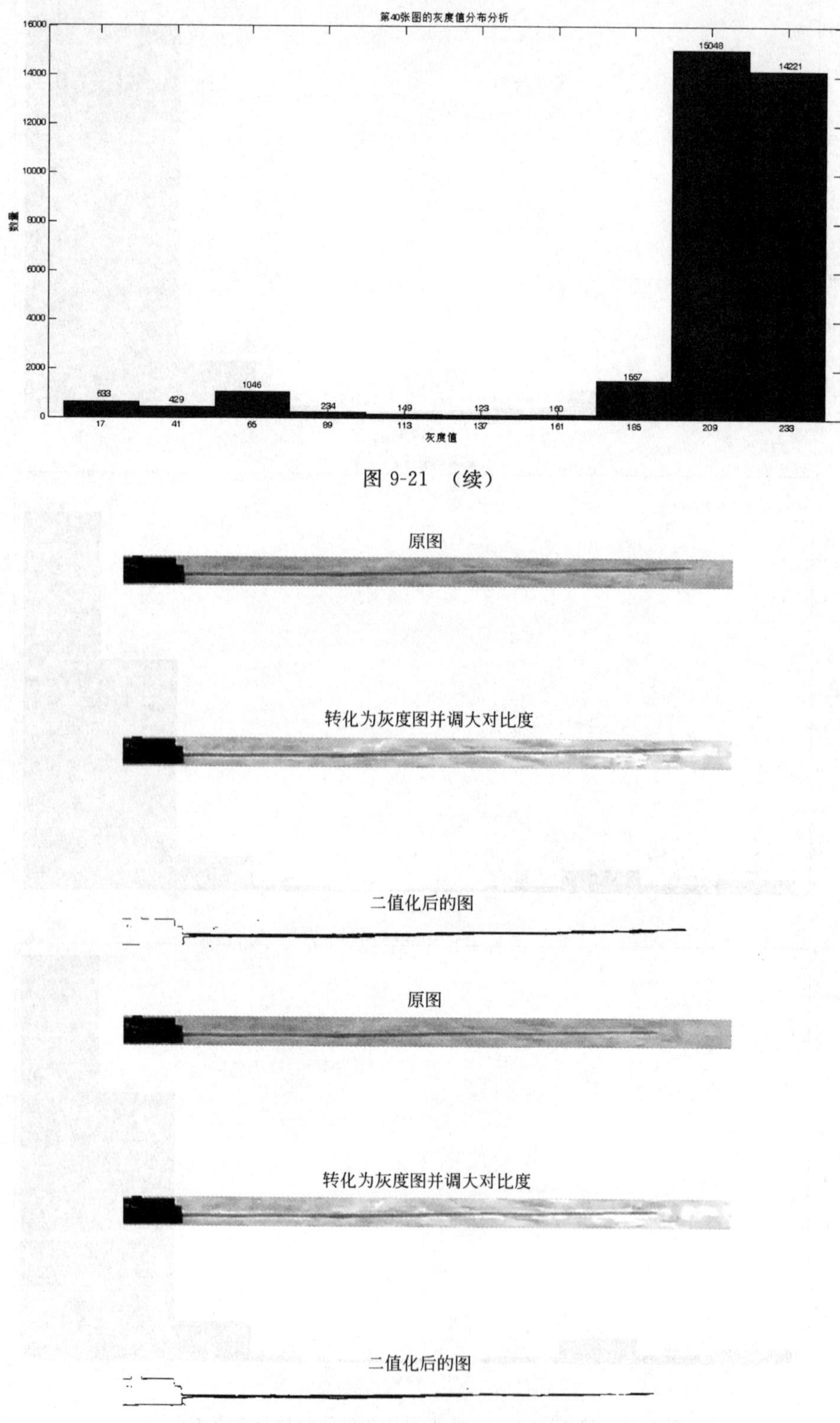

图 9-21 （续）

图 9-22 第 10、20、30、40 张图片截图区原图、灰度图、二值化对比图

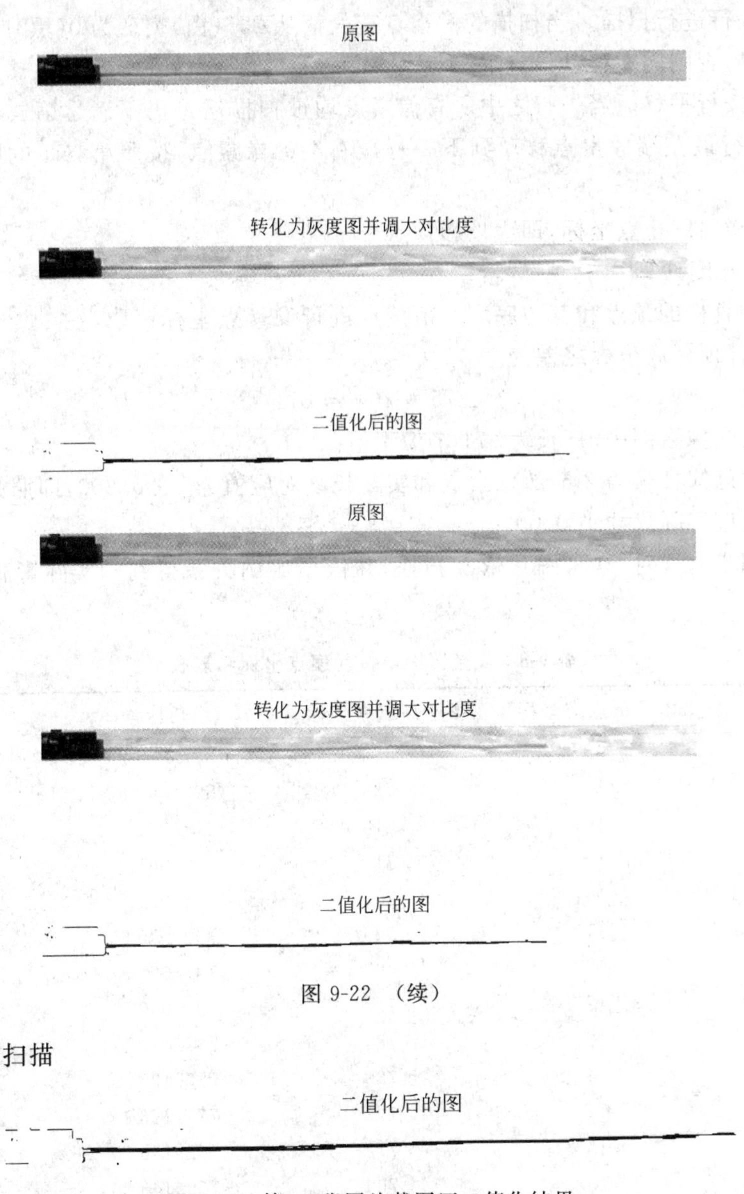

图 9-22　(续)

(4) 顶点扫描

图 9-23　第 10 张图片截图区二值化结果

由图 9-23,可以清晰观察二值化之后的图像直观反映出投影形状和投影顶点位置,且除直杆投影和底座边缘轮廓外,图像无地面干扰点影响;故确立直杆顶点坐标可以采用矩阵扫描分析法。其流程如下:

第一步,构建二值化图像灰度矩阵 $\boldsymbol{M}$ 如下:

$$\boldsymbol{M}=\begin{bmatrix} G_{1,1} & G_{1,2} & \cdots & G_{1,840} \\ \vdots & \vdots & & \vdots \\ G_{40,1} & G_{40,2} & \cdots & G_{40,840} \end{bmatrix} \tag{38}$$

其中 $G_{i,j}$ 表示第 i 行第 j 列元素的灰度值。

第二步,按列扫描。从右上角第一个像素点的坐标(1,840)开始,按纵坐标 j 从大到小的顺序对第一行进行扫描。当扫描的像素点灰度值从 255(白)突变为 0(黑)时,记录此点坐标并停止扫描,否则向左移动检查下一点。

第三步,按行平移。当一行之中所有像素点均被扫描但是仍不满足第二步内扫描停止条件时,从本行最左端像素点移动到下一行最右端的像素点,按照第二步的顺序继续进行分析。

第四步,输出停止点坐标,即为投影顶点。

(5) 投影长度计算

对视频中直杆的顶点和其与底座的衔接点进行像素点坐标读取,在 1 920×1 080 的原图矩阵中,其杆顶杆底坐标之差为

$$875-204=671 \tag{39}$$

可以认为在像素图中,杆长为 671 个像素值。

因题目中已知杆长为 2m,故像素点和实际长度对应值为 1∶0.003,即照片图中一个像素点的长度对应实际尺寸中 0.003m。

按照第四步流程对 40 张图片依次扫描,并依据比例关系得到的实际影长计算结果如表 9-8 所示。

表 9-8 视频截图中投影顶点坐标和影长

图片编号	影子顶点横坐标 x	影子顶点纵坐标 y	影长像素	实际影长
1	8	827	827.038 7	2.437 981
2	10	823	823.060 8	2.425 933
3	10	818	818.061 1	2.410 979
4	10	812	812.061 6	2.393 034
5	10	807	807.062	2.378 08
6	11	800	800.075 6	2.357 107
7	12	797	797.090 3	2.348 099
8	12	792	792.090 9	2.333 145
9	12	787	787.091 5	2.318 191
10	14	780	780.125 6	2.297 195
11	14	777	777.126 1	2.288 222
12	15	772	772.145 7	2.273 244
13	15	769	769.146 3	2.264 271
14	16	765	765.167 3	2.252 287
15	16	759	759.168 6	2.234 341
16	16	752	752.170 2	2.213 404
17	16	747	747.171 3	2.198 449
18	18	744	744.217 7	2.189 446
19	18	739	739.219 2	2.174 491
20	18	735	735.220 4	2.162 527
21	18	728	728.222 5	2.141 59
22	20	726	726.275 4	2.135 594
23	20	723	723.276 6	2.126 621
24	20	718	718.278 5	2.111 666

续表

图片编号	影子顶点横坐标 x	影子顶点纵坐标 y	影长像素	实际影长
25	20	711	711.281 2	2.090 729
26	22	709	709.341 2	2.084 75
27	22	705	705.343 2	2.072 785
28	22	699	699.346 1	2.054 839
29	22	691	691.350 1	2.030 911
30	22	687	687.352 2	2.018 947
31	24	684	684.420 9	2.009 995
32	24	674	674.427 2	1.980 085
33	24	672	672.428 4	1.974 103
34	24	666	666.432 3	1.956 157
35	25	667	667.468 4	1.959 166
36	24	663	663.434 2	1.947 184
37	26	659	659.512 7	1.935 26
38	26	655	655.515 8	1.923 296
39	26	651	651.519	1.911 333
40	26	647	647.522 2	1.899 369

(6) 修正系数

考虑拍摄时三维空间尺寸长度和二维平面的差异，以及拍摄时光线、角度、高度、测量误差等因素的影响，对计算出的影长应考虑添加一修正系数。

最大的误差来自于三维空间和二维图像之间因空间角度差异而引起的长度测量误差，为进行这一误差的修正，对单帧图像进行如下分析。

由图 9-24 可知，从左右两个箱子的顶点沿边长向远方各引三条线可以分别交于 A、B 两点，则过 A、B 两点的连线即为视平线。

图 9-24 单帧图像透视误差分析

记 O 点为影子自底座边沿延伸的起点，OC 为影子在图中的长度，过 O 点作视平线的平行线 OD，并且以 O 为圆心，影长 OC 为半径，画一弧线交 OD 于 E 点。

测量 DE 的长度为 10 像素，故

$$OC = OE = OD + DE = OD + 10 \tag{40}$$

利用式(40)进行简单的透视误差修正，则认定投影实际长度 l 比测量长度小 $10\times 0.003 = 0.03\text{m}$，即

$$l = l_0 - 0.03 \tag{41}$$

(7) 代入计算

根据计算出来的影长和时刻对照关系，结合测量日期，直杆长度等已知条件，类比于问题二，利用影长参数模型和非线性拟合模型，可以计算确定出测量地点。

当拍摄日期未知时，类比于问题三，可以求解出多个参数组合。

3) 模型求解

测量日期已知

根据视频左上角的测量日期，确定为 2015 年 7 月 13 日，则代入模型，计算出的测量地点为：40°36′57″N，111°14′26″E。

经过经纬定位后，该测量点位于内蒙古自治区呼和浩特市，其地理位置如图 9-25 所示。

图 9-25　附件 4：测地点地理位置

测量日期未知

和问题三采用同样算法，当测量日期未知时，代入已知数据，设定误差衡量标准 r 为

$$r < 9.35 \times 10^{-4} \tag{42}$$

求解出一共 52 组数据组合，其日期从 2015 年 5 月 29 日到 2015 年 7 月 18 日均满足上述误差范围，其中包含视频原有日期。

52 组可能解中，最优解为 2015 年 6 月 23 日在 40°55′42″N，110°8′37″E 进行测量。

经过经纬定位后，该测量点位于内蒙古自治区包头，其地理位置如图 9-26 所示。

4. 曲线拟合的可靠性分析

对于实验测量值 y_i 和拟合曲线上数值 $f(x_i)$，定义其残差为

$$r_i = f(x_i) - y_i \quad (i = 1,2,\cdots,n) \tag{43}$$

其残差均值 μ 为

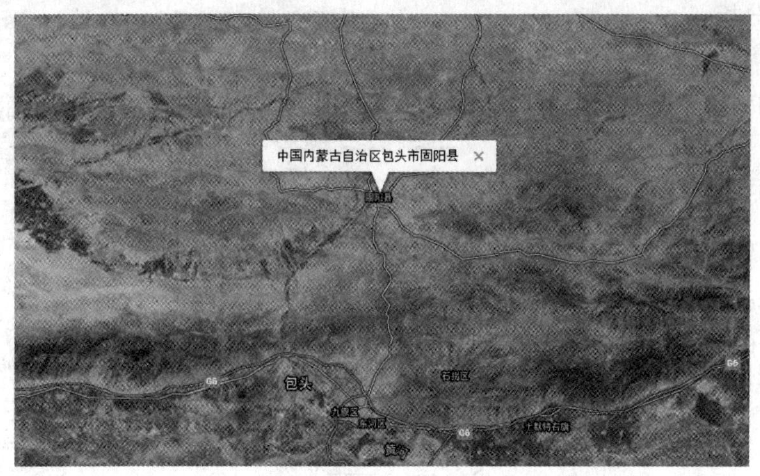

图 9-26　附件 4：最优解测地点地理位置

$$\mu = \frac{1}{n}\sum_{i=1}^{n} r_i \tag{44}$$

定义残差的标准差为

$$\sigma = \sqrt{\frac{1}{n}\sum_{i=1}^{n}(r_i - \mu)^2} \tag{45}$$

定义标准化残差为

$$\sigma^* = \frac{r - \mu}{\sigma} \tag{46}$$

因 σ^* 服从标准正态分布 $N(0,1)$，若

$$|\sigma^*| > 2 \tag{47}$$

则认为该数据是异常数据，将减弱曲线拟合的可靠程度。

对于 n 个参与拟合的数据，若其中有 m 个数据为异常数据，则置信度的修正因子为

$$\alpha = \frac{n - m}{n} \times 100\% \tag{48}$$

因曲线拟合本身的可靠程度为 95%，故对于一组数据，其整体的可靠程度为

$$\beta = 95\%\alpha \tag{49}$$

我们认为当可靠程度 $\beta > 90\%$ 时，即可认定曲线拟合可靠，对上述模型中参与拟合的数据进行可靠性计算，其结果如表 9-9 所示。

表 9-9　曲线拟合可靠性列表

曲线	可靠程度/%
附件 1	87.88
附件 2	87.88
附件 3	90.25
第四题问题一	90.25
第四题问题二	95(最优解)

5. 误差分析

经过分析认为上述模型误差主要存在于视频处理和像素点读取的阶段。读取像素点的操作存在于杆长和影长的计算中，且认为杆长和影长的像素点长度可以变化的范围为±10像素。

对于实际影长 S，可以认为其计算公式为

$$S=\frac{s}{l}\cdot L=\frac{s}{l}\cdot 2 \tag{50}$$

其中，S,L 为实际的影长和杆长，s,l 为像素长度下的影长和杆长。

考虑 s,l 的像素测量变化，定义影长最大长度和最小长度分别为

$$S_{\max}=\frac{s+10}{l-10}\times 2 \tag{51}$$

$$S_{\min}=\frac{s-10}{l+10}\times 2 \tag{52}$$

根据上述公式，利用非线性拟合模型，求得

最大影长对应的最优经纬度：108.754 4E，42.808 3N；

最小影长对应的最优经纬度：110.668 4E，40.870 2N。

通过计算并比较上述两点相对第四题问题一中最优解的距离，得出最大偏差距离为252km，从而得出可行解位于以最优解为圆心，252km 为半径的圆域内，且由表 9-8 可知其可信度为 95%。

9.3.6 模型评价及改进

1. 模型评价

本文从视频拍摄信息分析这一大背景下，通过构建影长参数模型、非线性拟合模型以及动态影长定位模型，从浅入深层层深入分析了如何通过视频中参照物影长变化确定拍摄时间、拍摄地点等信息的方法。

影长参数模型通过太阳高度角巧妙地将杆长、影长等实际测量数据和测量时间、测量地点等因素相连接，通过公式(6)成功给出各参数间的函数对应关系，为非线性拟合提供理论基础。

非线性拟合模型则从应用角度将实验得出的散点数据利用以最小二乘法为核心的优化方法进行曲线拟合，从而求解出未知的各个参量值。再进行逆推，通过赤纬角、时角等参数与测量地经纬度和测量时间的关系，求解出所需信息。

动态影长定位模型则在前两模型基础上，增加图像处理和有效信息提取的流程，将三围、动态的视频转化为二维静态有效投影区域，并利用遍历二值化后的灰度矩阵确定投影顶点像素。这一模型是整个流程的核心，在考虑实际应用时多种复杂因素引起的误差，对其进行较为详细的误差分析，提高定位的精确性。

综上所述，本文在考虑实际应用的基础上对视频投影定位问题进行完整的建模分析，并就其精确性进行专门探讨，增强其可信度，具有较强的实用价值。

2. 模型改进

本文虽然结合实际应用构建三个模型分块并且进行相应的定量计算，但精确程度和误

差因素考虑和消除上仍有一定可以改进的空间:

(1) 对于每一个实际问题,题目中所给数据较少,仅能完成拟合部分,缺乏额外数据进行检验,故若有更多实验数据,可以对模型精确性进一步提高。

(2) 所有人为读取的数据都有存在测量误差,故可以对原始数据准确性进一步提高。

(3) 在影长参数模型中,可以进一步考虑大气折射、太阳方位角等因素影响,对模型进一步修正。

(4) 在非线性拟合模型的 Gauss-Newton 法求解下降方向时,可以考虑采用 Levenbery-Marquardt 法修正每次的迭代参数,使其更加精确。

(5) 在动态影长模型中可以考虑深入分析三维空间因透视关系引起的长度测量变化,必要时可以更换摄像机角度或者同时采用多台摄像机进行拍摄,从而求取出更为精确的投影长度。

9.3.7 参考文献

[1] 王君恒,郭雷,王健楠,王彦国. 地球扁率在其历史上的变化[J]. 地球物理学进展,2010,25(1): 143-150.

[2] 百度百科. 日地距离[OL]. http://baike.baidu.com.

[3] 杜春旭,王普,马重芳,等. 一种高精度太阳位置算法[J]. 新能源与工艺,2010(2): 41-44.

[4] IQBAL M. An Introduction to Solar Radiation[M]. New York: Academic Press,1983.

[5] 百度百科. 北京时间[OL]. http://baike.baidu.com. (2015-9-12).

[6] 姜启源,谢金星,邢文训,张立平. 大学数学实验[M]. 2 版. 北京: 清华大学出版社,2010.

9.4 论文点评

从论文的结构整体上来看,本文比较圆满地解决了竞赛题目中要求的所有问题,论文行文流畅,观点鲜明,各种方法的安排比较合理。特别是摘要的撰写比较好,把题目要求的几问都在摘要中体现出来了,评阅专家也能根据摘要进一步地判断本文所得到结论的优劣;而在问题的重述及分析部分,给出了针对这个问题的总体建模思路和方法,让读者可以从整体上了解作者在面对这样的数学建模问题时的逻辑关系。总的来说,本文是一篇非常优秀的数学建模竞赛论文。

针对问题一构建影长参数模型,本文首先确立出投影长度受测量地纬度、赤纬角、时角、杆长四个因素影响,以上因素均直接或间接取决于测量时间、测量地点。在控制变量基础上分析各参数变化引起的影长变化情况。这一问比较简单,可以直接根据现有资料中的专业知识,就可以很好地回答本题目的要求。

针对问题二反解纬度及当地时间的模型中。本文建立了非线性拟合模型,将散点实验数据和投影参数方程相拟合,利用最小二乘法,将拟合问题转化为无约束非线性规划,从而可以得到问题的解答。

针对问题三的要求,本文完善动态影长定位模型,将原始视频以一分钟为时间间隔单位截取 40 帧,并提取出 840×40 的矩形投影区域,在灰度图转化和增强对比度基础上该区域进行二值化;消除背景噪点影响后采用遍历搜索方式确定投影顶点像素位置,计算出投影像素长度并结合直杆实际长度得出像素和实际长度的比例关系;最后在考虑视角偏差等因素影响后进行误差修正,得出投影实际长度,并拟合回代出视频拍摄时间、拍摄地点等信息。

另外,本文对计算过程中产生的误差进行分析,并对前文每种拟合曲线的可信度采用标准化残差法进行计算,各曲线的拟合可信度均在85%以上,较好符合实际测量数据。另外,重点对第四问图像读取产生的误差进行分析,并转化为实际地图上给出误差区域范围。最后进行综合评价,对模型的优缺点进行分析,增强模型的实用性。

第 10 章 "互联网+"时代的出租车资源配置(2015 B)

10.1 "互联网+"时代的出租车资源配置

出租车是市民出行的重要交通工具之一,"打车难"是人们关注的一个社会热点问题。随着"互联网+"时代的到来,有多家公司依托移动互联网建立了打车软件服务平台,实现了乘客与出租车司机之间的信息互通,同时推出了多种出租车的补贴方案。

请你们搜集相关数据,建立数学模型研究如下问题:

(1) 试建立合理的指标,并分析不同时空出租车资源的"供求匹配"程度。

(2) 分析各公司的出租车补贴方案是否对"缓解打车难"有帮助?

(3) 如果要创建一个新的打车软件服务平台,你们将设计什么样的补贴方案,并论证其合理性。

10.2 问题分析与建模思路概述

1. 试题类型分析

本题要求根据大数据时代下,建立数学模型确定出租车资源的配置问题。主要考查学生搜集数据并利用数据的能力。从竞赛类型上来说,2015 年全国赛的 B 题是一个开放性很强的题目,涉及出租车资源配置的社会热点问题,有很好的发挥空间和余地。当然,这类问题对于参赛选手的数据搜集及处理等能力提出了很高的要求,而在数据的分析与处理等方面也能体现学生的水平和能力。

2. 题目要求及思路概述

问题一要求建立合理的指标,并分析不同时空出租车资源的匹配程度。在找到某些典型数据的基础上,通过分析定义能够反映不同时空变化规律的合理性供求关系指标。如可以建立以评价为主体的函数关系,对供求关系的时间、空间的分布规律和匹配程度进行具体的分析讨论。需要注意的是供求关系指标的定义方法是不唯一的,主要看是否能够反映出租车的供求关系,并自圆其说就可以。

问题二要求分析各公司的出租车补贴方案是否对"缓解打车难"有帮助。这个问题可以从不同的角度做定性定量分析,但是最好的方法是有具体的数学模型的定量分析。在问题一评价模型的基础上可以有多种模型,如以公司出发的话要求更多的盈利,而从乘客来说考虑更多的则是能否尽快打上车,出发点不同则得到的观点和结论也必然不同,所以对于得到的观点必须有充分与合理的论证，当然采用实际数据分析将增分不少。

问题三要求设计更为合理的补贴方案。这一问的发挥余地很大，但是需要和上述问题一、二有关系，所提出的合理的补贴方案需要有针对性的缓解打车难的问题。也有很多方法来给出这个问题的分析，如一种补贴方案其实就是在不同价格基础上不同比例的增值，即是非等额补贴的形式，也可以看成个人所得税的逆过程。而补贴方案的合理性是本问的核心部分，无论提出如何的补贴方案，对于方案的合理性或者可行性都应该给出检验。

10.3 获奖论文——“互联网＋”时代的出租车资源合理配置问题

作　　者：曹越　王舜　周昊苏

指导教师：李学文

获奖情况：2015 全国数学建模竞赛二等奖

摘要

本文主要采用层次分析、主成分回归分析和定性分析的方法，对北京市不同时空出租车资源的“匹配程度”以及对出租车进行补贴的合理性问题进行了深入探讨，并得出了合理的结论。

问题一中，我们首先采用主成分回归分析方法预测北京市出租车的需求量，发现自2007年开始北京市的出租车数量存在不足的情况，并且供求比越来越不平衡。接着我们分别就北京市不同区域和不同时间段，通过导入相关数据并建立层次分析模型来研究其“供求匹配”程度的情况。最终得出结论：北京市不同区域“供求匹配”程度不同，在二环以内和五环以外出租车的供求比低于1/3，在二环～五环的区域内供求比相对较为平衡。

问题二中，我们分别针对乘客进行补贴和对司机进行补贴这两部分进行定性分析，并且提出了“司机载客倾向”这一抽象模型，对其进行量化分析。最终我们得出结论：各公司的补贴方案中，对乘客进行补贴的部分对缓解“打车难”并无作用，对司机进行补贴的部分对缓解“打车难”有一定的作用。

问题三中，我们针对问题二中各公司的补贴方案可能会造成亏本，提出了一种能带来收益的补贴方案：对乘客拼车进行补贴。我们首先通过数据计算得大约有3.45％的乘客符合合乘条件，从而证明了对乘客拼车进行补贴这一方案是可行的。接着，我们引入“乘客拼车接受度”这一抽象模型，通过收集数据并计算，最终得出对乘客拼车补贴30％时可以获得最大收益，与不补贴相比，其收益理论上能提高20％。同时该方案对缓解“打车难”也有一定帮助。

最后，我们对模型的优缺点进行了评价，提出了模型改进的方向和推广方案。

关键词：主成分回归分析　层次分析　定性分析　出租车资源　出租车补贴

10.3.1 问题重述

1. 引言

随着互联网技术的高度发展和人们出行观念的不断变化，出租车行业也逐步进入了“互联网＋”时代。2012年国内第一家打车软件服务平台“摇摇招车”在北京成立，开启了打车软件发展的热潮,滴滴、快的纷纷崛起并迅速占领国内市场,Uber 等国外品牌也跃跃欲试,他们不仅颠覆了传统的乘客与司机之间的信息交换模式,还推出了各种类型的补贴以更有效地占领市场。2013 年以来阿里和腾讯等互联网巨头的介入更是将之带入了一个新高度,也使得"互联网+"时代的出租车资源配置问题成为时下的热点之一。

2. 问题提出

自行搜集数据,并建立合理的模型分析以下问题:

(1) 建立合理的指标,分析在不同的时间、空间条件下出租车资源的"供求匹配"程度。

(2) 通过研究并简化"滴滴""快的"等具有代表性的打车软件公司的补贴方案,分析出租车的补贴方案是否有利于缓解"打车难"的问题。

(3) 假定要成立一个新的打车软件平台,设计一套补贴方案并论证其合理性。

10.3.2 问题分析

本题开放性较强,以"打车难"为背景,要求分析不同时空出租车资源的"供求匹配"程度以及各公司出台的补贴方案对缓解"打车难"是否有帮助,并给出自己的补贴方案。

我们选取北京市为研究对象。在研究的过程中我们通过查询资料得知造成"打车难"的一个很重要的因素是出租车数量不足,对此我们先对北京市出租车数量是否合理进行研究。我们得知北京市的出租车数目自 2006 年后保持不变[3],故我们对 1996—2006 年的数据进行主成分回归分析,得到了北京市出租车数量与相关因素的关系,预测出了北京市合理的出租车数量。这一步工作即能说明北京市近年来"供求匹配"越来越不平衡,同时也是我们进行下一步研究提供了参考。

问题一要求分析不同时空出租车资源的"供求匹配"程度。对于研究不同空间出租车资源的"供求匹配"程度,我们固定一个时间点,并将空间划分为二环以内、二环～三环、三环～四环、四环～五环以及五环以外,通过导入相关数据、建立层次分析模型来分析各个地区出租车资源的"供求匹配"程度。对于研究不同时间出租车资源的"供求匹配"程度,我们固定一个空间位置,并将研究的时间定为 0 时、8 时(早高峰)、12 时及 18 时(晚高峰),同样通过层次分析模型来分析各个时间点出租车资源的"供求匹配"程度。

问题二要求分析各公司的出租车补贴方案是否对"缓解打车难"有帮助。我们搜集了各个公司的补贴方案,发现这些补贴方案基本上采用"司机补贴+乘客补贴"的模式,差异只在于补贴金额的不同以及分配比例的不同。因此,我们分别就对乘客进行补贴和对司机进行补贴进行定性和定量分析,探究其是否对缓解"打车难"有帮助。

问题三要求设计一种新的补贴方案并论述其合理性。在对问题二的研究过程中,我们发现各公司的补贴方案对提高自身收益基本上没有什么帮助,甚至会亏本,对此我们计划设计一种能带来收益的补贴方案。经过分析之后,我们决定采用对乘客拼车进行补贴的补贴方式。我们首先通过统计计算证明确实有相当一部分乘客满足合乘条件,也即存在拼车的市场。在此基础上我们对乘客拼车的接受程度进行分析,提出了一种较为合适的对乘客拼车进行补贴的方案。

10.3.3 模型假设

(1) 2006 年之前北京市出租车数量是根据北京市出租车需求量调控的。

(2) 2006 年以后北京市的出租车数量保持在 66 646 辆不变。

(3) 司机与乘客的行为均符合“经济人”假设,不受次要因素的干扰。

(4) 在研究合乘问题时,只考虑两组乘客上车地点和下车地点直线距离均小于 1km 的情况。

10.3.4 符号说明

CI：一致性指标；

RI：随机一致性指标；

CR：一致性比率；

a_{ij}：原指标 j 中元素 i 的值；

b_{ij}：经过 0-1 变换后指标 j 中元素 i 的值；

$a_j^{\max}$：指标 j 的最大值；

$a_j^{\min}$：指标 j 的最小值；

$\boldsymbol{\omega}$：权向量；

c_n：n 时刻出租车的数量；

x：月补贴额(单位：百元)；

y：司机的载客倾向；

h：乘客对于合乘的接受度；

k：合乘的付费比率；

C：总乘客人数；

S：公司总收入；

$s_{\max}$：最大收入。

10.3.5 模型的建立和求解

问题一

1. 预测北京市出租车需求量的主成分回归模型

在此模型中,我们分析 2006—2014 年北京市出租车的数量是否合理。

1) 模型的准备

首先,我们认为影响出租车需求量的主要因素有：(1)北京市人口总数；(2)北京市的城市化率(城镇人口占总人口数的比例)；(3)北京市人均可支配收入；(4)北京市公共交通客运总量；(5)北京市私家车数目；(6)北京市城市布局；(7)北京市政府的相关政策。由于数据缺失,我们只研究前 5 个因素对出租车需求量的影响。我们得知由于自 2006 年起,北京市政府严格控制出租车数量,致使北京市的出租车数量从 2006 年起一直保持在 66 646 辆。为了便于预测出北京市出租车数量的合理值,此处我们假设在 2006 年之前北京市出租车数量是受到北京市出租车的需求量调控的。

通过查询相关资料[8,9],我们得到如下信息(表 10-1)。

表 10-1 北京市出租车历年数量及影响因素

时间	北京人口/万人	城市化率/%	人均可支配收入/元	公交客运量/万人次	私家车数量/万辆	出租车数量/辆
1996	1 259.4	76.06	6 885	349 847	17.36	53 246
1997	1 240.0	74.67	7 813	391 182	29.76	54 094
1998	1 245.6	76.89	8 472	418 825	40.75	55 332
1999	1 257.2	77.29	9 182	426 706	44.74	55 856
2000	1 363.6	77.54	10 350	406 691	49.40	65 127
2001	1 385.1	78.06	11 578	449 720	62.40	65 155
2002	1 423.2	78.56	12 464	492 122	81.10	65 805
2003	1 456.4	79.05	13 883	426 628	107.10	65 984
2004	1 492.7	79.53	15 638	499 830	125.20	65 999
2005	1 538.0	83.62	17 653	517 769	149.30	66 000
2006	1 601.0	84.33	19 978	468 225	181.00	66 646
2007	1 676.0	84.50	21 990	488 138	212.10	66 646
2008	1 771.0	84.90	24 725	592 523	248.30	66 646
2009	1 860.0	85.01	26 738	658 785	300.30	66 646
2010	1 961.9	85.96	29 073	689 788	374.40	66 646
2011	2 018.6	86.23	32 903	722 552	389.70	66 646
2012	2 069.3	86.20	36 469	761 578	407.50	66 646
2013	2 114.8	86.30	40 321	804 775	426.50	66 646
2014	2 151.6	86.40	43 910	863 300	437.20	66 646

由于上述5个自变量之间可能存在高度相关关系(例如北京市人口总数和北京市私家车数目之间有很大可能存在线性相关关系),因此若使用多元线性回归分析方法有可能解释变量之间会出现多重共线性,造成结果不精确。为了消除变量之间的多重共线性,我们采用主成分回归分析方法[2]。

主成分回归分析是估计参数的一种方法,它的优点在于可以消除变量间的多重共线性。主成分回归分析方法采用的是将原来的回归自变量变换到另一组变量,即主成分,选择其中一部分重要的主成分作为新的自变量,丢弃了一部分影响不大的自变量,实际上达到了降维的目的。

2) 模型的求解

首先,我们得到标准化的相关系数矩阵:

$$
\boldsymbol{S}_{5\times5}=\begin{bmatrix}1.0000 & 0.9219 & 0.9794 & 0.7655 & 0.9636\\ 0.9219 & 1.0000 & 0.9553 & 0.7388 & 0.9517\\ 0.9794 & 0.9553 & 1.0000 & 0.7968 & 0.9947\\ 0.7655 & 0.7388 & 0.7968 & 1.0000 & 0.7756\\ 0.9536 & 0.9517 & 0.9947 & 0.7756 & 1.0000\end{bmatrix}
$$

用MATLAB计算其特征根及贡献率,得表10-2。

表 10-2 相关系数矩阵的特征根及贡献率

序号	特征根	贡献率	累计贡献率	序号	特征根	贡献率	累计贡献率
1	4.550 6	91.011 3	0.910 1	4	0.031 7	0.634 9	0.999 6
2	0.335 3	6.706 3	0.977 2	5	0.001 9	0.038 9	1
3	0.080 4	1.608 6	0.993 3				

可以看出,前两个特征根的累积贡献率就达到97%以上,主成分分析效果很好。我们提取前两个主成分进行回归分析,根据前两个特征根对应的特征向量,求得两个主成分分别为

$$z_1 = 0.4566\,\tilde{x}_1 + 0.4505\,\tilde{x}_2 + 0.4658\,\tilde{x}_3 + 0.3976\,\tilde{x}_4 + 0.4620\,\tilde{x}_5$$

$$z_2 = -0.1908\,\tilde{x}_1 - 0.2629\,\tilde{x}_2 - 0.1469\,\tilde{x}_3 + 0.9140\,\tilde{x}_4 - 0.1936\,\tilde{x}_5$$

其中第一主成分表示了北京市人口、城镇化率、人均可支配收入及私家车数量与出租车数量的关系,第二主成分主要表示了公交客运量与出租车数量的关系。求得原始变量的主成分回归方程为

$$\hat{y} = 14\,192.5 + 6.4021x_1 + 24\,679.5864x_2 + 0.2071x_3 + 0.0351x_4 + 15.4633x_5$$

其可决系数 $R^2=0.936$,说明出租车合理数量的93.6%可由该模型确定。

根据上述回归方程我们计算得2007—2014年出租车需求量以及供求比如下(表10-3)。

表10-3　2007—2014年北京市出租车供求情况表

年份	出租车实际数量/辆	出租车需求量/辆	供求比/%
2007	66 646	70 762	94.18
2008	66 646	76 263	87.39
2009	66 646	80 409	82.88
2010	66 646	84 014	79.33
2011	66 646	86 625	76.94
2012	66 646	89 327	74.61
2013	66 646	92 252	72.24
2014	66 646	95 477	69.80

3) 结果分析

结合表中数据不难看出,北京市出租车的供求比在逐年下降,2012年之后下降到了75%以下,说明供不应求的现象越来越严重,这是导致"打车难"的一个重要原因。

2. 分析北京市不同地区出租车供求匹配程度的模型

1) 模型的准备

我们取9月5日0时北京市出租车分布情况加以分析,从而得出不同地区出租车的供求匹配程度。为方便起见,我们将北京市划分为二环以内、二环~三环、三环~四环、四环~五环以及五环以外这五个地区。通过导入苍穹北京[7]的数据,我们得到以下信息(表10-4)。

表10-4　不同地区相关数据

地理位置	打车难易程度	打车需求指数	被抢单时间/s	车费/元	出租车估计数量/辆
二环以内	1.6	20.9	64.9	101.3	6 918
二环~三环	1.9	19.0	37.0	38.7	17 601
三环~四环	2.0	20.6	39.7	51.7	20 094
四环~五环	1.6	15.8	29.8	47.9	15 841
五环以外	1.4	17.2	36.2	34.5	6 191

由于苍穹北京提供的数据只是通过打车软件打车的数据,为方便起见,这里我们约定传统出租车的各个指标的值与使用打车软件的出租车的各个指标的值基本一致,无太大偏差。在表 10-1 的各项指标中,出租车的需求量跟打车难易程度、打车需求指数、被抢单时间以及车费有关。由于我们无法通过查询相关文献得知由这 4 项数据如何确定出租车的合理数量,故我们设法通过层次分析法来得出各个地区的需求量的大致比例,再结合总的出租车数量来推算出各个地区的出租车的合理数量。

2) 层次分析模型的建立

我们建立的层次分析模型如下(图 10-1)。

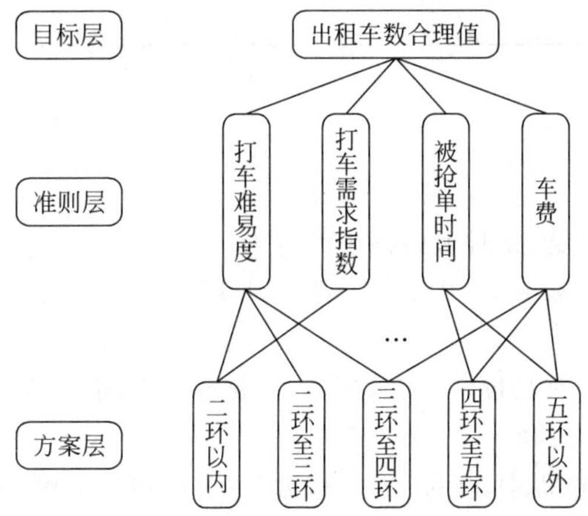

图 10-1 确定出租车合理数量的层次结构

我们采用 Saaty9 级标度法,构造准则层对目标层内部的一致性矩阵:

$$\boldsymbol{A}=\begin{pmatrix}1 & \frac{1}{3} & 2 & 3\\ 3 & 1 & 3 & 5\\ \frac{1}{2} & \frac{1}{3} & 1 & 2\\ \frac{1}{3} & \frac{1}{5} & \frac{1}{2} & 1\end{pmatrix}$$

一致性矩阵的任一列向量都是特征向量,正互反矩阵的一致性较好,数学上已经证明,其列向量应为近似特征向量,故可取其某一意义下的平均作为特征向量的近似解。

首先,我们按列向量对一致性矩阵进行归一化。然后,我们按列向量对一致性矩阵求和并归一化,得到特征向量:

$$\boldsymbol{A}'=\begin{pmatrix}0.2069 & 0.1786 & 0.3077 & 0.2727\\ 0.6207 & 0.5357 & 0.4615 & 0.4545\\ 0.1034 & 0.1786 & 0.1538 & 0.1818\\ 0.0690 & 0.1071 & 0.0769 & 0.0909\end{pmatrix}\rightarrow\begin{pmatrix}0.966\\ 2.072\\ 0.618\\ 0.344\end{pmatrix},\quad \boldsymbol{\omega}=\begin{pmatrix}0.242\\ 0.518\\ 0.154\\ 0.086\end{pmatrix}$$

$\boldsymbol{A}'\boldsymbol{\omega}=(0.981\quad 2.136\quad 0.620\quad 0.347)^{\mathrm{T}}$,

根据特征向量求解特征值:

$$\lambda = \frac{1}{4}\left(\frac{0.981}{0.242}+\frac{2.136}{0.518}+\frac{0.620}{0.154}+\frac{0.347}{0.086}\right)=4.060 \tag{1}$$

接下来计算一致性指标：

$$\mathrm{CI}=\frac{\lambda-n}{n-1}=\frac{4.060-4}{4-1}=0.02 \tag{2}$$

查询表 10-5 可知 RI＝0.9。

表 10-5　随机一致性指标 RI 表

n	1	2	3	4	5	6	7	8
RI	0	0	0.58	0.9	1.12	1.24	1.32	1.41

故一致性比率指标

$$\mathrm{CR}=\frac{\mathrm{CI}}{\mathrm{RI}}=\frac{0.02}{0.9}=0.022<0.1 \tag{3}$$

矩阵的一致性可以接受，此时求得特征向量为

$$\boldsymbol{\omega}=(0.242\quad 0.578\quad 0.154\quad 0.086)^{\mathrm{T}}$$

也即各指标的权重为

$$\begin{array}{ccccc} & \text{打车难易度} & \text{需求指数} & \text{被抢单时间} & \text{车费} \\ \boldsymbol{\omega}=(& 0.242 & 0.578 & 0.154 & 0.086)^{\mathrm{T}} \end{array}$$

可以看出，在该决策过程中，指标"需求指数"主要影响了出租车数量的合理值。

3）模型的求解和分析

我们先对表 10-6 的数据进行标准化处理。我们采用标准 0-1 变换，使每个属性变换后的最优值为 1 且最差值为 0。

指标打车难易程度和被抢单时间属于成本型属性，令

$$b_{ij}=\frac{a_j^{\max}-a_{ij}}{a_j^{\max}-a_j^{\min}} \tag{4}$$

打车需求指数和车费属于效益型属性，令

$$b_{ij}=\frac{a_{ij}-a_j^{\min}}{a_j^{\max}-a_j^{\min}} \tag{5}$$

其中 $a_j^{\max}$ 为指标 j 的最大值，$a_j^{\min}$ 为指标 j 的最小值，a_{ij} 为原指标 j 中元素 i 的值，b_{ij} 为经过 0-1 变换后指标 j 中元素 i 的值。

通过上述规则得到各指标参数的归一化结果如表 10-6 所示。

表 10-6　数据 0-1 标准化后的结果

地理位置	打车难易程度	打车需求指数	被抢单时间	车费
二环以内	0.6667	1.0000	0.0000	1.0000
二环～三环	0.1667	0.6275	0.7949	0.0629
三环～四环	0.0000	0.9412	0.7179	0.2575
四环～五环	0.6667	0.0000	1.0000	0.2006
五环以外	1.0000	0.2745	0.8177	0.0000

由表 10-6 及权重$\boldsymbol{\omega}$，我们得出上述 5 个地区的合理的出租车的数量之比为

二环以内	二环～三环	三环～四环	四环～五环	五环以外
(0.765 3	0.493 4	0.620 2	0.332 6	0.510 1)

根据此数据,并结合北京市出租车的总需求量,通过按上述比例进行分配,便可求出各地区出租车大致的需求量。

由于我们缺少2015年北京市出租车需求量数据,因此我们根据表10-1,2007—2014年的数据,通过灰色GM(1,1)模型来预测2015年北京市出租车的需求量。我们实现了这个算法,得到北京市2015年出租车需求量为99 326台。根据这个数据,我们可以得出各地区的"供求匹配"情况(表10-7)。

表10-7 北京市不同地区供求匹配情况

地理位置	出租车实际数量/辆	出租车需求量/辆	供求比/%
二环以内	6 918	30 473	22.70
二环～三环	17 601	19 638	89.63
三环～四环	20 094	24 695	81.37
四环～五环	15 841	13 243	119.62
五环以外	6 191	20 311	30.48

由表10-7可以看出,北京市在二环和五环之间出租车供需匹配是基本上平衡的,但二环以内和五环以外供求比严重失衡,出租车的实际数量远小于其需求量,其供需比均小于1/3。

为验证这一结果的可靠性,我们导出了苍穹北京[7]的地图信息,如图10-2所示。

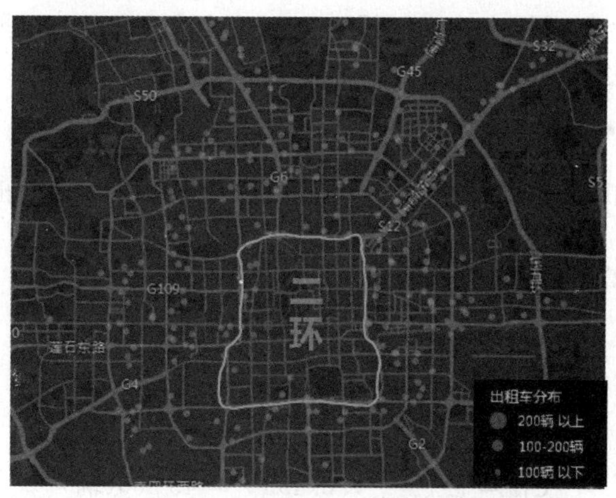

图10-2 9月5日0时北京市出租车分布情况

由图10-2可以明显看出,北京市出租车大部分均集中分布在二环和五环之间,而二环以内和五环以外的出租车数量明显不足。这与我们模型得出的结果基本一致,说明了我们模型的可靠性。

3. 分析不同北京市不同时间出租车供求匹配程度的模型

1) 模型的准备

类似于模型二,我们分析9月5日北京市四环以内0时、8时、12时及18时这4个时间段的供求匹配程度。通过导入苍穹北京[7]的数据,我们得到以下信息(表 10-8)。

表 10-8　北京市四环以内各个时间相关数据

时间	打车难易程度	打车需求指数	被抢单时间/s	车费/元	出租车数量/辆
0 时	2.38	59.61	59.84	52.14	3 107
8 时	1.23	35.88	66.38	59.67	5 981
12 时	2.46	33.89	48.88	191.33	10 337
18 时	1.62	40.5	47.65	73.78	8 247

同模型二,我们假设传统出租车的各个指标的值与使用打车软件的出租车的各个指标的值基本一致,无太大偏差。

2) 模型的求解和分析

将表 10-8 的数据进行 0-1 标准变换,得到如下结果(表 10-9)。

表 10-9　数据 0-1 标准化后的结果

时间	打车难易程度	打车需求指数	被抢单时间	车费
0 时	0.033 6	1.000 0	0.349 2	0.000 0
8 时	1.000 0	0.077 4	0.000 0	0.054 1
12 时	0	0.000 0	0.934 3	1.000 0
18 时	0.806 7	0.257 0	1.000 0	0.155 5

再利用模型二中得出的各个指标的权重

$$\begin{array}{lcccc} & \text{打车难易度} & \text{需求指数} & \text{被抢单时间} & \text{车费} \\ \boldsymbol{\omega} = (& 0.242 & 0.578 & 0.154 & 0.086)^{\mathrm{T}} \end{array}$$

便可得出各个时间的合理的出租车数量的比例为

$$\begin{array}{cccc} 0\text{时} & 8\text{时} & 12\text{时} & 18\text{时} \\ (0.579\,9 & 0.286\,7 & 0.229\,9 & 0.495\,7) \end{array}$$

又根据模型二,我们可以估算出北京市在 0 时四环以内的合理的出租车的数目为

$$C_0 = 30\,473 + 19\,638 + 24\,695 = 74\,806(\text{辆}) \tag{6}$$

据此,我们可以算出各个时间出租车数量的合理值为

$$C_8 = \frac{74\,806}{0.579\,9} \times 0.286\,7 = 36\,984(\text{辆})$$

$$C_{12} = \frac{74\,806}{0.579\,9} \times 0.229\,9 = 29\,657(\text{辆})$$

$$C_{18} = \frac{74\,806}{0.813\,8} \times 0.495\,7 = 45\,566(\text{辆})$$

计算各个时间的供求关系,得到如下结果(表 10-10)。

表 10-10　北京市四环内各时间出租车数量的供求关系

时间	出租车实际数量/辆	出租车需求量/辆	供求比/%
0 时	13 409	74 806	17.93
8 时	25 813	36 984	69.80
12 时	44 613	29 657	150.43
18 时	35 592	45 566	78.11

从表 10-10 中可以看出,北京在 0 时出租车供求关系存在着相当的失衡问题,实际出租车数量远小于需求量。因为 0 时公交车与地铁基本处于停运状态,出租车相对较多,但同比别的时间段依旧较少,所以这时想要出行的人们对出租车的需求较大,供求比严重失衡,这与实际相符。在别的时候也存在着不同程度下的供求比失衡的情况。

问题二

1) 模型的准备

首先,我们通过查询相关资料[4],得知造成“打车难”的原因主要有如下几点:

(1) 出租车绝对数量供给不足。2006 年起,北京市严格控制出租车数量,致使出租车数量始终保持在 66 600 辆左右。然而在模型一中我们通过主成分回归分析计算得 2014 年北京的理想数量应该在 95 477 辆左右,因此北京市的出租车数量出现了严重“供不应求”的情况,这是导致“打车难”的主要原因。

(2) 出租车相对数量供给不足。造成这种现象的原因是信息不对称,即人找不到车,车也找不到人。一方面,北京市“打车难”的现象十分严重;另一方面,北京市出租车空载率又在 30%～40%[6],这说明信息不对称是“打车难”的重要原因。

(3) 出租车司机利益冲突,部分司机选择性停运。出租车司机出行往往会出于自身利益的最大化考虑,当司机觉得亏本时,便不愿意出车或选择性出车。出租车司机亏本的原因主要有三个:①份子钱高,成本高;②道路拥堵,时间成本高,出车效率低;③司机倾向于往更容易载到客人的城区跑,而更不愿意往偏远的地区跑。

由此可见,缓解“打车难”,可以从提高出租车数量、提高信息匹配效率以及对出租司机进行适当补贴等方面考虑。但由于在《北京市人民政府关于加强出租车汽车行业管理的意见》中明确规定北京市出租车的数量应该维持在 6.66 万辆,因此通过增加出租车数量来缓解“打车难”是不现实的。但我们注意到北京市出租车的空载率在 30%～40%[6],也就是说在任何时刻都有 19 980～26 640 辆出租车是处于空载情况的,因此可以通过降低出租车的空载率来间接的达到提高出租车运力的目的。

我们通过查询相关资料,得到滴滴和快的公司的补贴方案如下(表 10-11、表 10-12)。

表 10-11 滴滴打车补贴方案

时间	补贴方案
1 月 10 日	乘客减 10 元,司机奖 10 元
2 月 17 日	乘客返现 10～15 元,司机首单奖 50 元
2 月 18 日	乘客返现 12～20 元
3 月 7 日	乘客每单随机减免 6～15 元
3 月 23 日	乘客返现 3～5 元
5 月 17 日	乘客补贴归零
7 月 9 日	司机补贴 2 元
8 月 12 日	取消对司机补贴

表 10-12 快的打车补贴方案

时间	补贴方案
1 月 20 日	乘客返现 10 元,司机奖励 10 元
2 月 17 日	乘客返现 11 元,司机奖励 5～11 元
2 月 18 日	乘客返现 13 元
3 月 4 日	乘客返现 10 元
3 月 5 日	乘客补贴 5 元
3 月 22 日	乘客补贴 3～5 元
5 月 17 日	乘客补贴归零
7 月 9 日	司机补贴 2 元
8 月 9 日	取消对司机补贴

我们发现,这两家公司的在各个时期的补贴方式基本上都是“司机补贴＋乘客补贴”的模式,差异在于补贴金额的不同以及分配比例的不同的,因此我们将其抽象并统一为以补贴金额为变量的定额补贴模式。对此,我们分别对“乘客补贴”和“司机补贴”这两部分对于缓解“打车难”的作用进行定性分析。

2) 模型的求解

1° 乘客补贴

根据我们之前的分析,要判断对乘客进行补贴是否能缓解“打车难”,只需分析其是否能降低空载率或是否能提高信息匹配的效率。一方面,补贴乘客虽然会让更多的人选择使用打车软件出行,但在假定软件系统本身没有改进的情况下,信息匹配的效率难以得到实质的提高,反而会因为订单量的迅速增加出现混乱,因此补贴乘客无法提高信息匹配效率。另一方面,空载率的产生除了信息匹配效率低等原因,大部分是出于司机方面,如挑活、拒载等行为,补贴乘客并未给予司机利益,也未能加以有效的限制,相当一部分司机仍然会从自身利益出发,产生“挑肥拣瘦”之类的行为,而且由于软件约车的激增,招手打车将变得更加困难,这相当于增加了一定时段内的空载率,因此补贴乘客也不能有效降低空载率。综上所述,我们认为对乘客进行补贴仅仅是公司为了抢占市场的一种商业手段,对于缓解“打车难”这一问题并无太大帮助。

2° 司机补贴

类似于 1°的分析,在软件系统本身不进行改进的情况下,补贴司机同样难以实质性地提高信息匹配效率。但是另一方面,对司机进行补贴显然能够给司机带来一定的额外收益,从而提高司机的载客积极性,由于补贴的驱动,在某些情况下,司机有可能会选择一些从前不愿意去接受的单,空载率从而得到了降低,出租车资源的利用率有了提高。下面我们通过建立司机载客倾向和补贴额的函数表达式来对这一过程进行细化量化分析。

为了方便建立关系,我们用司机每个月的总补贴额来代替每次下单的补贴额。记公司对司机每个月的补贴额为 x(百元),司机的载客倾向为 $y=f(x)$,其中 $y\in[0,1)$。y 与 x 应满足下列条件:

① 补贴额越高,司机的载客倾向也越高,即 y 随着 x 的增加而增加,这可以理解为司机的工资越高,其积极性也越高。

② 当补贴额为 0 时,司机载客倾向的初始值为一个位于区间(0,1)的常数,即 $f(0)=$

$y_0 \in (0,1)$。

③ 当补贴额较少时,司机倾向的增加大致与补贴额的增加成正比。

④ 当补贴额较大,渐进于正无穷时,司机的载客倾向将趋于1。

我们选取的一个符合上述条件的指数增长模型[1]如下:

$$y = f(x) = (1 - y_0)(1 - e^{-\beta x}) + y_0, \quad y_0 \in (0,1) \tag{7}$$

鉴于北京市出租车的空载率在30%～40%,我们取定司机载客倾向的初始值为0.7,即在上述表达式中,取 $y_0 = 0.7$。结合补贴额和司机收入的实际情况,我们估计 β 的范围在 -0.028～-0.018 之间,不妨取 β 为 -0.023(我们会在灵敏度分析中详细分析 β 值对结果的影响)。此时得到的函数表达式如下:

$$y = 0.3 \times (1 - e^{-0.023x}) + 0.7 \tag{8}$$

通过MATLAB画出的函数图像如下(图10-3)。

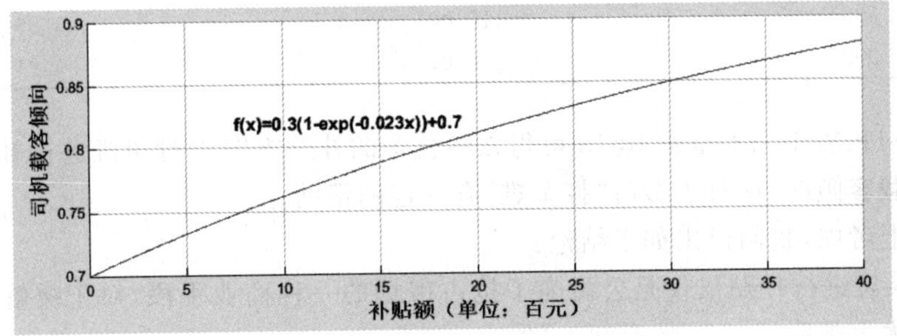

图10-3 司机载客倾向与补贴额的关系

3) 结果分析

结合图10-3可以说明,对司机进行补贴能够提高司机的载客倾向,进而对缓解“打车难”有所帮助。

同时考虑到实际情况,司机的载客倾向不可能无限接近1,各公司的补贴额也不可能无限地增长,我们联系化工生产中投入产出效率的研究方法,期望通过研究导数的变化,找出补贴额的上限,也就是最佳补贴额,即当补贴额超过此上限时,再增加补贴额对司机的载客倾向影响不大,而成本会大量增长。

利用MATLAB软件作出导数图像如下(图10-4)。

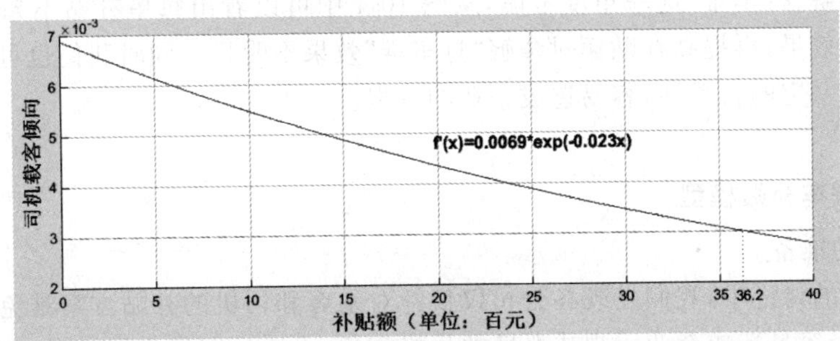

图10-4 司机载客倾向与补贴额单位增量的关系

从图10-4中可以看出,当每个月的总补贴额度大致大于3 600元之后,司机载客倾向的单位增量较低(低于0.3%),此时再提高补贴额对提高司机的载客倾向并无明显效果。

上述 x 为每月的总补贴额度，北京市出租车每个月通过软件打车的成单量平均在 300 单左右[10]，将每个月的总补贴额 x 换算成平均每单的补贴额后结果如下(表 10-13)。

表 10-13 补贴额度表

每个月总补贴额/元	平均每单补贴额/元	司机的载客倾向
500	1.67	0.73
1 000	3.33	0.76
1 500	5.00	0.78
2 000	6.67	0.81
2 500	8.33	0.83
3 000	10.00	0.85
3 500	11.67	0.87
4 000	13.33	0.88
4 500	15.00	0.89
5 000	16.67	0.91

由表 10-11、表 10-12 和表 10-13 可得知各公司的补贴方案中对司机进行补贴的部分能提高司机的载客倾向，这对于缓解"打车难"有一定的帮助。

综合以上考虑，我们得出如下结论：

(1) 对乘客进行补贴仅仅是公司为了抢占市场的一种商业手段，对于缓解"打车难"这一问题并无太大帮助。

(2) 对司机进行补贴无法提高信息匹配的效率，但是可以通过调动司机的积极性来缓解打车难的问题。

从模型结果中可以得知，随着补贴额的增长，司机的载客倾向呈非线性增长，通过研究其导数图像，我们发现补贴到达一定额度时，补贴带来的收益是最大的，超过此上限，补贴对载客倾向影响不大，公司得不偿失。

联系图 10-3、图 10-4 及表 10-13，我们发现当补贴额度为每单 12 元时，司机的载客倾向指数为 0.87，增长了 0.17，我们可以看成是出租车的空载率降低了 17%。北京市有 6.664 6 万辆出租车，空载率降低 17%相当于增加了 11 330 辆实际利用的出租车，因此从这个角度可以说明对司机进行补贴对缓解"打车难"有一定的帮助。

若单从缓解"打车难"这一角度考虑，从图 10-4 中可以看出每单补贴不超过 12 元时能取得较明显的效果，再提高补贴额对缓解"打车难"效果不明显。同时我们也可以看到，这种补贴方案存在一定的盲目性，容易造成企业的亏损。

问题三

1. 乘客拼车补贴模型

1) 模型的准备

在问题二的讨论中，我们发现各公司仅仅针对乘客和司机的补贴方案难免落入俗套、缺乏创新，而且极容易造成企业亏损或恶性的价格竞争，无法长期运作，也不能有效缓解"打车难"的问题。同时我们也了解到今年来有些出租车公司正在实施一种针对乘客合乘进行补贴的新的补贴方案。下面我们对这种方案进行研究。

我们首先估算符合合乘条件的乘客所占比例的大小。这里作出如下假设：

1° 只考虑两位乘客进行合乘的情况；

2° 两位乘客进行合乘的条件为

$$d_{\text{on}} \leqslant 1\text{km} \ \& \ d_{\text{off}} \leqslant 1\text{km} \ \& \ \Delta t_{\text{on}} \leqslant 5\text{min}$$

其中 d_{on} 为两位乘客上车地点的直线距离，d_{off} 为下车地点的直线距离，Δt_{on} 为上车时间差的绝对值。

我们查询苍穹北京[7] 9 月 5 日 12 时的数据，得到了在 12 时左右四环以内所有符合合乘条件的乘客情况，如图 10-5 所示(具体数据见附录)。

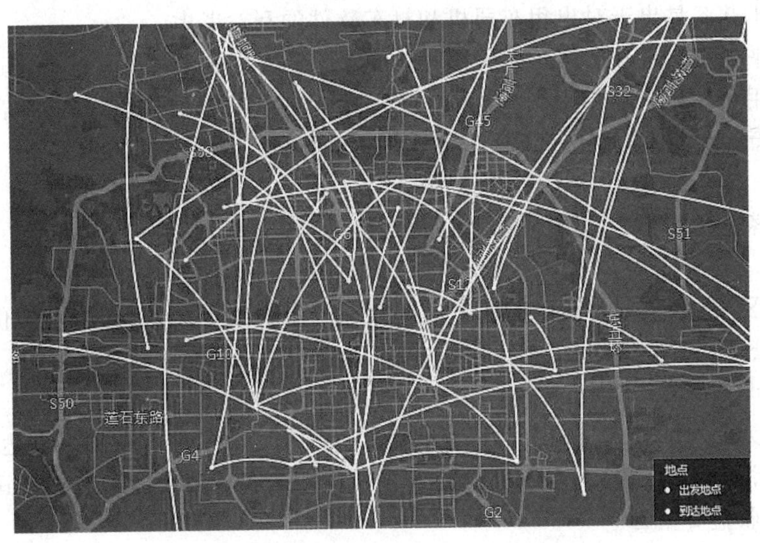

图 10-5 符合合乘条件的乘客乘车线路图

统计得共有 578 位乘客符合上述合乘条件，而此刻的总乘车需求量为 16 733 人次，故符合合乘条件的乘客占总乘客数的 3.45%。由于北京市的交通运营成熟，具有相当的稳定性，因此符合合乘条件的乘客占总乘客数的比例在一天内变化不会太大，故在此我们约定北京市一天任意时刻符合合乘条件的乘客占总乘客数的比例均为 3.45%。同时我们得知北京市出租车日均运营人次为 186.3 万人次[10]，故据此我们得出每天符合合乘条件的乘客人数约为 6.4 万人次。

上述分析表明，符合合乘条件的乘客还是拥有相当一部分人群，即存在拼车市场。因此若能制定出一种合适的补贴方案来吸引乘客进行拼车，不仅能缓解“打车难”问题，还能获取一笔可观的收益。

2) 模型的求解和分析

我们初步制定的补贴方案如下：当两位乘客拼乘一辆车时，两人都只需要支付原先费用的 k 比例，$k\in[0,1]$，也即对乘客拼车补贴 $1-k$。

乘客是否愿意接受拼车跟很多因素有关，为简化模型，这里我们假设乘客是否愿意接受拼车只跟获得的补贴多少有关。我们用拼车接受度来表示乘客是否愿意接受拼车的程度。记 h 为乘客的拼车接受度，则 $h=h(k)$，h 越大表示乘客越愿意接受拼车。近期的一项调查显示，在没有补贴的情况下，仅有 29% 的乘客愿意与他人进行拼车[9]，故我们假定此时乘客接受度为 0.29。用函数关系式表达即为

$$h(1) = 0.29 \tag{9}$$

又当 $k=0$,即乘客免费乘车时,在不考虑其他因素的条件下乘客的接受度趋于1,在这里不妨设为1,即

$$h(0) = 1 \tag{10}$$

我们选择用线性函数来拟合 k 与 h 之间的函数关系,则根据表达式(9)和式(10)可求得具体的函数关系式如下:

$$h(k) = -0.71k + 1, \quad k \in [0.5, 1] \tag{11}$$

其中 k 不低于0.5是出于对出租车司机和打车软件的利益考虑。

设乘客平均每次乘坐出租车的费用为 S_0,则其通过上述方式与其他乘客进行拼车合乘后平均的费用为 kS_0。又我们可以认为在每天的6.4万名符合拼车条件的乘客中有 $h(k)$ 比例的乘客愿意接受拼车,于是每天通过上述方式进行拼车的乘客总人数 C 为

$$C = 64\,000 \times h(k) = -45\,400k + 64\,000 \tag{12}$$

记通过对乘客进行拼车补贴所得的司机总营业额为 S_1,则

$$S_1 = C \cdot k \cdot S_0 = (-45\,400k^2 + 64\,000k) \cdot S_0 \tag{13}$$

又由于公司的收入和司机的营业额之间存在一定的比例关系(即所谓的份子钱),故我们可以认为公司的总收入 S 为

$$S = k_0 \cdot S_1 = (-45\,400k^2 + 64\,000k) \cdot k_0 s_0 \tag{14}$$

其中常数 k_0 为公司的收入与司机营业额的比例。S 是一个二次函数关系表达式,容易求得当 $k=0.70$ 时 S 取最大值,即令每一位拼车的乘客支付原来费用的70%,公司即可获得最大收益,最大收益 $S_{\max}$ 为

$$S_{\max} = S\,|_{k=0.70} = 22\,554 \cdot k_0 s_0 \tag{15}$$

故我们采用的对乘客拼车进行补贴的方案为:每一位乘客只需支付原来费用的70%,即对合乘的乘客补贴30%。

同时我们通过计算得对这部分乘客若不进行补贴(即令 $k=1$),公司的收益为 $S'=18\,600k_0S_0$,而 $S_{\max}/S'=1.21$,说明我们的补贴方案与不进行补贴相比,收益理论上能提高20%,从而说明对乘客拼车补贴30%是一套不错的补贴方案。

综合上述,我们可以得到结论:

在本题的条件下,采用每位乘客只需支付原来费用70%的方案时,乘客合乘的意愿将达到50.3%,高于无补贴的29%,显然能空出更多的出租车来容纳更得的客流,同时考虑到出租车公司需要盈利的实际情况,此时公司的利润也能达到最大化,即为原来的121%。这样的方案显然能够有效缓解"打车难"的问题,同时也能兼顾到公司盈利的实际情况。

然而此方案也存在着市场影响力不足,宣传渠道不足等问题,同时由于数据的不足,本方案在一定程度上必然还需要人为假定模型,其普适性和定量的准确性还有待进一步提高。

10.3.6 灵敏度分析

由于在本问题中评价各公司的补贴方案涉及的因素比较多,并且随机性很大,所以我们对模型中的相关参数进行灵敏度分析。模型对这些参数的敏感性反映了各种因素影响结果的显著程度;反之,通过对模型参数的敏感性分析,又可以反映和检验模型的实际符合程度。

我们将灵敏度分析定在对司机补贴方案进行分析的司机载客倾向上。在此，模型中，我们建立的司机载客积极性与补贴的关系式(7)如下：

$$y = f(x) = (1-y_0)(1-\mathrm{e}^{-\beta x}) + y_0, \quad y_0 \in (0,1)$$

我们研究此式中参数 β 的变化对结果的影响。由于 β 的绝对值比较小，我们对 β 的值以增加 0.001 为单位，进行逐步变化，其他参数保持不变，得到各自函数的图像如图 10-6 所示。

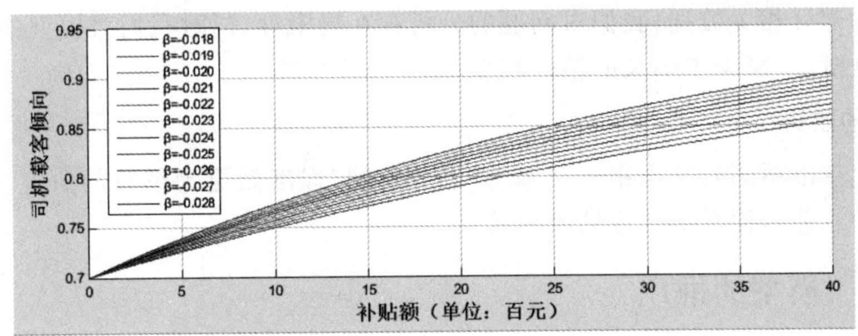

图 10-6 灵敏度分析图

分别计算每个函数中当补贴额 x=2 000 元时司机载客倾向值的大小，并计算其相对于 β=－0.023(模型中所取)时的结果的变化率。计算结果如表 10-14 所示。

表 10-14 β 取值与变化率的关系

取值	补贴额为 2 000 元时司机载客倾向	变化率
－0.018	0.790 7	0.975 5
－0.019	0.794 8	0.980 5
－0.02	0.798 9	0.985 6
－0.021	0.802 9	0.990 5
－0.022	0.806 8	0.995 3
－0.023	0.810 6	1.000 0
－0.024	0.814 4	1.004 7
－0.025	0.818 0	1.009 1
－0.026	0.821 6	1.013 6
－0.027	0.825 2	1.018 0
－0.028	0.828 6	1.022 2

从表 10-14 结果来看当 β 的值每改变 0.001(相当于 4.5%左右)，其结果变化小于 1%，因此体现出模型较稳定。

10.3.7 模型的评价

1. 模型的优点

(1) 本文所使用的数据尽可能地来自于官方网站、相关论文等可靠来源，增加了文章的可靠性。

(2) 在对出租车的合理数量进行回归预测时，我们采用了主成分回归分析方法，有效地消除了变量之间的多重共线性。

(3) 在研究出租车的合理分布数量时,我们采用了层次分析方法,有效地降低了主观因素对模型结果产生的影响。

(4) 在研究司机载客倾向及乘客拼车接受度时,我们选取了符合真实情况并且形式较为简单的函数来描述,这样抓住了问题的核心,避免了考虑过多因素而使得模型复杂化。

2. 模型的不足

由于缺少部分相关数据,我们对问题的分析存在局限性,同时我们对模型中一些参数进行了人为主观赋值,影响了结果的精确程度。

3. 模型的改进

可以对北京市不同时空出租车资源的"供求匹配"程度做更为细致的研究,可以深化对司机载客倾向或乘客评车接受度的研究等。

10.3.8 模型的推广

(1) 模型一、模型二、模型三可以结合可靠数据,较为准确迅速地分析北京特定地点、特定时段的出租车供需关系,从而为合理分配资源提供指导。

(2) 模型四、模型五可以在一定范围内定量地预测不同形式、不同数额的补贴对于缓解打车难、公司是否盈利的影响,从而制定合理的补贴方案。

10.3.9 参考文献

[1] 姜启源,谢金星.数学模型[M].北京:高等教育出版社,2011.

[2] 司守奎,孙玺菁.数学建模算法与应用[M].北京:国防工业出版社,2015.

[3] 北京市统计局.北京统计年鉴 2014[M].北京:中国统计出版社,2014.

[4] 宋涛.北京市出租车行业管制问题研究[D].沈阳:沈阳师范大学,2014.

[5] 宋飞,李蓉,张思东,张宏科.基于趋势预测的合乘收益研究[J].电子学报,2014(7).

[6] 孙伟杰,张艺娜,王超.信息不对称角度下的出租车空载率成因分析[J].高等继续教育学报,2013(2).

[7] 苍穹北京[OL].http://v.kuaidadi.com/.

[8] 中华人民共和国国家统计局[OL].http://www.stats.gov.cn/tjsj/ndsj/.

[9] 调研吧.上下班你愿意和人拼车吗[OL].http://www.diaoyanba.com/survey/SurveyDetails.aspx?category=depth&id=48668090061087.

[10] 中国交通技术网[OL].http://www.tranbbs.com/news/cnnews/news_25755.shtml.

10.4 论文点评

针对出租车资源匹配的问题,本文在现有数据的基础上,采用主成分回归分析方法预测北京市出租车的需求量,发现自 2007 年开始北京市的出租车数量存在不足的情况,并且供求比越来越不平衡。接着我们分别就北京市不同区域和不同时间段,通过导入相关数据并建立层次分析模型来研究其"供求匹配"程度的情况。

针对问题二,本文分别针对对乘客进行补贴和对司机进行补贴这两部分进行定性分析,并且提出了"司机载客倾向"这一抽象模型,对其进行量化分析。最终我们得出结论:各公司的补贴方案中,对乘客进行补贴的部分对缓解"打车难"并无作用,对司机进行补贴的部分对缓解“打车难”有一定的作用。

针对问题三，本文针对问题二中各公司的补贴方案可能会造成亏本的情况下，提出了一种能带来收益的补贴方案：对乘客拼车进行补贴。首先通过数据计算得大约有3.45%的乘客符合合乘条件，从而证明了对乘客拼车进行补贴这一方案是可行的。接着，我们引入“乘客拼车接受度”这一抽象模型，通过收集数据并计算，最终得出对乘客拼车补贴30%时可以获得最大收益，与不补贴相比，其收益理论上能提高20%。同时该方案对缓解“打车难”也有一定帮助。

最后，对所提出的方法与模型进行了灵敏度分析。

从论文的结构整体上来看，本文比较圆满地解决了竞赛题目中要求的所有问题，论文行文流畅，观点鲜明，是一篇优秀的数学建模竞赛论文。